徐培林　张淑琴　编著

聚氨酯
加工设备手册

Handbook of Polyurethane
Processing Equipment

化学工业出版社

·北京·

本书系统介绍了聚氨酯制品生产过程中各类加工设备的原理、构成、特点及典型产品。前 7 章介绍了聚氨酯加工设备的分类和基本构成，包括聚氨酯加工主机的计量泵和混合元件、低压机、高压机以及 RIM 聚氨酯加工机械。第 8—15 章侧重介绍了聚氨酯泡沫体、聚氨酯弹性体、聚氨酯涂料等产品基本的、典型的加工设备，并以其主要设备发泡机、浇注机、喷涂机等为主，辅以相关制品的生产和配套设备进行展开，内容包括聚氨酯软质块泡生产设备、聚氨酯泡沫体后加工设备、聚氨酯半硬质泡沫制品模塑加工设备、聚氨酯硬质泡沫体生产设备、喷涂灌注机、混炼型聚氨酯橡胶生产设备、浇注型聚氨酯弹性体生产设备、热塑型聚氨酯生产及加工设备。第 16 章介绍了聚氨酯回收再利用的各种方法及对应设备。

　　本书对各类聚氨酯加工设备进行了清晰的梳理，详细介绍了国内外典型产品工作原理和设计特点，具有很强的实用性，可供聚氨酯设备生产企业中从事产品设计、生产的技术人员，聚氨酯制品生产企业的设备采购人员、生产操作人员，从事贸易工作的聚氨酯设备经销商阅读参考。

图书在版编目（CIP）数据

聚氨酯加工设备手册 / 徐培林，张淑琴编著. —北京：化学工业出版社，2015.6（2022.10 重印）
ISBN 978-7-122-23375-2

Ⅰ.①聚… Ⅱ. ①徐… ②张… Ⅲ. ①聚氨酯-化工生产-化工设备-技术手册 Ⅳ. ①TQ323.805-62

中国版本图书馆 CIP 数据核字（2015）第 055898 号

责任编辑：傅聪智　路金辉　　　　　　　　　　装帧设计：刘丽华
责任校对：宋　玮

出版发行：化学工业出版社（北京市东城区青年湖南街 13 号　邮政编码 100011）
印　　装：北京建宏印刷有限公司
787mm×1092mm　1/16　印张 28　字数 718 千字　2022 年 10 月北京第 1 版第 2 次印刷

购书咨询：010-64518888　　　　　　　　售后服务：010-64518899
网　　址：http://www.cip.com.cn
凡购买本书，如有缺损质量问题，本社销售中心负责调换。

定　　价：**198.00 元**　　　　　　　　　　　　　　　版权所有　违者必究
京化广临字2015-12号

自 20 世纪初德国 Otto Bayer 教授等科学家开创聚氨酯化学原理以来，在经历了八十多年发展历程的今天，聚氨酯已成为发展最快的高分子合成材料之一。

聚氨酯材料是由多异氰酸酯和氢给予体反应生成的含有氨基甲酸酯特性基团的嵌段聚合物，其原料来源广泛，配方体系繁多，加工方式变化多端，生成产品的表观形态多种多样，其应用已进入国民经济的各个领域中。

我国聚氨酯工业虽然起步较晚，但在改革开放以后，发展速度却十分惊人，尤其是近几十年来，我国已经成为全球最重要的聚氨酯原料及多种产品的生产大国，从主要的聚氨酯原料到许多制品的品种和产量都已在全球举足轻重或名列前茅。伴随着我国聚氨酯工业的高速发展，聚氨酯制品生产和加工设备也取得了长足进步。经过最初的引进、消化、吸收，到今天的改造、创新，我国聚氨酯制品生产加工设备从无到有，从初级到高级，从单一到多样，并逐渐形成了较完整的加工设备生产体系。但由于聚氨酯产品繁多、技术含量高、专业性强、生产设备互换性较差等原因，聚氨酯加工设备的制造和生产相对滞后，技术含量较低，设备的生产厂家较多且较小，研发能力较弱。国内虽然也有几家研发能力稍强的聚氨酯设备生产单位可以生产技术含量较高的设备，但许多关键部件仍需从国外进口。为提高我国聚氨酯设备生产能力和技术水平，在中国聚氨酯工业协会下成立了聚氨酯设备专业委员会，开展了许多有益的工作，组织相关单位召开技术研讨会，讨论相关标准的制定，力求在分散的企业标准基础上逐步制定出统一的行业标准，进而形成国家标准。

聚氨酯制品的生产和加工所用原料品种繁多，产品表现形式多种多样，加工工艺变化多端，对设备精度要求高，对机电一体化自动控制的要求高，因此在制造聚氨酯加工设备时，不仅要具备机械加工的基本技术和能力，同时还应该了解聚氨酯化学的基本知识。而不断涌现的新原料、新工艺、新技术和新应用，也将会对聚氨酯加工设备的生产和制造提出更高的要求。

本书虽然取名为《聚氨酯加工设备手册》，但因聚氨酯产品涉及领域十分广泛，要想面面俱到十分困难。因此，本书将侧重介绍聚氨酯泡沫体、聚氨酯弹性体、聚氨酯涂料等产品基本的、典型的加工设备，并以其主要设备——发泡机、浇注机、喷涂机等为主，辅以相关制品的生产和配套设备进行展开。

在本书的编著过程中，得到康隆远东公司薛健先生，新加坡志英行集团周宏先生，德国克劳斯-玛菲公司吴琨先生，意大利 OMS 公司姬拥政先生，法国博雷公司王奕舒先生，江苏湘园化工有限公司、苏州市湘园特种精细化工有限公司周建先生，武汉中轻机械有限责任公司邱宏历先生，温州飞龙聚氨酯设备工程有限公司张春锦先生，浙江海峰制鞋设备有限公司戴元海先生以及众多聚氨酯设备制造单位的鼎力相助，同时在编撰整理的过程中还得到周素心先生、周传才先生、徐起宏先生、钟薇女士、徐晓君女士的帮助以及化学工业出版社的支持和鼓励，在此深表诚挚的感谢。

由于聚氨酯新工艺和新设备不断涌现，加之笔者水平能力有限，虽然想在本手册的编著中力求完善，但聚氨酯工业发展神速，难免出现一些遗漏和不足，敬请同行们点拨指正。

徐培林　张淑琴

2015 年 2 月于威海

目录

第十六章　聚氨酯回收再利用设备 ⓐ408

附录　部分聚氨酯设备生产企业名录 ⓐ424

第一章

聚氨酯反应及加工设备概述

第一节 | 异氰酸酯的结构特征 ◀◀◀

在聚氨酯工业发展的过程中，人们对聚氨酯材料作了比较深入、系统的基础研究，对相关化合物的特征，材料的合成工艺等都有了较深入的认识。虽然聚氨酯合成有不同的化学反应，生产出来的产品表现形式各种各样，但聚氨酯化学的基础都是围绕异氰酸酯的特殊化学特性而展开的。

异氰酸酯是在分子结构中含有重叠双键异氰酸酯基（—N=C=O）的化合物。其化学活性主要表现在异氰酸酯基团上，该基团具有重叠双键排列的高度不饱和键结构，化学性质十分活泼，能与各种含活泼氢的化合物进行反应。

对于异氰酸酯基团所具有的高反应活性能力，Baker 等人提出来该基团的电子共振理论：由于异氰酸酯基团的共振作用，使得氮、碳、氧原子周围的电子分布发生变化，产生亲核中心和亲电子中心的碳原子。其共振结构的电荷分布如下：

$$R\!-\!\overset{\ominus}{\ddot{N}}\!-\!\overset{\oplus}{C}\!=\!\ddot{\ddot{O}} \rightleftharpoons R\!-\!\ddot{N}\!=\!C\!=\!\ddot{\ddot{O}} \rightleftharpoons R\!-\!\ddot{N}\!=\!\overset{\oplus}{C}\!-\!\overset{\ominus}{\ddot{O}}$$

在该特性基团中，氮、碳和氧三个原子的电负性顺序为 O>N>C。因此，在氮原子和氧原子周围的电子云密度增加，表现出较强的电负性，使它们成为亲核中心，很容易与亲电子试剂进行反应。而对于排列在氧、氮原子中间的碳原子来讲，由于其两边强电负性原子的存在，使得碳原子周围正常的电子云偏向氮、氧原子，从而使碳原子呈现出较强的正电荷，成为易受亲核试剂攻击的亲电子中心，表现出很强的正碳离子特征，即十分容易与含有活泼氢的化合物（HX）发生亲核加成反应。这也是聚氨酯化学中最基本的反应：

$$R\!-\!N\!=\!C\!=\!O + H\!-\!X \longrightarrow R\!-\!\overset{\ominus}{N}\!-\!\overset{\oplus}{C}\!=\!\ddot{O} + HX \longrightarrow R\!-\!\overset{H}{N}\!-\!\overset{\overset{O}{\|}}{C}\!-\!X$$

含活泼氢化合物（HX）的品种很多，在聚氨酯工业中，比较重要的含羟基化合物有醇类、酚类、水、羧酸等化合物；比较重要的含氨基化合物有胺类、脲类、氨基甲酸酯等化合物。

第二节 聚氨酯合成的基本反应 ◀◀◀◀

聚氨酯高分子材料主要是由多异氰酸酯和氢给予体之间发生亲核加成、支化、交联等化学反应而生成的含有氨基甲酸酯特性基团的嵌段大分子。

多异氰酸酯具有特征的—N═C═O 基团，其高度不饱和重叠双键的共振作用，使其电荷分布不均，产生亲核中心和亲电子中心的正碳原子，致使异氰酸酯化合物化学性质极其活泼，能与各种氢给予体发生亲核化学反应。同时，异氰酸酯的反应性强弱还受到母体 R 的电负性、特性基团间的诱导效应以及空间结构产生的位阻效应等因素的影响。其主要化学反应简述如下。

1. 异氰酸酯与含羟基化合物的反应

异氰酸酯与含羟基化合物的亲核加成反应是聚氨酯合成中最重要的反应之一。以醇为例，它们和异氰酸酯反应生成氨基甲酸酯。

$$R{-}N{=}C{=}O + HO{-}R' \longrightarrow [R{-}\ddot{N}{:}C{::}\ddot{O}] \longrightarrow R{-}\underset{H}{N}{-}\overset{\displaystyle O}{\overset{\|}{C}}{-}OR'$$

2. 异氰酸酯与水的反应

水作为化学反应性发泡剂，它和异氰酸酯的反应是制备聚氨酯泡沫体的基本反应，其反应将首先生成不稳定的氨基甲酸，然后，氨基甲酸分解成二氧化碳和胺，如果异氰酸酯过量，生成的胺会继续和异氰酸酯反应生产脲。

$$R{-}NCO + H_2O \xrightarrow{\text{慢}} [R{-}NHCOOH] \xrightarrow{\text{快}} R{-}NH_2 + CO_2$$
$$\qquad\qquad\qquad\qquad\qquad\qquad \downarrow {+}\, R{-}NCO$$
$$\qquad\qquad\qquad\qquad\qquad\qquad RNHCONHR$$

虽然水是最廉价的化学发泡剂，但在制备聚氨酯泡沫体时，需严格控制水的用量低于4%，否则在制备聚氨酯软泡时，会因反应放热量过大而使泡沫体产生烧芯，甚至出现火灾的危险。同时，由于水量过多，还会使泡沫体中脲基含量高，使制品的手感变差。为改善手感，目前已有一些公司推出了软化剂，效果不错。

3. 异氰酸酯与酚类化合物的反应

异氰酸酯与酚类化合物的反应情况与醇相似，生成氨基甲酸酯，但由于苯环的吸电子作用，使酚的羟基中的氧原子电子云密度降低，致使它与异氰酸酯的反应活性下降。该类反应主要用于制备封闭型异氰酸酯。

$$-NCO + ArOH \rightleftharpoons -NHCOOAr$$

4. 异氰酸酯与氨基化合物的反应

氨基化合物与异氰酸酯反应是聚氨酯合成的重要的亲核加成反应。在此，它不仅包括低分子氨基化合物，同时，也包括大分子中的氨基，如大分子中的脲基、氨基甲酸酯等基团。

与醇类化合物相比，含有氨基的化合物，大多都具有一定的碱性，因此，它们与异氰酸酯的反应速度要快得多。例如，脂肪族伯胺即使在 0～25℃的低温下，仍能与异氰酸酯进行亲核加成反应，生成取代脲。

$$R—NCO + NH_2—R' \longrightarrow RNHCONH—R'$$

在聚氨酯合成的大分子中常含有氨基甲酸酯基团和脲基等含氮基团，它们在一定的条件下能与异氰酸酯反应，分别生成脲基甲酸酯和缩二脲型交联结构。

(缩二脲基)

含氮的酰胺（R—CONH$_2$）化合物羰基双键中的 π 电子能与氨基中氮原子的未共享电子对发生共轭现象，从而使氮原子上电子云密度下降，削弱了酰胺化合物的碱性，因此，它们与异氰酸酯的反应活性下降。酰胺化合物只有在较高的温度时（如>100℃），才能与异氰酸酯发生中等速度的反应，生成酰基脲。

$$R—NCO + H_2NCOR' \longrightarrow R—NHCONHCOR'$$

5. 异氰酸酯的支化反应和自聚化反应

如前所述，异氰酸酯和羟基、氨基反应，将会在聚合物大分子中生成氨基甲酸酯基团和取代脲基团，它们都是内聚能较高且含有活泼氢的基团。在许多聚氨酯材料的生产中，往往都有意识地预留出少部分异氰酸酯基，使它和大分子中的这些活泼基团发生进一步反应，分别生成脲基甲酸酯、缩二脲型的交联结构（参见与氨基化合物的反应）。

在一些条件下，异氰酸酯基上的共用电子对向氮原子方偏移而形成络合物，它们再与其他异氰酸酯进行加成反应，生成二聚或三聚的自聚结构。

在聚氨酯合成中由 TDI 自聚反应生成的二聚体，可以作为聚氨酯橡胶的硫化剂，它在生产过程中的高温条件下，能重新分解成 TDI 参与正常合成反应。

在三聚催化剂的作用下，芳香族和脂肪族异氰酸酯可产生三聚化反应，生成由碳、氮原子构成的异氰脲酸酯六元环结构。该结构的热稳定性很好，它在聚合物中的存在，会使聚合物的耐热性得到很大提高，是改善聚氨酯材料耐热性的重要途径。

第三节　聚氨酯合成的工艺特点　◀◀◀

1. 原料来源广泛，配方繁多

就聚氨酯合成的主要原料异氰酸酯和醇类低聚物来讲，目前已开发的异氰酸酯化合物约有近百种，在目前聚氨酯材料的制备中，常用的也有二三十种，如 TDI、MDI、PAPI、HDI、NDI、IPDI、XDI、PPDI、HTDI、HMDI、CHDI，以及由它们衍生出来的改性产品，如各种异氰酸酯的二聚体、三聚体以及含有 NCO 端基的加成物等。

目前，我国聚氨酯工业所用氢给予体的端羟基多元醇低聚物主要有聚氧化丙烯醚系列（PPG），聚四氢呋喃多元醇系列（PTMEG），聚己内酯多元醇系列，以己二酸、癸二酸、邻苯二甲酸等为基础的聚酯多元醇系列（PES）、聚碳酸酯（PCDL），端氨基聚醚多元醇系列等，以及以农副产品（如蓖麻油、淀粉、大豆油、松香酯等）为基础开发的多元醇系列，其间还不包括其他小分子化合物。目前，在我国聚氨酯工业中经常选用的多元醇至少在 50 种以上。仅就这 20 对 50 的简单组合，就能构成上千个配方体系，其间还不算其他辅助原料的加入。

2. 反应复杂

在聚氨酯材料的合成中，不仅有聚醚的开环反应，聚酯的缩聚反应，异氰酸酯与氢给体间的聚加成反应以及大分子间的扩链、交链、支化等反应，同时，在制备的过程中，还存在异氰酸酯与水等发生的生成气体的反应，并涉及成核技术、胶体化学等。

3. 反应速度快，相变过程迅速

在聚氨酯合成加工中所用原料的状态大多为液态，且反应多属于放热反应，其反应速度极其迅速，尤其在催化剂的作用下，使得有些反应能在几十秒内，甚至在几秒内就能完成由液态向固态转变的相变过程，这是聚氨酯制备中的显著特点之一。

4. 催化剂作用突出

为控制聚氨酯合成过程中的各种反应的竞争和平衡，调节生产过程中的相变速度，有意识地促进某些反应、抑制某些反应，以使聚合物改善某种性能或改变某些加工条件。在大多数聚氨酯材料的生产体系中，不仅要求各组分配比严格，而且还都使用了一种或多种催化剂。

第四节　聚氨酯的特点对加工设备的要求　◀◀◀

1. 异氰酸酯等化学性质活泼

异氰酸酯的化学性质十分活泼，能与各种氢给予体反应，甚至能与空气中、皮肤中的水分反应。一些化学原料易燃和具有一定的结晶和毒性，因此，在储存、输送等操作中，必须注意防潮、防火、防中毒，对温度、湿度都有严格要求。

2. 液体的加工形式突出

一般塑料、橡胶生产的原料多为固体，而聚氨酯加工时，其原料多为液体，在储存、输送、计量、混合时，必须考虑其特性和要求。例如，液体的黏度的大小取决于温度的高低，在以体积计量的方式中，必须确保其温度一致，即黏度不变，方能确保计量的准确性。由于聚氨酯产品的性能对原料比例的依赖性极大，因此，对相关原料的计量精度要求高，在整个加工过程中计量精度不得出现波动，这一点，在聚氨酯加工中极其重要。

3. 必须适应快速反应和迅速相变的要求

针对聚氨酯生产反应速度快的特点，在原料精确计量后，要求各组分在极短的时间内同步加入，连续、充分、有效地混合和不间断吐出；针对相变过程迅速的特点，要求加工设备要注意及时清除残液，防止液体混合物料瞬间转变成固体，堵塞设备。

4. 放热剧烈

聚氨酯的大多数反应都为放热反应，物料混合时会出现急剧放热现象，因此，相关设备需要考虑具备有效地传热效能。

5. 要求设备要有良好的通用和匹配性

为配合多样化产品的生产，设备必须要考虑与相关生产线组合的灵活性，要具备一定的通用性。

第五节　聚氨酯生产基本设备的分类

根据不同类型产品生产的特点和需要，选用不同的专用生产设备。

生产装备主要包括生产主机、相应的生产流水线和模具、辅助设备、制品后加工装置等。聚氨酯生产主机主要是对液体原料进行连续输送、计量、混合及连续吐出的设备。依据生产聚氨酯产品的类别，基本可将其分为低压机、高压机、喷涂机等。它们在不同的场合、不同的区域，其称谓有些不同。

低压机的原料计量、混合、吐出的压力一般都低于 0.2MPa。其主要用于聚氨酯泡沫体、聚氨酯弹性体等的生产，前者又称为低压发泡机，后者又称为弹性体浇注机或灌装机。

高压机的原料计量和传输均采用高压计量泵，无机械式搅拌装置，而是采用液体冲击混合原理使物料达到瞬间混合、反应的目的并连续吐出，混合和吐出压力通常在 10～20MPa，设备的精度、控制的复杂程度等均高于低压机。高压机主要用于聚氨酯反应注射模制（RIM）产品的生产，如模制聚氨酯半硬质泡沫制品、聚氨酯硬质制品以及添加各种固体增强材料的高强度结构型聚氨酯制品等。

喷涂机是将两组分物料分别计量、输送至专用喷枪中混合并高压喷出的设备，主要用于聚氨酯硬质泡沫体的灌注和喷涂，聚氨酯涂料、弹性体等的喷涂、灌注施工。

不同的产品生产装备将依据产品特点、产量等配备不同的模具及生产线组合。制品的后加工设备，有的是作为生产线组合的一个单元，有时则独立存在于整个生产过程中，完成产品的最终成型、修饰等工作。

参考文献

[1] 徐培林，张淑琴. 聚氨酯材料手册：第二版. 北京:化学工业出版社，2011.

[2] 山西省化工研究所. 聚氨酯弹性体手册. 北京：化学工业出版社，2001.

[3] 方禹声，朱吕民，等. 聚氨酯泡沫塑料. 北京：化学工业出版社，1994.

[4] 朱吕民. 聚氨酯合成材料. 南京：江苏科学技术出版社，2002.

第二章

聚氨酯加工主机的计量泵

第一节　计量泵的分类

　　计量泵是聚氨酯主机的关键部件之一，它不仅承担输送液体物料功能，更重要的是对各组分物料进行精密调节和连续准确计量，以确保各组分严格按照配方要求进行混合，确保产品性能的均一性。计量泵必须运行平稳、计量准确、脉冲小、无波动，并要与物料黏度相适应。其计量误差必须小于 1%，甚至要小于 0.5%。计量泵应具备对各组分原料计量比例和输出总量可调节范围广的能力，以适应不同原料体系、规格变化的要求；对计量物料黏度范围的适应性要大；同时，计量泵要具备耐磨、耐腐蚀、使用寿命长、密封性能好的特性。根据聚氨酯制品加工生产工艺，选择相应的主机及相应类型的计量泵。

　　高精度计量泵的基本类型如下。

　　回转式计量泵：齿轮泵、螺杆泵。

　　往复式计量泵：柱塞泵、轴向活塞泵。

　　隔膜式计量泵：电磁式隔膜泵、液压式隔膜泵、机械式隔膜泵。

　　在这些计量泵中，还包括应用于主机中的再循环泵、柱塞供料泵等。

第二节　齿轮泵

一、齿轮泵的特点

　　齿轮泵是一种容积式回转泵，通常由中间板、外侧板及两个计量齿轮等部件构成，一对高耐磨的计量齿轮以高精度的轴向齿间间隙相互精密啮合置于中间板的泵室中，两侧为外板，其中一侧设有进口和出口，主动齿轮由电机带动旋转，另一个为从动齿轮，与主动齿轮精密咬合而转动，当两齿逐渐分开，齿间容积逐渐增大，形成一定负压，液体物料在大气压的作用下由进料管吸入，随着主动齿轮和从动齿轮的转动，液体物料不断被吸入和吐出。它们之间完全依靠高精度齿轮咬合及高精度研磨的端面配合而成，具有结构简单、体积小、高精度配合公差、计量精度较高等特点，体积效率大于 90%，在较低转速下仍能确保精确计量。对计量泵的温度控制处置比较简单。由于它是依靠液体充分充满齿间空间完成计量，因此，它对流体的黏度有一定要求，输出压力较低，通常适用于转速在 10～200r/min 的低压机的计量。其基本结构如图 2-1 所示。

图 2-1 齿轮计量泵及其内部齿轮配置

二、齿轮泵典型产品

下面介绍几家典型公司的齿轮泵产品。

1. 德国巴马格（Barmag）公司 GM 系列齿轮泵

德国巴马格（Barmag）公司是成立于 1922 年的世界著名企业，现为欧瑞康（Oerlikon）集团下的一个分部。长期以来，Barmag 公司一直致力于化学纤维生产用计量泵的研发、设计和制造。生产的 GM 系列齿轮泵在聚氨酯工业中也获得广泛的应用和好评。图 2-2 为 GM 系列齿轮泵泵体和为独立控制单元的计量设备。图 2-3 和表 2-1 分别为长方形 GM 齿轮泵外形图和技术参数，图 2-4 和表 2-2 分别为圆形 GM 齿轮泵外形图和技术参数。

(a)　　　　　　　　　　　　　　　　(b)

图 2-2 Barmag 公司 GM 系列齿轮泵（a）和为独立控制单元的 GM 计量设备（b）

表 2-1 **Barmag 公司长方形 GM 系列齿轮泵技术参数**

规格	每转容积/cm³	A/mm	B/mm	C/mm	$D(\phi)$/mm	E/mm	F/mm	G/mm	H/mm	填料盒扭矩/N·m	质量/kg	泵后压力/MPa
GMZ51D	0.05	90	117.6	57	10	G3/8	12	67	2	15	2.6	8
GMD11D	0.1	90	118.6	57	10	G3/8	12	67	2	15	2.6	8
GMD31D	0.3	90	122.6	57	10	G3/8	12	67	2	15	2.7	8
GMD61D	0.6	90	126.1	57	10	G3/8	12	67	2	15	2.7	6
GM121D	1.2	90	129.5	57	10	G3/8	12	67	2	15	2.8	6
GM301D	3	90	139.7	57	10	G3/8	12	67	2	15	3	6
GM601D	6	118	144.1	63	12	G1/2	14	78	2.5	11	4.8	4
GMA21D	12	118	152.6	63	12	G1/2	14	78	2.5	11	5.3	4
GMB01D	20	118	162.9	63	12	G1/2	14	78	2.5	11	6	4

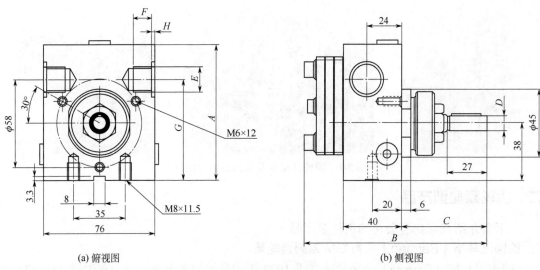

(a) 俯视图   (b) 侧视图

图 2-3　长方形 GM 系列齿轮泵基本装配尺寸图

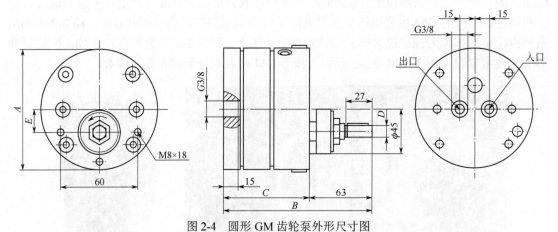

图 2-4　圆形 GM 齿轮泵外形尺寸图

表 2-2　圆形 GM 齿轮泵系列技术参数

型　　号	每转容积/cm³	$A(\phi)$ /mm	B /mm	C /mm	$D(\phi)$ /mm	E /mm	填料箱扭矩/N·m	质量/kg	出口压力/MPa
GMZ51D	0.05	105	128	65	10	12	4	4.2	8
GMD11D	0.1	105	129	66	10	12	4	4.3	8
GMD31D	0.3	105	133	70	10	12	4	4.6	8
GMD61D	0.6	105	130.5	67.5	12	14	6	4.8	8
GM121D	1.2	105	133.9	70.9	12	14	6	5.0	8
GM301D	3	105	144	81.3	12	14	6	5.2	8
GM601D	6	120	131.5	68.5	12	22.5	6	8.8	8
DMA21D	12	120	140	77	12	22.5	6	9.6	8
DMB01D	20	120	150.3	87.3	12	22.5	6	10.5	8

2. 德国克拉赫特（Kracht）公司齿轮泵

德国克拉赫特（Kracht）公司生产输送齿轮泵、流量计等产品。它们的多种低压传输齿轮泵都可以应用于聚氨酯设备中，如 KF 系列、KP 系列等。它们的额定排量范围：

0.5～1056cm³/r；运行压力小于2MPa；运动黏度适用范围4～80000mm²/s；温度适用范围−30～220℃。结构形式适用于填充的和非填充的聚醚，TDI、MDI 等异氰酸酯等物料的计量泵，也可以作为物料的再循环泵、加料泵、活塞泵的输送泵等。其运行噪声低，转速范围大，使用寿命长。故常被用作聚氨酯低压、中压、高压计量设备，环戊烷加工的计量设备，颜料定量供给装置和预混合站等。图2-5 是 KF 系列齿轮泵以及配备的磁性联轴器。表2-3 为 Kracht 公司 KF 系列齿轮泵的技术参数。

(a)　　　　　　　　　　　　　　　　(b)

图 2-5　Kracht 公司生产的带有磁性联轴器的 KF 系列齿轮泵（a）和磁性联轴器（b）

表 2-3　KF 系列齿轮泵技术参数

型　号	联轴器规格	允许的扭矩(20℃)/N·m	（1）		（2）		（3）	
			动力消耗[1]/kW	马达规格	动力消耗[2]/kW	马达规格	动力消耗[3]/kW	马达规格
KF4-25	MSA46	3	—	—	0.18	71	0.18	63
							0.25	71
	MSA60	7	0.18	80	0.25	71	0.37	71
			0.25	80	0.37	80	0.55	80
	MSB60	14	0.37	90	0.55	80	0.75	80
			0.55	90	0.75	90	1.1	90
	MSB75	24	0.75	100	1.1	90	1.5	90
			1.1	100	1.5	100	2.2	100
KF32-80	MSB75	24	0.75	100	1.1	90	1.5	90
			1.1	100	1.5	100	2.2	100
	MSC75	40	1.5	112	2.2	112	3.0	100
			2.2	132	3.0	132	4.0	112
	MSB110	60	3.0	132	4.0	132	5.5	132
	MSC110	95	4.0	160	5.5	132	7.5	132
			5.5	160	7.5	160	11	160

[1] n=750 r/min。

[2] n=950 r/min。

[3] n=1450 r/min。

3. 晋中经纬纺织机械股份有限公司

晋中经纬纺织机械股份有限公司的产品系列中，除了有化纤计量泵外，还开发出适合聚氨酯行业的许多计量泵产品。该公司的聚氨酯计量泵产品外形见图2-6，技术参数见表2-4。

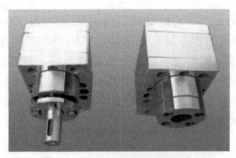

图 2-6　典型用于聚氨酯的齿轮泵

表 2-4　聚氨酯计量齿轮泵技术参数

项　　目	参　　数	项　　目	参　　数
用途	聚氨酯计量输送	进口压力 (最小)/MPa	0.5
吐出量/(cm³/r)	0.3～70	出口压力 (最大)/Mpa	10
进口数	1	使用温度 (最大)/℃	300
出口数	1	清洗温度 (最大)/℃	100

第三节　螺杆泵

一、螺杆泵的特点

　　在国外，单螺杆泵又称为莫诺泵（Mono pump），德国称为偏心转子泵，它由螺杆（即转子）和固定的泵套（定子）构成。根据不同用途，螺杆有单螺杆、双螺杆和三螺杆设计。它是由两个或三个相互咬合的螺杆组或由特种材质的转子和定子构成的回转咬合容积式计量泵。在螺杆与泵体之间形成空间及密封线，将泵室分隔成吸入腔和输出腔，依靠转子的转动吸入物料并排出，该类泵介质沿轴向均匀向前运动，压力稳定，不会产生搅动和涡流，具有物料排出无脉冲、输出均匀的特点和良好的轴吸特性，可以用作发泡机的计量泵或供料泵使用，特别适用于含有固体型填料的液体物料的计量和输送。但物料产生轴向运动的轴向力，容易产生轴向密封不严问题。根据螺杆的多少可分为单螺杆泵、双螺杆泵和三螺杆泵，见图 2-7。

　　螺杆泵的特点如下：

　　（1）输送流体的种类和黏度的范围宽，它与齿轮泵相比，可以输送黏度高得多的液体，黏度可达 50000mPa·s；

　　（2）泵内流体流动平稳，流量恒定，无湍流，无脉动，与柱塞泵相比具有很强的自吸能力；

　　（3）它具有输送气体、液体和固体多相混合介质的能力，与隔膜泵相比能输送含有高达 50%的细小固体颗粒或短纤维的介质。

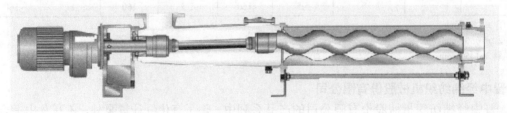

(a) 单螺杆泵

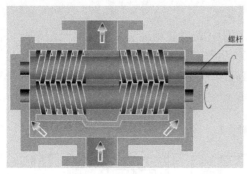

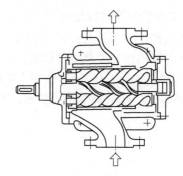

（b）双螺杆泵　　　　　　　　　　（c）三螺杆泵

图 2-7　螺杆泵示意图

二、螺杆泵典型产品

下面介绍两个典型公司的部分系列螺杆泵产品。

1. 奥地利 KRAL 公司

奥地利 KRAL 公司针对聚氨酯工业需求，推出了带有磁性联轴器的 K 系列和 M 系列螺杆泵，主要作为聚氨酯物料的运输泵和进料泵使用。该泵无需机械密封，保养方便，它既可低速运行，又可高速运转。图 2-8 是该公司生产的螺杆泵及其磁性联轴器。在表 2-5 中，列出了 K 系列和 M 系列螺杆泵的部分技术参数。

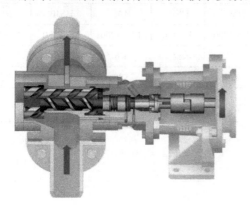

（a）　　　　　　　　　　　　　　　（b）

图 2-8　奥地利 KRAL 公司螺杆泵示意图（a）及外形图（b）

表 2-5　奥地利 KRAL 公司 K 系列和 M 系列螺杆泵基本性能

型　号	流量/(L/min)	压力/MPa	温度范围/℃	运动黏度范围/(mm²/s)
K 系列	5～2900	0.16	−20～180	10000
M 系列	3～440	0.4	−20～250	10000

这种回转式计量泵的主要技术参数是转速，其计量精度和输出量与计量泵的转速呈正比关系。为确保计量精度，使物料能及时充满输入端和齿间隙，必须减少物料温度、黏度和输入端压力的波动。另外，电动机和调速系统的传动速度必须平稳，不得因电压变化或电动机差异而产生计量波动或计量比例失调。有时，为减少各组分物料间计量误差，可使用一台电动机同步带动多个计量泵。

2. 黄山工业泵制造有限公司

我国生产螺杆泵的生产厂家很多，如上海中成泵业制造有限公司、天津泵业机械集团公司、河北泊头亿佳泵业有限公司等。在此仅以黄山工业泵制造有限公司的部分产品为例作简单介绍。图 2-9（a）和（b）分别为黄山工业泵制造有限公司生产的 HDM 系列单螺杆泵以及 HM 系列双螺杆泵的结构示意图。表 2-6 列出了部分螺杆泵的技术参数。

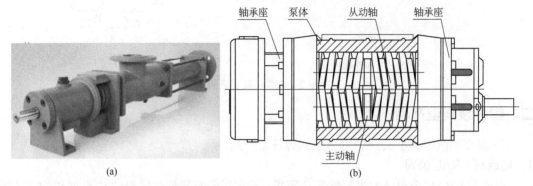

（a）　　　　　　　　　　　　（b）

图 2-9　HDM 系列单螺杆泵（a）和 HM 系列双螺杆泵（b）结构示意图

表 2-6　黄山工业泵制造有限公司部分螺杆泵技术参数

| 螺　杆　泵 | 单螺杆 | 双　螺　杆 | | 三　螺　杆 | | | |
系　　　列	HDN	HWD	2GRN	HM	HSW	HAS	HSJB	HSG
流量/(m³/h)	0.2～130	≤100	11～4400	125～4800	5～120	10～1200	16～630	35～1700
压力/MPa	≤1.2	≤1.2	2.0	6.3	2.5	1.6	1.6	2.5
工作温度/℃	0～80	150	250	180	120	120	100	120
介质运动黏度/(mm²/s)	1～10⁶	2～10⁵	3～1500	2～10⁵	3～760	3～760	4～760	3～760

第四节　柱塞泵

一、柱塞泵的类型

在高压机中采用的计量泵多为往复式柱塞泵，该类计量泵具有以下特点：

（1）在柱塞和缸体之间仅依靠高精度加工的金属部件的紧密配合，在往复运动中吸入、排出物料，运行平稳、可靠，使用寿命长；

（2）由于采用多个缸体连续吸入物料并连续排出，输出的物料平稳，基本无脉冲；

（3）计量精度高，能产生较高的输出压力，通常物料的输出压力可达 10～20MPa，旋转动力传动速度基本可以恒定在 1000～1500r/min；

（4）高速柱塞泵的流体物料自充满能力较差，为此有必要采取原料储罐加压或加设专用供料泵等方式予以解决。

柱塞计量泵的形式有多种，如立式柱塞泵（图 2-10），其基本结构是在泵壳中将多个缸体直立排列成一排，多个缸体的柱塞依靠弹簧的力量被挤压在轮轴的凸轮上，当凸轮在做旋转运动时，各个柱塞依次进行往复运动，缸套中的柱塞借助于控制杆的游标移动，使其啮合在扇形齿的齿条上，齿条移动使柱塞能在缸套中移动。其有效行程的改变是通过柱塞上的螺旋线的改变实现的，以达到控制流量的目的。当柱塞向上移动时，螺旋线的边缘关闭进料口，柱塞运动方向改变。当进料口关闭时，有效行程正好开始，从而完成物料的计量和输送。该计量泵允许在柱塞和缸体之间存在极轻微的渗漏，渗出的物料积聚在轮轴的轴腔内，轴腔内有一种对输送物料呈惰性的液体作为传动部件的润滑剂。传动轴的密封件多采用聚四氟乙烯或掺混有石墨的改性材料制成。对于流量大于 150L/min 的柱塞式计量泵还可以选用辐射式柱塞泵（图 2-11）或轴向柱塞泵（图 2-12）。图 2-13 为装配在主轴上的轴承和柱塞体。

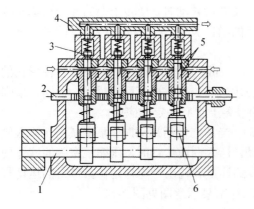

图 2-10　立式柱塞泵

1—驱动轴；2—带游标的控制杆；3—压力侧；
4—物料捕集区；5—活塞和缸体；6—滚柱连杆

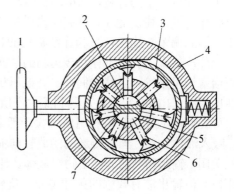

图 2-11　辐射式柱塞泵

1—微调游标；2—吸入侧；3—导环；4—泵壳；
5—压力侧；6—带滑块的活塞；7—流量阀轴

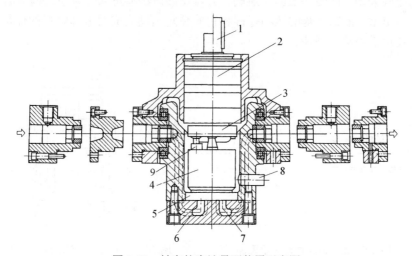

图 2-12　轴向柱塞计量泵装置示意图

1—传动轴；2—联轴器；3—转动盘；4—转子；5—控制盘；6—吸入通道；7—输出通道；
8—转子角度调节连接件；9—柱塞

　　柱塞计量泵计量精度高，运行噪声低，重现性好，输出量调节范围大，使用寿命长。输送、计量物料的黏度范围通常应小于 2000mPa·s。如果输送、计量黏度大于 2000mPa·s 的高

图 2-13　轴向柱塞泵主轴、轴承和柱塞体

黏度物料应在计量泵前增设一台供料泵，以确保计量的准确性。

　　轴向柱塞计量泵是在基于液压技术的多级活塞泵的基础上逐渐发展起来的计量泵，是目前聚氨酯高压机使用最普遍的高压计量泵。其基本结构是利用传动轴带动一个圆盘旋转，通过圆盘上的球节与转子上活塞组的多个活塞杆相连，转子则与调节角度的丝杠连接，利用手柄的转动带动丝杠运动，使转子与传动轴之间形成一定的倾斜角度，可改变转子上各个计量活塞的行程，当电动机带动传动轴及圆盘转动时，使转子上的各个活塞在各个活塞缸体内进行往复运动，将液体物料从控制盘的槽口吸入，经转动由控制盘的另一侧槽口排出，达到调节并连续计量和连续输出的目的。

　　此外，在计量泵中还有旋转运动的柱塞泵、液压或气动的双动作柱塞泵及各种形式的单行程活塞计量泵等。虽然它们在高、低压机中应用较少，但在聚氨酯弹性体、涂料、增强反应注射模制（RRIM）等聚氨酯制品生产所用的设备上也有一定的应用。

　　旋转运动的柱塞泵是利用曲轴拉动活塞运动，当活塞向后运动时，泵室减压使输入阀开启，吸入液体物料，当旋转运动的曲轴向前运动，活塞向前运动时，压缩泵室中的液体使进料阀关闭，输出阀开启，排出物料液体。计量泵的计量和输出量与柱塞在缸体中的运动行程呈正比，但输出液有较强的脉冲现象。旋转运动柱塞泵示意图见图 2-14。

　　轮式传动双动作活塞计量泵是采用止逆阀控制的计量泵（图 2-15），其缸体由活塞分隔成上、下两个泵室，泵室和活塞上装配有止逆阀。当活塞向上运动时，活塞上的止逆阀关闭，上泵室的液体被排出，而新的液体物料则通过下泵室的止逆阀被吸入。当活塞向下运动时，下泵室的止逆阀关闭，而活塞上的止逆阀打开，使液体物料进入上泵室。调节活塞行程即可获得不同的输出量，依靠活塞的运动行程和它的往复运动完成对液体物料的计量和输送。该类计量泵主要用于喷涂设备中。

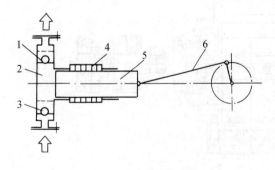

图 2-14　旋转运动柱塞泵示意图

1，3—单向阀；2—泵室；4—密封件；5—柱塞；6—曲杆

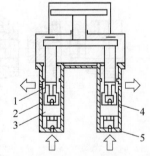

图 2-15　轮式传动双动作活塞计量泵示意图

1—上腔室；2—计量活塞；3—下腔室；4，5—止逆阀

　　单行程柱塞计量泵以往主要用于生产规模较小制品的低压机中，调节活塞运动行程即可获得不同的输出量，输出量即为模塑制品所需要的物料量，无需考虑多余物料的回流问题。该类计量泵在液体物料中添加大量固体填料的 RRIM 技术出现后，因其结构简单、计量准确、操作方便，而获得其他计量泵无法取代的地位，并已广泛应用于 RRIM

型高压机的高黏度、高固体含量物料的计量和输送。单行程柱塞计量泵结构简单,它基本由柱塞缸和计量柱塞构成(图2-16)。

高耐磨柱塞沿缸体作向上运动时,完成液体吸入、计量;而当柱塞向下运动时,则将物料排出。其计量功能是由柱塞的直径和行程决定的,设定柱塞行程即可计量泵的输出量,每次所计量和输出的液体量应基本与制品所需重量相等。

用于 RRIM 工艺的单行程柱塞计量泵使用电液线性放大器控制,由液压装置驱动,每个柱塞通过液压缸的液压油由伺服阀及步进电动机予以控制。例如亨内基(Hennecke)公司生产的 RIMDOMAT 高压机就是使用了这种单行程柱塞计量泵,其外形及基本结构示意见图2-17。它由电子控制及压力扩散的独立线性放大启动单元构成,不会产生泄漏,可适用于添加玻璃纤维、硫酸钡等固体填料的液体物料的记录和输送,适用黏度甚至可高达

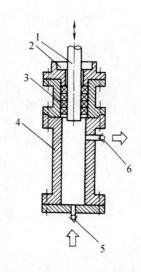

图2-16 单行程柱塞计量泵示意图
1—计量柱塞;2—泄漏杯;3—密封件;
4—柱塞缸;5—进料阀;6—出料阀

50000mPa·s,混合头的输出能力可高达 20L/s。该类设备有十几个机型,可移动的 RIMDOMAT 能与其他相关装备构成"RIM-加工中心",扩大了聚氨酯生产装备的应用范围。

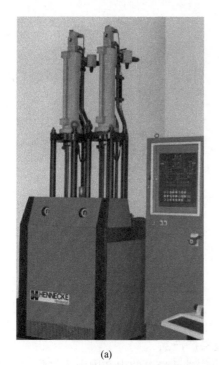

(a)

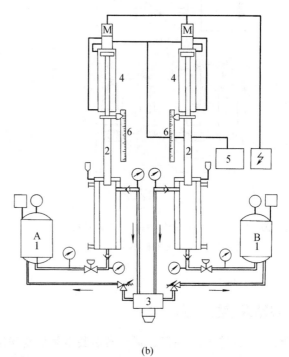

(b)

图2-17 慢冲程的单料筒活塞式计量装置 RIMDOMAT(a)及其结构示意图(b)
1—带温控装置的原料缸;2—带温控的活塞;3—混合头;4—液压驱动装置;
5—带蓄能器的液压站;6—活塞行程控制调节装置

图 2-18　用于 RRIM 工艺的高压计量装置
Puromat SV 系列活塞式计量装置

高压机。

为适应在原料组分中添加填料的需要，随着 RRIM 等工艺的应用，相应推出了单一的活塞式计量装置，以用于高黏度、高固体含量、高磨损性物料的计量。德国 BASF 集团下的易理强聚氨酯设备制造厂（Elastogran Maschinenbau GmbH-EMB）也推出了 Puromat SV 系列（图 2-18）和 HT 系列活塞式计量装置。HT 型的特点是具有记忆程序的微处理机控制，利用一台计算机可以从预定值中得出生产参数，并自动调整计量装置，使之适应这些参数。计量缸容积一般为 2～15L。

另外，利用机械杠杆联动的单行程柱塞泵组也可用于高、低压机中，如图 2-19 和图 2-20 所示，它们利用改变杠杆支点的距离即可实现不同比例液体物料的计量和输送。通常它们若采用压缩空气作为柱塞泵往复运动的动力，其元件多用于低压机；若使用液压传动方式，元件则多用于

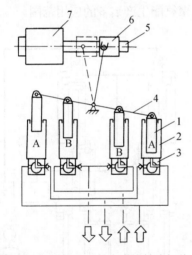

图 2-19　用直流电机传动的串联旋转连杆传动的
普通柱塞泵计量装置示意图

1—计量柱塞；2—柱塞缸；3—切换阀；4—旋转轭；
5—螺杆；6—滑块；7—直流电机

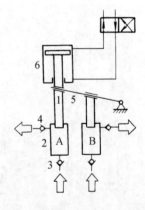

图 2-20　旋转连杆带动的普通计量装置

1—柱塞；2—柱塞缸；3—进口阀；4—出口阀；
5—旋转轭；6—气动元件

二、柱塞泵典型产品

1. 浙江天龙聚氨酯设备厂、河北省达胜聚氨酯发泡设备厂产品

在聚氨酯低压机中，有时也采用环形活塞计量泵。这类计量泵的生产国内大多集中在浙江温州、河北廊坊等地的聚氨酯设备生产企业。例如浙江天龙聚氨酯设备厂、河北省达胜聚氨酯发泡设备厂的产品外形分别见图 2-21（a）和图 2-21（b）。

以上两个企业生产的环形活塞计量泵的技术参数分别列于表 2-7 和表 2-8 中。图 2-22 显示的是浙江天龙聚氨酯设备厂生产的环形活塞泵结构示意图。

(a)　　　　　　　　　　　　　　　　　(b)

图 2-21　环形活塞计量泵

表 2-7　浙江天龙聚氨酯设备厂生产的环形活塞计量泵技术参数

型　　号	流量 /(mL/r)	压力 /MPa	进口直径 /in[1]	出口直径 /in[1]	电机功率[2] /kW	中心距 /mm	总重 /kg	备注
HJ6-120	6	12	1/2	3/8	1.1	100	11	适用于喷涂机
HJ9-100	9	10	1/2	1/2	1.1	100	12	
HJ20-60	20	6	1	1	2.2	112	28	适用于低压灌装机
HJ30-50	30	5	1	1	2.2	112	28	
HJ50-40	50	4	1	1	2.2	112	28	
HJ80-40	80	4	1～1/2	1～1/2	4	150	48	
HJ120-40	120	4	1～1/2	1～1/2	4	150	50	
HJ180-40	180	4	1～1/2	1～1/2	4	150	60	

① 1in=0.0254m。

② 电机转速均为 1410r/min。

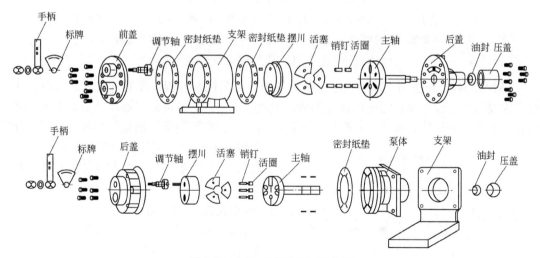

图 2-22　环形活塞计量泵结构图

表 2-8　河北省胜达聚氨酯发泡设备厂环形活塞计量泵技术参数

型　　号	对应泵型号	进口直径 /in[1]	出口直径 /in[1]	转速 /(r/min)	最大流量 /(mL/r)	功率 /kW	总重 /kg
GZ(Y)-50	HJ-50-20	1.2	1.2	470	50	9.05	40
GZ(Y)-120	HJ-120-30	1.2	1.2	470	120	10.05	55
GZ(Y)-150	HJ-150-50	1.5	1.5	470	150	12.05	60
GZ(Y)-180	HJ-180-50	2	2	470	180	16.05	65

① 1in=0.0254m。

2. 美国埃百雷公司产品

目前，在生产聚氨酯的低压机中，选用齿轮泵和环形活塞泵的较多；对于高压机则多采用轴向柱塞泵。它们也是我国目前聚氨酯行业中普遍采用的计量设备。但其结构形式、配置方式也有许多变化。在 20 世纪 80 年代，原化工部西北橡胶工业制品研究所从美国埃百雷（AMPLAN）公司引进了一台 FLYING WEDGE Ⅳ型聚氨酯低压浇注机。它在低压机的计量系统中，采用的柱塞计量泵中用楔形板作为柱塞行程的调控装置。其计量系统可参见图 2-23。

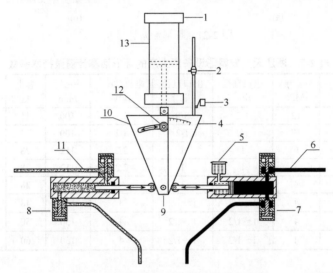

图 2-23　楔形体调控柱塞泵结构示意图

1—压力控制器；2—单冲程体积控制器；3—限位切换阀；4—树脂固定计量的一侧楔形体；

5—增塑剂；6—树脂组分；7,8—气动单向阀；9—楔形体；10—楔形体的另一半；

11—固化剂组分；12—调节螺丝；13—驱动气缸

AMPLAN 公司在两个原料罐下方配置两个可调节柱塞冲程长度的柱塞泵。在两个冲程杆之间设有一个楔形体，它由两部分组成，一边固定，另一半可使用螺丝调节其斜度，整个楔体由上部的驱动气缸操控，并有输出量限位切换开关和可调节输出量的标尺等装置，每当楔形体上下一次，便使两个组分柱塞泵完成一次吸入、吐出动作。该类结构也常出现在聚氨酯喷涂设备中。

3. 青岛科技大学产品

青岛科技大学在对 RIM 设备的研究中，在消化吸收国外技术特点的基础上开发了更为先进的楔形计量装置。它由双作用驱动气缸、计量缸、气动切换阀等组成。气缸外形为方形，其活塞杆固定，气缸可以运动，轴承导轨由螺栓与气缸缸盖连接，一端固定，另一端可调。导轨上的直线轴承与柱塞计量泵的活塞杆相连。轴承导轨随气缸缸体作往复运动，推动轴承和计量活塞作水平运动，进行物料的吸入和排出动作。其结构示意图列于图 2-24 中，基本

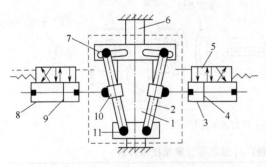

图 2-24　楔形计量装置结构示意图

1—驱动气缸；2—轴承导轨；

3，4，8，9—A、B 组分计量缸和活塞；

5—气动切换阀；6—气动活塞杆；

7—调节螺母；10—直线轴承；

11—调节螺母

技术参数见表2-9。

表2-9 楔形计量装置基本技术参数

项 目	指 标	项 目	指 标	项 目	指 标
驱动缸缸径/mm	63	换向阀行程/mm	2	注射量/g	0～300g
驱动缸行程/mm	100	装置尺寸/mm	630×450×150	楔角/(°)	0～21
计量缸缸径/mm	32	最大气压/MPa	1	质量/kg	30
计量缸行程/mm	40	注射压力/MPa	0～1.2		

4. 德国博世力士乐（Bosch Rexroth）公司产品

德国博世力士乐（Bosch Rexroth）生产的轴向柱塞变量泵是大多数聚氨酯高压发泡机首选的计量泵。它具有以下特点：

（1）泵体和密封选材精良，能有效地抽吸多羟基化合物和异氰酸酯介质；

（2）计量精度高，重复性好；

（3）可变排量轴向柱塞泵，能通过精密测量刻度的手轮进行手动调节流量，调节精确，运行平稳；

（4）泵送介质流动平稳，脉动小，容积效率极佳；

（5）工作压力最高可达25MPa；

（6）进口压力低，可泵送高黏度液体，工作黏度范围$1～2000mm^2/s$，最佳运行温度$10～50℃$，最高运行温度$80℃$。

在聚氨酯高压发泡机上，主要有A2VK、A7VK两个系列。

该公司生产的A2VK和A7VK系列轴向柱塞变量泵的基本结构剖面分别显示在图2-25（a）和（b）中。其相关的技术参数列于表2-10中。这两个系列的安装尺寸外形图分别显示在图2-26和图2-27中。

表2-10 部分轴向柱塞变量泵技术参数

系 列		A2VK			A7VK		
型 号		12	28	55	107	28	63
排量/(m³/r)		12	28	55	107	28	63
排量[1]（转速为 n）	n=735r/min	8.3	20	39.1	76.3		
	n=970r/min	10.9	26.4	51.6	100.7		
	n=1450r/min	16.3	39.5	77.1	150.5		
	n=1800r/min	20.3	49.1	95.7	186.8		
最大功率[2]/kW	n=735r/min	3.4	8.3	16.3	31.8		
	n=970r/min	4.5	11	21.5	41.9		
	n=1450r/min	6.8	16.5	32.1	62.7		
	n=1800r/min	8.4	20.4	39.9	77.8		
输出公差压力/MPa		25					
输出最大压力/MPa		315					
输送介质		聚氨酯原料——聚醇，异氰酸酯					
黏度范围/(mm²/s)		2～2000					
温度范围（最高/最佳）/℃		80/10～50					

① 包括3%的排量损耗。

② 在Δp=25MPa，并且转速为 n 时。

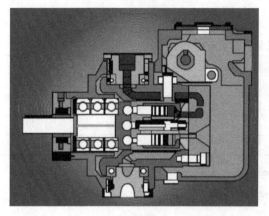

(a) A2VK

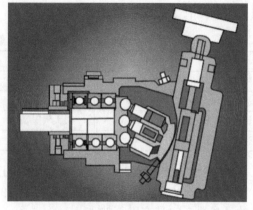

(b) A7VK

图 2-25 A2VK 和 A7VK 系列轴向柱塞变量泵剖面示意图

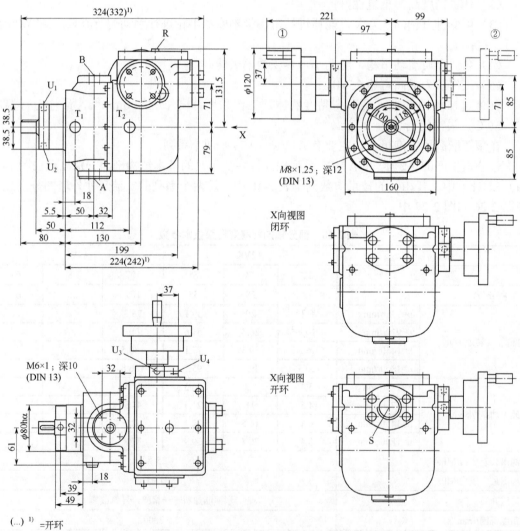

$(...)^{1)}$ =开环

①, ② =手轮组件型号

图 2-26 轴向柱塞可变排量泵 A2VK-12 安装图

（摘自德国 Bosch Rexroth AG 资料 RC9400/06.10）

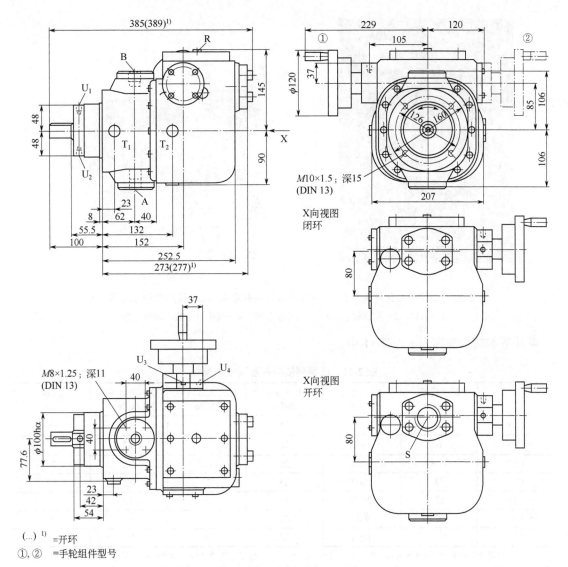

图 2-27　轴向柱塞可变排量泵 A2VK-28 安装图

（来源同图 2-26，A2VK-55、A2VK-107 等规格安装图省略）

5. 德国旋转动力（Rotary Power）公司

　　德国旋转动力（Rotary Power）是 BEL 集团（British Engines Ltd.）的子公司。该公司专业生产轴向柱塞泵和液压马达，在聚氨酯领域中已有近三十年的应用经验。目前，在高压聚氨酯设备的计量中也经常选用该公司 C 系列高压轴向柱塞计量泵（图 2-28）。

　　C 系列高压轴向柱塞泵具有以下特点：

　　① 入口配置合理，确保流体流经泵内部所有部件后排出，从而使泵体保持较低的温度；

　　② 使用 20bar（2MPa）的轴密封，包含一个陶瓷轴套和双层 PTFE 密封圈，确保泵在高压下正常运行；

　　③ 压力平衡装置，确保计量不受内部压力变化的影响，并获得高的计量精度；

　　④ 具有双路内循环系列。

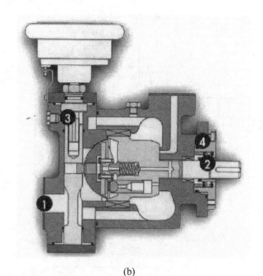

(a)　　　　　　　　　　　　　　　　(b)

图 2-28　旋转动力公司生产的 C 系列高压轴向柱塞泵（a）及其结构示意图（b）

1—入口；2—陶瓷轴套；3—压力平衡装置；4—双层聚四氟乙烯密封圈

其基本技术参数列于表 2-11 中。

表 2-11　C 系列轴向柱塞泵技术参数

型　号	最大排量 /(mL/r)	最大转速 /(r/min)	最大工作压力 /MPa	最大入口压力 /MPa	最小出口压力 /MPa	质量 /kg
C01	2	3000	25	2	0.2	—
C04	6	3000	25	2	0.2	—
C07	11.5	3000	25	2	0.2	20
C20	33	3000	25	2	0.2	30
C38	62	2000	25	2	0.2	37
P56	92	2000	25	2	0.2	40
P76	125	1500	25	2	0.2	71

注：物料最大工作黏度 2000 mm²/s；最佳工作温度 10～50℃；最佳工作转速 200～1800r/min。黏度＜2000 mm²/s，转速＜1500r/min；黏度 2000～5000mm²/s，转速＜1000r/min；黏度在 5000～7000mm²/s 时，转速＜750r/min。TDI 出口压力小于 210bar（21MPa）；MDI、POL 小于 250bar（25MPa）。

6. 意大利布雷维尼（BREVINI）集团公司产品

意大利布雷维尼（BREVINI）集团公司生产的高压柱塞计量泵的结构示意见图 2-29。相关技术参数列于表 2-12。

表 2-12　SAM 高压柱塞计量泵技术参数

规　格	排量 /(cm³/r)	压力（连续 /高峰）/MPa	转速（最小/最大） /(r/min)	流量 /(L/min)	动力 /kW	扭矩（连续 /高峰）/N·m	质量 /kg	温度（最高 /工作）/℃
H1V 12PV	11.9	25/32	300/1800	21.4	8.9	47.3/56.8	13.2	80/10～50
H1V 30PV	30	25/32	300/1800	54	22.5	119.4/143.3	26.3	80/10～50

该泵具有高的容积效率（在 2.5MPa 下可达 96%）；全部构件材质为铸铁或钢，并有防腐蚀处理；传动部位采用双轴承，PTFE 特殊密封，衬套内部涂覆高耐磨的陶瓷材料，确保无泄漏，长寿命；配备有高精度排量控制系统。

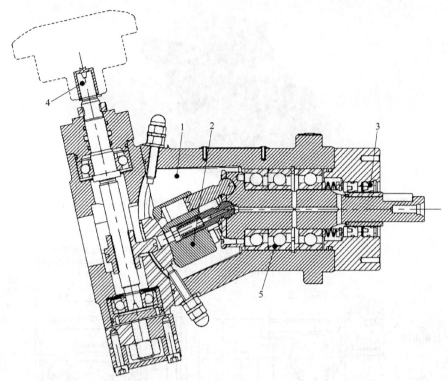

图 2-29　萨姆（SAM）聚氨酯高压柱塞计量泵结构示意图
1—高容量效率（250bar 下达 96%），流体型 ISO VG46；2—部件材质为具有抗腐蚀的铸铁或钢；
3—聚四氟乙烯特殊密封和涂覆陶瓷材料的衬套；4—高精度移动控制系统；
5—双屏蔽轴承赋予更长的使用寿命

7. 韩国 DUT 公司产品

韩国 DUT 公司生产的轴向柱塞泵排量范围更大，因此适用范围更加宽广。基本技术参数列于表 2-13 中。

表 2-13　韩国 DUT 公司轴向柱塞泵技术参数

项　　目		技 术 参 数					
型　　号		6	12	28	55	107	225
排量/(cm³/r)		5.8	11.6	28.1	54.8	107	225
流量 (黏度=36mm²/s) /(L/min)	n=735r/min	4.4	8.3	20	39	76	158
	n=970r/min	5.8	10.9	26	51	100	209
	n=1450r/min	8.7	16.3	39	77	150	313
功率 (p=22Mpa)/kW	n=735r/min	1.4	2.7	6.5	12.6	24.7	51.4
	n=970r/min	1.8	3.5	8.4	16.6	32.5	68
	n=1450r/min	2.8	5.5	12.6	25	48.8	101.8

8. 北京格兰士机电技术有限责任公司产品

北京格兰力士机电技术有限责任公司生产的 A2VK 系列 JLB 计量泵如图 2-30 所示，技术参数见表 2-14，安装外形尺寸见图 2-31 和图 2-32。

该计量泵的特点：进口压力低，可泵送高黏度液体；工作压力可达 25MPa；流量稳定，脉冲小，容积效率高，计量精度重复性好；配备流量调节手轮，调节准确，运行平稳。

图 2-30　北京格兰力士机电技术有限责任公司生产的 A2VK 系列 JLB 计量泵

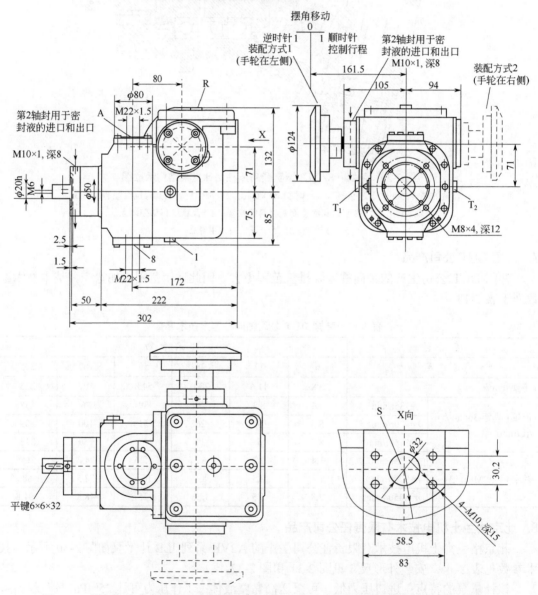

图 2-31　北京格兰力士机电技术有限责任公司 JLB12MA 轴向柱塞计量泵泵安装外形尺寸

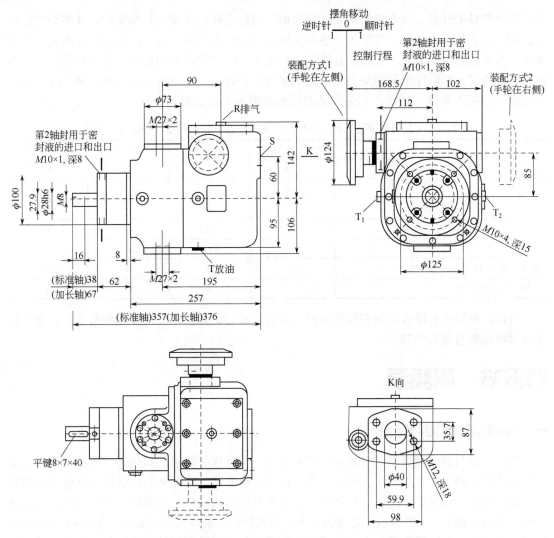

图 2-32　北京格兰力士机电技术公司 JLB28MA 泵外形图

表 2-14　北京格兰力士机电技术公司 **A2VK** 系列 **JLB** 计量泵技术参数

项　目		技 术 参 数			
型　　号		12	28	55	107
排量/(cm³/r)		11.6	28.1	54.8	107
流量[①]/(L/min)	$n=735$r/min	8.3	20	39	76
	$n=970$r/min	10.9	26	51	100
	$n=1450$r/min	16.3	39	77	150
功率[②]/kW	$n=735$r/min	4	9	17	33
	$n=970$ r/min	5	12	22	43
	$n=1450$r/min	7	17	33	65

① 开式回路中，黏度为 36mm²/s，转速分别为 735r/min、970r/min、1450r/min。

② 在 $\Delta p=25$MPa 时，转速分别为 735r/min、970r/min、1450r/min。

9. 上海灵港液压泵制造有限公司

上海灵港液压泵制造有限公司生产的 A2VK 系列轴向柱塞计量泵适合高黏度液体,如聚氨酯原料的精密计量。当电机带动主轴旋转时，通过边杆柱塞带动缸体旋转，使多个柱塞在各自的缸体内作往返运动。当缸体轴线和主轴轴线成一夹角时，缸体内的柱塞孔即发生容积变化。当容积由小变大时，介质从泵的吸入口吸入，经过配流盘的低压口进入柱塞孔。当容积由大变小时，介质经配流盘的高压口，从泵的出口排出。主轴每旋转一周，每个柱塞孔就会完成一次吸入和排出过程。相关产品的技术参数列于表 2-15 中。

表 2-15 上海灵港液压泵制造有限公司 A2VK 系列轴向柱塞计量泵技术参数

规　格		A2VK-12	A2VK-28	A2VK-55	A2VK-107
理论排量/(cm^3/r)		11.6	28.1	54.8	107
转速/(r/min)	额定	1450	1450	1450	1450
	最高	—	—	—	—
压力/MPa	额定	25	25	25	25
	最高	31.5	31.5	31.5	31.5
输入功率 (n=1450r/min)/kW		5.5	11	22	43
质量 (手动控制)/kg		22	36	64	117

目前，我国已有许多企业都能够生产这类计量设备，如浙江天龙聚氨酯设备厂、温州市泽程机电设备有限公司等。

第五节　隔膜泵

一、隔膜泵的结构与特点

隔膜泵是目前比较新颖的传输泵，顾名思义，它是依靠隔膜的运动对介质进行输送。由于其特殊的结构，它可以输送易燃、易爆、有毒、易挥发、具有腐蚀性以及含有杂质的高黏度液体。因此，常规泵不能输送的介质，它都有很好的适应性。根据输送介质不同，隔膜材质可以是氯丁橡胶、丁腈橡胶、氟橡胶、聚四氟乙烯等。泵体可以是铸铁、不锈钢、铝合金、聚丙烯等塑料。在聚氨酯工业中，隔膜泵主要用于各种液体原料的输送，尤其是像环戊烷等易燃易爆原料的输送。

隔膜泵以气体为动力源的称为气动隔膜泵，以电力或液体为动力源的则分别称为电力隔膜泵和液动隔膜泵。但目前，从环保性能、安全性能、性价比等方面比较，以气动隔膜泵使用最为广泛。

隔膜泵的结构主要由泵体、隔膜、连杆、配气等机构组成，其结构见图 2-33。

隔膜泵与其他输送泵相比具有以下优点：

（1）通用性强，对于诸如易燃、易爆、易挥发、含有大量杂质等介质，普通输送泵难以输送时，都可以使用隔膜泵；

（2）气动隔膜泵不用电力作动力，运行中无电火花产生的危险，接地后可防止静电火花；

（3）可以输送高黏度液体；

（4）隔膜泵的输送能力强，吸程高达 7m，扬程可达 70m，出口压力可达 0.8MPa，在气源压力 0.1～0.8MPa 的情况下扬程和流量都可以通过气源压力予以调节；

（5）隔膜泵的运动部件和工作介质是完全隔离的，没有旋转部件，没有轴封，工作中也不需要润滑油，即使空转，对泵也没有任何影响；

（6）隔膜泵结构简单，易损件少，工作可靠，安装方便，维护成本低廉。

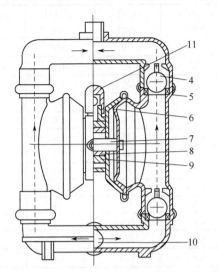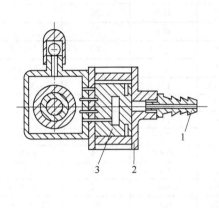

图 2-33　隔膜泵结构示意图

1—进气口；2—配气阀体；3—配气阀；4—圆球；5—球座；6—隔膜；7—连杆；
8—连杆铜套；9—中间支架；10—泵进口；11—排气口

在隔膜泵中设有两个相对应的介质输送空腔，每个空腔都设有单向球阀，可将介质吸入和排出，室内各装有一块弹性隔膜，两个隔膜由连杆连接在一起，在压缩空气为动力源的作用下连杆会推动隔膜左右来回运动。当隔膜向左运动时，会将左边输送空腔中的介质输出。与此同时，右边的空腔会因体积增大而将介质吸入。这样，在隔膜的运动中，左右两个空腔的体积交替变大和缩小，对介质进行吸入和排出动作，完成输送介质的目的。

二、隔膜泵典型产品

图 2-34 和图 2-35 分别是铝合金和塑料材质制备的隔膜泵。根据工作需要和工况条件不同，也可以采用铸铁、不锈钢以及各种金属、塑料或组合材质制备。表 2-16 和表 2-17 分别是上海边锋泵业制造有限公司和美国威尔顿（WILDEN）公司生产的部分隔膜泵的技术参数，后者的外形尺寸见图 2-36。

图 2-34　QBY-25 型铝合金气动隔膜泵　　　图 2-35　威尔顿 ALL_FLO 塑料气动隔膜泵

表 2-16　上海边锋泵业制造有限公司部分气动隔膜泵技术参数

型　号	最大流量 /(L/min)	最大扬程 /m	最大吸程 /m	出口压力 /MPa	口径 /mm	入气口径 /in	颗粒直径 /mm
QBY-3-10	18.9	70	2.5～3	0.7	10	1/4	1.5
QBY-3-15	18.9	70	2.5～3	0.7	15	1/4	1.5
QBY-3-20	57	70	4.5～7.6	0.7	20	1/4	2.5
QBY-3-25	57	70	4.5～7.6	0.7	25	1/4	2.5
QBY-3-25A	151	84	5.4	0.84	25	1/4	3.2
QBY-3-32	151	84	5.4	0.84	32	1/4	3.2
QBY-3-40	151	84	5.4	0.84	40	1/4	3.2
QBY-3-50	378.5	84	5.48	0.84	50	1/4	5.48
QBY-3-65	378.5	84	5.48	0.84	65	1/4	5.48
QBY-3-80	568	84	5.48	0.84	80	1/4	63
QBY-3-100	568	84	5.48	0.84	100	1/4	63
QBY-3-125	1041	84	2.4～7.6	0.84	125	3/4	100
QBY-3-150	1041	84	2.4～7.6	0.84	150	3/4	100

注：1in=0.0254m。

表 2-17　美国威尔顿（WILDEN）公司 ALL-FLO 塑料气动隔膜泵技术特性

介质进出口 /mm	空气进出口 /mm	最大流量 /(L/min)	最小气体压力 /MPa	通过颗粒直径/mm	干吸高度[①] (PTFE 球阀)/m	最高温度 (KT-15)/℃	质量（PEP） /kg
38.1	19	492	0.84	6.4	3	93	20.8

① 法兰为 ABSI 和 DIN 两种规格；常用型号还有 PB-15、PT-15、PE-15、KT-15、KE-15。

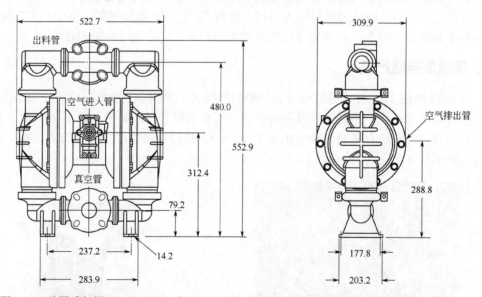

图 2-36　美国威尔顿（WILDEN）公司 ALL-FLO 塑料气动隔膜泵安装尺寸（单位：mm）

第六节　流量计

为精确测量在管道中输送的液体原料，提高计量精度，在现代聚氨酯设备上还普遍装备了各种各样的流量计。常用的流量计有靶式流量计、差压式流量计、转子式流量计、容积式流量计等。其中容积式流量计又称为定排量流量计，它在流量计仪表中是计量精度较高的，性价比高，因此，在聚氨酯工业设备的配置上经常选用这类流量计。

螺杆式流量计属容积式流量计系列。两根高精度螺杆轴相互啮合，当流体沿轴向流动穿过装置时推动螺杆旋转，形成独立的容腔，对流体进行不断地吸入和排出。同时，传感器对连接在螺杆轴上的传感轮进行扫描测量。该类流量计工作压力高，而压力降却非常低；不会造成压力脉冲和流量脉冲，测量精度高，在整个测量范围中误差≤0.1%；对于黏度为 $20mm^2/s$，1：150，全量程内精确度误差≤±0.2%；重复性好；输出信号不受温度约束，适用温度范围广；使用电子设备显示操作状态，操作可靠性高。

例如德国克拉赫特（Kracht）公司的 SVC 型螺杆式流量计（图 2-37），卡尔（Kral）公司的 OMG 系列螺杆式流量计，德国流体系统公司（German Fluid System，GFS）公司的 RS 系列螺杆式流量计（图 2-38）。这三家公司的部分流量计的技术参数分别列于表 2-18～表 2-20 中。

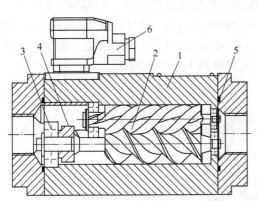

图 2-37 Kracht 公司 SVC 型螺杆式流量计结构示意图

1—外壳；2—测量系统；3—滚动接触轴承；

4—传感轮和传感器；5—O 形密封圈；6—连接件

图 2-38 GFS 公司 RS 系列螺杆式流量计

表 2-18 SVC 螺杆式流量计技术参数（德国克拉赫特-Kracht 公司资料）

型号	工作压力/bar	短时压力降/bar	长久压力降/bar	测量室容积/(cm³/U)	脉冲容积/(cm³/imp)	分辨率/(imp/L)	分辨率[①]（4倍）/(imp/L)	脉冲率/Hz	测量范围/(L/min)
SVC10	250	25	7	27.04	1.423	702.7	2811.0	1171	1-150
SVC40	250	25	7	123.6	5.150	194.2	776.7	1295	4-600
SVC100	140	25	7	354.6	9.85	101.5	406.1	1889	10-1500

① 分辨率（K 系数），对两测量通道进行 4 倍评估。黏度范围：$1～1×10^6mm^2/s$（取决于流量）。

表 2-19 GFS 公司 RS 系列流量计技术参数

规格	流量范围[①]/(L/min)	排量/(mL/r)	计量单位/(mL/imp)	K 系数（最小）/(imp/L)	K 系数（最大）/(imp/L)	工作压力/bar	过滤要求/μm
RS 100	0.5～120（120）	15.7	0.5815	1720	220000	450	250
RS 400	1～400（525）	56.5	3.138	318	40800	450	250
RS 800	4～800（1000）	180	10	100	12800	450	500

① 括号内流量为最大流量；计量精度±0.3%（RS800 为±0.5%）；黏度>$21mm^2/s$；重复精度±0.05%；黏度范围 $1～1×10^6mm^2/s$。

表 2-20　KRAL 公司 OMG 系列流量计技术参数

系列型号	流量/(L/min)			最大压力/MPa	工作温度/℃	K 系数/(imp/L)	频率(额定流量)/Hz	质量/kg
	最大	额定	最小					
OMK-13	15	10	0.2			1200	200	2
OMK-20	45	30	0.6	4	−20～100	640	320	3
OMK-32	150	100	2			230	383	11
OME-13	15	10	0.1			1214	202	0.6
OME-20	45	30	0.3	4	−20～125	321	161	1.1
OME-32	150	100	1			78	130	2.7
OME-52	525	350	3.5			17.7	56.4	9

注：对于大流量的流量计，还有 OMG、OMX、OMH 系列。

　　另一种常用的容积式流量计是齿轮式流量计。根据齿轮马达原理，测量齿轮由液体流动驱动，齿轮每转动一个齿时在盖板内的两个无接触的传感器就会接收一个齿容量的信号，然后通过前置放大器将信号转换为方波信号。在整个测量范围内，线性误差小于±0.1%，测量值的重复精度误差小于 0.1%。例如，克拉赫特（Kracht）公司 VC 系列齿轮式流量计就是这类流量计，其结构示意图列于图 2-39 中，其技术参数列于表 2-21 中。

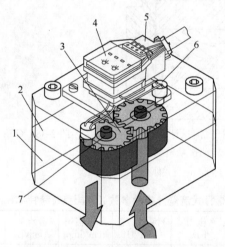

图 2-39　Kracht 公司 VC 系列齿轮式流量计结构示意图
1—壳体；2—盖板；3—齿轮；4—前置放大器；
5—连接器；6—传感器；7—轴承配件

表 2-21　Kracht 公司 VC 系列齿轮流量计技术参数

标称尺寸	几何齿容积/cm³	最大工作压力/MPa	峰值压力/MPa	测量范围/(L/min)	分辨率/(imp/L)	噪声等级/dB(A)	测量值精度(等 4 系列)
0.2	0.245	40	48	0.16～16	4081.63	＜60	
0.4	0.4	40	48	0.2～30	2500.00	＜70	±0.5%（当黏度≥100 mm²/s 时）
1	1.036	40	48	0.3～60	965.25	＜70	
3	3.000	31.5	35	0.6～100	333.33	＜70	
5	5.222	31.5	35	1～160	191.50	＜72	

　　威仕（VSE）齿轮式流量计有 3 个系列：VSI 系列（高分辨率型）、VS 系列（标准型）

和 EF 系列（经济型）。其标准型齿轮流量计的技术参数列于表 2-22 中。

表 2-22　威仕齿轮式流量计技术参数

型　号	流量范围 /(L/min)	分辨率	计量精度	黏度范围 /(mm²/s)	工作压力 /MPa	过滤要求/μm
VS0.02	0.002～2	0.02				10
VS0.04	0.004～4	0.04				10
VS0.0.1	0.01～10	0.1			铸铁：31.5	10
VS0.0.2	0.02～18	0.2	0.3% R（黏度＞21mm²/s）	1～100000	不锈钢：45 特殊型：70	20
VS0.0.4	0.03～4	0.4				20
VS1	0.05～80	1				50
VS2	0.1～150	2				50
VS4	1～300	4				50
VS10	1.5～525	10/3			铸铁：42	50

注：噪声等级最大 72dB；介质温度（标准型）-40～120℃；前置放大器 10～28V（DC）。

图 2-40 是厦门宏控自动化仪表有限公司生产的 HKC 系列科里奥利质量流量计，其结构见图 2-41。

图 2-40　HKC 系列科里奥利质量流量计

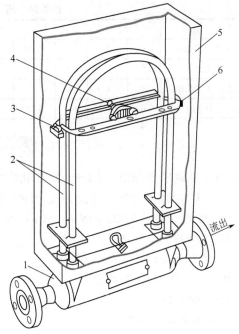

图 2-41　流量计 U 型管结构示意图
1—支撑管；2—测量管；3, 6—电磁检测探头；
4—驱动线圈；5—外壳

质量流量计测量的基本原理是直接或间接测量在旋转管道中流动流体产生的克里奥利力。然而，通过旋转运动产生克里奥利力是困难的。目前均以产生的管道振动所代替，即使用在两端固定的薄壁测量管的中间处，由测量管谐振的频率所激励，在管内流动的流体产生克里奥利力，使测量管中间点的前后两个半段生产方向相反的挠曲。使用电磁学方法检测挠曲量，即可获得流体的质量流量。同时，由于流体密度会影响测量管的振动频率，而频率与密度有着固有的关系，因此，质量流量计还可以测量流体的密度。

克里奥利质量流量计由流量传感器和转换器（或流量计算机）两部分组成。从图 2-41 可以看出，该流量传感器主要由支撑管 1、两根 U 型测量管 2、测量管振动激励系统中的驱动线圈 4、检测测量管挠曲的电磁检测探头 3 和 6，以及测温组件等组成。转换器主要由振动激励系统的振动信号发生单元、信号检测和信号处理单元等组成。相关技术参数参见表 2-23。流体流量测量范围见表 2-24。

表 2-23 HKC 系列质量流量计技术参数

项 目	指 标	项 目	指 标
测量介质	液体，气体	流量测量误差	0.2% R+C_Z 0.15% R+C_Z
测量直径	1～300mm	液体	
测量项目	质量流量，密度，温度，体积流量，浓度	气体	0.5% R+C_Z 1.0% R+C_Z
密度测量范围	0.2～2.5g/cm³	信号形式	4～20mA，0～2kHz，RS485，Hart
密度测量误差	0.002g/cm³	供电电源	24V(DC)
介质温度	−200～+300℃	防爆等级	Exd(id) Ⅱ CT2～T15，Exd Ⅱ CT4
温度测量误差	≤1℃		

表 2-24 流体流量测量范围

项 目	指 标										
公称直径 *DN*/mm	1	3	6	8/10	15	25	40	50	80/100	150	200
最大流量/(t/h)	0.05	0.2	0.5	1	3	6	16	40	100	300	600
最大工作压力/MPa	4	4	4	4	4	4	4	4	4	4	4
零点稳定/(kg/h)	0.01	0.04	0.1	0.15	0.4	0.6	1	3	10	30	60

参考文献

[1] 徐培林，张淑琴. 聚氨酯材料手册. 北京: 化学工业出版社，2002.

[2] 徐培林. 联邦德国聚氨酯工业发展概况. 合成橡胶工业，1990,1（特刊）：3-7.

[3] 德国欧瑞康巴马格（OERLIKON BARMAG）公司资料.

[4] 德国克拉赫特（KRACHT）公司资料.

[5] 晋中经纬纺织机械有限责任公司资料.

[6] 奥地利卡尔（KRAL）公司资料.

[7] 意大利 OMS 公司资料.

[8] 德国 Hennecke 公司资料.

[9] 德国 Krauss-Meffei 公司资料.

[10] 美国 AMPLAN 公司资料.

[11] 杨福芹. RIM 机计量装置的研究和开发. 特种橡胶制品，2001(3): 42-45.

[12] 德国 BOSCH REXROTH 公司资料.

[13] 德国 ROTARY POWER 公司资料.

[14] 意大利 BREVINI 公司资料.

[15] 韩国 DUT 公司资料.

[16] 北京格兰力士机电技术有限责任公司资料.

[17] 上海灵港液压泵制造有限公司资料.

[18] 温州天龙聚氨酯设备厂资料.

[19] 温州市泽程机电设备有限公司资料.

[20] 黄山工业泵制造有限公司.

[21] 青岛科技大学化工学院资料.

[22] 河北省胜达聚氨酯发泡设备厂资料.

[23] 上海边锋泵业制造有限公司资料.

[24] 美国威尔顿（WILDEN）公司资料.

[25] 厦门宏控自动化仪表有限公司资料.

第三章

聚氨酯加工主机的混合元件

由于聚氨酯合成反应速度极快，要使大量液体物料按比例得到连续且充分的混合，这在聚氨酯生产设备的制造上是有一定难度的，混合元件直接影响着产品的质量，是聚氨酯加工主机的关键部件，各个制造聚氨酯生产设备的公司在混合部件的设计上都花费大量的人力、物力，开发适用于各种制品、各种工艺、各种加工条件的混合头，功能不一，形式多样，各具特色。聚氨酯加工主机的混合元件多被列为专利保护之列。

第一节 对混合头的要求 ◄◄◄

对混合头的技术要求如下。

（1）针对聚氨酯各组分在接触的瞬间即发生快速反应的特性，各液体物料黏度、互溶状态的差异等因素，要求混合头能进行连续、高速、高效、有时还要求不能产生气泡的混合，并连续、迅速吐出功能。根据一般规律，液体物料进入低压机的混合头直至吐出的时间仅有几秒钟，而对于高压机，物料在混合室的时间则更短。这就意味着混合头必须具备更加优异的混合和吐出功能。

（2）各组分接触发生激烈反应，黏度会急剧增加，并很快产生由液体转变成固体的相变过程，为保证连续生产的正常进行，已相互接触的物料在混合、吐出后，必须在其固化前清除出混合部件。通常聚氨酯低压机大多设置有溶剂和压缩空气吹洗的清洗程序；高压机则在混合头中进行一些特殊设计，使其具有自清洁功能。

（3）混合头必须具备原料组分优异的切换功能，使输至混合头的物料同步进入，混合动作完成后可以同步关闭或返回原料储罐，任何原料组分的超前和滞后都会对产品质量、产品生产产生极大影响。

（4）混合头是非常精密的部件，不仅要具有良好的混合功能，而且要耐磨损、耐冲刷，密封性能要好，不得出现任何泄漏，且结构要相对简单，以方便清洗、维修、保养。

根据工作要求，混合头元件的设计多种多样，混合方式大体有机械搅拌式、高压冲击式、空气搅拌式等。机械搅拌式混合头，包括高剪切锥形螺杆式混合头，主要用于聚氨酯的低压机；机械搅拌和空气搅拌式混合头多用于聚氨酯、聚脲喷涂机；高压冲击式混合头主要用于聚氨酯高压机。

第二节 机械式混合头 ◄◄◄

机械式混合方式可分为两种：内混合方式和外混合方式。外混合多见于喷涂设备，而目前聚氨酯低压机普遍采用内混合方式进行混合作业,组分物料经过计量后连续进入低压机混合头的混合室,利用机械快速搅拌作用使物料连续地充分混合,然后连续吐出。为适应聚氨酯不同原料体系间的互溶性和反应性、黏度、流量,以及不同制品对不同生产方式的需要,机械搅拌方式混合头的设计和搅拌器的形状各种各样。在低压机的混合头设计中,混合室通常都比较小,相对而言,浇注无泡聚氨酯弹性体低压机的混合头空间要更小一些,以避免裹入气泡。在混合头轴线的上方配置高速电机驱动机械搅拌器运动,根据需要可进行搅拌速度的调节。物料组分以及色料、配合剂等组分的进出口均配置在混合室上方的四周位置。低压机混合头的形式多种多样,在此仅列出几种典型的混合头,见图 3-1(a)～(i)。其中(g)和(i)为多组分混合头;为避免混合头过热,(h)显示的混合头可以通入冷水进行冷却;(i)为带有静态混合器的混合头。

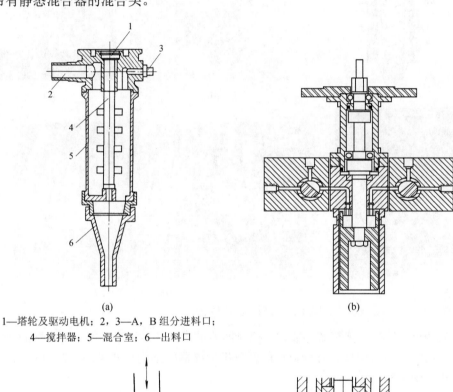

1—塔轮及驱动电机;2,3—A,B 组分进料口;
4—搅拌器;5—混合室;6—出料口

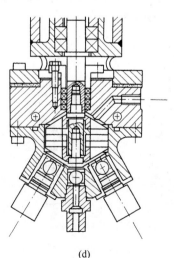

图 3-1

图 3-1　低压机的典型混合头

　　根据产品特点、生产工艺等条件要求，搅拌器的形式也是多种多样的。搅拌器的形状基本可分为低剪切型和高剪切型。几种典型的低压机搅拌器的结构形式见图3-2，典型的改进的搅拌器形式见图3-3。

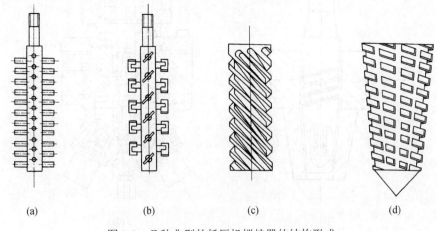

图 3-2　几种典型的低压机搅拌器的结构形式

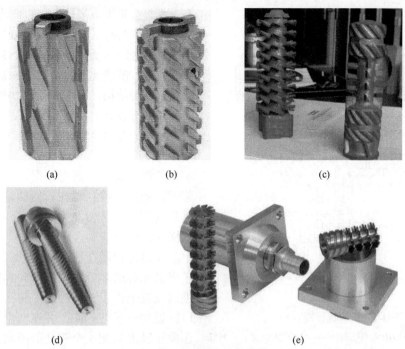

图 3-3　典型的改进的搅拌器形式

低剪切式搅拌器的混合室相对较大，搅拌速度一般在 2000～20000r/min。搅拌齿的形状较简单，多为销钉状、销钉桨状、螺旋状以及它们的变形体，由于它们不容易清洗，故以往多用于聚氨酯大块泡沫体的连续化生产的低压机中。高剪切式搅拌器是近几十年发展起来的新设计类型，搅拌器在混合室中的体积较大，但配合间隙较小，装配公差精密，在圆柱形、圆锥形等基本形状上设计有螺旋锥体形搅拌齿，且搅拌速度很快，有的甚至可以达到 20000r/min，物料在这种形状的搅拌器的混合室中会在高剪切力的作用下获得很好的混合效果，同时，物料还会产生较大的、向下移动的推力。因此这种搅拌器混合室中残留物料相对较少。具有一定的自清洁功能，较少使用或不使用溶剂和空气进行混合头清洁程序。这种搅拌器的典型代表有日本东邦机械株式会社的 EA 系列聚氨酯弹性体浇注机［图 3-1(b)］，德国德司马（DESMA）公司的 PSA 系列［图 3-1(d)，(f)］和 DS 系列混合头和搅拌器［图 3-1(e)］，以及美国马丁·斯伟茨（Martin Sweets）公司的低压机混合头［图 3-1(c)］。我国温州市海峰制鞋设备有限公司在吸收、消化国外先进混合头的基础上，也开发出性能优异的长螺旋体型搅拌器混合头，搅拌器呈逐渐缩小的长螺旋形，长径比约为(6～7)∶1，形状类似 DESMA 公司 PSA 型搅拌器，混合效果优异，并已用于生产聚氨酯鞋品机械上［图 3-3(b)］。

　　从图中可看出，改进后的 PSA 型混合头还可以将固体填料等第三组分直接添加至混合室中，在浇注完成后，锥形搅拌螺杆在高速旋转将物料抛向混合室的同时向下推进，可以将残余物料推出混合室，从而达到自清洗的目的。

　　在使用这类搅拌器的混合室中，装配公差必须十分精密。物料在受到高剪切力搅拌作用的同时会产生较大向下推动的作用力，使混合室内残留物料量减少，在操作间隙，混合头停止工作时，使用少量溶剂和压缩空气就能将残存物料清洗干净。

　　为了获得良好的物料混合效果，机械式搅拌器的搅拌速度都很高，一般都在 3000～6000r/min，甚至更高。搅拌动力由高速电动机提供。根据物料黏度和工艺要求，其转速可以采用皮带-塔轮、变频调节、液压变速等方式进行调节。但搅拌轴转动速度过快，其轴的密封和由高速转动产生的

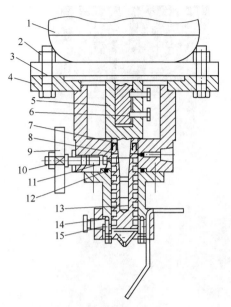

图 3-4 低速运行混合头

1—电动机；2—M10 六角螺母；3—M10×35 全螺纹六角螺
栓；4—法兰套；5—轴套；6—M6×20 全螺纹六角螺栓；
7—密封套；8—隔离套；9—手轮；10—阀芯；
11，12—O 形密封圈；13—搅拌器；14—搅拌室；
15—M3×12 六角螺栓

高温都将会带来诸多技术上的难题。由于高的转速及产生的高温，会使密封装置损伤、失效，造成物料经轴承套向上泄漏，产生"抱轴"现象。目前，解决此类问题的办法是：改进密封材料和密封结构，密封圈可使用掺有石墨或二硫化钼的橡胶或聚四氟乙烯等改性的耐高温的弹性材料；在搅拌轴上镀覆带有自润滑性能的改性陶瓷涂层等。

在解决搅拌轴密封方面，还有人采用变频调速器控制搅拌轴在较低的速度下运行，以降低因高速旋转产生的温度，并在混合头的浇注口前部安装了一个扁管，深入到模腔中，使浇注物料在模腔中进行二次混合；还在聚多元醇或多元胺等组分和异氰酸酯组分进口位置上作了一些改动，将聚醇组分的进口位置稍作了些提高，并在两个组分之间，在搅拌轴上装配一个带孔的隔离板，以减少异氰酸酯对密封件的破坏，同时利用聚醇对轴进行润滑（图 3-4）。

新加坡润英聚合工业有限公司低压混合头技术参数见表 3-1。

表 3-1 新加坡润英聚合工业有限公司低压混合头技术参数

型　号		CMX2	CMX7	CMX15	CMX30	CMX60	CMX100	CMX200
吐出量[①]/(g/s)	>	7	25	50	100	200	350	700
	<	30	115	250	500	1000	1650	3300

① 在两组分为 1∶1 时；黏度范围 15～2000mPa·s。

我国在低压机械搅拌式混合头的开发研制方面做了许多工作。例如，温州海峰制鞋设备有限公司根据不同的聚氨酯原料和工艺要求，设计、制造了高、中、低 3 种搅拌转速，中速搅拌即可达到 8600r/min 以上，高速搅拌可达 12000r/min。为解决高温带来的密封、磨损等技术难题，他们在原密封结构上又增加了陶瓷密封等结构，同时设计了创新的水冷式混合头（见图 3-5）。海峰鞋机同时对两种原料进入混合腔的位置也做了较大的改进。在低压浇注机的通常设计中，两个组分进入混合腔是在混合室的上部相距 180°，而海峰鞋机设计的两个原料注入口在混合室的侧部，两者相距小于 45°。这样，原料进入混合室后会在更短的时间内接触，在特殊设计的搅拌器上部斜齿的高速搅拌作用下能迅速混合并将物料推向下部，减缓高温带来的诸多技术问题，提高了设备工作效率。

图 3-5 高速搅拌的水冷式混合头组件

第三节 冲击式混合头

冲击式混合头是伴随高活性原料快速反应铸模成型-RIM(reaction injection moulding) 工艺而发展起来的混合元件。它具备以下优点：

（1）具有足够流动压力的各组分物料流，通过尺寸较小的喷嘴将物料在高速流动下喷出并相互撞击，从而产生良好的混合效果。

（2）冲击式混合装置设计精密，没有机械搅拌所产生的密封问题，同时它还具有自清洁功能，无需使用清洗溶剂。

（3）混合头控制机构高效、精密，各组分物料进入混合头的开启、关闭的切换动作快捷，同步，超前、滞后的误差极小，同时在切换时无压力尖峰脉冲。

（4）适应范围广，使用寿命长。

一、冲击式混合原理

和传统机械式搅拌方式完全不同，冲击式混合头无需任何机械搅拌装置，它是由具有能量的物料粒子以极高的流速通过喷嘴，使各组分物料微量相互碰撞，摆脱其相互连接的黏附力，并在惯性力的作用下使微粒的压力能转化为动能，在高速撞击下重新组合（图3-6），即发生化学反应。这种能量的转换可以通过在混合头中物料温度上升的测量得到佐证（图3-7）。使用适当的测温装备测出因能量转换使物料混合后的温度升高约 7℃。

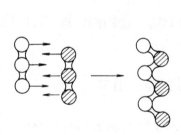

图 3-6 高动能产生化学变化

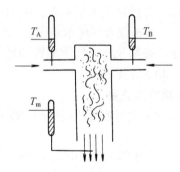

图 3-7 动能转化使物料温度上升

根据对混合头设计大量的基础研究得知，要想获得良好的冲击混合效果，混合物流体系的流动必须达到紊流状态，并且其产生紊流的雷诺数 Re 必须大于临界雷诺数 Rc，同时指出：在 $Re > Rc = 50 \sim 200$ 的紊流条件下，冲击混合的效果最好。

根据实验测定，不同喷嘴形状、配置位置，混合头会产生不同的雷诺数 Re（图3-8）。

在图 3-8（a）中，喷嘴为圆柱形，两个喷嘴的入口精确地设在同一水平中心线上，测得的雷诺值 $Re > 100$。该种喷嘴配置所需的临界雷诺值 Rc 最低，变动范围是 $50 \sim 100$。喷嘴的尺寸设计，Re 只要大于 100 即可获得良好混合所需的紊流状态。

在图 3-8（b）中，两个喷嘴的断面也为圆形，但喷嘴以向上倾斜方式设置，其中心线与混合室轴线相交呈一定角度，从俯视图上看，两个喷嘴的中心线是对齐的。这类混合头的临界雷诺数 Rc 最大，范围是 $150 \sim 200$，但在喷嘴设计时其雷诺值必须大于 200

才能达到要求的紊流状态。

在图3-8（c）中，两个喷嘴的断面为窄缝形状，两个喷嘴的入口虽然处在混合室的同一水平面上，但却位于圆形混合室的对应的切线处，这样两组分进入混合室不能产生直接的相对冲击混合，物料进入混合室后将产生漩涡式流动。这类形式的混合头，其临界雷诺数为150。

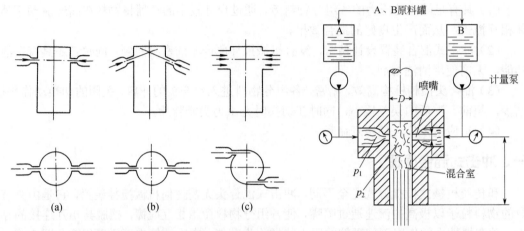

图3-8 不同的喷嘴形状和位置会产生不同的雷诺数　　图3-9 高压冲击混合原理

从以上3种喷嘴形式和配置方式比较可知，临界雷诺值 Rc 最低的是图3-8的（a）形，即两个喷嘴呈圆柱形，并以对称水平配置最好。因此，目前冲击式混合头的喷嘴基本为圆柱形或圆锥形，并以精确水平配置。根据基础测定，圆锥形喷嘴的混合效果优于圆柱形喷嘴。图3-9为高压冲击混合原理示意图。

在给定的喷嘴尺寸、位置配置和操作条件下，计算物料的雷诺数 Re，可以判断混合状态的优劣。相关计算如下。

1. 混合头喷嘴的流量

混合头物料注射喷嘴通过能力 Q(kg/s) 的设计按式（3-1）计算。

$$Q=V\alpha A\rho \tag{3-1}$$

式中，V 为物料流速，m/s；α 为喷嘴设计中的收缩系数（contrction factor）；A 为喷嘴的截面积，m^2；ρ 为流体物料的密度，kg/m^3。

喷嘴出口的平均流速 V(m/s) 可根据伯努利（Bernoulli）方程求得。

$$V=\beta g\Delta p/\rho \tag{3-2}$$

式中，β 为摩擦系数；g 为重力加速度（$g=9.81m/s^2$）；Δp 为喷嘴前后的压力差（p_1-p_2，kgf/m^2）。

将式（3-2）代入式（3-1），圆形喷嘴的流量为 Q(m^3/s)；

$$Q=\frac{\pi d^2}{4}\rho \cdot k\sqrt{2g\cdot\frac{\Delta p}{\rho}} \tag{3-3}$$

式中，d 为喷嘴直径，m；k 为喷嘴系数，$k=\alpha \cdot \beta=0.7\sim0.8$。

公式（3-3）是计算的基本方程，根据设计工艺条件，可由此推导出喷嘴直径、喷嘴前后压力差和喷嘴系数。通常圆柱形喷嘴系数 k 的近似值为 $0.7\sim0.8$。

2. 黏度

液体原料的黏度常测定其动力黏度 u，一般以泊（P）或厘泊（cP）表示，其相互关系如下：

$$1cP=1\times10^{-2}P=1mPa\cdot s$$

另外，运动黏度 $v=u/\rho$，单位为 m^2/s。式中 ρ 为密度，kg/m^3。

运动黏度表述了在液体中剪切应力对剪切变形的比例。

3. 雷诺数（Re）

雷诺数是无量纲数值，它表示一种流体的惯性力与黏性力之比。当雷诺数（Re）大于临界雷诺值 Rc 时，流体的惯性力超过黏性力，流体呈紊流状态。

当喷嘴孔为圆形时，其雷诺数可由下列公式表述：

$$Re = dV/v = dV\rho/\mu = \frac{4Q}{\pi d\mu}$$

将公式（3-3）代入上式，可得到 Re 的另一种表达方式：

$$Re = \frac{d\rho k\sqrt{2g\cdot\dfrac{\Delta p}{\rho}}}{\mu}$$

为了使液体物料获得良好的混合效果，混合体系的雷诺值必须超过临界雷诺值达到紊流状态。如图 3-8 所示，在混合头上不同形状的喷嘴和位置配置的设计，所表现出的雷诺值是不一样的。

两种液体物料以高能量流速喷入混合室时，根据物料的黏度、密度、质量、运动速度等因素进行适当调整，若使喷出的两股物料流的冲击混合区正处于混合室的中心位置，其两股物流的动能必须相等，动能平衡关系如下：

$$E_A=E_B$$

即
$$\frac{m_A V_A^2}{2} = \frac{m_B V_B^2}{2}$$

E_A、E_B 分别为两股物流的动能；m_A、m_B 分别为两股物流的质量；V_A、V_B 分别为两股物流的速度。

物料进入混合室的动能大小会对主混合区的位置产生一定的影响，见图 3-10。

图 3-10（a）表示两股液体物料进入混合室的动能相等，冲击混合区正处于混合室的中心，混合效果良好。在图 3-10（b）中，进入混合室的 B 组分的动能大于 A 组分动能，使得冲击混合区偏向混合室中心线的左侧，混合效果较差。当出现这种情况时，就应该对喷嘴直径、注射压力、流量等在设计上或工艺上做适当调整，以确保物料达到良好的混合效果。

为确保混合头具有优异的冲击混合效率，在设计上通常采用圆锥形喷嘴，两个物流的喷嘴位置配置在同一水平线的相等位置上，以便使进入混合头的两股物流的动能相等。如果需要添加第三组分（如色浆等助剂）时，其第三组分物料喷嘴的设计也必须与主料喷嘴处在同一水平面上或稍稍偏向主喷嘴上方。这是由于第三助剂组分通常加入量相对要小得多，一般需要更高的输入能量，依靠流场创造的紊乱状态使第三组分能有效地进入混合室，并获得良好的混合效果（图 3-11）。

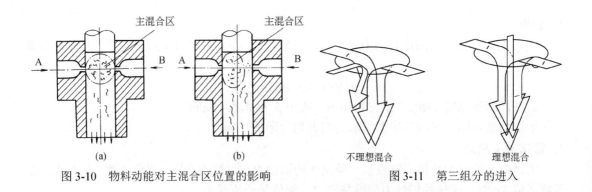

图 3-10　物料动能对主混合区位置的影响　　　图 3-11　第三组分的进入

二、冲击式混合头的类型

混合头是目前高压发泡机的关键部件，各设备制造厂家都将它作为该设备的核心技术，且多列入专利保护范围。随着基础研究的深入、设计理念的进化、制造工艺的进步以及生产产品多样性的要求，混合头的形式多种多样，其基本类型大致有以下几种。

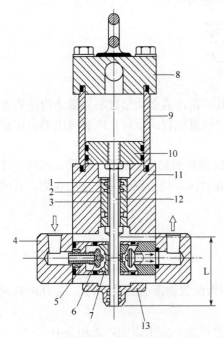

图 3-12　早期冲击式混合头
1—液压密封；2—除尘圈；3—密封衬套；4—管线适配器组件；5—阀衬套；6—活塞阀；7—阀座；8—液压缸盖；9—液压缸；10—活塞；11—液压缸配合件；12—清洁阀杆；13—混合室喷头组件

作为著名聚氨酯机械制造商之一的 Hennecke 公司，是把冲击混合技术应用于混合头开发的公司之一。它使用发动机注射柴油用并带有弹簧的喷嘴装置，将其设置在混合室的相对处，当喷嘴打开时，两种液体物料在压力下相对喷出，冲击混合，为提高混合效果及背压，混合室内设置有内置物。混合操作完成后，利用溶剂和压缩空气清洗混合室（图 3-12）。这种混合头除了喷嘴外，其他多表现出低压机混合头的特征，存在着残存物料清洗等问题。

在初期高压混合头的开发中，除了研究冲击混合理论和实施工艺技术外，尚存在残存物料的清洗、物料注入、关闭的速度及同步性等。早期典型的高压混合头如图 3-13 所示。

冲击混合头要想获得良好的混合，两个高压液体物料流必须同时经过各自喷嘴，相向冲撞，这就要求两个注射喷嘴必须同步打开，同步关闭。否则就会造成其中一个组分的超前或滞后。初期也曾采用被动的设计方法，即在混合头和模具之间设置一个后混合室，并设有小的辅助腔室，用于捕集超前的、未混合好的物料（图 3-14）。虽然这是一种被动式设计，但在当时也能有效地保证产品的质量。为消除物料组分超前、滞后现象，也曾采用三通阀式的设计，如图 3-15 所示。

德国 Hennecke 公司早期开发的 ML 型高压机混合头（图 3-16）就是使用传统清洁方式的高压冲击式混合头。

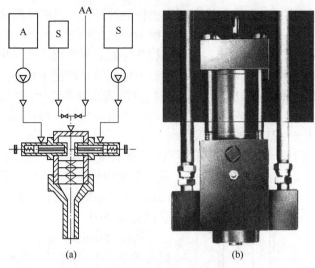

(a)　　　　　　　(b)

图 3-13　早期典型的高压混合头

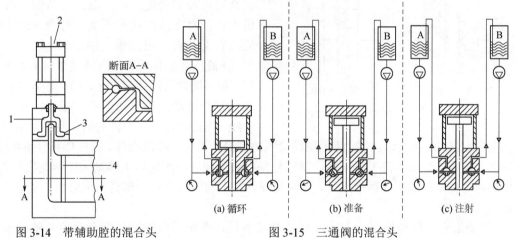

图 3-14　带辅助腔的混合头
1—后混合器；2—混合头；3—滞后物料
收集室；4—薄膜式流道

(a) 循环　　　(b) 准备　　　(c) 注射

图 3-15　三通阀的混合头

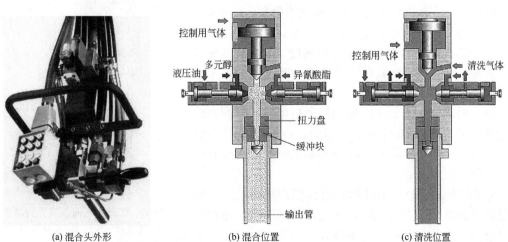

(a) 混合头外形　　　(b) 混合位置　　　(c) 清洗位置

图 3-16　Hennecke 公司早期开发的 ML 型高压机混合头

在该种混合头两侧的相对位置上设有两个物料注射装置，利用液压油控制其中的小活塞作前后运动，当小活塞后退时，两组分物料从喷嘴中高压喷出，物料在狭小的混合室中进行撞击混合，经缓冲后进入输出管流出；在两侧物料注射装置的液压油作用下，两侧的小活塞向内运动时，前端的锥体将喷嘴堵住，物料沿打开的回流口流回工作釜，进行循环。而混合室内残留的物料仍然借鉴了低压机使用压缩空气冲洗的原理和设计，使用精密的程序控制装备，在物料完成冲击混合，注射喷嘴关闭的同时，利用压缩空气提升混合头上方活塞，并输入 0.1～0.15MPa 的压缩空气吹洗混合头。

这种混合头重量相对较轻，可以根据不同生产条件要求调节输出管的长度和直径。这种混合头常用于夹芯板材、管道保温和其他硬泡制品的生产。早期的混合头存在使用空气吹洗设计和制造等缺陷。

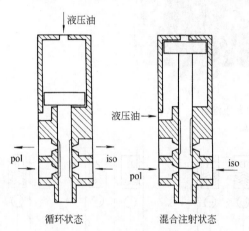

图 3-17　带有清洁螺杆的混合头

在混合头的研发中，自清洁柱塞的出现无疑是设计的一大飞跃。在圆柱形混合室的上方的同轴线上设有圆柱形自清洁柱塞，其外径与混合室内径紧密配合。在混合室两侧设有物料进出口，而在清洁柱塞两侧，与物流进出口相应位置上开有一对凹槽（图 3-17）。

在液压油的作用下，清洁柱塞向下处于关闭状态时，混合头没有混合区，两个输入的液体物料分别经过清洁柱塞两侧的凹槽返回进入循环管线；当需要进行混合注射时，液压油驱动清洁柱塞向上移动，在柱塞前端，两侧物料喷嘴的圆筒处形成一个混合区，高压物料经喷嘴喷出、冲击、混合、吐出；注射完毕后，清洁柱塞在液压控制下迅速向下移动关闭两侧物料进口，使物料经柱塞凹槽进入循环系统，同时将混合室中的残留物料全部推出混合头，完成自动自清洗功能。

该类混合头结构简单、紧凑，清洁柱塞的设计奠定了自清洁式混合头的基础。但是，清洁柱塞与混合室内径的配合要求十分严密、精细，过紧柱塞运动困难，不仅能量消耗大，而且使用寿命短；配合间隙过大，会产生内漏，或造成两个物料组分接触、反应、固结，使清洁柱塞无法动作。为此，在设计和制造中必须提高柱塞和混合室的配合精度，提高制造材料的表面硬度。有的设计则在清洁柱塞的两个凹槽之间增设附加沟槽，以减少两组分因内漏产生反应粘接，但即使如此，当清洁柱塞前缘通过物料进口喷嘴的瞬间，也会使物料产生瞬间偏转和压力波动，影响物料混合质量。为此，对清洁柱塞冲程时间的要求一般都在 0.05～0.1s 之间。

为适应制造聚氨酯泡沫体有时需要添加少量空气作为辅助发泡之用，在这类混合头设计的基础上，还设计出可注入空气的混合头（图 3-18）。

第三代高压机混合头的设计特点是将清洁柱塞的运

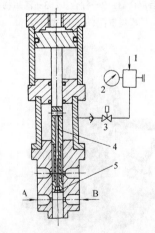

图 3-18　带有空气输入装置的混合头
1—压缩空气；2—压力调节元件；
3—选择阀；4—中心孔；5—止逆阀

动与物料进料喷嘴的开启-闭合的两个功能分开设计、制造，极大地提高了混合头设计自由度，同时制造难度却大幅度降低。在这类混合头中，清洁柱塞和两个物料喷嘴的开启、闭合动作分别由精密的电子装备控制、驱动。当注射时，清洁柱塞快速提起，同时物料进口锥形阀后移，喷嘴打开，高压物料喷出混合。注射动作完成后，在电子装备的精确控制下，驱动锥形阀快速关闭，清洁柱塞下移，将混合室中的残留物料推出（图3-19）。

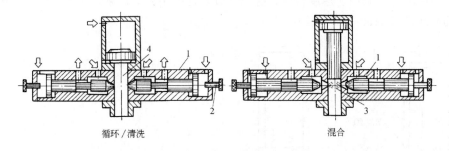

循环/清洗 　　　　　　　　　混合

图3-19　带有液压操作喷嘴的混合头示意图
1—注射喷嘴；2—调节注射压力的螺钉；3—混合室；4—清洁活塞

为适应转台式载模器RIM工艺侧位注射要求，Hennecke公司的MS型混合头（图3-20）就是这类混合头的典型。其混合室与清洁柱塞同处在一个轴线上，物料直接喷射至混合室中心区后注射到模腔中，为避免高速物料进入模腔产生飞溅，在模具上，物料进入的流道上设计了一些减速、缓冲的措施，如流道折射、扁向等。根据所注射产品的重量、产量等工艺要求，这类混合头的清洁柱塞直径范围在5～25mm左右，在特殊情况下其直径可达3.5mm。

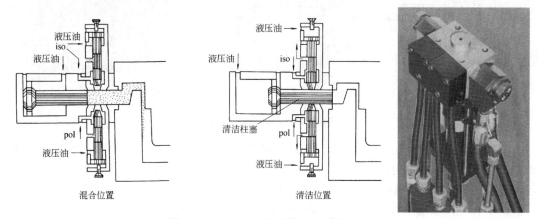

混合位置 　　　　　　　　　清洁位置

图3-20　Hennecke公司的MS型混合头

在聚氨酯应用领域日益扩大的情况下，随着对高压机冲击混合头认识的不断深化、研究的不断深入，许多聚氨酯专业设备制造公司相继推出一些先进的混合头，其中以混合室变径、二次混合、物料流向偏转、节流等最有代表性。

为提高混合效果，一些公司在混合头的混合室上做了有益的、成功的探索。Hennecke公司设计的MQ型混合头（图3-21）将两个或多个物料喷嘴注射器水平装配在以清洁柱塞为轴线的混合室上，在狭小的物料冲击混合区的下方设置了一个可左右调节的滑阀，可以使混合区下方出现一个变径平台，冲击混合的物料经过突出平台，改变了混合室出口管直径，使物流变径进入凹处，形成二次涡流，即产生二次混合效果，然后进入大口径输出管，这样使得高能量的混合物流经过两次偏转，降低流速后流出。当混合程序完成后，滑阀在自动仪表控制下，由液压驱动复位使混合室仍成为圆筒状，清洁柱塞在液压驱动下快速下移，将混合室中残留物料推出，完成清洁动作。该混合头可以设计成两组分、四组分、六组分等多组分形式，侧位注射器的切换速度极快，能在十分之几秒中完成注射、关闭动作，适用于多组分物料的高压冲击混合（图 3-21）。

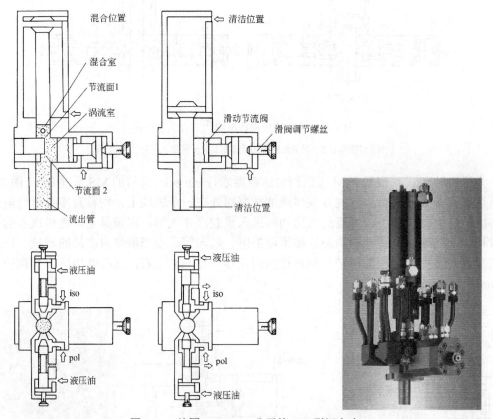

图 3-21　德国 Hennecke 公司的 MQ 型混合头

目前，新开发的 L 型混合头代表了高压机冲击混合头的流行趋势。该类混合头主要为两组分或三组分物料冲击混合设计。其可调节式的物料注射喷嘴，以倾斜方式装配在横向的小型柱塞体上。在注射体上开有精细沟槽，它可以控制物料是进入循环状态还是进入混合状态。在浇注准备状态时，柱塞处在前位，柱塞上的沟槽与物料的进出口联通，物料由可调式喷嘴进入，经由小柱塞体上的沟槽进入物料循环系统。在执行浇注指令时，小柱塞迅速后退，关闭物料循环系统，并在后退的小柱塞前端让出一个体积很小的混合区，组分物料从可调式注射器喷嘴中喷出，进行高压冲击混合，混合物流直角 90°转向进入环形减压室，并节流、减速进入输出管吐出，而不会产生任何飞溅现象。纵向的输出管不仅装配有清洁柱塞，同时还装配有可调节的节流套筒。当混合完成后，横向小柱塞快速前推关闭物料进口，使物料进入循环系统，同时将小混合室中的物料推入纵向输出管，然后经由纵向的清洁柱塞向下运动，将残留物料全部推出输出管。该混合头把混合及循环动作集中在小的横向柱塞体上，能实现小于 0.5s 的动作快速切换。可调式注射喷嘴可根据生产实际需要进行选配，操作和维修都比较方便；这种混合头压力损失和能量损耗小，通过精确的程序控制和精湛的制造工艺，横向混合区和纵向输出管的自清洁功能良好，虽然其混合室的体积只有 MQ 型混合室的三分之一，但混合效率高，注射重现性优良。在设计上还借鉴了MQ 型混合头节流、变径的思路，在物料的横向和纵向流道上设计了可调式滑动套筒，使物流变速提高了混合效率，并在物料流动的冲击、折射、变径、变速的过程中有效地减少了物料铸模时的飞溅现象。这种由德国 Hennecke 公司率先推出的 MX 型混合头（图 3-22）可广泛用于冷熟化软质泡沫，硬质、半硬质自结皮泡沫，吸能泡沫，填充泡沫的生产；同时，也适用于戊烷发泡体系。

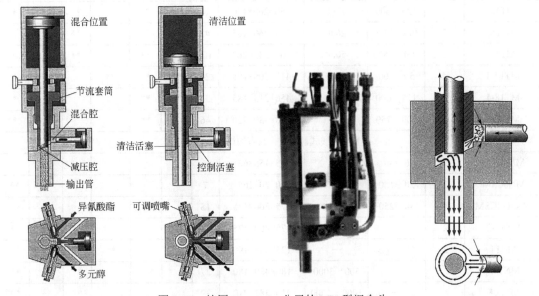

图 3-22 德国 Hennecke 公司的 MX 型混合头

第四节 混合头典型产品

1. 德国 Hennecke 公司产品

德国 Hennecke 公司根据基础研究和实际生产需要，还开发出各种各样的混合头。参见图 3-23，相关技术参数见表 3-2。

图 3-23 Hennecke 公司部分混合头（从左到右依次为 MT 型、MN 型、ML 型、MEL2 型）

表 3-2　德国 Hennecke 公司混合头性能总表

型　　号	组分数	开模注入量 /(cm³/s)	闭模注入量 /(cm³/s)	尺寸（高×长×宽） /mm	质量 /kg	硬泡	软泡	自结皮 泡沫	戊烷	填料	特殊
MT 偏转式混合头，具有沟槽控制特点											
MT3	2	3～20	20	215×100×90	4	*	**	**	*		**
MT6	2	8～50	50	200×195×80	8	**	**	**	**		**
MT8	2	25～150	300	395×170×130	17	**	**	**	**		*
MT12	2	50～300	600	400×170×130	17	**	**	**	**		*
MT18	2	125～600	1200	450×200×140	24	**	**		**		*
MT26	2	300～1300	2600	570×260×185	48	**	**				*
MT36	2	500～2500	5000	865×343×262	100	**	**		**		*
MT12-4	4	50～300	600	410×205×185	24	**	**	**			
MT18-4	4	125～600	—	450×215×185	31	**	**				*
MT22-6	6	200～750	—	600×330×220	46		**				*
MN 直线式混合头，具有沟槽控制特点											
MN6CSM	2	6～40	—	65×155×65	4					**	
MN8CSM	2	20～160	—	90×20×165	7					**	**
MN10-4CSM	4	30～250	—	175×300×175	13				**	**	**
MN10-2	2	—	15～250	175×400×175	14					**	**
MN14	2	50～300	—	125×335×190	14	**		**		**	**
MN16F			500～3000	180×480×180	27				**	**	
MN20F		—	1000～5000	210×485×210	39				**	**	**
MN30F		—	2000～10000	225×545×225	48				**	**	**
MX 同轴型混合头，具有沟槽控制特点											
MX8	2	25～150	300	370×200×135	21	*	*	**	**		**
MX12	2	50～300	600	375×220×140	24	*	*	**	**		**
MX18	2	125～600	1000	415×240×140	31	*	*		**		**
MX12-3	2	50～300	600	375×220×140	24	*	*	**	**		**
MQ 节流控制式混合头，具有喷嘴控制特点											
MQ8	2	25～150	300	535×255×220	23	*	*	**	**	*	**
MQ12	2	50～300	600	535×255×220	23	*	*	**	**	*	**
MQ18	2	125～500	1400	575×290×220	31	*	*		**	*	**
MQ25	2	400～1000	4000	700×315×285	58	*	*		**		**
MQ12-4	4	30～300	600	535×245×230	26		**	**			**
MQ18-4	4	125～500	1400	675×290×230	33		**			*	**
MQ25-4	4	400～1000	4000	700×335×320	61		**			*	**
MD 混合头，具有压力控制特点											
MD	2	70～1000	—	55×105×220	2	**			**		

续表

型　　号	组分数	开模注入量/(cm³/s)	闭模注入量/(cm³/s)	尺寸（高×长×宽）/mm	质量/kg	硬泡	软泡	自结皮泡沫	戊烷	填料	特殊
ML 空气清洁混合头											
ML12	2	150～600	—	175×150×100	7	**	**		**		*
ML18	2	1000～3500	—	200×160×160	9	**	**		**		*
ML25-4	4	2000～8000	—	225×150×225	20	**	*/**		**		*
MXL14	2	100～1500	—	240×225×180	12	**	**		**		*
MXL25	2	750～5000	—	300×285×235	21	**	**		**		*
搅拌式混合头											
MEL-8C	4+4	7～260	—	540×340×175	30						**
MEL-6C	4+2	7～500	—	830×320×350	86						**
板托混合	变化	1600～10000	—	450×180×180	300						**
HK5000-R	2	1500～7500	—	1570×560×270	270						**

注：*表示适用；**表示完全适用。

　　L 型混合头代表了目前最新高压冲击混合头的发展趋势，它依靠精湛的加工工艺、可编程的现代化控制技术，实现了聚氨酯材料优异的冲击混合、无飞溅输出、完美的清洁功能。

2. Krauss-Maffei 公司产品

　　目前，根据生产需求，许多聚氨酯设备专业制造公司都自行设计、制造出具有自身特点的混合头，并且大多申请了专利。图 3-24 是 Krauss-Maffei 公司制造的部分高压混合头。其中（a）、（b）分别是 L 型混合头 MK 5/8 ULKP-2KVV 和 MK 12/18-ULP-2KVVG；（c）是直线型混合头 MK25P-5K-F。该公司部分混合头典型性能列于表 3-3 中。

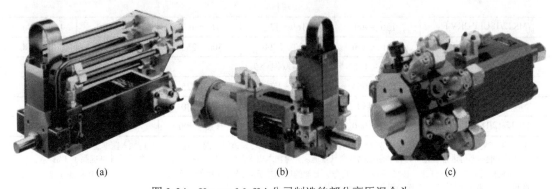

(a)　　　　　　　　　　(b)　　　　　　　　　　(c)

图 3-24　Krauss-Maffei 公司制造的部分高压混合头

表 3-3　德国 Krauss-Maffei 公司部分混合头的典型性能

混合头类型	直线型混合头总输出量/(g/s)				
混合比例	1∶1	1.5∶1	2∶1	3∶1	开模/(g/s)
标准					
MK10-2K	60～600	60～500	70～500	80～470	—
MK16-2K	300～1600	300～1330	300～1200	360～1070	—
MK20-4K	920～5400	1250～4700	1500～4600	2000～4100	—
MK30-4K	2000～9000	2500～7500	3000～6700	4000～5900	—

夹芯板工艺（Cartridge Technology）①					
MK8P-2KV	60~400	60~340	60~300	60~270	—
MK16P-2KV	250~1800	250~1500	250~1350	250~1200	—
填料，标准型					
MK12-2K-FS	150~1200	180~1050	230~950	250~850	
MK16-4K-F(S)	500~2660	530~2330	560~2000	600~1830	
填料，夹芯板工艺					
MK16P-4K-F	500~2660	530~2330	560~2000	600~1830	
MK20P-4K-F	1000~5000	1250~4600	1500~4500	2000~4000	
填料，带活塞沟槽					
MK16P-2KD-F	280~2200	350~1400	350~1250	350~1350	
LFI-MKs(长纤维计量)②					
MK22/28-8-2KV-ULKP	80~300	80~250	80~225	80~200	
MK30/36-12-2KV-ULP	200~500	200~450	200~425	200~400	
转换型混合头（特别是带有外壳或长的出料管）					
标准 L 型混合头					
MK5/8ULKP-2KVV	20~100	25085	30~75	40~65	20~90
MK8/12ULP-3KV(ULKP)	40~550	40~460	45~410	50~370	40~220
MK12/18ULP-3KV	110~1100	110~920	120~825	130~740	120~500
MK16/25ULP-4K	300~3400	300~2800	300~2550	350~2270	220~1000
绝热泡沫用 I 型混合头					
MK16/22ULP-2KI	300~2000	300~1600	330~1500	370~1400	300~700
填料					
MK12/18ULP-2KV-F	130~900	160~370	160~675	180~600	130~580
MK16/25ULP-4K-F-L	300~3400	300~2800	300~2550	350~2270	220~1000
V 型双混合头					
MK6-6/10ULKP-2KV	20~300	25~250	30~225	40~200	20~140
MK8-8/12ULKP-3KV	50~430	50~370	60~330	70~290	50~200
MK12-12/18ULP-2KV	130~1000	130~930	130~900	150~780	130~500

① 为生产夹芯型部件开发，将直线型混合头与匹配的喷涂接头相结合。该组合混合头上有一个可加入压缩空气沟槽，黏稠的混合物料在喷嘴注射前即可进行雾化，可自动防止堵塞空气管道。并可输入更多空气，使这种新式混合头的浇注速度提高了 3 倍。

② 为长玻纤加工单元设计，长玻纤被引入混合头上部的切割单元，经文丘里管吸入进入混合室，并与 PU 组分混合。玻纤添加量和长短可根据制品要求直接通过混合头进行调整。

　　Krauss-Maffei 公司选用特殊材料制备清洁杆和出料管，同时在平滑的清洁杆的部分表面开设了螺旋形沟槽（图 3-25），使两者间的接触面积减少了 30%，降低了相对运动阻力，提

图 3-25　开有螺旋形沟槽的清洁杆

高了混合头的使用寿命。针对传统 180°对冲式喷嘴配置，还推出了独特的 VV 形喷嘴组件设计，在喷嘴与清洁杆端面呈现 V 形夹角（图 3-26），从而使物料从喷嘴喷出后会遇到清洁杆端面的反弹，会进一步增加物料在混合室的能量密度，提高了混合效果。

　　Krauss-Maffei 公司开发的 MKE 系列混合头，混合头采用 T 形混合技术，两个组分物料从三个方向喷入混合室，而在混合室中的销钉在两个混合峰面前沿将注射动能转化到混合

质量中，使物料更加集中，混合更加均匀，在中央混合点附近没有紊流。在混合室中配置的销钉可以对流体起到缓冲作用，并具有二次混合的效果，见图 3-27。输出量参数见表 3-4。

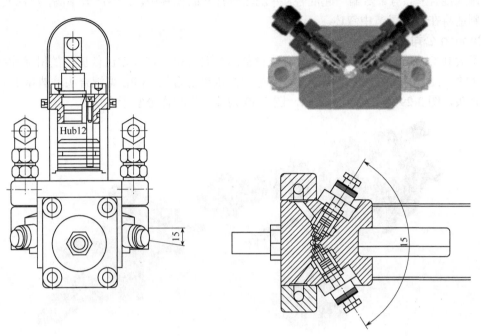

图 3-26 混合头喷嘴的 VV 形设计

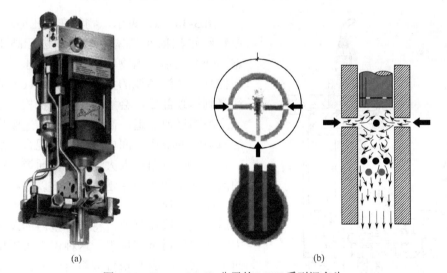

(a)   (b)

图 3-27 Krauss-Maffe 公司的 MKE 系列混合头

表 3-4 部分 MKE 的 T 型混合头输出量参数

型 号	MKE 10-2	MKE 20-2/20/4	MKE 28-2/28-4	MKE 14-3B	MKE 24-3B	MKA 10-2/16	MKA 20-2/32B	MKA 3-2/5L	MKA 5-3/8L
输出量/(g/s)	50～300	250～2000	600～10000	100～350	500～900	100～500	600～1500	10～50	30～100

为适应汽车工业需要，该公司开发了长纤维增强聚氨酯注射工艺。对于生产高强度、轻重量、复杂的三维立体部件，采用这种工艺生产可以更经济、更迅速、更整洁、更环保。在

这种专门设计的混合头上部装配了玻纤加工装置，玻璃纤维束将被直接引进至混合头上部的玻纤切割单元，经过多片切割刀具，将其切割成一定长度的玻纤丝，经刀具下部的文丘里管吸入进入混合室，与聚氨酯一起混合，并浇注至打开的模具中。其生产效率高，产品质量好。该类制造将在相关章节中叙述。

3. Cannon 公司产品

意大利 Cannon 公司也是生产聚氨酯设备的著名公司，在开发出低压机的机械搅拌式混合头（图 3-28）的同时，也推出了许多型号的高压机混合头。FPL 型混合头是典型的 L 型高压混合头，图 3-29 为其结构示意图，图 3-30 为其工作动作分解示意图。

图 3-28　Cannon 公司生产的低压机用机械搅拌式混合头

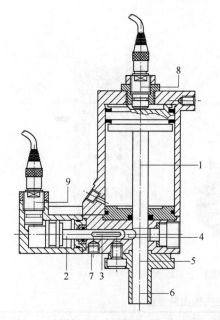

图 3-29　Cannon 公司 FPL 型混合头结构示意图
1—自清洁活塞；2—混合室活塞；3—沟槽（循环）；
4—混合室；5—出料口；6—浇注口；
7—色浆进口；8，9—进程开关

图 3-30（a）表示，物料在高压循环开始时，原料经过注射小活塞上的沟槽进行高压循环状态；（b）表示，当物料达到预定高压时，依据程序控制，清洁功能的大活塞提升；（c）表示，大活塞到达顶部后，会触动相关的机构，使注射小活塞喷嘴迅速后退，高压物料会高速喷出，在小活塞前端的很小空间内进行冲击混合，然后经过 L 形的 90°直角进入大活塞下端通道，在此物流的流动速度和压力会迅速降低，以平稳的状态流出，而无任何飞溅。注射完成后，小的和大的两个活塞先后快速复位，将混合室内的及输出通道中的残留物料全部推出。这种混合头采用了大小两种活塞，构成 L 形排列组合结构；大小两种活塞的前进或后退都是直线运动，动作敏捷，小活塞运动一般能在 0.1s 内完成，PFL 型混合头的小活塞的动作甚至能在 0.008s 内完成，故障概率低，且日常维修保养方便。图 3-31 为 Cannon 公司 PFL 型高压混合头。

该种混合头具有特定的 L 形、体积很小的混合室，注入的物料能在此获得优异的混合效果，通过 L 形流道的减速作用物料会以平稳的状态流出，小直径的混合室以及从循环到注射切换的高速度能有效地消除操作带来的波动。该类混合头特别适用于自结皮泡沫、软质泡沫的开模浇注和闭模的模制泡沫制品的生产。它有如下 3 个类型（图 3-32）：FPL-AN（专为添加无磨料的第三组分设计）、FPL-AD（专为预先在组分中混有填料设计的抗磨型混合头）、FPL-QCC（用于在混合室中额外添加色浆或助剂的三组分混合头）。

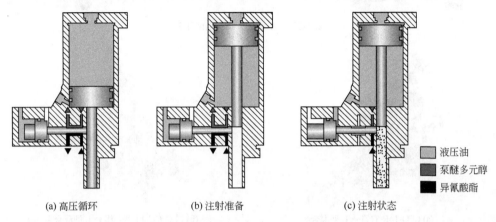

（a）高压循环	（b）注射准备	（c）注射状态

图 3-30　L 型混合头运动示意图

液压油
泵醚多元醇
异氰酸酯

Cannon 公司新近又开发一种新型混合头，即以"Jet Less"的缩写命名的 JL 型混合头。它与以往的混合头的主要区别是没有专门的物料进入的注射器，两组分物料在容器中计量后直接进入体积极小的混合室，以速度和涡流而非压力获得良好的混合效率，物流通过密封在混合室中圆柱形前端倾斜锋面的高剪切节流作用，L 形转向进入长且宽的出料管，物料以层流态流入模具。据称，JL 系列有 3 个型号：18、24、32。数字表示物料输出管的内径（mm），混合室的内径为 6mm，输出管长度大于 200mm，以适应家用冰箱、冰柜、保温板等模制需要。JL型混合头配有方便安装的加长塑料管（图 3-33），以胜任在一般特别复杂空腔场合情况下进行硬泡浇注的作业。

图 3-31　Cannon 公司典型的
PFL 型高压混合头

（a）FPL-AN	（b）FPL-QCC	（c）FPL-AD

图 3-32　Cannon 公司部分类型的混合头

4. 新加坡润英聚合工业公司产品

图 3-34 是新加坡润英聚合工业有限公司推出的部分高压混合头。有关混合头的技术参数列于表 3-5 中。

图 3-33　加长出料管的混合头

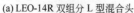

(a) LEO-14R 双组分 L 型混合头　　　　　　(b) LEO-CC-14 型双组分 L 型混合头

图 3-34　新加坡润英聚合工业公司推出的部分高压混合头

表 3-5　新加坡润英聚合工业公司高压混合头性能参数

型　号	最大流量/（L/min）	说　明
S-14	36	闭模注射用直线型混合头，SS-4 可分四组分出料
S-18	66	
SS-4	300	
LEO-10S	14	开模浇注双组分 L 型混合头，备用各种固定橘子喷嘴
LEO-14R	36	
LEO-18R	66	
LEO-10S	14	用于开模浇注双组分 L 型混合头
LEO-14S	36	
LEO-18S	66	
LEO-24S	120	
LEO-4L-4	109	四组分（1 iso/3 pol）L 型混合头。用于双密度，多密度高回弹泡沫生产
LEO-24-2L-4	120	四组分（2 iso/2 pol）L 型混合头。用于 PU 硬泡板材的连续化生产
ACT-3C		为低密度硬泡板材连续化生产设计，有多孔喷嘴可对 1.2m 宽板材进行浇注

5. 意大利赛普（SAIP）公司产品

意大利赛普（SAIP）公司在制造聚氨酯发泡机的同时，也设计、制造不同型号和尺寸的高压自清洁式混合头，适用于开模和闭模方式浇注聚氨酯制品。其高压混合头重量轻、体积小，很容易进行手动操作或使用机器人、操纵器进行自动操作。4 种基本类型 DDC、2DD、AP1 和 DP 列于图 3-35 中。部分混合头技术参数列于表 3-6 中。

表 3-6　SAIP 公司高压混合头输出量/（g/s）

型号	D10/6	D18/12	D24/18	E1-14	E1-18	DP18/12	DP24/18	AP18	A&AP24
流量（1:1）	50~250	180~1100	500~2000	90~600	180~1100	180~1100	500~2000	180~1100	500~2000
流量（2:1）	70~260	250~1100	600~2000	130~600	250~1100	250~1100	600~2000	250~1100	600~2000

(a) DDC 型混合头（可以开模浇注）　　　　　　　　(b) 2DD 型混合头（可以开模浇注）

(c) AP1 型混合头（适宜闭模浇注）　　　　　　　(d) DP 型混合头（可以开模浇注）

图 3-35　SAIP 公司混合头

6. 韩国 DUT 公司产品

韩国 DUT 公司（DUT KOREA CO.，LTD.）相继开发出 3 个系列的高压冲击式混合头，简介如下。

（1）DHV 系列混合头　DHV 系列 L 型混合头具有双倾斜注射设计，可达到最大混合效率，对高黏度原料提供了最好的偏转工艺动能；L 型的两段混合区不仅使混合效率提高，同时通过改变流体流动方向，使物流以平稳的层流状态流出；该系列混合头防黏附闭锁及防残液流动设计，并有创新的喷嘴控制设计，可对多组分原料实现最小的时间切换操作；可适用于各种类型主机；具有长的使用寿命和低的维护成本。设计特点见图 3-36。

图 3-36　DHV 系列混合头混合示意图

（2）DHVA 系列混合头　L 型注射体系提高了混合效率；对多组分原料，其创新的喷嘴控制提供了最小的切换时间；喷嘴和整个混合头容易装配、维修；混合头具有高的适配性，适用于各种注射主机；长的使用寿命和低的维护成本，降低了生产费用。结构特点见图 3-37。

（3）DHS 系列混合头　R 型注射体系提供了高的混合效率，且输出量大，能适用于各种注射主机，有长的使用寿命和低的维护费用（在其他一些公司，对这种结构又称为一字形混合头）。其结构特点见图 3-38。

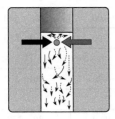
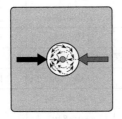

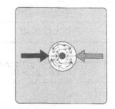

图 3-37　DHVA 混合头混合示意图　　　　图 3-38　DHS 系列混合头混合示意图

3 个系列混合头的技术参数见表 3-7。

表 3-7 韩国 DUT 公司混合头输出量/(g/s)

产 品 型 号	闭 模			开 模
	混合比 1∶1	混合比 1∶2	混合比 1∶3	
DHV 系列				
双组分系列。用于各种聚氨酯硬泡、半硬泡、软泡以及自结皮泡沫制品的 L 型高压冲击式混合头				
DHV 050-2K	30～190	45～180	45～165	30～80
DHV 0812-2K	40～420	50～320	70～280	50～180
DHV 1014-2K	50～450	60～380	80～340	60～250
DHV 1218-2K	130～1100	140～900	150～750	120～500
DHV 1422-2K	280～2000	250～1800	240～1500	230～550
DHV 1625-2K	370～3500	380～2300	600～2100	400～900
三组分系列：多元醇，异氰酸酯，颜料				
DHV 0812-3K	40～420	50～320	70～280	50～180
DHK 1014-3K	50～450	60～380	80～340	60～250
DHV 1218-3K	130～1100	140～900	150～750	120～500
四组分 L 型混合头，用于双硬度汽车座垫				
DHV 1422-4K	280～2400	200～1100	220～1000	250～600
DHV 1625-4K	320～3800	430～2300	450～1800	400～800
双组分 L 型混合头，出料管加长型，用于所有硬泡、半硬泡、软泡、自结皮泡沫（出口管可调节长度）				
DHV 0507-2K	30～190	45～180	45～165	30～80
DHV 0812-2K	40～420	50～320	70～280	50～180
DHV 1014-2K	50～450	60～380	80～340	60～250
DHV 1218-2K	130～1100	140～900	150～750	120～500
DHV 1422-2K	280～2000	250～1800	240～1500	230～550
DHV 1625-2K	370～3500	380～2300	600～2100	400～900
DHVA 系列				
DHVA 双组分 L 型混合头，用于各种泡沫				
DHVA 0507-2K	30～190	45～180	45～165	30～80
DHVA 1220-2K	130～1000	130～700	150～600	130～500
DHVA 四组分 L 型混合头，用于双硬度汽车座垫				
DHVA 0814-4K	80～700	60～320	70～280	50～250
DHVA 1016-4K	110～800	80～450	80～350	80～300
DHVA 1220-4K	130～1000	250～1000	250～700	150～500
DHVA 1220-4KSH	130～1100	130～950	150～700	130～550
DHVA 双组分混合头，采用高硬度碳化钨加工				
DHVA 1220-2K	130～1000	130～700	150～600	130～500
四组分 SH 型混合头，采用碳化钨加工				
DHVA 1014-4KSHF	100～720	80～840	120～600	80～350

续表

产品型号	闭模			开模
	混合比 1:1	混合比 1:2	混合比 1:3	
DHS 系列				
DHS 双组分 R 型混合头，用于非连续板材生产				
DHS 12R-2K	150~1300	230~1000	250~900	150~80
DHS 18R-2K	400~2500	450~2300	500~2000	—
DHS 25R-2K	1000~5000	1250~4500	1400~4100	—
DHS 30R-2K	1000~8000	1250~4500	1400~4100	—
DHS 36R-2K	3000~10000	3050~10200	3500~9000	—
DHS 三组分 R 型混合头，用于非连续板材生产				
DHS 16R-3K	400~2000	250~1300	270~1300	—
DHS 四组分 R 型混合头，用于非连续板材生产				
DHS 36R-3K	3000~10000	—	—	—
DHS-10NA 系列，用于连续性夹芯板材生产				
DHS 10NA	—	—	—	30~300

7. 苏州新晟聚氨酯设备有限公司产品

韩资在华企业苏州新晟聚氨酯设备有限公司过去主要生产、装配聚氨酯主机和生产线，现也开始生产高技术含量的混合头，在物料进行冲击混合后，又在物料流动的路径上某些变化，以增加物料混合效果并减少物料吐出时的飞溅。该系列共有 3 个系列，基本结构见图 3-39，基本性能见表 3-8。

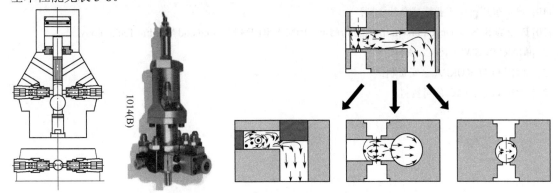

图 3-39　苏州新晟聚氨酯设备有限公司生产的部分混合头结构

表 3-8　苏州新晟聚氨酯设备有限公司混合头技术参数

型号	喷射活塞/mm		混合室活塞/mm		最大输出量(1:1)/(g/s)		可调节截流
	直径	冲程	直径	冲程	开模	闭模	
SPU-1014	14	80	10	10	300	600	10
SPU-1320	20	114	12	14	800	1000	11
SPU-1625	25	114	16	17	1200	2000	12

国内生产聚氨酯设备的公司较多，制造低压机搅拌式混合头的能力较好，但对高压机的

高压混合头的设计和制造目前还处于消化吸收、简单维修阶段,与国外先进的混合头相比尚有一定差距。

参考文献

[1] 日本东邦机械工业株式会社资料.

[2] 德国亨内基（Hennecke）公司资料.

[3] 日本聚氨酯工业株式会社.在汽车工业上的聚氨酯制品（会议资料）.

[4] BASF 公司资料.

[5] Plastics Technology，1986(3):84-85.

[6] Texaco Chem. Co. Polyurea RIM 资料.

[7] Dow Chem. Co. RIM Systems Automotive boby Panels. Form No 109-837-88-SAI.

[8] 颜庆山. 高分子工业（台湾），1998，77:73-79.

[9] 德国 BASF 公司资料.

[10] 意大利康隆（Cannon）公司资料.

[11] 德国 Elastogran Maschinenbau GmbH (EMB)资料.

[12] 新加坡润英聚合工业有限公司资料.

[13] 意大利赛普（SAIP）公司资料.

[14] 河北省胜达聚氨酯发泡设备厂资料.

[15] 河北省富民聚氨酯设备厂资料.

[16] 浙江天龙聚氨酯设备厂资料.

[17] 陈彪，吴建兵. 低压聚氨酯发泡机混合头设计. 湖北第二师范学院学报，2008, 25 (8)：25-28.

[18] 德国 DESMA 公司资料.

[19] 日本东邦机械工业株式会社资料.

[20] Fritz W S. New Development in High Pressure RIM & RRIM Meeting and Mixting Technology.

[21] MARTIN SWEETS Co.资料.

[22] 韩国 DUT KOREA 公司资料.

[23] 韩国 UREATAC 公司资料.

第四章

低压机的基本构成

第一节　概述

　　为适应聚氨酯制品的加工，最早开发的加工装备是低压机，并且也是目前聚氨酯制品加工中设备投资较低、使用最广泛的主要装备。

　　顾名思义，所谓低压机是指其原料的输送压力较低，其系统压力通常在 0.3～0.8MPa，具有以下特点：

　　（1）设备结构相对简单，紧凑；

　　（2）由于系统压力较低，其储罐、管道、计量泵等承压能力相对较低，设备制造成本较低；

　　（3）能源消耗低，运行、维护费用较低；

　　（4）组分物料的混合多采用机械式搅拌方式；

　　（5）通常低压机混合头需要使用溶剂进行清洗，溶剂浪费大且污染环境。针对这一缺点，有的公司已开发出环保型清洗技术，如 CANNON 公司开发的一种"WATER WASH"装置，利用以水调制的清洗剂取代有机溶剂，用来清洗低压发泡机混合头，效果很好。

　　低压机主要用于聚氨酯软泡、聚氨酯硬泡、开模浇注鞋底、浇注型聚氨酯弹性体制品、触变型半硬泡密封制品等制品的生产。

　　低压机的结构比较简单，基本由储罐、管道、过滤器、换热器、计量泵、混合头、机架、清洗系统、辅料（如色浆等）添加系统以及温度和压力控制系统等组成。由于加工产品的类型不同，在设备的构造上也有不同的部件配置和组合。其典型装备流程见图 4-1 和图 4-2。

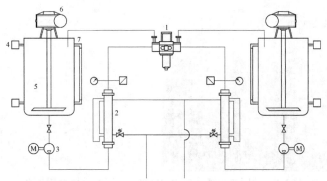

图 4-1　低压机流程示意图［选自意大利赛普（SAIP）公司资料］

1—混合头；2—热交换器；3—计量泵；4—料位控制器；5—原料组分储罐；6—储罐搅拌器；7—料位可视显示管

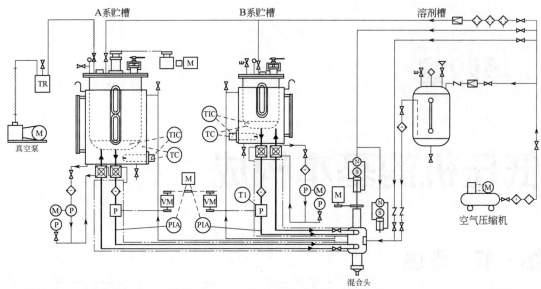

图 4-2　低压机流程示意图［选自日本东邦机械工业株式会社（TOHO MACHINERY CO.）资料］

第二节　储罐

　　储罐主要用于储存生产聚氨酯的原料，并在此进行工艺条件的准备，如预热、预混合等工作。通常，储罐有 3 层结构，最内层多采用 4mm 的不锈钢板材卷制，并使用氩弧焊接而成。这是由于原料异氰酸酯组分具有弱酸性，多元醇组分略带弱碱性的缘故。原料储罐基本有以下两大类。

　　（1）大型原料储罐　主要用于大批量原料的储运作业。例如，在硬泡或软泡的连续化生产中，都需要有大批量物料供应、条件准备。对于储罐系统，除了有容积大小、地上地下及原料品种性质之分外，还有立式、卧式之分。这些都将根据原料的易燃、易爆等性质，生产消耗周期以及工厂原料储存区设计等条件决定。图 4-3 显示的是德国普尔潘（PURPLAN）公司的立式原料储存系统，图 4-4 为该公司卧式环戊烷储存系统。表 4-1 为普尔潘公司为聚氨酯工业设计的储罐系统技术参数。

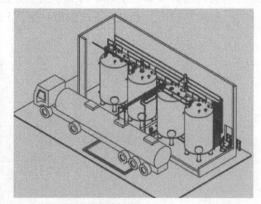

图 4-3　德国普尔潘（PURPLAN）公司的立式储罐设备

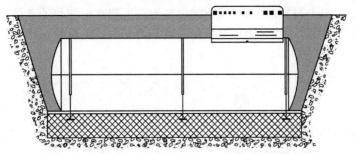

图 4-4 德国普尔潘公司的卧式环戊烷地下储罐系统

表 4-1 德国普尔潘公司部分储罐系统规格

项 目	参 数						
类 型	立 式		卧 式		卧 式		
型 号	PU-1/A/30-1/B/30	PU-2/A/30-2/B/30	PP-CTR-15-H-I	PP-CTR-25-H-I	戊烷储罐		
多元醇储量/L	1×30000	2×30000					
异氰酸酯储量/L	1×30000	2×30000					
环戊烷					环戊烷		
容积/L			15000	25000	10m³	30m³	80m³
长度/mm	10000	20000	9000	12000	5350	10120	12750
宽度(直径)/mm	4000	4000	2500	2500	(1600)	2000	2900
高度/mm	8000	8000	2500	2500			
配置	搅拌器、环形管、换热器、气循环装置等				戊烷泵组, 安全控制系统		

（2）直接配备在聚氨酯产品生产线的工作储罐 此类储罐依据生产消耗量装配在不同的位置。装配在机架上的储罐，根据生产需要，每个储罐容积在 20～300L。第二层是由 5mm 的普通钢板卷焊的夹套层，用于通入油或水等热介质，以调节原料温度。最外层是避免热量损失的保温层。

在低压机上一般还有一个容积较小的不锈钢储罐，用于储存清洗混合头等的溶剂。

储罐上部装配有电机和减速机构，用于驱动搅拌器，使物料温度稳定在设定的范围之内，温度的检测和控制由电子仪表显示。低压机的储罐属于低压设备，但要考虑能承受 1MPa 以下的压力，在工作中它要通入氮气或干燥的压缩空气，因此它们均配有压力表。为测定罐内料位，罐上配有可视的液位管，先进的装备则配有液位传感器等检测仪表。此外，罐体上还配有真空管、放空管、安全阀、加料口、视孔等基本部件。

在大输出量及连续化生产的过程中，主机上装配的物料储罐容积已明显不能适应生产要求，需要配备专门的大型储罐、添加辅料并进行调温等准备工作的预混罐以及联动的供料泵组。

第三节 物料输送系统

低压机的物料输送系统基本由管道、过滤器、计量泵、热交换器等部件组成。固定的管道材质通常为不锈钢，外部包覆保温层；有的使用夹套式钢管，外套管输送加热油，以控制内套管中的物料温度始终保持在设定的工作条件范围内。移动式输送管道多为塑料软管，外覆钢丝编织的保护套或橡胶保护套，在有的设备上还可覆有电加热的电热带。为减少物料的流动阻力，管道内径不能太小，内壁要光滑，接头要平顺，无泄漏，弯头要尽量少些，总长度要尽量短些。

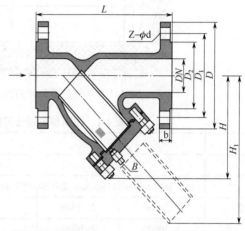

图 4-5　Y 型管道过滤器

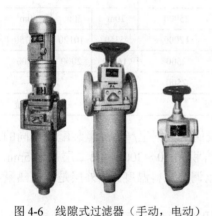

图 4-6　线隙式过滤器（手动，电动）

（摘自上海通机设备工程有限公司资料）

为确保设备的正常运行，避免外来杂质进入计量泵，在物料管线上，通常在计量泵前设有过滤装置。过滤器一般有两类：Y 型管道式过滤器和线隙式过滤器。前者结构简单，是一般标准机型所配备的丝网式过滤器，主要用于小流量设备，在工作的过程中，当液体会进入一定规格滤网的滤筒后，杂质等将会被阻隔在滤网中，滤液则由过滤器出口流出，当需要清洗时，只要将可拆卸的滤筒取出，清除附着在滤网上的杂质，重新装在过滤器上即可。滤芯由不锈钢滤筒和不锈钢丝网组成，聚氨酯设备所用丝网规格一般为 80～150 目（100～200μm）。Y 型管道过滤器的基本结构见图 4-5。手动或电动的线隙式自清洁过滤器见图 4-6，其基本技术参数列于表 4-2 中。

表 4-2　自清洁过滤器外形尺寸及连接参数

公 称 通 径		总高/mm		H_1 /mm	两端 /mm	公称压力 /MPa	连接形式	法兰螺孔	排渣口径 /in
mm	in	机动	手动						
25	1		350	220	145	0.6	内螺连接		3/4
40	1.5		485	320	180	0.6	内螺连接		1
50	2	750	485	320	180	0.6	法兰	M12-4	1
65	2.5	980	610	430	230	1.0	法兰	M14-4	1
80	3	1080	700	440	240	0.6	法兰	M16-4	1.25

注：1. 机动型电机：电压 380V，频率 50Hz，功率 180W，并有保护装置。

2. H_1 为进出口中心至排渣口尺寸。

3. 螺距=25.4/每寸牙数（mm），牙形高度=0.64033×螺距。

4. 摘自上海通机设备工程公司资料。

线隙式自清洁过滤器是目前聚氨酯设备中广泛推广使用的过滤设备,它可以在不影响生产的情况下,通过转动清洁手柄即可实现对原料中的杂质进行过滤。它主要有手动和自动两种。原料液体从一侧进入过滤器内的滤筒,从外向内经过滤芯间隙过滤,杂质被滤网阻隔,滤液从下至上沿有过滤器的另一侧流出,被过滤出来的杂质可利用手动或由减速电机带动的刮片的运动予以清除,并由底部的排渣阀放出。通常,多元醇一侧过滤器的滤网规格为300μm,异氰酸酯一侧滤网规格为200μm。

计量泵是输送系统中的主要部件,同时也是整个设备的关键部件,它不仅要计量准确、精度高、输送平稳、无脉冲、无泄漏,而且要能做精密的调节,有良好的操作重复稳定性。

计量泵均采用高耐磨的金属材料精工制作,并且它的齿轮和轴还需经过表面硬化处理,有的公司生产的齿轮泵关键部件的表面硬度可达到 Rc54,表现出良好的耐磨性和长的使用寿命。同时,精密的加工技术和价格装备也是计量泵高精度的保障,高级计量泵的计量精度可达 0.2%。

低压机的计量泵一般由计量泵本体、联轴装置、电动机以及控制和显示系统等构成。计量泵通常为齿轮泵,液体物料输至齿轮之间的间隙中,随着齿轮转动而输出。显然,齿轮间的大小、齿轮转动的快慢、物料能否及时充满齿轮间隙空间等因素决定着计量泵的流量。齿轮泵每转一圈齿间容积总和是每个计量泵的基本规格,例如欧瑞康巴马格(Oerlikon Barmag)GM 系列齿轮泵的计量输送能力不同,见表 4-3。

表 4-3　巴马格公司 GM 系列齿轮泵的计量输送能力

规　　格	GMZ51D	GMD11D	GMD31D	GMD61D	GM121D	GM301D	GM601D	GMA21D	GMB01D
容积/(cm³/r)	0.05	0.1	0.3	0.6	1.2	3.0	6.0	12.0	20.0

计量泵的转速取决于电机的转速,电动机可选用机械式无级调速电机、电磁调速电机、变频调速电机等。此外,它的转速在很大程度上受到电压波动影响。

密封是影响计量泵品质的重要因素之一,泄漏将影响原料计量精度,使配比不准。对输送异氰酸酯的计量泵,如发生泄漏,异氰酸酯将会与环境中的水分反应,生成聚脲类结晶物质,影响计量泵正常工作,破坏泵体密封系统,因此好的计量泵必须有好的密封系统。在填料式密封、机械滑环式密封以及唇形密封的基础上,开发了许多新型密封结构和形式,如 Zenith Pump 公司开发出特殊的、可冲洗的双唇密封,尤其是现在许多公司推出的磁性连接轴结构,在密封问题上都取得了很大进步。有关永磁联轴器的详细介绍请参见第五章。

第四节　浇注系统

物料浇注、分配系统主要包括混合头及其支撑悬臂,同时还包括色浆等辅助材料添加装置等。

低压机混合头的主要特征是采用机械式搅拌方式,搅拌器的形式多种多样,请参看第三章第二节。

对于高反应性的聚氨酯原料来讲,混合头必须能够使不同物料同时进入混合室,停止时则必须同时关闭,不能有任何组分"超前"或"滞后",为此在混合头结构的设计上做了许多工作,下面以日本东邦机械工业株式会社的聚氨酯浇注机为例进行说明(见图 4-7),图

4-8 为浇注、回流切换三通阀的动作示意图。

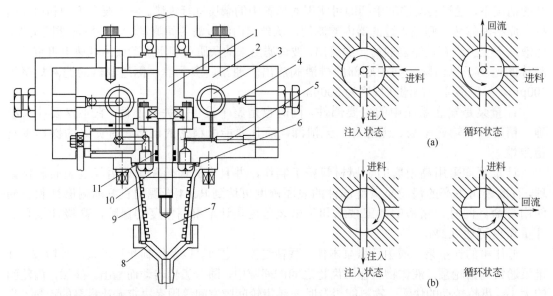

图 4-7　东邦公司 EA-205 浇注机混合头结构简图
图 4-8　三通阀的切换动作示意

1—搅拌；2—物料输送组件；3—圆柱形三通阀；4—回流孔；

5—针形阀及溶剂入口；6—喷嘴；7—搅拌转子；8—锥形出料口；

9—搅拌器外套；10—混合室；11—轴套及密封圈

混合头组件与物料输入及返回管线相连接，各组分物料分别从圆柱形三通切换阀后部进入［见图 4-8(a)］，并可进入混合头混合室。同步进入和返回的动作主要依靠圆柱形三通切换阀的转动来实现。在三通切换阀的前部装有齿轮，它与由汽缸或液压缸带动的齿条相咬合，齿条的上下运动可使三通阀作 90°转动，在同一汽缸的作用下可以实现两个三通切换阀的同步切换动作。阀体切换位置是否准确、切换动作是否敏捷、阀体是否有渗漏，这都是衡量混合头优劣的关键。

混合头的大小、搅拌器的形式要根据设备的生产能力配置。对于要求无气泡的聚氨酯橡胶，混合头内间隙相对较小，搅拌器多为锥形，在浇注生产中不产生气泡；在泡沫制品的生产搅拌中将产生气泡，有时还需要在混合头上引入空气作为辅助发泡剂，因此它与前者在搅拌器形式和大小上都有较大不同。搅拌器大多为圆柱或圆筒形，并需要可以左右和上下移动自如，其连接的物料管线多为软管，承载于可作相应运动的悬臂上。悬臂的设置是为了适应浇注头工作，方便操作。悬臂有多种形式，通常有固定式和移动式。浇注型聚氨酯橡胶的混合头多用固定式悬臂结构，而泡沫体的浇注则多采用大型移动式悬臂。后者悬臂以支架为中心做大于 200°的水平转动，并配有平衡器以补偿混合头的重量，方便混合头的上下移动，扩大操作范围。有的悬臂较短，其悬臂的仰角可通过悬臂和支架间的汽缸予以调节。图 4-9 是温州飞龙机电设备工程有限公司（温州飞龙）制造的聚氨酯低压加工主机。图 4-9（a）是弹性体浇注机，悬臂固定在主机的结构框架上，混合头则固定在悬臂前端，为方便浇注操作，通常在混合头出口处配一根耐压软管；图 4-9（b）的弹性体浇注机虽然配备了可左右移动的悬臂，但在前端还安装了更加灵活的铰链式悬臂；图 4-9（c）是一个标准型发泡机，前置的悬臂悬挂着输送物料的软管，混合头组件悬挂在悬臂前端的伸缩装置上，浇注操作可在 180°的范围内上下移动。

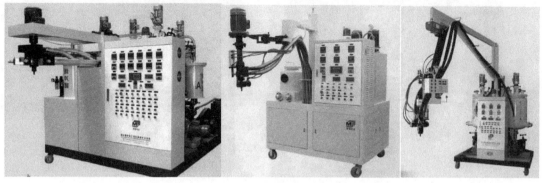

(a) CPU40FN 弹性体浇注机　　　(b) PU20FN-NDI 弹性体浇注机　　　(c) PU30FD-R 发泡机

图 4-9　温州飞龙制造的聚氨酯低压加工主机

　　图 4-10 是广东东莞市金山机械制造有限公司制造的发泡机，为适应聚氨酯鞋底生产，在主机前焊装了专用框架，在其上面配置了大小两层框架和轨道，分别装有滑动轴承，下层和上层可分别左右和前后移动，能上下拉动的混合头悬挂在这两个框架上，方便操作。图 4-11 和图 4-12 分别是意大利两家公司制造的低压机，前者在主机一侧装有可左右移动的两层悬臂，上层用于放置物料主管道，下层放置色料等助剂的辅助管道；后者在主机框架上安装可左右、上下活动的悬臂，混合头组件组装在悬臂的前端，物料管线全部装配在悬臂的空腔中，使得设备显得整洁、美观。

图 4-10　KF-200 发泡机（天车式）　图 4-11　赛普低压发泡机（悬臂式）　图 4-12　特诺公司浇注机（机械臂式）

　　对于大型连续泡沫制品生产设备的混合头，不仅要求吐出物料的量要大，而且还必须在较大宽度上分布均匀，为此把混合头安装在可以自动左右移动的龙门导轨上，混合好的物料会均匀地分布在宽大的底板上。有的公司使用大口径混合头的物料输出管［见图 4-13(a)］；有的采用了多套混合头［见图 4-13(b)］；有的在混合头出口外接带分叉的进料软管［见图 4-13(c)］；而有的则在混合头出口处安装了专门的物流分流管，在分流管上开设了许多小的喷嘴用于夹芯板材的生产，确保反应混合物能十分精确地均匀分布在整个宽度的底板上［见图 4-13(d)、(e)］。

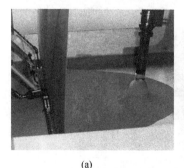

(a)　　　　　　　　　　　(b)　　　　　　　　　　　(c)

图 4-13

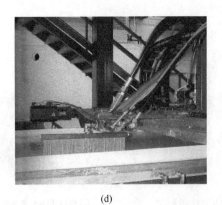 

(d) (e)

图 4-13 大型连续泡沫制品生产设备的混合头

第五节 | 色料等助剂添加系统 <<←

以往，要想制备彩色的聚氨酯产品，一般是将色料或色浆直接加在多元醇组分中，此法虽然简单，但若要生产不同颜色的产品时，就会遇到很大的麻烦。除了大量颜料的储备、保管，色浆的制备外，最讨厌的是残留在设备中的颜料、色浆很难清理干净，会对下一个产品造成颜色污染，出现大量废品。现在，基本上已经不用将色料直接加至多元醇罐中的做法，而是将色浆等配合剂作为独立组分，分别计量，并直接送至混合头，使生产不同色泽产品变得简单、易行。

许多公司开发的独立的色浆添加机多用于高压机。意大利康隆（CANNON）公司推出了独立的色料注入机（CCS）（图 4-14）。它不需要将色料事先与聚醚混合，当制品需要添加颜色时，只要将色浆机直接连接到混合头上，色浆就会在两种主要原料之间以直线方式进入混合室，进入方位与两种主要原料呈直角，因此色料与聚氨酯树脂混合十分均匀（图 4-15）。在需要更换颜色时，只要更换色料机即可，从而避免了事先配色造成的浪费，同时也避免了在原料管道中残留颜色污染。

 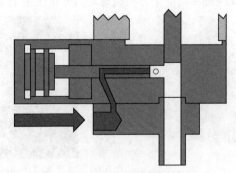

图 4-14 CANNON 公司色料注入机（CCS） 图 4-15 色料直接连接至混合头上

第六节 控制系统

与高压机相比，低压机的控制系统相对要简单一些，主要有温度、压力、流量、组分比例、故障报警以及电源和弱电仪器仪表、人机界面等。在聚氨酯产品的生产中，温度是重要参数之一，因此在原料储罐、管道、计量泵和混合头等处都设有温度监测探头，实测数值并直接在主控制板上显示出来，加热方式基本有机内调温和机外调温两种，或两者兼而有之。机内调温多用于浇注聚氨酯橡胶，由于物料工作温度要求较高，通常在储罐夹套中注入加热油，利用加热元件进行对原料进行加热；为确保物料在计量、输送的过程中温度稳定，尤其是以胺类化合物为交联剂组分时，机内还专门设有加热油箱和输油泵，对计量泵和整个物料管线进行强制性循环的温度控制，使物料始终处在设定的温度范围；同时在混合头处还专门配置电加热装置，以防止其结晶，堵塞通道，有时还需在机外附有冷油箱和输油泵进行调温。机外调温主要在发泡机上使用，它的工作温度一般略高于室温，同时聚氨酯生产为放热反应，故较少加热，而多需降温，一般在物料管线上配置热交换器，在机外专门配备冷水机和输送泵对物料进行调温即可。

通常低压机需配置干燥的、压力大于 1.0MPa、压力恒定的压缩空气气源。它由空气压缩机、减压阀、压力表、油水分离器、干燥器和压力缓冲罐等部件组成。空压机供气能力根据设备需要设置，但至少应大于 200L/min。进入设备的压缩空气将分成多路：一路经减压至 0.15~0.18MPa，与溶剂罐相连，以使溶剂以较大的流速冲洗混合头；一路以较高的压力与混合头切换汽缸、气动元件相连，实现切换等操作动作；一路与混合头相连，依据冲洗程序控制，在溶剂冲洗后对混合头进行压缩空气吹洗。另外，压缩空气还可与其他部件相连，如用于开模、喷涂脱模剂等。有些设备，除了采用压缩空气外，还配备了液压装置，实施设备的各个动作。

各个物料组分的流量和相互间的比例是通过计量泵的转速来实现的。目前，计量泵的转速调节有机械式无级调速、变频调速和电磁调速等多种配备方式。各个组分计量泵的转速以及原料经计量泵计量压缩后会产生一定的压力，它是衡量物料流量和比例的重要参数，它与其他压力都将通过传感器，在控制台上的仪表中显示出来，并可予以调节。

过去在各个原料罐中的液位是通过视镜、视管等人工观测的，现在一般都是采用各种先进的传感器进行测量，并能在主仪表盘上显示，及时、方便。与高压机相比，电气控制部分相对简单一些。以日本东邦机械工业株式会社 EA201 型低压浇注机电气控制展开图（图 4-16）予以说明。

设备外接大于 19kW、50Hz、380V 的交流电源，动力电直接用于驱动计量泵 A 和 B、料罐的搅拌机、循环油泵、真空泵及混合头搅拌等各电动部件。动力电源经变压器降压至 200V，然后连接设备的一些加热器及操作回路、仪表、显示器、电磁阀、报警、清洗等程序定时器等电气元件，对设备进行整体控制。电气元件均安装在电气控制箱中，数显仪表、控制按钮、开关等均布置在主仪表盘上。为方便操作，在混合头处还设有副控制箱，有的将主操作开关安装在混合头操作把手上。目前，在新型设备上还配备了电脑及显示屏，进行新的 PCL 控制。根据不同配置，可以实现多种配方记忆、调整，各生产参数的执行、记录，在良好的人机对话的基础上使操作更加快捷、准确。

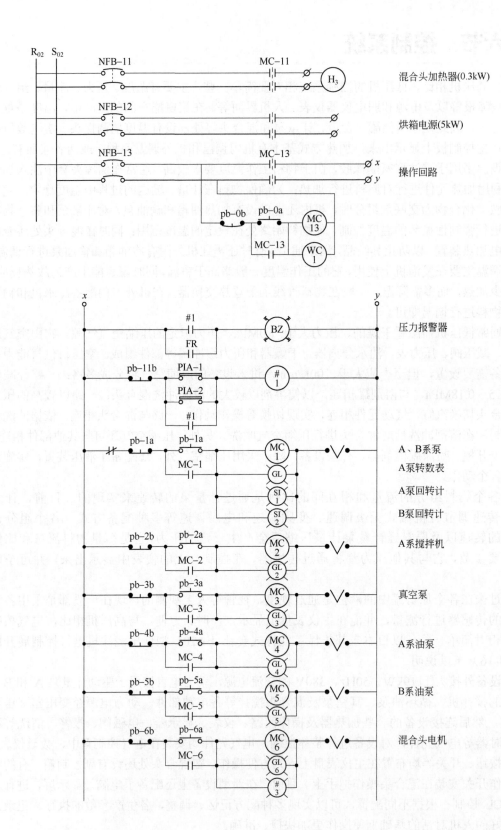

	说明
	混合头加热器(0.3kW)
	烘箱电源(5kW)
	操作回路
	压力报警器
	A、B系泵
	A泵转数表
	A泵回转计
	B泵回转计
	A系搅拌机
	真空泵
	A系油泵
	B系油泵
	混合头电机

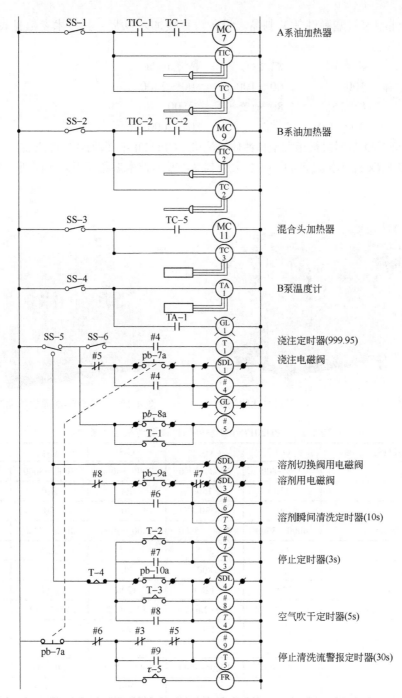

图 4-16 日本东邦机械工业株式会社 EA201 型低压浇注机电气控制展开图

第七节 | 典型厂家及典型设备

1. 温州飞龙机电设备工程有限公司

（1）CPU20F(S)-G 系列聚氨酯弹性体浇注机 该系列聚氨酯弹性体浇注机（图 4-17）主要用于生产以 MOCA（3,3′-二氯-4,4′-二苯基甲烷二胺）或 BDO（丁二醇）等为扩链剂的 CPU（浇注型聚氨酯弹性体）制品，设备可直接加入色浆。其技术参数见表 4-4。基本工艺条件如下：

	混合比	温度/℃	黏度/mPa·s
TDI 预聚体	100	60～100	500～2000
MOCA	8～16	80～125	≤500
色浆	0.1～1.0	常温	50～2000

（2）CPU20F-D 系列聚氨酯大型弹性体浇注机　CPU20F-D 系列弹性体浇注机（图 4-18）主要用于生产以 MOCA 为扩链剂的 CPUE 大型制品，基本技术参数和工艺条件列于表 4-5 中。

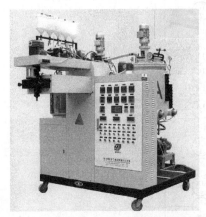

图 4-17　CPU20F（S）-G 系列弹性体浇注机　　　图 4-18　CPU20F-D 弹性体浇注机

表 4-4　CPU20F(S)-G 系列弹性体浇注机技术参数

CPU20F(S)	G-1	G-2	G-3	G-4	G-5
吐出量/(g/min)	200～800	1000～3000	2000～5000	3000～8000	5000～15000
A 料罐容积/L	120	150	200	220	280
B 料罐容积/L	30	30	30	30	40
混合头搅拌速度/(r/min)	4000～5000	4000～5000	4000～5000	4000～5000	4000～5000
总功率/kW	26.5	30.5	30.5	32.5	46.5
混合头伸出距离/mm	800	800	800	800	800
混合头离地高度/mm	1200	1200	1200	1200	1200
外形尺寸(长×宽×高)/m	1.75×2.6×2.4	1.75×2.6×2.6	1.85×2.6×2.6	1.85×2.6×2.6	2.2×3.0×2.8
质量/kg	1200	1500	1700	1800	2000
CPU20F(S)	-1	-2	-3	-4	-5
吐出量/(g/min)	200～800	1000～3000	2000～5000	3000～8000	5000～15000
A 料罐容积/L	120	150	200	220	280
B 料罐容积/L	30	30	30	30	40
混合头搅拌速度/(r/min)	4000～5000	4000～5000	4000～5000	4000～5000	4000～5000
总功率/kW	26.5	30.5	30.5	32.5	46.5
混合头伸出距离/mm	800	800	800	800	800
混合头离地高度/mm	1200	1200	1200	1200	1200
外形尺寸(长×宽×高)/m	1.75×2.6×2.4	1.75×2.6×2.6	1.85×2.6×2.6	1.85×2.6×2.6	2.2×3.0×2.8
质量/kg	1200	1500	1700	1800	2000

表 4-5　CPU20F-D 浇注机技术性能和工艺参数

项　　目	TDI 预聚体	MOCA
混合比	100	8～16
温度/℃	60～100	80～125
黏度/mPa·s	500～2000	≤500
吐出量/（kg/min）	≤100（总功率 46kW）	
A/B 料罐容积/L	800/180	
混合头伸出/离地距离/mm	800/1200	
外形尺寸（长×宽×高)/m	2.25×(2.33+0.8)×3.45	

（3）PU20F-F(Y)-LR 系列全自动滤清器密封垫浇注机　PU20F-F(Y)-LR 系列浇注机主要用于汽车或机械设备空气滤清器密封垫的生产，既可用于双组分，也可用于三组分，并可加色。电脑编程，自动控制。浇注头下方的浇注平台为 X-Y 轴仿形运动工作台，既可以浇注方形空气过滤器，也可以浇注圆形或其他异形过滤器。设备见图 4-19，基本技术参数见表 4-6。

（4）PU20FD-YR 中小型聚氨酯发泡机（图 4-20）　该公司还生产各种聚氨酯发泡机，有两组分、三组分以及加色等，可以广

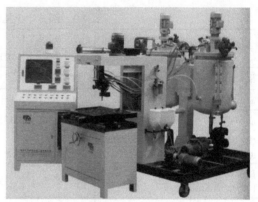

图 4-19　PU20F-F(Y)-LR 系列全自动滤清器密封垫浇注机

泛用于聚氨酯软泡、硬泡和半硬泡制品的生产，如硬质保温板材、箱式发泡、软泡床垫等。部分设备技术参数列于表 4-7 中。

表 4-6　PU20F-F(Y)-LR 技术参数

项　　目	LR1	LR2	LR3
吐出量/(g/s)	1～2.5	5～20	10～40
方形最大尺寸 (长×宽)/mm	400×300	500×400	1200×700
圆形最大尺寸 (直径)/mm	300	350	750
方形移动速度/(m/min)	8～20	8～20	8～20
圆形旋转速度/(r/min)	18～90	18～90	18～90
总功率/kW	10	10.5	12
总质量/kg	1000	1000	1000

（5）大型聚氨酯发泡机　为适应聚氨酯保温板、箱式泡沫等制品生产的需要，该公司推出了大流量泡沫浇注机，见图 4-21，设备技术参数见表 4-8。

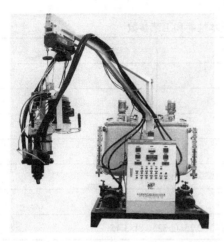

图 4-20　PU20FD-YR 中小型聚氨酯发泡机

图 4-21　大流量聚氨酯发泡机

表 4-7　部分中小型聚氨酯发泡机技术参数

项　　目		PU20F(S)-WR		PU20F(S)-WY		PU30F-WR		PU20F-Y		PU20-R	
		R1	R4	Y1	Y3	R1	R4	Y2	Y6	R2	R6
混合比		100 : 33		100 : 100		100 : 50 : 20		100 : 100		2.5 : 1	
总吐出量/(g/s)		1～3	10～30	2～6	10～35	1～3	10～30	4～12	40～120	4～12	40～120
总功率/kW		9	10	9	10	13.5	14	9.5	14.5	9.5	14
搅拌转速/(r/min)		6300	6300	6300		6300		6300		6300	
外形尺寸(长×宽×高)/m		1.2×1.5×2.25		1.2×1.5×2.25		1.6×1.6×2.2		1.6×1.6×2.1(2.6)		1.6×1.6×2.1	1.9×1.8×2.6
质量/kg		600		600		800		1000	1500	1000	1500
应用		高回弹，自结皮泡沫		硬泡		软泡高回弹，慢回弹		硬泡		软质半硬质模塑泡沫	

表 4-8　大流量聚氨酯发泡机

项　　目	PU20FD-YR		PU30FD-R			PU20F-D-Y/R
	Y7/R7	Y10/R10	PU30FD-R7	PU30FD-R9	PU30FD-R10	PU20F-D-Y/R[①]
总吐出量/(kg/min)	60～180	200～600	60～180	120～360	200～600	450～800
总功率/kW	22.5	48.5	32	48	60	55/59
搅拌速度/(r/min)	3000～7000	2000～6000	3000～7000	2000～6000	2000～6000	2000～3000
外形尺寸(长×宽×高)/m	1.75×1.7×2.8	1.9×2.5×3	1.8×2.2×2.8	1.9×2.6×3.0	1.9×3.0×3.0	1.9×2.9×5.0
质量/kg	1500	2400	1800	2400	2700	2800
应用	大型软泡硬泡制品		聚氨酯软泡制品			大型聚氨酯软泡硬泡

① 此发泡机的基本工艺参数如下：

	混合比	温度/℃	黏度/mPa·s
多元醇组合料	100	20～25	≤3000
B 料：PAPI	100～110	20～30	100～300
B 料：改性 MDI	33～70	20～30	≤500

2. 温州市泽程机电设备有限公司

（1）CPU20J-G 高温 PUE 浇注机　CPU20J-G 系列聚氨酯弹性体浇注机主要用于以 MOCA

为交联剂的 CPUE 制品的生产。设备参见图 4-22，性能参数参见表 4-9。

（2）PU20J-R/Y 双组分浇注发泡机　PU20J-R/Y 双组分浇注式发泡机既可以用于聚氨酯软泡也可以用于聚氨酯硬泡制品的生产。设备见图 4-23，设备技术参数见表 4-10。

图 4-22　CPU20J-G 系列聚氨酯弹性体浇注机　　　图 4-23　PU20J-R/Y 双组分浇注发泡机

表 4-9　CPU20J-G 系列浇注机技术参数

项　目	CPU20J-G-1	CPU20J-G-2	CPU20J-G-3	CPU20J-G-4	CPU20J-G-5
吐出量/(g/min)	250～280	1000～3500	2000～5000	3000～8000	5000～15000
A、B 料罐容积/L	120/30	160/30	160/30	220/30	360/100
清洗剂罐容积/L	20	20	20	20	20
混合头搅拌速度/(r/min)	4000～5000	4000～5000	4000～5000	4000～5000	4000～5000
混合头伸出距离/mm	500	800	800	900	1000
混合头离地高度/mm	1200	1200	1200	1300	1300
设备长×宽×高/m	1.6×(1.1+0.7)×2.4	1.7×(1.7+0.8)×2.5		1.8×(1.7+0.9)×2.8	2×(1.4+1.0)×3
质量/kg	1200	11200	1500	1600	1800

表 4-10　PU20J-R/Y 设备技术参数

硬 泡 机		软 泡 机	
A、B 配比：A∶B=1∶1		A、B 配比：A∶B=2.5∶1	
型　号	总吐出量/(kg/min)	型号	总吐出量/(kg/min)
Pu20J-1Y	1～5	PU20/30J-1R	1～4
PU20J-2Y	3～13	PU20/30J-2R	4～10
PU20J-3Y	10～30	PU20/30J-3R	8～20
PU20J-4Y	15～50	PU20/30J-4R	10～35
PU20J-5Y	30～80	PU20/30J-5R	20～50
PU20J-7Y	100～180	PU20/30J-6R	25～60

（3）PU20J-QR 全自动聚氨酯密封条浇注机　PU20J-QR 全自动聚氨酯密封条浇注机主要用于各种电气仪表、工业装备的密封条的制备，电脑控制，混合头装配在工作台上方的移

动门架上，可根据浇注需要作 *X-Y* 运动，完成各种形状密封条的浇注作业。设备见图 4-24，设备基本性能参数见表 4-11。

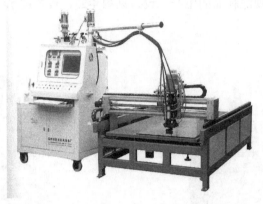

图 4-24　PU20J-QR 全自动聚氨酯密封条浇注机

表 4-11　PU20J-QR 全自动聚氨酯密封条浇注机性能

型　　号	总吐出量/(g/s)	A/B 罐容积/L	方形最大尺寸/mm	圆形最大尺寸/mm	总功率/kW
PU20J-1QR	0.3～4	25/25	300×300	φ300	5
PU20J-2QR	2～8	25/25	300×300	φ300	6
PU20J-3QR	6～18	30/30	500×500	φ500	7

3. 镇江奥力聚氨酯机械有限公司

镇江奥力聚氨酯机械有限公司（原镇江市第二轻工机械厂）是我国较早从事聚氨酯加工设备研发生产的企业之一。1992 年引进台湾绿的工业公司技术开发出聚氨酯低压灌装机，并相继开发出聚氨酯弹性体浇注机、聚氨酯保温板生产线等装备。图 4-25 为该公司生产的低压反应灌装机外形和结构示意图。低压浇注机基本性能见表 4-12。

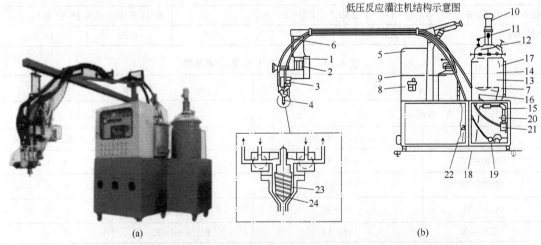

图 4-25　镇江奥力聚氨酯机械有限公司低压反应灌装机外形（a）及结构示意图（b）

1—混合头电机；2—操作箱；3—气缸；4—射出头；5—主机箱；6—原料管；7—搅拌叶片
8—油水分离器；9—清洗剂贮缸；10—搅拌电机；11—压力表；12—安全阀；13—原料桶
14—水管；15—电热棒；16—液位传感器；17—液位管；18—感温棒；19—计量泵
20—球形阀；21—过滤器；22—电磁阀；23—混合头搅拌叶轮；24—混合室

表 4-12　镇江奥力聚氨酯机械有限公司低压反应灌装机技术参数

项　目	参　数	项　目	参　数
吐出量/(g/s)		温度调节范围	0～50℃
A∶B=2.5∶1（分6挡）	7～600	料筒容积/L	150
A∶B=1∶1（分6挡）	5～500	整机功率/kW	9.5～12.4（加热功率6kW） （电源：380V，50Hz）
吐出压力/MPa	0～0.6	外形尺寸 ($L×W×H$)/m	
混合头转速/(r/min)	3500～4500	两桶悬臂式	3.0×1.5×2.3
泵速/(r/min)	60～480	三桶悬臂式	3.0×2.1×2.4
速比	(4～5)∶1	天车式	4.4×1.8×3.0

4. 苏州新晟聚氨酯设备有限公司

苏州新晟聚氨酯设备有限公司生产的低压泡沫浇注机见图4-26，基本技术参数列于表4-13中。

图 4-26　苏州新晟聚氨酯设备有限公司低压泡沫浇注机

表 4-13　苏州新晟聚氨酯设备有限公司低压泡沫浇注机基本参数

项　目	SPU-L100	SPU-L200	SPU-L300	SPU-L500
吐出量/(g/s)	50～150	150～300	300～500	500～800
设备功率/kW	5	5	10	15
混合比	（1∶5）～（5∶1）			
所需压力/N	70			

5. 台湾绿的工业有限公司

台湾绿的工业有限公司是较早在大陆开拓市场的公司，尤其在华南、江浙等地区占有一定的市场份额。图4-27是该公司的三款低压浇注机，其技术参数列于表4-14中。

(a) R200 系列　　　　(b) R300 系列　　　　(c) RE200 系列

图 4-27　台湾绿的工业有限公司生产的低压机

表 4-14　台湾绿的工业有限公司部分低压浇注机生产能力

系列	R200			R300			RE200		
型号	R201	R202	R204	R302	R303	R304	RE201	RE202	RE204
产能/(g/s)	10～60	50～250	400～1000	50～250	100～600	400～1000	10～60	50～250	400～1000

6. 日本东邦机械工业株式会社

日本东邦技术工业株式会社是最早进入我国的聚氨酯弹性体浇注机市场的公司，目前在聚氨酯弹性体浇注机方面已开发有 6 个产品。图 4-28 是 EA430 型浇注机，表 4-15 是相关设备的技术参数。图 4-29 是该公司生产的聚氨酯低压发泡机，型号是 A-204。表 4-16 为低压发泡机搅拌技术参数。

图 4-28　东邦 EA430 型浇注机

表 4-15　日本东邦机械工业株式会社 EA 系列浇注机技术参数

型　号	组　分	吐出量/(L/min)	原料罐（立式）体积与数量/L×个	功率/kW
EA-201	2	0.4～1.0	50×1/20×1	15
EA-205	2	2～5	100×1/50×1	20
E A-210	2	4～10	200×1/50×1	30
EA-230	2	10～30	300×1/50×1	50
EA-250	2	20～50	300×1/100×1	60
EA-2120	2×2	40～120	400×2/120×1	100
EA-310	3	4～10	100×2/50×1	50

表 4-16　日本东邦公司低压发泡机搅拌技术参数

型　号	组　分	吐出量/(L/min)	原料罐（立式）体积与数量/L×个	所需电力/kW
A-202	2	0.5～2.0	50×2	5
A-204	2	1.0～4.0	100×2	6
AF-230	2	0.5～30	200×2	10
A-630	6	10～30	200×3/50×3	12
A-3100	3	50～100	500×2/100×1	12

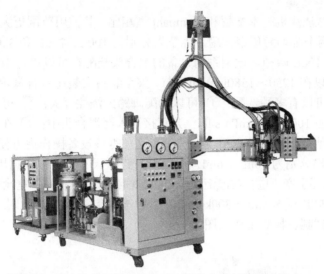

图 4-29　日本东邦机械工业株式会社生产的低压发泡机 A-204

7. 法国博雷聚氨酯技术有限公司

法国博雷（BAULE）聚氨酯技术公司在生产聚氨酯预聚体原料的同时，也生产聚氨酯弹性体浇注机。为适应 TDI 基、MDI 基以及其他体系聚氨酯弹性体的生产，该公司相继推出了康派型（Compact）、万能型（Universal）和精英型（Advancel）3 个系列的浇注机，后两者见图 4-30。

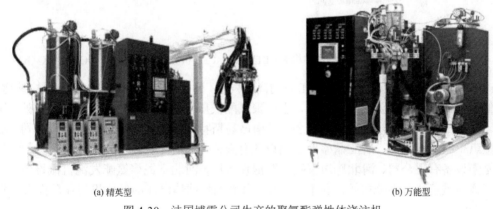

(a) 精英型　　　　　　　　　　　　　　　　　(b) 万能型

图 4-30　法国博雷公司生产的聚氨酯弹性体浇注机

该公司生产的 Compant 2L 型浇注机装配有 A、B 两个原料罐及其计量、输送系统，A 罐为预聚体工作罐，容量为 300L，承压 -1～0.5bar（-0.1～0.05MPa），采用电加热的最高温度为 100℃。除了通常的搅拌器、进料口、压力管线等，还配备有料位探测器、料温探测器、釜底 Y 型过滤器、干燥器以及 40m³/h 的真空泵系统；B 釜为 MOCA 或 BDO 工作釜，容量 50L。承压 -1～0.5bar（-0.1～0.05MPa），电加热温度最高为 130℃。由伺服电机驱动的高精度齿轮计量泵，A、B 能力分别为 45mL 和 12mL。混合搅拌器转速范围 600～6000r/min，混合头固定安装在加热箱上，配有压力调节器，可以适应开放式浇注、软管式浇注以及注射等不同方式操作，能够使组分混合比恒定不变。该设备生产能力为 2～10kg/min，基本尺寸（长×宽×高）为 1850mm×1400mm×1900mm，整机质量约 800kg，需要配备三相 380V/50Hz 交流电，功率消耗 1.5kW。

Universal 3M 型浇注机基本配置和 Compant 型相比，其使用范围更大。其配备有 3 个原料罐体系：A、C 两个罐均为预聚体罐，容量为分别为 100L、200L 和 300L；B 罐为交联剂罐，容量有 50L 和 100L 两种。该型系列设备的混合头装配在可以进行 160°摆动的悬臂上，同时距地高度也可以在 1250～1580mm 间调节。整个装备安装在带有脚轮的平台上，适应性更加灵活。该系列可以有多种选配：① 可以选配脚踏式浇注开关；② 可以配备液体色浆注入设备，可将黏度在 100～2000mPa·s 的色浆直接注入至混合头中；③ 在浇注过程中，可以直接将催化剂或其他助剂直接注入至混合头中。这使得该设备操作更方便，适应范围更大。A、B、C 计量泵规格分别为 20mL、6mL 和 20mL。设备尺寸也可以根据用户要求进行调整。

此外，博雷公司还生产可进行常温浇注作业的 MULTICAST 和实验室检测用的 DOSAMIX，前者是 2～4 组分，吐出量 5g/min～300kg/min；后者釜的容积为 9L，吐出量范围 5～500g/min，很适合进行产品的试制、检测工作（图 4-31）。

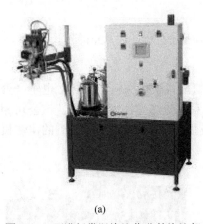 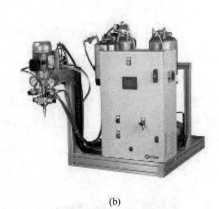

(a)   (b)

图 4-31　可进行常温浇注作业的浇注机 MULTICAST（a）和实验室用浇注机 DOSAMIX（b）

改革开放以来，随着我国聚氨酯工业的高速发展，聚氨酯加工设备的生产单位快速增加，由于低压机的制造技术要求相对较低，生产聚氨酯低压机的企业较多，除上述企业外，国内的厂家还有无锡市长安永佳聚氨酯设备厂、南昌易斯特聚氨酯设备制造有限责任公司、浙江武义恒惠聚氨酯设备厂、浙江鼎盛聚氨酯设备有限公司、浙江领新聚氨酯有限公司、常州协宇聚氨酯设备有限公司、河北廊坊聚氨酯发泡设备厂、河北富民聚氨酯发泡机械设备厂、深圳市裕鑫机械科技有限公司等。还有一些用于聚氨酯弹性体浇注的低压机将在后面有关章节中进行介绍。

参考文献

[1] 温州飞龙机电设备工程有限公司资料.
[2] 温州泽程机电设备有限公司资料.
[3] 日本东邦机械工业株式会社资料.
[4] 意大利康隆（CANNON）公司资料.
[5] 意大利赛普（SAIP）公司资料.
[6] 上海通机设备工程有限公司资料.
[7] 德国欧瑞康巴马格（OLIKON BARMAG）公司资料.
[8] 广东省东莞市金山机械制造有限公司资料.

[9] 无锡市长安永佳聚氨酯设备厂资料.

[10] 台湾绿的工业有限公司资料.

[11] 浙江领新聚氨酯有限公司资料.

[12] 镇江奥力聚氨酯机械有限公司资料.

[13] 苏州新晟聚氨酯设备有限公司资料.

[14] 无锡市长安永佳聚氨酯设备厂资料.

[15] 南昌易斯特聚氨酯设备制造有限公司资料.

[16] 河北富民聚氨酯发泡机械设备厂资料.

[17] 和成聚氨酯设备（深圳）有限公司资料.

[18] 意大利特诺弹性体科技（TECNO ELASTOMERI srl）公司资料.

[19] 德国普尔潘（PURPLAN）公司资料.

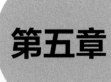

第五章

高压机的基本构成

第一节　高压机的特点　◂◂◂

随着聚氨酯工业的迅速发展、应用领域的扩大、消费量的激增和对加工设备研发的深入，传统的低压计量、混合装置的某些技术上的缺陷暴露得越来越明显，如搅拌效率较低、间歇停机需使用有机溶剂清洗混合元件带来的环境污染问题等。1967 年，德国拜耳（BAYER）公司和亨内基（Hennecke）公司首先推出了以高压冲击方式进行混合并具有自动清洁功能为特征的高压计量、高能冲击混合的聚氨酯加工设备，它以高效混合、自清洗等功能，更适应大规模工业化及多类型产品生产的需要，备受聚氨酯工业界的欢迎，逐渐成为聚氨酯制品加工的主要设备。

该类设备是使液体原料通过计量，使两组分物料加压产生的能量经过小口径的喷嘴转化成更高的动能，相对喷射，进行冲击混合，然后直接注入模具，混合物料在模具中反应成型。该加工工艺被称为反应注射模制（Reaction Injection Moulding，简称 RIM）。该类计量、混合、注射的加工设备通常又称为高压机。

高压机具有以下特点：

（1）混合室很小且没有任何机械搅拌混合元件，液体物料仅依靠高压输送经过小口径喷嘴产生高能量冲击，达到充分混合的目的。

（2）具有自清洁功能，无需使用过去那种有机溶剂冲洗程序，节约且环保。

（3）该设备具备高压注射、低压循环的自动切换功能，能量消耗较少。由于原料是在液体状态下进行计量、混合、注射动作，与普通热塑性塑料加工相比，注射压力低得多，模具的合模力小得多。

（4）加工方便，生产周期短。物料以液体方式计量、混合、注射，在模具中迅速反应，快速成型、脱模，生产效率高，且一台高压机可连接多个混合头，适宜大批量产品的工业化生产。

（5）设备工作压力高（工作压力通常在 4～30MPa 之间），控制精度高，操作要求严格，设备投资较大。

（6）加工高黏度物料有一定困难，它主要适用于低黏度原料体系，在工作温度下黏度一般应在 2000mPa·s 以下，对高黏度原料，也可以通过加热方式使黏度降下来。

第二节　高压机的基本组成　◂◂◂

高压机是高度精密的加工机械。目前生产这类设备的厂家很多，各家在设备的设计、元件的配置、部器件的加工等方面都有自己的特色和技术诀窍。对于如混合头等关键部件都是经过精心设计、精密制作的，而且许多厂家都将它们的技术申报了专利。自20世纪60年代出现高压机以来，在生产实践中得到不断的改进、完善，同时，为适应不断出现的新工艺以及新应用领域的涌现，高压机出现了各种各样的变化。然而，尽管各种高压机在型号、设计、配置、外形等方面有较大区别，但其基本原理和基本配置组成总体上是相同的。它们的基本组成包括原料罐系统、计量系统、高低压切换系统、混合系统、自动控制系统等。

在图5-1中示出了早期高压机的基本流程。图中1为聚醇和异氰酸酯两个组分的原料工作罐，原料由输入管4输入和补充。工作釜上设有搅拌器2、三点液位显示器3、干燥空气或氮气输送软管5、压力表6、泄压阀7、放料阀8。为保障物料获得设定的温度条件，配置了节流阀9。物料经过节流阀9、过滤网10、高压计量泵11后，可经过低压循环阀18和检测阀28返回工作罐，也可以通过高压管线19进入高压混合头20。高压计量泵组由计量泵马达12、减压开关13、减压表14、泄压表15、泄压开关16和超压安全隔膜17组成。在工作罐的旁路上还设有节流阀9、循环泵25及其马达26、过滤网27，以及套管式热交换器22和温度控制显示仪表23、24。在注射准备阶段，打开低压循环阀18，物料以低压方式循环，在循环管线上的检测阀28供测量流量配比之用。注射时物料切换成高压，物料沿高压管线19进入高压混合头20，进行高压冲击混合，注射入模。注射动作完成后，系统切换成低压，原料循环返回至各自的工作釜。

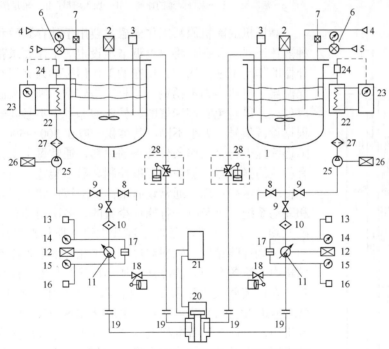

图5-1 Martin Sweets 公司 RIM 流程示意图

1—原料工作罐；2—搅拌器；3—三点液位显示器；4—加料管；5—干燥空气或氮气输送软管；6—干燥空气压力表；7—泄压阀；8—放料阀；9—节流阀；10—过滤网；11—高压计量泵；12—计量泵马达；13—减压开关；14—减压表；15—泄压表；6—泄压开关；17—超压安全隔膜；18—低压循环阀；19—高压管线；20—高压混合头；21—液压动力装置；22—热交换器；23—温度控制显示器；24—调温及显示仪表；25—循环泵；26—循环泵马达；27—过滤网；28—检测阀

一、原料工作釜系统

高压机的原料供给系统根据产品类型、工艺参数要求多配备独立的储存、传输系统。大量的主要原料，如多元醇、异氰酸酯，可在大型储罐系统中储存并进行温度等工艺条件的准备工作。对于在原料中添加的固体填料，如硫酸钡、碳酸钙、云母、阻燃剂、木屑以及粉碎的硬泡、软泡的颗粒等，则需要对它们进行分散、浸润、偶联剂预混合等处理。对于研磨或切断的玻璃纤维及植物纤维等也需要采用偶联剂等方法方法进行预处理，见图5-2。

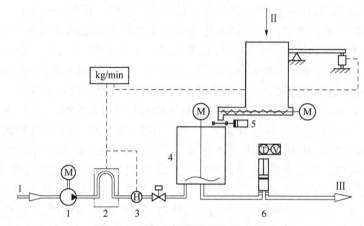

图5-2　原料的固体填料预混合系统

1—充填泵；2—密度计；3—流量计；4—高速混合器；5—使用螺杆进行不同质量的计量；
6—活塞泵；Ⅰ—来自储罐的原料；Ⅱ—加入填料；Ⅲ—输送至设备工作罐

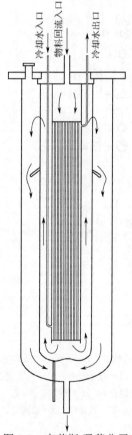

图5-3　克劳斯-玛菲公司
推出的新型热交换器示意图

高压机的随机原料工作储罐主要用于储存聚醇和异氰酸酯两种液体原料，并在此将温度调节至设定的工作要求范围内，在搅拌器的作用下使其均匀。现在的工作储罐多为夹层结构，且外带保温层。材质多为不锈钢，若材质是碳钢，则内表面必须进行防腐处理，以避免它们和聚醇、异氰酸酯发生不必要的化学反应，根据设备型号、大小不同，其容积一般在300～500L之间。为保障连续提供符合工作条件要求的原料，通常每个工作储罐都配置有相应的搅拌器、加热及温度控制、显示装置。原料液位由液位计自动显示和跟踪，通常设有最高安全液位和最低安全液位报警和联动系统，可及时进行原料少量的、多次的补充，以保障原料能在均一的工作温度条件下连续供给。原料温度通常应控制在±1℃。为保障精确的物料温度，除了在外部配置冷水机外，原料储罐中还配备有独立的冷却、加热盘管等装置，此外，大多数设备还在回流管线上配置了热交换器。近几年，德国克劳斯-玛菲（KraussR-Maffei）公司在新推出的RIM-STAR ECOⅡ系列高压发泡机中，不仅在设备框架上安装了多达150片的热交换器，而且还采用了先进设计结构的储罐。该储罐采用了嵌入式、大表面积、内置式热交换器（图5-3）。这种工作储罐无双层罐壁，它将热交换器直接嵌入在料罐中心，原料从上部进入经过一次热交换后从下部出来，沿交换器外壁流动，进行二次热交换，物料从上部溢出，沿内罐向下，由于内罐上的挡环作用，防止了由内罐溢出的原料不会沿内罐外壁流动，最大效率地利用了热交换功能。另外，罐内原料的流动模式使原料以很高的速度流动，从而使搅拌器成为多余。该种热交换过程是通过嵌入式热交换器和冷水机组共同实现的。

　　为弥补物料在管道、过滤器等产生的压力损失，并防止物料黏度较高、流动不畅造成计量泵的空穴现象，除了要有物料温度保障装置外，原料工作储罐通常充以 0.3～0.6MPa 的干燥空气或氮气。有的还在计量泵前增设一台供料泵。由于原料对湿气十分敏感，进入储罐的任何气体都必须进行干燥处理，压缩空气必须经油水分离后，再经冷冻干燥或配置硅胶过滤器等方式进行处理。

　　为保障高压计量泵运行安全，物料输入前的管线上都配置有过滤器，通常标准机型多采用丝网式过滤器，当然也可以选用线隙式过滤器，这种过滤器可通过上部配置的手轮的转动，也可以在上部加装低速电机，在不影响生产的情况下完成过滤，清理杂质，实现自动清洗。

二、计量系统

　　高压机的计量体系大多采用高速多冲程容积泵，如高压齿轮泵、环形柱塞泵等。最著名的是德国力士乐（Rexroth）轴向旋转的多级柱塞泵，其基本结构和结构示意图分别列于图5-4 和图 5-5 中。图 5-6 为意大利 OMS 公司轴向旋转柱塞泵装配示意图。由这些图可以看出，轴向柱塞泵由传动轴带动一个圆盘旋转，在圆盘上有多个球形连接的多个柱塞及与之匹配的多个柱塞缸体，调节泵体外手轮，依靠它带动丝杆运动，可以使柱塞缸体组与传动轴之间形成小于 25° 的角度，即可改变柱塞组的冲程，实现物流流量的计量和调节，吐出量和调节的角度基本是线性关系。根据这类计量泵的类型不同，高压机使用的轴向柱塞泵的工作压力通常为 10～20MPa，计量精度约为±0.5%。流量调节范围 10%～100%。计量泵上配置有自动排气装置，放出泵体内积聚的气体，使其回流至料罐中，无需人工排气。

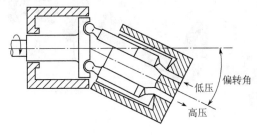

图 5-4　轴向柱塞泵

　　计量泵的端头装配有双层密封圈，在其两层之间可充以 DOP 作为润滑之用，同时还能阻止空气侵入。异氰酸酯的化学性质特别活泼，它能与水分发生化学反应并生成不溶性聚脲等结晶，对计量泵的磨损严重，因此，针对结晶异氰酸酯计量泵的密封问题，业界先后开发出弹性密封环、机械密封、缓冲室等密封结构，现已推出了磁性联轴器。

　　磁性联轴器是利用永磁体产生的磁场，并可穿透一定的空间距离产生相互作用的特性，进行机械能量的传递。这种磁性联轴器是不需要将原动机与工作机直接连接的非接触式联轴器。一般它是由内外两个磁体以及将它们隔离开的钟形罩构成。外磁体与动力件（如电机）相连接，内磁体与被动件（如计量泵）相连接，它在主动轴和被动轴传递力矩的非接触式连接，不仅具有弹性联轴器缓冲、吸震的功能，而且这种全新的磁耦合原理实现了零泄漏、零污染。磁性联轴器基本安装简图见图 5-7，图 5-8 为新加坡润英公司在计量泵上安装的磁性联轴器。

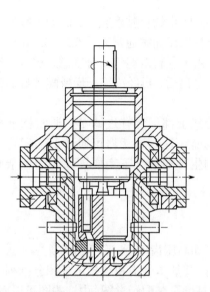

图 5-5　典型的轴向柱塞泵内部结构示意图

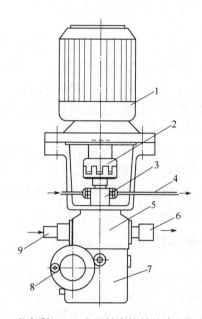

图 5-6　意大利 OMS 公司轴向旋转柱塞泵组的配置

1—电机；2—联轴器；3—轴承组；4—轴承用润滑油
进出口；5—轴向柱塞泵；6—物料输出口；7—调节
柱塞泵齿轮箱；8—调节手轮；9—物料输入口

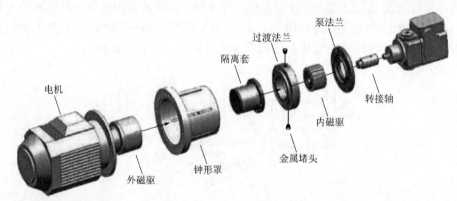

图 5-7　磁性联轴器安装过程

图 5-8　新加坡润英公司安装磁性
联轴器的计量泵

目前永磁联轴器材料的主要成分是钐钴稀土（Sm_2Co_{17}）等，其磁力受温度变化影响较小，扭矩传递平稳。最新推出的第三代钕铁硼永磁稀土（NdFeB）是目前性能最强的永磁体，不仅具有高磁能积、高剩磁、高矫顽力、高性价比，而且容易加工，有很高的推广价值。我国已有许多公司生产此类产品，如蓬莱康维特聚氨酯设备公司、上海颖桂磁业有限公司、温州泽程机电设备有限公司等。图 5-9 展示的是部分国产永磁联轴器产品。

在现在进口的设备上，尤其是在异氰酸酯原料一侧，都配备了磁性联轴器。表 5-1 和表 5-2 分别列出了德国流体系统有限公司和韩国 DUT 公司磁性联轴器的部分技术参数。

图 5-9　各种磁性联轴器（摘自东莞市万江鑫泰机械厂、余姚市威隆聚氨酯公司、广州飞超机械工业公司资料）

表 5-1　德国流体系统有限公司 DST-多尔永磁联轴器技术参数

常用型号	PU 常用计量泵型号	电 机	扭矩/N·m
DST 110/80	A2VK 12	IEC 132；5.5kW；B35	80
DST 110/100	A2VK 12	IEC132；5.5kW；B35	100
DST 135/135	A2VK 28	IEC 160；11kW；B35	135
DST 135/180	A2VK 28	IEC160；15kW；B35	180
DST 135/220	A2VK 55	IEC 180；22kW；B35	220
DST 165/275	A2VK 55	IEC 225；37kW；B35	275
DST 165/365	A2VK 107	IEC 225；45kW；B35	365
DST 165/450	A2VK 107	IEC 250；55kW；B35	450

注：选用此系列永磁联轴器，扭矩的计算：$M_d=(P\times9550/n)\times1.3$。式中，$M_d$ 为扭矩，N·m；P 为功率，kW；n 为转数，r/min；1.3 为安全系数。例如：计量泵 A2KV28，电机 11kW，1000r/min，则 $M_d=(11\times9550/1000)\times1.3$ N·m =136.5N·m，可选 DST135/135 型永磁联轴器。

表 5-2　韩国 DUT 公司 MINEX-S 系列永磁联轴器技术参数

型　　号	启动扭矩 (20℃)/N·m	外 旋 转 体		内 旋 转 体		密 封 套 筒
		质量/kg	整体磁矩/kg·m²	质量/kg	整体磁矩/kg·m²	最大承受压力/bar
SA34/10	1	0.256	117.4×10^{-6}	0.093	12.1×10^{-6}	16/24
SA60/8	7	1.751	2279×10^{-6}	0.563	221×10^{-6}	40/60
SA75/10	10	1.362	3159×10^{-6}	0.940	539×10^{-6}	16/24
SC75/10	40	2.889	6654×10^{-6}	1.893	1232×10^{-6}	16/26
SB110/16	60	1.822	12111×10^{-6}	3.732	5229×10^{-6}	
SB135/20	100	3.747	22878×10^{-6}	5.668	12333×10^{-6}	
SD135/20	200	6.061	36870×10^{-6}	9.497	22387×10^{-6}	25/37.5
SD165/24	280	6.559	56170×10^{-6}	14.674	50633×10^{-6}	
SD200/30	430	9.887	117296×10^{-6}	26.057	125915×10^{-6}	
SD250/38	670	10.930	202540×10^{-6}	37.920	282795×10^{-6}	16/24
SF250/38	1000	15.130	280000×10^{-6}	52.500	397915×10^{-6}	

注：外旋转体材料：衬套为结构钢 S355J2G3，磁铁为 SA34/10-SD135/20:Sm_2Co_{17}（最大工作温度 300℃）或 NdFeB（最大工作温度 150℃）；SC165/24-SF250/38:Sm_2Co_{17}。内旋转体材料：衬套为不锈钢，磁铁为 SA34/10NdFeB；其他为 Sm_2Co_{17}，密封套筒为不锈钢。

　　为确保计量的精确和可靠，现在，在有些先进的高压机的计量体系中还配置了体积式及质量式流量计自动测量、记录流体组分的压力、温度、流量及配比。在聚氨酯设备中使用的流量计种类很多，在此仅对以下几家公司的典型产品作简单介绍。

1. 德国克拉赫特（Kracht）公司的流量计

德国克拉赫特公司 VC 系列齿轮流量计和 SVC 系列螺杆式流量计的结构见图 5-10 和图 5-11，其技术参数分别见表 5-3 和表 5-4。

（1）VC 系列齿轮流量计　VC 系列流量计由测量室和传感室构成，处于测量室的齿轮由液体流驱动，它们使用低摩擦球轴承或滑动轴承，在测量室中作无接触运行。在测量室和传感器室之间安装有一块非磁性抗压隔板。液体流动将驱动测量运动，当齿轮每转动一个齿时，由盖板内的两个非接触的传感器发出一个信号，对应一个齿的 Vgz（即一个几何齿积），通过前置放大器将信号转换为方波信号。其双通道检测，可以获得更高的分辨率并确定流向。测量的精度范围<±0.1%，测量值重复误差<0.1%。

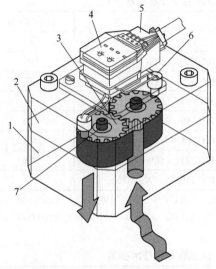

图 5-10　VC 系列齿轮流量计结构简图
1—壳体；2—盖板；3—齿轮；4—前置放大器；
5—连接器；6—传感器；7—轴承配件

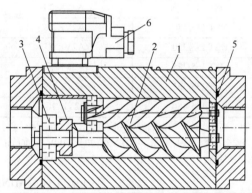

图 5-11　SVC 系列螺杆式流量计结构示意图
1—外壳；2—测量系统；3—滚动接触轴承；
4—传感轮和传感器；5—O 形密封圈；6—连接件

表 5-3　VC 系列齿轮计量泵技术参数

型　　号	几何齿积 /cm³	测量范围 /(L/min)	精度 (≥100mm²/s 时)	峰值压力/bar	噪声等级 /dB	最大准许杂质粒子尺寸/μm	分辨率 /(lmp/L)
VC0.2F4	0.245	0.16～16	±0.5%	480	<60	30	4081.63
VC0.4F4	0.4	0.2～30	±0.5%	480	<70	30	2500.00
VC1F4	1.036	0.3～60	±0.5%	480	<70	30	965.25
VC3F4	3.000	0.6～100	±0.5%	350	<70	30	333.33
VC5F4	5.222	1～160	±0.5%	350	<72	30	191.50

注：介质温度-15～+80℃，1bar=0.1MPa。

表 5-4　SVC 系列螺杆式流量计技术参数

标称尺寸	脉冲容积 /(cm³/imp)	测量范围 /(L/min)	分辨率 (K 系数) /(imp/L)	4 倍分辨率[①] (K 系数) /(imp/L)	测量室容积 /(cm³/U)	脉冲率[②] /Hz	工作压力（最大） /MPa
10	1.423	1.0～150	702.7	2811.0	27.04	1171	25
40	5.150	4.0～600	194.2	776.7	123.6	1295	25

续表

标称尺寸	脉冲容积 /(cm³/imp)	测量范围 /(L/min)	分辨率 (K系数) /(imp/L)	4倍分辨率[1] (K系数) /(imp/L)	测量室容积 /(cm³/U)	脉冲率[2] /Hz	工作压力（最大） /MPa
100	9.85	10～1500	101.5	406.1	354.6	1889	14

[1] 分辨率对两测量通道进行4倍评估。

[2] 在名义流量 Qnenn 时。

注：允许环境温度-15～80℃；介质温度（标准型）-15～120℃。

（2）SVC 系列螺杆式流量计 该公司 SVC 螺杆式流量计属容积式流量计系列。两个螺杆状的测量心轴相互啮合，液体的流动使轴旋转，并沿轴向通过该装置，与此同时形成独立容腔并连续充填和排空，两个非接触式传感器对连到测量心轴上的传感轮进行扫描。测量无压力脉冲或流量脉冲，在规定范围内不受黏度约束，高精度测量的重复性好。

2. 德国流体系统有限公司的流量计

（1）VSE 威仕齿轮流量计 VSE 系列齿轮流量计（图 5-12）为该公司标准型容积式流量计（VSI 为高分辨率型）。两个精密配合的齿轮与密闭的壳体之间形成一个个计量空间，液体流动驱动齿轮转动，液体进入计量腔，每个计量腔内的液体刚好推动齿轮转过一个齿距。每转一个齿，即对非接触式传感器产生一个脉冲，经由后续放大电路数字化，输出。表 5-5 为 VSE 系列齿轮流量计技术参数。

图 5-12 VSE 系列齿轮流量计

表 5-5 VSE 系列齿轮流量计技术参数

型 号	流量范围 /(L/min)	分辨率 /(mL/脉冲)	计量精度[1]	运动黏度范围 /(mm²/s)	工作压力 /bar	过滤要求[2]
VS 0.02	0.002～2	0.02				10μm
VS 0.04	0.004～4	0.04				10μm
VS 0.1	0.01～10	0.1				10μm
VS 0.2	0.02～18	0.2			铸铁：315	20μm
VS 0.4	0.03～40	0.4	0.3%R	1～1000000	不锈钢：450	20μm
VS 1	0.05～80	1			特殊型：700	50μm
VS 2	0.1～150	2				50μm
VS 4	1～300	4				50μm
VS 10	1.5～525	10/3				50μm

[1] 黏度<21mm²/s。

[2] 滚珠轴承型。

注：介质温度（标准型）-40～120℃；噪声等级 72dB；前置放大器 10～28V（DC）；纯环戊烷黏度为 0.47mPa·s，建议使用 VS 系列，计量精度为 0.7%～0.9%R；VSI 系列为同系列高分辨率型，特别适合高黏度、大流量且要求高精度控制的场合。

（2）EF 系列齿轮流量计（经济型） 该系列齿轮流量计有许多型号（图 5-13），相应的技术参数列于表 5-6 中。

表 5-6　EF 系列齿轮流量计技术参数

型　号	流量范围 /(L/min)	分辨率 /(mL/脉冲)	计量精度	运动黏度范围 /(mm²/s)	工作压力	介质温度 /℃	过滤要求 /μm
EF0.04	0.05～4	0.04					20
EF0.1	0.1～10	0.1	2%R	2～2000	20MPa （铝外壳）	0～80	20
EF0.4	0.2～30	0.4					50
EF2	0.5～70	2		2～5000			50
EF4	3～150	4	3%R	2～8000			100

（3）RS 系列螺杆流量计　RS 系列螺杆流量计（图 5-14），其技术参数列于表 5-7。

图 5-13　EF 系列齿轮流量计

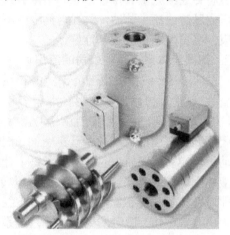

图 5-14　RS 系列螺杆流量计

表 5-7　RS 系列螺杆流量计技术参数

规　格	流量范围 /(L/min)	排量 /(mL/r)	分辨率 /(mL/imp)	K 系数最小 /(imp/L)	K 系数最大 /(imp/L)	工作压力 /bar	过滤要求 /μm
RS 100	0.5～100	15.7	0.5815	1720	220000	450	250
RS 400	1～400	56.5	3.138	318	40800	450	250
RS 800	4～800	180.0	10	100	12800	450	500

注：介质温度-30～+120℃，黏度范围 1～10⁶mm²/s。

　　RS 系列螺杆流量计具有以下优点：高精度，不受黏度影响；无损流量计量；极低的压力损失；计量过程无脉动；极快的相应时间；结构紧凑，重量轻。

三、高低压切换装置

　　为了减少能量消耗，高压机专门设计了高、低压切换装置——切换阀，国内有的公司又称它为KK开关。设备通常在低压状态下运行，物料通过低压循环阀和管线返回工作储罐，而当设备接受注射操作程序指令后，自动控制系统会自动关闭低压节流阀，使物料进入高压循环状态，物料经混合头返回工作储罐，调节混合头物料管线上针型阀的位置，使物料在管线中产生的阻力，使高压状态与注射所需的压力一致并达到平衡时，即可进行注射作业。注射完成后低压循环阀自动开启，从而使物料的整个循环进入低压状态。操作时系统的压力变化如图 5-15 所示。

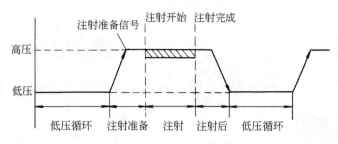

图 5-15　高压机工作操作程序

国外许多制造高压机的公司都配置自己的高低压切换装备。我国在 1990 年也曾由上海液压气动研究所研发了高低压自动切换阀及阀配流轴向柱塞。随着聚氨酯工业的快速发展，国内许多公司或研发生产，或代理销售这类部件。图 5-16 为韩国 AUTOMA 高压机气动切换阀（型号 AD100-L/S）。图 5-17 是广东韶关捷德利精密机械制造有限公司生产的 DN40 型高低压切换阀。

图 5-16　韩国 AUTOMA 高压机气动切换阀

图 5-17　韶关捷德利公司生产的气动切换阀

武汉正为机械有限公司还推出了两个系列的高低压切换阀，其产品规格见表 5-8。

表 5-8　武汉正为机械有限公司生产的高低压切换阀产品规格

系　　列	规　　格	内径ϕ/mm	接口尺寸/in
液压控制型	SD-25	25	1
	SD-40	40	1.5
气动控制型	DSV-16-2WA	20	1.75
	DSV-20-2WA	25	1

图 5-18 为韩国 DUT 公司生产的高低压切换阀的外形和安装尺寸图，表 5-9 为此阀的规格及与图 5-18 对应的安装尺寸。

表 5-9　韩国 DUT 公司的高低压切换阀型号与安装尺寸/mm

型　　号	传动器	A	B	C	D	E	F	G	H	I	J	K
DSV-16	AD-65	232	325	86	87	45	80	60	10	ϕ22	22.2	47.6
DSV-20	DJA-100	240	364	112	126	55	84	84	12	ϕ22	26.2	52.4

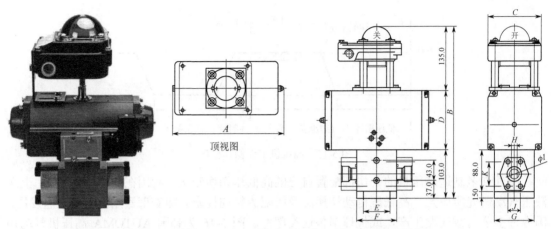

图 5-18　韩国 DUT 公司的高低压切换阀外形和安装尺寸图

四、混合注射系统

高压机的主要核心部件有两部分：一是计量系统，它必须确保原料组分输入、计量的高度准确性；第二个就是混合头，它是确保物料获得良好混合效果的关键，也就是说，产品质量近乎一半是直接受到混合头质量的影响。

作为高压机的混合头，必须满足下列要求：

（1）混合效率要高。物料输入要有足够的流动压力，在特定喷嘴的作用下产生较高的冲击能量，获得优良的混合效果。

（2）混合头必须具有自清洗功能，无需溶剂清洗，内部密封优良，无任何内、外泄漏。

（3）不同原料组分进入混合室的时间必须同步，开启、关闭的切换动作必须敏捷，决不能出现任一组分的超前或滞后，同时要求在切换时无压力尖峰脉冲。

（4）混合头的结构应与生产产品的工艺条件相匹配，使用寿命长，易于操作，易于维修保养。

冲击式混合头的混合原理，请参阅以前的有关章节。混合头的形式多种多样，经过多年的研发，现代发展的混合室的基本形式主要有一字型和 L 型。

为方便操作，混合头大多设计得比较精巧，混合头主要由带有清洁主活塞的大液压缸混合头元件及感应调节模块、控制组分原料的进料小活塞组、可调节的喷嘴、接近开关等元件组成。原料进出通过耐压的软质防爆裂的高压管路与其相连，同样与其相连的还有液压动力系统和电路系统。整体混合头装置悬挂在高压机的悬臂上。

通常，设备工作时，首先原料都处于低压循环状态，当发出浇注指令时，设备的高低压切换阀动作，使原料由低压循环切换成高压循环，正式浇注时，主活塞在液压的作用下迅速后退，在零点几秒的时间内退至顶端，同时输入组分物料的小活塞后退，物料经喷嘴喷入混合室。当浇注完成后，大小活塞同时关闭，原料由高压转换为低压循环，大活塞将处在混合室内的残留物料推出混合室。大小活塞的基本动作见图 5-19，图 5-20 为康隆（Cannon）公司 FPL 混合头结构示意图，图 5-21 为该类混合头的尺寸图。

图 5-20 显示了典型的 L 型混合头的基本结构。在浇注动作完成后，大活塞缸接受指令，活塞向下运动，将残余物料推出浇注口，起到自清洁功能。小活塞（混合室活塞）

主要控制物料流动的路径是回流还是浇注。平时小活塞处于前进位置，物料利用活塞杆上的回流沟槽使物料回流循环；当它接到浇注指令时，小活塞会迅速后退，使回流沟槽关闭，并腾出一个小的空间，即混合区，物料经喷嘴高速喷出，撞击混合，并经倒 L 路径进入直径较大的出料通道，减速后流出。大、小活塞的动作都是在可编程序逻辑控制器的指令下，由液压系统执行。

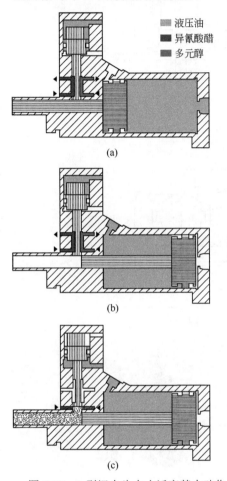

图 5-19　L 型混合头大小活塞基本动作
（摘自康隆公司资料）
（a）高压循环态；（b）浇注准备态；（c）浇注态

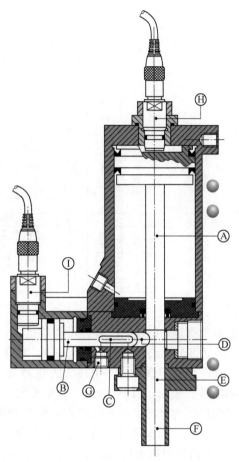

图 5-20　康隆公司 FPL 混合头结构简图
A—自清洗活塞；B—混合室活塞；C—组分物料循环沟槽；
D—混合室；E—出料通道；F—浇注口；
G—色浆添加进口；H，I—接近开关

接近开关主要控制大、小活塞运动行程的距离，是调节物料喷出压力的重要元件（图 5-22）。接近开关又称为无触点接近传感器，当检测体接近传感器的感应区时，它会迅速发出指令，能在无接触、无压力、无花火的情况下准确地反映出运动机构（如活塞）的位置和行程，具有定位准确、使用寿命长、适应能力强、装配方便等特点。对于聚氨酯设备，通常选用感式接近感应器。

物料经小口径喷嘴，因阻力增加而获得更大的冲击能量进入混合室，取得很好的混合效果。在现代高压机的混合头中，喷嘴是十分精密的元件之一，它控制着物料组分进入混合室的时间和动作的协调，避免出现组分间的超前或滞后。喷嘴基本有两种类型：固定式和自调式。前者的孔径不能改变，在流量发生变化时，喷射压力也将产生波动。在喷针体的后部配

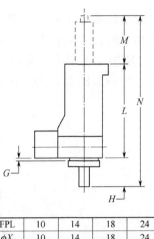
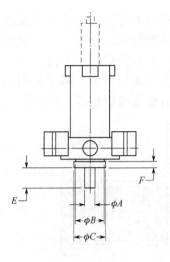
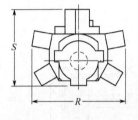

FPL	10	14	18	24
ϕX	10	14	18	24
ϕY	7	10	12	15
ϕA	15	20	24	32
ϕB	40	55	61	73
ϕC	45	60	69	81
E	31,5	38	48,5	57
F	9	11,5	13,5	16,5
G	3	4,5	5	5
H	43,5	54	67	78,5
L	164	178	202	227
M	92	92	92	92
N	299,5	324	361	397,5
R	142	175	175	203
S	137	148	155	194

$\phi X = \phi$浇注室
$\phi Y = \phi$混合室

图 5-21　康隆公司 FPL 混合头尺寸图

备有调节螺丝，用以调节喷针可移动范围。根据喷针形状，又可分为圆柱形和圆锥形两种。由于圆柱形喷针移动时会对混合压力产生较大的波动，现多改为圆锥形喷针和喷嘴，其基本结构见图 5-23。目前，有些喷嘴已改为自动调节式圆锥形喷针和喷嘴，在喷针后部的压力调节装置上装配有弹簧，利用弹簧的伸缩、压缩特性对压力进行自动调节。当物料流量增加时，喷针会自动后退，使喷嘴截面积增加，从而使物料喷射压力保持不变。图 5-24 为 OMS 公司设计的自动调节式喷嘴示意图。

图 5-22　控制活塞行程的接近开关

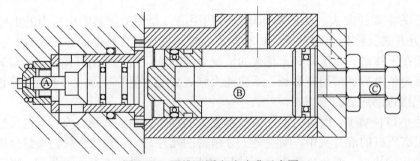

图 5-23　圆锥形固定式喷嘴示意图
A—喷针组件；B—压力调节组件；C—调节螺丝

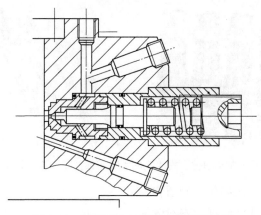

图 5-24　圆锥形自动调节式喷嘴示意图

图 5-25 为喷嘴结构分解示意图，图 5-26 和图 5-27 分别是韩国 DUT 公司和康隆生产的喷嘴产品。

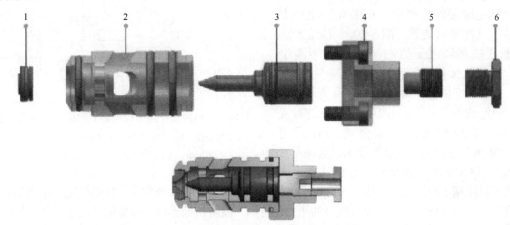

图 5-25　喷嘴基本部件及结构分解示意图（摘自韩国 UREATAC 公司资料）
1—喷嘴头部；2—喷嘴套；3—喷嘴针形体；4—喷嘴帽；5—调节螺丝；6—螺丝帽

图 5-26　韩国 DUT 公司喷嘴

图 5-27　康隆公司喷嘴的针型阀

对于这种精密部件，近年来我国也有一些公司开始研制、生产，如广东韶关捷德利精密机械制造有限公司（图 5-28）、浙江乐清佳艺精密机械厂、山东蓬莱康维特聚氨酯设备有限公司、蓬莱强兴聚氨酯机械有限公司等。

图 5-28　韶关捷德利精密机械制造有限公司生产的喷嘴等部件左为锥形针型阀,右为带弹簧的针型阀

在有些制品的生产中,例如生产硬质自结皮模塑制品、连续保温板材时,为对蜂窝结构泡沫体提供必要的成核条件,往往在高压机生产线上配备 AEROMAT-OLON-LINE 气体站的气体输入装置。如亨内基公司在聚氨酯硬泡生产中,在多元醇组分中加装了气体输入装置(图 5-29)。该装置适用于低氟利昂或无氟利昂聚氨酯硬泡生产,是将气体掺入多元醇中的早期装置。

在日益严格的环保要求形势下,为了在聚氨酯硬泡的生产中产生优良的蜂窝状结构,提供必要的成核条件,该公司还开发出 AEROMAT 系列的加气装置技术。这种充气技术的基本结构和设备显示在图 5-30 中。该

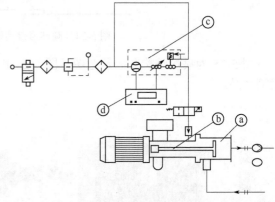

图 5-29　亨内基公司用于硬泡多元醇的气体输入装置
a—气体填充罐;b—空心气压式搅拌机;c—流量控制器;
d—电子控制仪表及显示装置

设备可以根据不同的原料体系,将 2%～5%的戊烷或其他 CFCS 替代品气体以恒定、精确的计量混合比与聚醚进行混合。它设有额外的压力保持阀,能防止低沸点、增塑的发泡剂内部气化;在每次注模后能在模内产生一定的压力,防止产生缩痕,简化了修边等后续工作。该装置的模块化设计能极其方便地与其他生产装备组合使用而应用于 RIM、RRIM 及硬质自结皮泡沫制品。

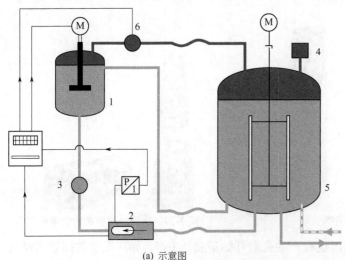

(a) 示意图

(b) 模块化设计能方便的和各种设备自由组合

图 5-30　亨内基公司 AEROMAT 加气装置

1—带有搅拌器的加气釜;2—密度测量装置;3—泵;4—压缩空气连接器;5—工作釜;6—活塞压缩机

国外制造高压机混合头的公司很多，因篇幅有限不能一一列举。目前国内也有一些公司研发、生产这些部件，且性价比很高。如广东韶关捷德利精密机械制造有限公司从 2004 年就开始研发生产高压机混合头和相关部件，图 5-31 和表 5-10 仅列出其部分产品和技术参数。

图 5-31　国产混合头

表 5-10　国产 JML-18/12-2C 混合头技术参数

项　目		参　数	
流量/(g/s)	开　模	130～500	
	闭　模	130～1000	
主体		大油缸	小油缸
缸体缸体直径ϕ/mm		70	32
杆体直径/mm		18	12
行程/ mm		112	13.5
油缸容量挤出腔体积/cm³		431.2	9.6
恢复腔体积/cm³		402.0	8.3
喷嘴		pol	iso
类型		锥形或弹簧加载	
喷孔直径/mm		1.2/1.5/2/2.5/3/3.5/4	
连接管件		国产	进口
大油缸接头		M24×1.5	2-UNF3/4-18
小油缸接头		G-1/4	2-UNF1/2-20
进回料接头		G-1/2	2-UNF7/8-14
传感器工作压力 (最大)/bar		500	
检测距离/mm		1～3	
安装尺寸		M18×1	
感应形式		常开火常闭	
工作电压		直流 24V；两线或三线	

五、液压控制系统

在高压机中许多元件的动作都是在可编程序逻辑控制器的指令下，由液压系统执行并完成的。在设备中，都配置了完整的液压泵站，它包括油箱、油泵、过滤器、溢流阀、电机、压力传感器、蓄能器等元件。液压泵站对混合头控制流程见图 5-32。

液压泵站的油泵一般多使用齿轮泵、柱塞泵、螺杆泵等，它利用液压油将原动机的机械能转换为容易控制的液压油的压力能，液压油产生的压力可达 20～30MPa。为保障安全，防止压力过载，泵站设有检测压力表以及溢流阀；同时，还配置了蓄能器。蓄能器按其作用介质不同，可分为充气式、重锤式、弹簧式。它是设备正常运行的安全装置。在高压机中，设定的液压系统一般都大于 20MPa。在压力不足时，系统指令会开启油泵，达到设定压力后，油泵电机会自动关闭，在此期间压力会出现由低到高的波动。在泵站的高压输出管线上平行装配了油压蓄能器，其主要功能就是避免混合头大活塞运动产生压力急剧波动，或者在出现意外停电时造成设备事故时它能保障设备压力系统运行平稳。蓄能器就是利用了气体的可压缩性和液体的不可压缩性的特性制造的。在耐压的长椭圆形的球体中，装配了一个强韧而又有弹性材料制成的隔膜，其上部预先充以额定压力的氮气（如 10MPa），下部与高压油路相连。当启动液压油泵，油压达到与氮气压力相等时，气-液两边即达到平衡；当超过氮气压力时，隔膜会向上移动，氮气室体积缩小。若油压达到 20MPa 时，额定 10MPa 的氮气室体积会缩小一半。其两边的关系可用下面的公式表示：

$$V_1P_1=V_2P_2$$

当系统压力下降时，氮气室的体积会膨胀，使油压升高，对系统起到稳定压力的作用。

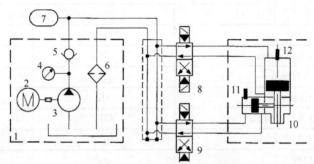

图 5-32　混合头液压路径图

1—液压装置；2—电动机；3—油泵；4—压力表；5—单向阀；6—过滤器；7—蓄能器；
8—电磁阀；9—电磁阀；10—FPL 混合头；11，12—接近开关

在正常工作时，要经常检查液压泵站的油位是否达标、油质是否干净、油压是否正常。通常液压油使用 6 个月就必须予以更换。推荐油品一般为 HM68 型液压油[40℃时的运动黏度 61～74mm²/s，黏度指数 97，密度（15℃）0.88kg/L；闪点（开杯）≥200℃]，典型的产品有壳牌公司的 HYDRAULIC HM68、美孚石油公司的 AGIP OSO D68 以及我国长城润滑油等公司的 HM68 产品。

六、电气仪表控制系统

在聚氨酯制品加工中，由于原料反应速度快，液态-固态的相态转换快，因此，在设备的物料输送、计量、配比、混合等动作的完成上提出了更高的要求。要求工艺条件更加严格，物料输送、计量比例准确，平稳，高低压切换灵活，物料混合开闭同步，混合充分，注射无脉冲，无飞溅，混合室清洁、干净。控制系统大致可分为温度控制系统、压力控制系统、流量控制系统、安全巡检报警系统、强电和弱电的电力系统、操作过程控制（PC）及可编程控制器（PLC）系统，现代设备还有人机对话系统等。

设备通常外接动力电为 3×380V，50%±10%。进入设备后，将被分配至各个电动机；经降压成 220V 或 110V 交流电和低的直流弱电压（24V），以连接至设备的按钮灯、仪表指示灯等其他元件和仪器仪表。在设备上都配有电气控制柜和操作台，在电气控制柜中集中装配了各种电器元件、计时器等；在控制台上装配了各种旋钮、指示灯、按钮及显示仪表，为方便操作，有时在混合头上还装备了操作仪表盒。现在，控制系统已由原来的继电器控制系统

转变为 PC 控制系统和 PLC 可编程序控制器。例如，Cannon 公司在高压机上装配了瞬时比例检测仪(Instant Ratio Detector，IRD)，利用高精度传感器和具有程序控制功能的微电脑，能更加有效地检测、控制原料组分的比例、流量等，使操作更加精密而简便（见图 5-33）。目前，绝大多数的高压机上都装配了西门子（Siemens）公司的可编程序控制单元，如 MP270（10.4 寸 LCD 彩色显示屏）、PUC 07、PUC08、S7 300、Windows CE 操作面板、SIMATIC PLC 人机对话的操控系统、施耐德（Schneider）PLC 控制系统等。不仅极大地方便了操作，而且对整个设备的运行了如指掌，能储存多个工艺配方，能对设备故障进行报警，并能给出合理的处置方案，能对生产的各个数据进行分析、记录，能进行周末循环程序等，使生产进入了高度自动化的新阶段。

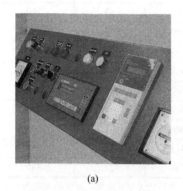  

(a)   (b)   (c)

图 5-33 装配了 IRD 的 CannonA-System 控制台（a），VIDEO IRD 能监控流量比例、压力、温度和注射量的显示屏（b）和武汉中轻机械有限责任公司的高压机上装配的西门子控制系统（c）

第三节 高压机典型产品

下面介绍几家典型公司生产的高压机产品。

1. 德国亨内基（Hennecke）公司产品

（1）TOP LINE HK 系列（图 5-34） TOP LINE HK 系列高压机是升级的最新的装备，具有优化的配置，如使用了一流的计量泵和 MT 系列混合头，计量更精确，混合更优良；独立的料罐系统，带有温度控制装置；有 15in Wintronic 触摸屏的设备控制系统。其技术参数见表 5-11。该系列设备可适应几乎所有聚氨酯制品的加工。

（2）Q FOAM 和 Q FOAM XL 系列 Q FOAM 和 Q FOAM XL（图 5-35）是将高压技术优势和产品性价比融为一体的系列化设备。其外型紧凑，组合灵巧，安装、调试方便，生产者在一天之内即可完成安装和调试，投入生产；可装配带压缩空气清洁的 MXL 型混合头，对冲式注射和开槽式截流循环，使其具有很好的混合效果和注射重复性。它主要用于冷熟化软泡、自结皮泡沫、模塑缓冲件、非连续硬泡板材和硬泡充填制品的生产。设备性能技术参数列

图 5-34 亨内基公司 TOP LINE HK 系列高压机

于表 5-12 中。

表 5-11　亨内基公司 TOP LINE HK 高压机设备技术参数[①]

型　号	计量泵最大输出量/（g/s）		总输出量/（g/s）	功率[①]/kW	设备净重[②]/kg
	pol	iso			
（A∶B=1∶1）					
HK 65TL	65	65	130	26	2100
HK 130 TL	130	130	260	23	2200
HK 270 TL	270	270	540	33	2200
HK 650 TL	650	650	1330	48	2400
HK 1250 TL	1250	1250	2500	62	2600
HK 2500 TL	2500	2500	5000	92	2900
（A∶B=2∶1）					
HK 65 TL	65	33	98	20	2100
HK 130 TL	130	65	195	22	2200
HK 270 TL	270	130	390	30	2200
HK 650 TL	650	270	810	41	2400
HK 1250 TL	1250	650	1875	55	2500
HK 2500 TL	2500	1250	3750	77	2800

　　① 表中为电力频率 50Hz 时的数据，60Hz 时输出量大约增加 20%；若选择其他类型计量泵，最大输出范围变化在 10%左右。

　　② 包括两个料罐和温控装置。

图 5-35　亨内基公司 Q FOAM 和 Q FOAM XL 系列高压灌装机

表 5-12　亨内基公司 Q FOAM/Q FOAM XL 系列技术参数

型　号	总输出量/（g/s）	功率/kW	安全压力/bar	料罐容积/L	黏度（聚醚，异氰酸酯）/mPa·s	质量/kg
QFOAM 250	100～500	19	250	100	30～1000，30～400	750
QFOAM 720	300～1500	34	250	100	30～1000，30～400	850
QFOAM XL 250	150～350	20	250	250	30～1000，30～400	1200
QFOAM XL 720	450～1050	35	250	100	30～1000，30～400	1250

　　注：1bar=0.1MPa。

2. 康隆（Cannon）公司产品

该公司推出的聚氨酯设备型号较多，在此仅列举两类高压机。

（1）Cannon A 系列　Cannon A System 高压发泡机引入模块化设计概念，每个用户都可以根据各自生产的产品和工艺条件，对罐组、计量系统（无填料计量）、温度控制系统、混合头以及 PCL 控制器等都可以模块化方式进行自由组合，体现了设备最大的灵活性，以适应各种制品的生产。图 5-36 为该系列设备的基本配置，图 5-37 为其流程图，表 5-13 为该类设备的技术参数。

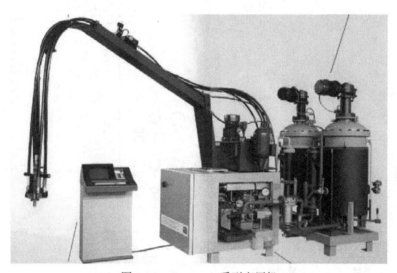

图 5-36　Cannon A 系列高压机

表 5-13　Cannon A 系列高压机技术参数

型　　号	转速 /(r/min)	计量比例	输出量 /(g/s)	比例变化	每釜容积 /L	动力消耗 /kW	空气压缩机[①] /(mL/注射)
A20	725	1：1	50～300	（5：1）～（1：5）	330	20～30	80
		2：1	75～230				
A40	725	1：1	50～300	（5：1）～（1：5）	330	22～32	80
		2：1	75～230				
A40	1450	1：1	120～610	（5：1）～（1：5）	330	22-32	80
		2：1	180～460				
A100	725	1：1	150～740	（5：1）～（1：5）	330	40～50	100
		2：1	220～560				
	1450	1：1	300～1490	（5：1）～（1：5）	330	40～50	100
		2：1	450～1120				
A200	725	1：1	290～1450	（5：1）～（1：5）	330	90～100	100
		2：1	440～1090				
	1450	1：1	580～2920	（5：1）～（1：5）	330	90～100	100
		2：1	880～2199				

① 压缩空气压力为 6bar（0.6MPa）。

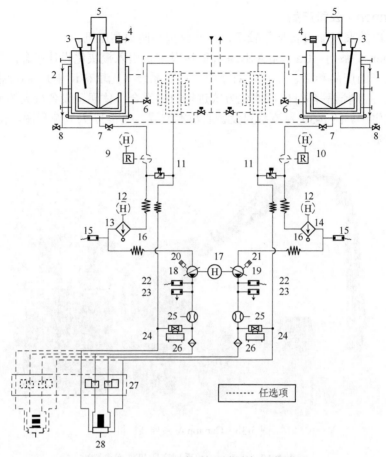

图 5-37 Cannon A 系列高压发泡机工作流程

1—异氰酸酯釜；2—多元醇釜；3—电容液位计；4—温度传感器；5—搅拌器；6—三通阀；7,8—球阀；
9,10—循环泵；11—气动阀；12—自清洁过滤器马达；13,14—自清洁过滤器；15—压力开关；
16—球阀；17—计量泵马达；18,19—高压计量泵；20,21—电动-气动式伺服机构；
22—压力表；23—压力传感器；24—液体分配器；25—流量传感器；
26—过滤器；27—运动框架；28—混合头

（2）Cannon H 系列　Cannon H 型高压发泡机为通用、经济型发泡机，设备的基本尺寸列于图 5-38 中，表 5-14 为该系列机的技术参数。

表 5-14　Cannon H 系列高压发泡机技术参数

型号	计量泵转速 /(r/min)	配比	比例	输出量/(g/s)	料罐容积/L	动力消耗 /kW	空气压缩机 /(mL/注射)	最小质量 /kg	设备最宽 /mm
H20	725	1∶1	（5∶1）～ （1∶5）	50～300	350	20～30	80	780	1650
		2∶1		75～230					
H40	725	1∶1	（5∶1）～ （1∶5）	50～300	350	22～32	80	780	1665
		2∶1		75～230					
	1450	1∶1	（5∶1）～ （1∶5）	120～610	350	22～32	80	780	1665
		2∶1		180～460					
H100	725	1∶1	（5∶1）～ （1∶5）	150～740	350	40～50	100	800	1890
		2∶1		220～560					

续表

型号	计量泵转速/(r/min)	配比	比例	输出量/(g/s)	料罐容积/L	动力消耗/kW	空气压缩机/(mL/注射)	最小质量/kg	设备最宽/mm
H100	1450	1:1	(5:1)~(1:5)	300~1490	350	40~50	100	800	1890
		2:1		450~1120					
H200	725	1:1	5:1~1:5	290~1450	350	90~100	100	1470	1890
		2:1		440~1090					
	1450	1:1	(5:1)~(1:5)	580~2920	350	90~100	100	1470	1890
		2:1		880~2199					

① 压缩空气压力为 6 bar（0.6MPa）。

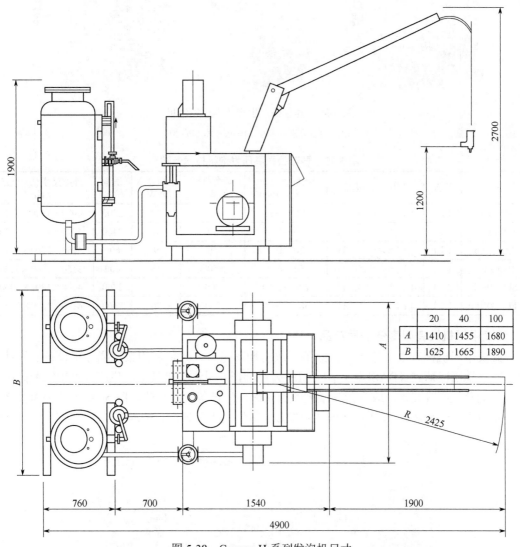

图 5-38　Cannon H 系列发泡机尺寸

3. 意大利赛普（SAIP）公司产品

意大利赛普公司生产的聚氨酯高压机基本有三种类型：SP、SP smart 和 SPB，见图 5-39。该公司生产的这三种高压机都可用于聚氨酯任何产品的生产，特别是坚固的建筑模板的生产。其中 SP 型适用于以 HCFC、HFC、水或水共混物、液体 CO_2 为发泡剂的聚氨酯泡沫生产；SP smart 型适用于 HCFC、HFC、水或水共混物为发泡剂的聚氨酯泡沫制品的生产；SPB 型适用于 HCFC、HFC、水或水二氧化碳共混物为发泡剂的聚氨酯泡沫制品的生产。根据工作需要，它们的喷嘴既可以垂直安装，也可以水平安装。技术参数列于表 5-15 中。

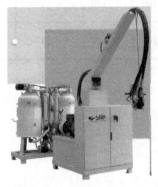

图 5-39　赛普公司生产的高压发泡机

由左向右分别为 SP，SP smart 和 SPB 型

表 5-15　赛普公司高压发泡机技术参数

型　　号	比例	配比变化范围	输出量（最小～最大）/(g/s)	每个料罐容积/L	装机容量/kW	质量/kg	外形尺寸 ($L \times W \times H$)/mm
SP 40/20	1∶1	（1∶5）～（5∶1）	120～600	250	37	2200	4970×1800×3050
SP100/50	1∶1	（1∶5）～(5∶1)	300～1500	250	47	2400	4970×1800×3050
SP smart 6	1∶1	（1∶5）～(5∶1)	20～100	50	9	600	3150×1500×3000
SP smart 20	1∶1	（1∶5）～(5∶1)	60～300	50	18	600	3150×1500×3000
SPB 60/30	2∶1	（1∶5）～（5∶1）	200～1000	100	47	2400	4100×1800×3000
SPB 200/100	1∶1	（1∶5）～(5∶1)	580～2920	250	70	2600	4100×1800×3000

4. 武汉中轻机械有限责任公司产品

武汉中轻机械有限责任公司在改革开放初期率先与世界著名的聚氨酯加工设备的设计制造商——德国巴斯夫（BASF）集团 EMB 公司合作，引进先进技术，生产各种聚氨酯高压发泡机及配套生产线装备，成为国内最大的聚氨酯加工设备生产企业。图 5-40 为该公司生产的高压发泡机，表 5-16 为系列发泡机技术参数。特别适用于软泡、硬泡、半硬泡、自结皮泡沫。

图 5-40　武汉中轻机械有限责任公司生产的高压发泡机（武汉 Puromat）

表 5-16 武汉中轻机械有限责任公司高压发泡机技术参数

型 号	PU30	PU80	PU80、30	PU150	PU300	PU600
混合头		MKE-76		MKE-3B		DHS36R
计量泵输出变化范围		（5∶1）～（1∶5）			（5∶1）～（1∶5）	
输出量 (1500r/min, pol/iso=1∶1)/(L/min)	15	40		75	150	300
注射量/(g/s)	60～600	150～1530	110～820	290～1860	575～5750	1000～10000
注射时间/s			0.5～99.9（精确到 0.01s）			
料罐容积/L			2×340/250			2×1000
温控功率/kW			2×6			2×15
输入功率/kW	约 32	约 37	约 43	约 65	约 130	约 240
质量/kg	约 1800	约 2000	约 2000	约 2500	约 3200	约 7000
设备所需面积/mm²		2400×4200		2560×4600	2600×4800	5000×10000

注：适应黏度（22℃）为 pol 2000mPa·s；iso 1000mPa·s。料罐需 3bar（0.3MPa），压缩空气约 300L/min。

5. 成都东日机械有限公司产品

该公司在研究世界各国不同发泡机特点的基础上，采用了全新设计理念，在设备稳定性、操作性、能量消耗、注料精度等方面都有很大改进，其中包括多项自主知识产权的独创专利技术，如与国外一些发泡机相比可节能 35%、独创的注料枪头可自动测量料比等。其代表机型东日 H 系列-JAD 高压发泡机见图 5-41，技术参数列于表 5-17 中。

6. 其他公司产品

目前，国内制造聚氨酯高压机的公司较多，除上述几家公司外，还有苏州新晟聚氨酯设备有限公司、兴信喷涂机电设备（北京）有限公司、四川成都航发机电工程有限公司、温州巨龙机电设备厂、浙江武义恒惠聚氨酯设备厂、湖南湘潭精正设备制造有限公司、台湾绿的工业有限公司、广东东莞金山机械制造有限公司、上海信浩机电设备技术有限公司、张家港力勤机械有限公司、山东青岛宝龙聚氨酯保温防腐设备有限公司等，有关产品的技术参数在此不再详述。

图 5-41 东日 H 系列-JAD 高压发泡机

表 5-17 东日 H 系列-JAD 高压发泡机技术参数

型 号	总输出量 (最小/最大)/(g/s)	料罐容积/L	功率/kW
H40-JAD	60/600	260	34
H100-JAD	130/1320	260	42
H200-JAD	250/2500	450	60
H300-JAD	500/5000	450	115

注：该发泡剂 A、B 组分比例可调，混合头压力设定后可自动恒定，输入料比可自动调整设定，料温设定后可自动调节。

参考文献

[1] 德国亨内基（Hennecke）公司资料.

[2] 美国马丁斯维茨（Martin Sweets）公司资料.

[3] 德国博世力士乐（Boschrexroth）公司资料.

[4] 德国克劳斯斯玛 菲（Krauss-Maffei）公司资料.

[5] 意大利 OMS 公司资料.

[6] 意大利康隆（Cannon）公司资料.

[7] 新加坡润英聚合工业公司资料.

[8] 德国流体系统有限（GFS）公司资料.

[9] 蓬莱康维特聚氨酯设备有限公司资料.

[10] 上海颖桂磁业有限公司资料.

[11] 东莞市万江鑫泰机械厂资料.

[12] 广州飞超机械工业有限公司资料.

[13] 余姚市威隆聚氨酯有限公司资料.

[14] 韩国 DUT 公司资料.

[15] 德国克拉赫特（Kracht）公司资料.

[16] 德国西门子（Simens）公司产品资料.

[17] 意大利赛普（SAIP）公司资料.

[18] 武汉中轻机械有限责任公司资料.

[19] 德国 BASF 集团 EMB 公司资料.

[20] 成都东日机械有限公司资料.

[21] 成都航发机电工程有限公司资料.

[22] 温州泽程机电设备有限公司资料.

[23] 浙江武义恒惠聚氨酯设备厂资料.

[24] 湘潭精正设备制造有限公司资料.

[25] 台湾绿的高压有限公司资料.

[26] 东莞金山机械制造有限公司资料.

[27] 上海信浩机电设备技术有限公司资料.

[28] 张家港力勤机械有限公司资料.

[29] 青岛宝龙聚氨酯保温防腐设备有限公司资料.

[30] 浙江领先聚氨酯设备有限公司资料.

[31] 苏州新晟聚氨酯设备有限公司资料.

[32] 兴信喷涂机电设备（北京）有限公司资料.

[33] 意大利 ISC 公司资料.

第六章

高压机的扩展

随着聚氨酯工业的快速发展，其加工机械也在不断地改进、升级提高，表现最为突出的是：围绕取代氯氟烃发泡剂，要求设备改造升级；随着 RRIM、SRIM、LFI 等新工艺的出现，要求开发新的加工设备；为适应现场包装、密封条等生产的小型加工机械以及喷涂加工装备等。

过去，聚氨酯发泡制品的生产所使用的发泡剂主要是氯氟烃（CFC）类化学品，人们发现它是破坏大气臭氧层的有害物质，蒙特利尔公约将其列为禁止使用物质，为适应这一趋势，除了在聚氨酯原料体系上要做许多变动外，在加工设备上也要做许多改进。为此，在原聚氨酯高压机的基础上开发了相关扩展机型。在替代氯氟烃发泡剂的研究中，相继推出了二氯甲烷（MC）、液体二氧化碳（CO_2）、水、烷烃类（戊烷，环戊烷）、氢氟烃类等化学品，为适应这些新化学品的使用，不仅在配方上、原料体系上有较大变化和改进，同时对发泡机等设备也提出了新的要求。在原有发泡机的基础上开发了许多新机型。另外，以往我国引进的大量发泡机也面临着改造升级的问题。

虽然二氯甲烷原料易得，其沸点与 CFC-11 相近，但它的 ODP 值（臭氧消耗潜值）仍然较大，另外，更值得注意的是它有损人体健康并有致癌嫌疑，因此，使用 MC 作发泡剂只能是一种临时性的过渡措施，以后将会被逐渐淘汰。

使用水作发泡剂是最古老、最廉价的发泡技术，但用水量不宜太高，100 份多元醇的用水量通常低于 4.5 份，用水量过高将会使泡沫内温度超过自燃临界温度（170℃）；同时，水量过多，结构中脲键含量过高，会使泡沫体弹性变差，手感发硬。其改进办法主要是在原料体系和配方上做工作，对设备改造的要求并不大。

第一节　适应液体二氧化碳（LCD）发泡技术的发泡机

早期聚氨酯泡沫体是利用异氰酸酯与水反应所生成的二氧化碳作为发泡剂的。现在的新技术所使用的二氧化碳不是反应的产物，而是单独使用液体的二氧化碳作为发泡剂。该项技术的优点是：

① LCD 的 ODP 值为零，环保，清洁；

② 原料易得且生产成本低，可减少大量昂贵的异氰酸酯原料的消耗（仅是水消耗异氰酸酯的一小半；是 MC 成本的四分之一）；

③ 发泡倍率高，泡沫手感好，回弹性好，更适应制备低密度泡沫体；

④ 设备改造容易，费用低。

二氧化碳在常温下为气体，沸点为−78.5℃，临界温度为31℃，它在31℃的不同压力下可以被液化（图6-1）。要利用液体二氧化碳作为发泡剂并非易事。必须首先解决它的计量以及它在聚醚多元醇中的混合、输送等问题，更重要是在混合头吐出时如何克服二氧化碳液-气转化时因快速膨胀而产生的诸多技术难题。意大利Cannon公司对此进行了大量的研究工作，并于1993年首先推出了液体二氧化碳发泡技术和相应的生产装备——卡迪奥（Car Dio）装备（Car Dio取自Carbon Dioxide两个单词的前半部分），图6-2为该装备的示意图。

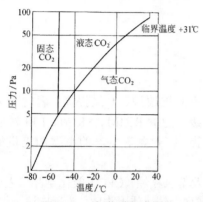

图6-1 二氧化碳相态图

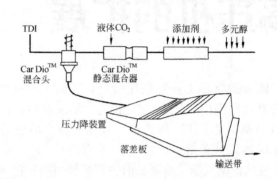

图6-2 Cannon公司Car Dio装置示意图

Cannon公司成功解决了液体二氧化碳的计量、输送问题，开发出在线静态混合器，使二氧化碳乳化，均匀地分散在聚醚多元醇组分中，形成良好的气核，并始终保持液体状态。通过专门设计的混合头和分配装置，使乳化的材料得到一个渐进的压力降，使已被膨胀了30%的乳化混合物能均匀地注入模具，克服了初期泡沫体上出现的针孔和烟道状的并泡现象。最初，这项技术主要应用于块泡生产。在深入研发的基础上，Cannon公司又开发出适用于聚氨酯模塑制品加工的"康奥赛"（Cann Oxide）系统（图6-3），解决了使用液体二氧化碳发泡剂的储存、计量、预混以及将乳化的混合物能按指令准确吐出等技术问题。Cannon公司专门设计开发了非连续发泡用的计量泵组，这种专利保护的装置能在瞬间提供定量的液体二氧化碳，并能将它平稳地注入至混合头。输出范围在3~15g/s时，泵组精度小于±2%，反应时间为0.5s。从而使这种新技术能适应多种配方和输出比例变化频繁的模塑制品生产线的需要，并生产出泡孔均匀、结构细密的高质量的产品。

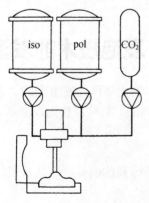

图6-3 Cannon公司Cann Oxide系统示意图

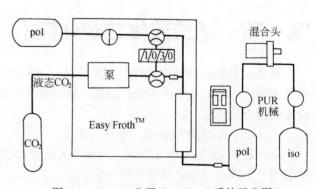

图6-4 Cannon公司Easy Froth系统示意图

　　液体二氧化碳输入的另一种方法是静态混合器的配置，即将液体二氧化碳和聚醚多元醇在康隆公司开发的静态混合器中预先混合，并将它储存在发泡机的工作储罐中。Cannon 公司将该系统称为"Easy Froth"系统，其基本流程和装置见图 6-4 和图 6-5，该系统也适用于各种高压发泡机。Cannon 公司还开发出适用于 LCD 技术的混合头，见图 6-6。

图 6-5　适用于 LCD 技术的 Easy Froth 装置　　　　图 6-6　适用于 LCD 技术的 FPL 型混合头

　　由于液体二氧化碳发泡技术的优点，使其受得了聚氨酯制品生产厂的欢迎，世界各大公司也相继投入人力、物力进行开发。德国 Hennecke 公司推出了 Nova Flex 系统；Krauss-Maffei 公司推出了 GBE 2000 的二氧化碳成核装置；美国 Linden 工业公司开发出 Forth-Ex CO_2 装置。

　　Cannon 公司的 Car Dio 工艺主要由高压计量泵、静态混合器、助剂混料器、专用的发泡机等设备组成，其基本流程见图 6-7。武汉中轻机械有限责任公司使用二氧化碳作为发泡剂的发泡机流程见图 6-8。

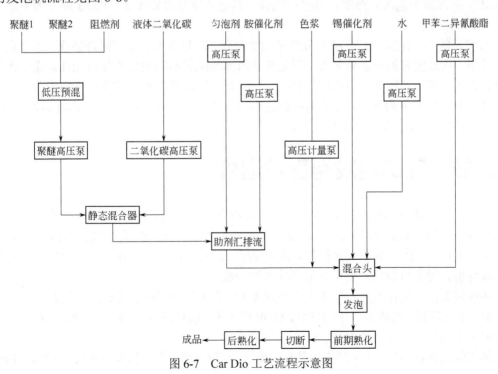

图 6-7　Car Dio 工艺流程示意图

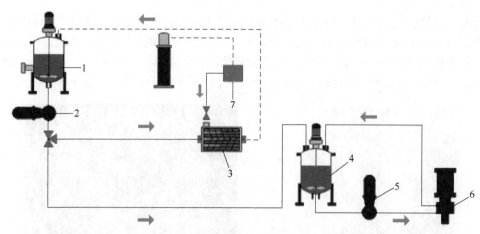

图 6-8　二氧化碳高压发泡机装备配置示意图（武汉中轻机械有限责任公司）
1—原料罐；2—循环泵；3—静态混合器；4—中间料罐；5—计量泵；6—混合头；7—CO_2 计量单元

气体二氧化碳经过耐低温的高压计量泵输入至静态混合器中，与聚醚多元醇进行良好的混合。TDI 因其毒性大、黏性低、输出量大，需要使用磁性联轴器的高压柱塞泵；对于黏度很低的水，则使用单柱塞高压泵；其他各组分均使用高压齿轮泵计量，输送至混合头。为防止液体二氧化碳在从混合头中吐出时急剧气化，物料要先经过一个装置，该装置能控制二氧化碳形成气泡的大小、尺寸，并能使物料达到进一步混合，以便使物料平稳地流出。意大利 Cannon 公司、德国 Hennecke 公司、英国 Beamech 公司等对这个装置的设计各不相同，有圆形孔筛板组、方形孔筛板组和门栓三种形式，筛板孔径和门栓缝隙约为 100~150μm。混合物料经过这些装置可以平稳流出，而不会喷出。另外，在操作前，输送泵和计量泵及相关管道、设施都必须冷却至液体二氧化碳的温度。为提高二氧化碳和聚醚的混合效果，它们要在 3~4MPa 的高压下进入静态混合器进行混合，其他各组分也要在 3~4MPa 的压力下输入至混合头。

为使液体二氧化碳能充分地与聚醚多元醇混合，在此引入了静态混合装置。该装置基本呈圆柱形，内部没有机械运动元件，而是在其内部装配了不同类型的导流元件，流体在这些混合元件的导流下，将处于中心区的物料导向四周，同时又将周边的物料推向中心，并且依靠流体自身旋转产生的涡流，使物料在前进中依照"分割-移位-重叠"等径向环流混合方式，对气-液物料完成优良混合和乳化功能。

第二节　环戊烷发泡型发泡机

在氯氟烃发泡剂的取代工作中，烷烃化合物有着很多的优势。研究的品种主要有正戊烷、异戊烷、环戊烷，其中以环戊烷发泡体系研究得最深入，作为过渡性发泡剂应用也最为普遍。尤其在我国聚氨酯保温板等硬泡制品的生产中，都需要选择适用环戊烷发泡剂的聚氨酯发泡机，老的机型也需要进行适当地改造升级。

环戊烷发泡剂的优点是：①环戊烷不含卤素，在大气中存在的寿命短，仅有几天即可完全分解，不会消耗、破坏大气中的臭氧，ODP 值为零；②环戊烷的沸点与传统 CFC-11 相近，在发泡工艺条件上变动不会太大。

环戊烷发泡剂的缺点是：环戊烷具有可燃性，在空气中的爆炸极限范围较宽（1%~10%），因此对它的储存、运输和使用都提出了更严格的要求，加工设备也必须满足安全使用的条件。

环戊烷作为发泡剂的工艺流程见图6-9。

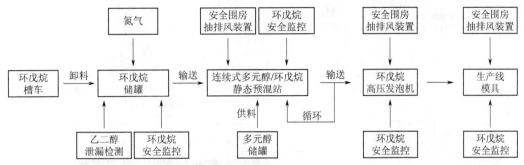

图6-9　环戊烷作为发泡剂的工艺流程简图

一、环戊烷的储运

环戊烷的运输和储存都必须严格按照易燃易爆化学品规程操作。槽车必须有可靠接地，卸料和回气管道都要安装阻火阀，进料管按照气控卸料球阀。

环戊烷储罐属国家Ⅱ类压力容器，其制造、检验、验收都必须按有关国标执行。一般体积为 25～35m³，呈长圆形的双层结构，内层设计压力 0.25MPa，外部夹层设计压力为 0.075MPa，罐体上部设有卸料、输料井，并装配环戊烷浓度监测传感器。罐体必须安装在地下，上部用沙子覆盖，周围设有防护井，上部要有防晒、防雨装置。整个罐体必须设置在专用的安全隔离区，罐区要配备相关的安全防护设施，如可靠的接地、防雷击装置，带独立备用电源的排风及监测装置。电器控制部分与罐区的安全距离不应小于 10m。罐区内要配备足够的消防器材和处理环戊烷泄漏应急处理装备和设施，罐区外要建防火防爆隔离墙。图 6-10 和图 6-11 是 OMS 公司和湘潭精正设备制造有限公司环戊烷储罐设置、处置示意图。

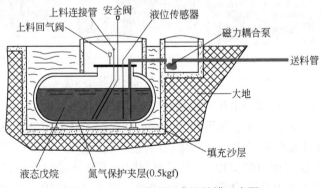

图6-10　OMS公司环戊烷储罐示意图

储罐区的环戊烷经由专用的夹套管道（夹套中充满干燥的、并受到监控的氮气）和设施，输送至环戊烷预混室，在此与聚醚多元醇在静态混合器中按一定比例进行充分的混合，然后输送至发泡机的工作罐中。这些装备一般是集中安装在一个密闭的隔离的房间中，简称隔离室。

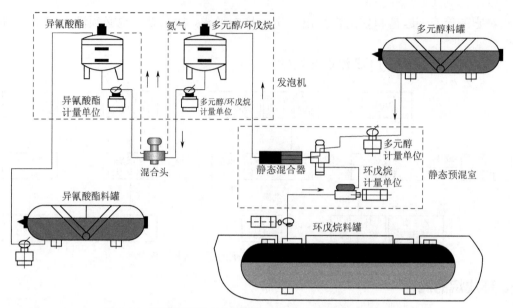

图 6-11　湘潭精正设备制造有限公司环戊烷发泡流程示意图

二、预混合隔离室

由于环戊烷特殊的化学性质，在使用它作发泡剂时，需要设置预混合隔离室。虽然各个公司制造的隔离室形式各不相同（见图 6-12），但其核心装备基本是差不多的。

　　　(a) OMS 公司　　　　　　　(b) 湘潭精正设备制造公司　　　　　(c) 成都东日机械公司

图 6-12　　环戊烷-聚醚多元醇预混合隔离室

隔离室是由防爆安全玻璃为主构成的密闭空间，其中装配有聚醚多元醇和环戊烷的精密计量系统，计量泵都设有流量调节装置和安全阀。环戊烷的计量可选择隔膜计量泵，为防止泄漏，传动连接均采用磁性联轴器。多元醇使用柱塞式计量泵。流量监测元件将严密监测多元醇和环戊烷的配合比（如 100∶12），并设有超限报警和连带应急处置程序；静态混合器是装配有导流元件的长形高压混合管，一般其混合压力为 3～5MPa；隔离室内安装有储罐，混合好的物料将直接输入至该储罐中。隔离室中装有环戊烷气体监测传感器及相应的声光电报警等处置设施，其监测信号通过闭环控制变频器显示在操作控制台上，并会在超过设定值时自动报警，显示故障信息和停机。隔离室外侧装配有防爆的强力排风机。

静态混合器是一种近几十年发展起来的、新的搅拌设备（图 6-13），其混合过程是依靠混合器管中的混合元件进行的。液体在其中不断改变运动方向，时而左旋，时而右旋，时而从周边流向中心，时而又从中心流向四周，从而使物料获得良好的径向混合以及良好的径向环流混合。混合元件的形式有以波纹片、窄板条等和以扭旋叶片在混合器中交错排列两类，针对不同的介质，有各种型号的静态混合器。SV 型静态混合器多用于黏度较低的介质；对于聚氨酯等黏度较高的介质的混合多使用 SK 型静态混合器。以往，静态混合器均为国外产品。现在，国内已有生产，性价比良好，如常州协信机械制造有限公司、江苏启东长江机电有限公司等均生产带有静态混合器的聚氨酯双组分灌装机，四川都江堰青蓉高压发泡机制造有限公司在以环戊烷为发泡剂的高压发泡机中也使用了静态混合器（图 6-14）。

 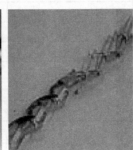  

图 6-13 静态混合器（从左至右依次为 SK 型、SL 型、SV 型、SX 型）

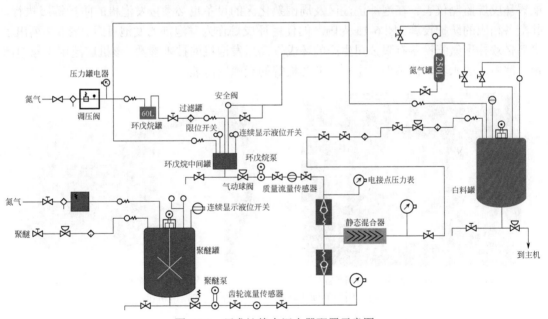

图 6-14 环戊烷静态混合器配置示意图

环戊烷气体检测器分为便携式和固定式，后者由检测器和控制器两部分组成。多个检测器可安装在环戊烷储运、预混、发泡机和生产线等容易工作现场，以检测各处环戊烷气体浓度并与控制器相连，如发现环戊烷浓度超标，控制器就会发出声光警报，同时会自动启动相关排风抽气装置，关闭相关阀门等装置。环戊烷气体监测传感器及相关的监测仪表、器件过去多为欧美著名公司的产品，性能可靠但价格较贵。现在，此类检测器已有很多国内企业可以生产，如无锡梅斯安安全设备公司、上海信浩机电设备技术公司、济南方信电子有限公司、瑞安电子公司、苏州南工自动化科技有限公司、西安北叶电子科技有限公司等。表 6-1 列出了济南方信电子有限公司生产的环戊烷监测装置技术参数。

表 6-1　济南方信电子有限公司生产的环戊烷监测装置技术参数

项　目	参　数	项　目	参　数
主机（RBK-6000）系统	高速 CPU 处理器，与 RBT-6000F、RBT-6000FR 型气体探测器配套使用	环戊烷探测器	与 RBK-6000 型主机配套使用
工作电压/V	AC 220，±10%	探测原理	半导体，电化学，催化燃烧式进口传感器
工作温度范围/℃	−20～+60	测量精度	±5%FS
湿度	≤95%RH	响应时间/s	30
LCD 液晶屏显	LEL/%，ppm，VOL /%	工作电压 (DC)/V	12～30
传输距离/m	≤1200	工作温度范围/℃	−40～+65
报警系统	声光报警	传输距离/m	≤1200
报警音量/dB	≥75	防爆等级	ExdIICT6
尺寸 ($L×W×H$)/mm	250×240×90	尺寸 ($L×W×H$)/mm	126×93×48

　　环戊烷发泡机和一般发泡机的区别主要在于其全部的电器部件都是防爆型的，最低防爆级别要大于 IP54，设备要防止产生静电，要有良好的接地，要有围房、抽气、排风装置，并配置环戊烷监测仪表。在泡沫浇注区及周围熟化区的设备也必须按发泡机的防护等级执行，并配备相应的防护设施。图 6-15 为国产的使用环戊烷作为发泡剂的发泡机组。表 6-2 列出了青岛亿双林聚氨酯设备有限公司生产的环戊烷高压发泡机的技术参数，该机广泛用于家电冰箱、冰柜、热水器、消毒柜、空调、夹芯板等的无氟发泡灌注。

(a) 广东中山新隆机械设备有限公司产品　　　　(b) 青岛亿双林聚氨酯设备有限公司产品

图 6-15　国产的使用环戊烷作为发泡剂的发泡机组

表 6-2　青岛亿双林聚氨酯设备有限公司生产的环戊烷高压发泡机技术参数

型　号	组分比例 A/B	料温 A/B	总输出量（最小/最大）/(g/s)	料罐容积/(L/罐)	功率/kW
HW®-20			30/300	100	18
HW®-40	可调	可调	60/600	300	23
HW®-100			130/1300	300	32
HW®-200			250/2500	300	55
HW®-300	可调	可调	500/5000	300	100

三、环戊烷发泡机与传统机的区别

　　国内，在许多生产保温、绝热聚氨酯硬泡制品的发泡机中，适应环戊烷发泡的机型已逐渐成为主力机型。这些发泡机与传统发泡机的区别主要在于：

① 针对环戊烷易燃、易爆的特点，储罐内的环戊烷上部和夹套内都充有乙二醇，并在乙二醇容器上装有液位检测仪；在储罐区、管道、预混室、发泡机混合头以及生产线上都配备有环戊烷气体监测传感器，它们都与中心控制器相连，适时监控着全部工作状况，一旦发现异常，尤其是环戊烷异常，设备将报警，并联锁进行应急处置和停机。

② 所有电气设备都使用防爆型的；监测仪表、设备都备有独立的备用电源。

③ 在储罐区、预混室、生产线以及制品熟化区都配有强力的防爆型排风装备。

④ 储罐、管道、设备等有良好的接地（静电接地电阻应小于 4Ω）。同时，操作者的衣着都应是防静电的，操作人员应对环戊烷的危险性有一定了解，熟知相关故障的应急处置措施。

图 6-16 显示了环戊烷发泡工艺流程。图 6-17 是一些公司生产的环戊烷型高压发泡机。表 6-3 和表 6-4 分别列出了成都东日机械有限公司和湘潭精正设备制造有限公司生产的环戊烷型高压发泡机技术参数。

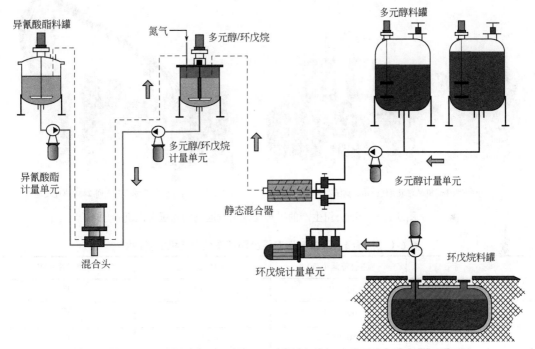

图 6-16　环戊烷发泡工艺流程（武汉中轻机械有限责任公司）

表 6-3　成都东日机械有限公司环戊烷型高压发泡机技术参数

型　号	A∶B 比例	料温	输出量（最小/最大）/(g/s)	罐容量/L	功率/kW
H 系列-HD 环戊烷高压发泡机					
H40-HD			60/600	260	34
H100-HD	可调	可调	130/1320	260	42
H200-HD			250/2500	450	60
H 系列-245fa 高压发泡机					
H40-245fa			60～600	260	34
H100-245fa	可调	可调	130～1320	260	42
H200-245fa			250～2500	450	60

(a) Cannon 公司的 A-System Penta-Twin

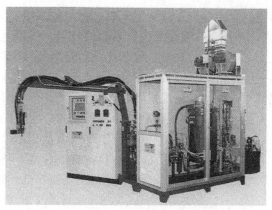

(b) OMS 公司的高压发泡机 Pentafoam

(c) 武汉中轻机械有限责任公司的高压发泡机

(d) 成都东日机械有限公司H系列-245fa高压发泡机

图 6-17　一些公司生产的以环戊烷为发泡剂的高压发泡机

表 6-4　湘潭精正设备制造有限公司环戊烷发泡机主要性能

型　号	注射流量/(g/s)	罐体容积/L	整机功率/kW
JHF20P	30～300	250	32
JHF40P	60～650	250	37
JHF100P	150～1530	250	47
JHF150P	290～2950	500	80
JHF300P	580～5800	500	130

注：混合比例范围（1∶5）～（5∶1），注射压力 10～20MPa。

第三节　长玻纤增强型发泡机的特点

在市场应用的引导下，聚氨酯制品的各种加工工艺不断更新。反应注射成型（RIM）加工工艺后，相继开发了增强反应注射成型（RRIM）和结构反应注射成型（SRIM）。1995年，德国 Krauss-Maffei 公司又开发出长纤维增强的 RIM 技术，简称 LFI，目前该公司仍拥有其应用的大部分专利。另外，Cannon 公司也开发出类似的专利技术，命名为"Inter Wet"。

对前几种工艺将第七章进行介绍，此处仅就 LFI 加工设备作一简介。

根据科学家们的研究发现，在聚合物中的纤维在起到连接的功能外，它们还存在一个临界长度问题。由于聚合物和纤维之间存在模量上的差异，即不同的剪切应力，当材料在外力负荷作用下会产生裂纹，并随着外力作用的持续，裂纹将向四周扩展，在遇到纤维时会出现两种情况：当纤维长度小于临界长度时，且剪切应力超过基材的极限剪切强度时，纤维周围的聚合物首先被破坏，纤维被拔出；当纤维长度超过临界长度时，裂纹将会被阻挡，剪切力将会从聚合物传递给纤维，此时，若纤维具有较高的强度，纤维不会被拔出，裂纹也会被终止。

RRIM 工艺使用的纤维主要是经过碾磨加工的，长度小于 500μm 的短纤维；SRIM 使用的是经裁剪，长度为 50mm 的纤维预制成的纤维垫；LFI 则是使用长度在 50～100mm 的纤维，并与聚氨酯混合物一起注入模具、成型。它的设备配置与传统的发泡机有一些区别，尤其是在混合头部分。图 6-18 为 Krauss-Maffei 公司专为 LFI 工艺制造的 LFI 专用混合头 MK30/36-12-2KV，该混合头上部装配有一个纤维切割装置。纤维切割机的动力驱动是电气伺服电机，它有较大的启动转矩，因此，可在浇注开始时，在极短的时间内加速到设定速度；安装在电机控制器中的转速控制器，在高负荷的情况下，也可以确保运行的稳定性，其传感器则测定实际转数，并将数据反馈至中心计算机，和设定值比较并进行调节。纤维束被引入后，经装有纤维张紧汽缸、切割纤维长短的调节汽缸，进入用于切割纤维的刀轮和切割压轮之间，刀轮的刀片紧靠橡胶质地的压轮上，在其转动中将纤维切断。按规定长度切断的纤维经过刀轮下方的文杜利喷嘴被吸入混合头的中心管，同时聚氨酯反应组分也被输入至混合头，在此纤维和聚氨酯浸渍、混合并一起吐出至模具中。切割纤维的长度可以通过刀轮中的数量来进行调节，它最多可放置 8 片刀片，刀轮直径为 100mm 时，切割纤维最短为 12.5mm，最长为 100mm。刀轮分两部分，每个部分可放置不同数量的刀片，这样，即使在浇注的过程中，只要将刀轮按水平方向移动，就可以在两种不同长度的纤维之间进行在线切换。

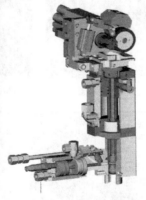

(a) 混合头外形　　　　　　(b) 混合头剖面　　　　(c) 混合头上部纤维切割装置示意

图 6-18　Krauss-Maffei 公司的 LFI 专用混合头 MK30/36-12-2KV

图 6-19 为 Krauss-Maffei 公司生产的 LFI-PU 加工设备，型号是 KM-RIM STAR2000。

RIM-STAR2000 型混合计量设备基本由下列部件构成：工作料罐、原料调温换热器、过滤器、磁性联轴器及计量泵组、供料泵、流量计、压力和温度传感器、混合头机器人或支架、MK6/10ULP-2KV 混合头、PUC07 控制系统等（见图 6-20）。该设备工艺流程见图 6-21。

图 6-19 克劳斯马菲公司推出的 LFI-PU 加工装备（包括 LFI 混合头、工作机器人、KM-CFT800 载模器、KM-RIM STAR2000 混合和计量机械）

(a) 磁性联轴器　　　　　(b) 供料泵　　　　　(c) 流量计

(d) 温度压力传感器　　　(e) 换热器　　　　(f) MK6/10ULP-2KV 混合头

(g) 混合头支架　　　　(h) 混合头机器人　　　(i) 设备 PUC07 控制系统

图 6-20 RIM-STAR2000 型混合计量设备部件

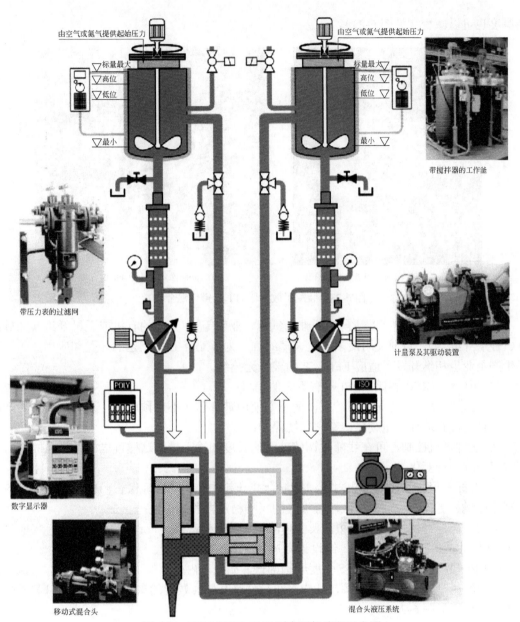

由空气或氮气提供起始压力

标量最大
高位
低位

最小

由空气或氮气提供起始压力

标量最大
高位
低位

最小

带搅拌器的工作釜

带压力表的过滤网

POLY

ISO

计量泵及其驱动装置

数字显示器

移动式混合头

混合头液压系统

图 6-21 RIM-STAR 2000 型高压机流程示意图

Cannon 公司也开发出类似的装置，称为 Inter Wet 技术。图 6-22 为 Cannon 公司 Inter Wet 混合头的结构剖面示意图。从图中可以看出，切断的纤维将会沿着上部的中心管进入混合头的混合室，并与聚氨酯原料的各个组分一起在此得到充分的混合。不同型号混合头，容纳纤维量也有所不同。Inter Wet FPL 18 混合头，聚氨酯流量为 60～200g/s，玻璃纤维排量为 0～70g/s；Inter Wet FPL 24 的流量分别是 80～240g/s 和 0～135g/s。为进一步改善纤维在模腔中的分布，Cannon 公司还在混合头上装配了散射器，使纤维分散更加均匀，浇注的制

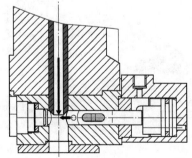

图 6-22 Cannon 公司 Inter Wet 混合头剖面示意图

品厚度也可以减少（见图 6-23）。

(a) Krauss-Maffei 公司 LFI 操作的混合头　　(b) Cannon 公司 LFI 操作的混合头

图 6-23　装配了散射器的 LFI 操作混合头

LFI 所使用的纤维可以是自然纤维（剑麻、亚麻等）、人造的有机或无机纤维（如碳纤维、玻璃纤维等），目前使用最多的是玻璃纤维。为了配合 LFI 工艺的开发和应用，一些玻纤生产企业也相继开发了适应 LFI 工艺的玻纤无捻纱。

与 RRIM、SRIM 相比，LFI 具有更大的优势：

① 可直接使用玻纤无捻粗纱束，而不必使用玻纤毡，不用预成型，不仅可节约生产成本，而且还没有玻纤边角废料，有利环境保护；

② 通过微机控制，可在线随时调整玻纤的长度和输入量，这样可以根据制品的受力负荷状况及时进行变化；

③ 玻纤与聚氨酯在混合头内浸渍、混合并一起注入模具，确保它们相互极为透彻的胶结制品更轻、更强，收缩率极低，有极好的尺寸稳定性和精确性；

④ 通过夹心材料，模内涂覆，表面喷涂工艺(PSM)或 Skin Form 工艺的采用，将能生产出 A 级表面的汽车大型外部件，给设计者提供更大的想象空间。

LFI-PU 主要用于制造大型高强度结构部件，如汽车内外部件（车顶棚、门板）、拖拉机罩、冲浪船身、建筑大型构件等，其中汽车部件是其快速发展的重点领域。使用 LFI-PU 生产的汽车部件见图 6-24。

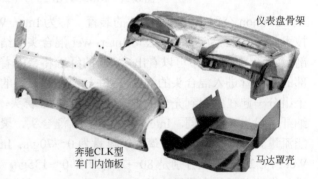

仪表盘骨架

奔驰CLK型
车门内饰板　　　　　　马达罩壳

(a) Smart轿车顶棚　　　(b) 汽车门内板、仪表盘骨架、马达罩壳

图 6-24　使用 LFI-PU 生产的汽车部件

参考文献

[1] 康隆（Cannon）公司资料.

[2] 意大利 OMS 公司资料.

[3] 湘潭精正设备制造有限公司资料.

[4] 成都东日机械制造有限公司资料.

[5] 无锡梅斯安安全设备有限公司资料.

[6] 上海浩信机电设备技术有限公司资料.

[7] 济南方信电子有限公司资料.

[8] 济南瑞安电子有限公司资料.

[9] 常州协信机械制造有限公司资料.

[10] 张瑞鹏. 静态混合器的分析与研究. 抚顺：辽宁石油化工大学硕士学士论文，2008.

[11] 苏州南工自动化科技有限公司资料.

[12] 西安北叶电子科技有限公司资料.

[13] 李佐花. 液体二氧化碳作发泡剂的聚氨酯软泡生产工艺及设备. 聚氨酯工业，2006，21(1)：39-41.

[14] 颜剑，吴立. 关于国内环戊烷发泡装备技术水平之探讨. 2003 年中国聚氨酯行业整体淘汰 ODS 国际论坛论文集.

[15] 德国克劳斯马菲（Krauss-Maffei）公司资料.

[16] 德国亨耐基（Hennecke）公司资料.

[17] 美国林登（Linden）工业公司资料.

[18] 江苏启东长江机电有限公司资料.

[19] 武汉中轻机械有限责任公司资料.

[20] 张家港力勤机械有限公司资料.

[21] 都江堰青蓉高压发泡机制造有限公司资料.

第七章

聚氨酯的 RIM 工艺和进展

第一节　概述

在聚氨酯工业的发展过程中，尤其在原料体系的研发中，开发出高反应活性原料，极大地缩短了生产周期，生产效率获得了极大提高。最为典型的是采用高活性的氨基聚醚取代传统端羟基聚醚，它们与异氰酸酯反应的速度极快，几秒钟就可以定型，完成基本反应。为适应这种新的原料体系，在设备的研发基础上，于 20 世纪 70 年代推出了新的加工工艺——反应注射成型（Reaction Injection Moulding，RIM）。这是聚氨酯工业重大的技术进步。

众所周知，在高分子塑料制品的加工成型中，约占总量 80% 以上的是热塑性塑料，它们的加工成型过程，通常是将固体形体的大分子聚合物在外界热量的作用下，使固体原料熔融或转换为半流态后，再采用注射、挤出、压延、吹塑、浇注、滚塑等不同的方式进行加工，材料在冷却后即形成各种各样的新形状。在这种材料受热软化、受冷硬化的成型过程中，聚合物的分子量有所变化，但其结构中的特性基团则基本无多大变化。

RIM 加工技术是由分子量不大的低聚物以液体形态进行计量，瞬间混合并同时注入模具，在模腔中迅速反应，材料分子量急剧增加，以极快的速度生成含有新的特性基团结构的全新的聚合物。这是一种集采用液体计量、液体输送、液体冲击混合、快速反应成型为特征的全新的加工工艺，具有加工过程简单、容易实现机械连续化生产、成型快捷、劳动效率高等特点。目前，这种加工新工艺以由加工聚氨酯材料逐渐扩大至环氧树脂、尼龙等其他聚合物材料。

RIM 加工工艺的优点如下：

（1）RIM 加工工艺的能量消耗低。它与传统热塑性合成材料加工成型相比，由于加工时物料均处于液体状态，输送、计量和注模的压力较低，所需模具夹持力较小；合成时多为放热性反应，模具温度较低。因此，设备运行和加工费用相应较低，尤其对于大型制品的生产更为明显。

（2）物料呈液态注模，模腔内压低，一般在 0.3～1.0MPa，模具承压能力较传统塑料成型模具要低得多；无需使用昂贵的热流道体系，这样，不仅合模力低，而且模具制造也相应简单、轻巧得多，设备投资和模具制造成本自然也相应较低。

（3）与传统塑料加工成型相比，RIM 工艺在制造大型制品、形状复杂制品和薄壁制品时更为有利,产品表面质量好,花纹图案清晰,重现性好。

(4)所用原料体系比较广泛。RIM 加工工艺除了适用于聚氨酯、聚脲材料的生产,同时还可以用于环氧树脂、尼龙、聚酯、双环戊二烯等材料的加工成型。

目前 RIM 聚氨酯的分类尚无统一标准,笼统指两类:一类为密度在 $800\sim1200kg/m^3$ 的高硬度、高强度材料;一类为密度$>200kg/m^3$ 的软质或半硬质自结皮泡沫体。另外,目前由聚氨酯派生的聚脲类材料也属于 RIM 聚氨酯范畴。如若按材料的弯曲弹性模量划分,RIM 聚氨酯可分为低模量弹性体、中模量弹性体、高模量弹性体和结构泡沫体。RIM 聚氨酯的基本分类和演变过程见表 7-1 和表 7-2。

表 7-1　RIM 聚氨酯的基本分类

分　类	增强性填料含量 /%	弯曲弹性模量 /(kg/mm²)	制品厚度 /mm	密度 /(kg/L)	典 型 用 途
低弹性模量弹性体(普通型)		3.5~35	3.2	0.99	
(增强型)	3~30	7~56	3.2	1.09~1.30	防护板,扰流板
中弹性模量弹性体(普通型)		35~70	3.2	0.99	
(增强型)	5~30	70~112	3.2	1.09~1.30	挡泥板,扰流板
高弹性模量弹性体(普通型)		70~246	3.2	0.99	
(增强型)	5~30	141~527	3.2	1.09~1.30	挡泥板,扰流板
结构型泡沫塑料(普通型)		42~84	6.4	0.48~0.64	
(增强型)	5~30	49~169	6.4	0.56~1.04	挡泥板

表 7-2　RIM 聚氨酯所用原料体系的演变

发展历程	聚合物	异氰酸酯	聚　醚	脱 模 剂
第一代	聚氨酯	改性 MDI	聚氧化丙烯多元醇,乙二醇为扩链剂,需用催化剂	外脱模剂
第二代	聚氨酯/聚脲	改性 MDI	聚氧化丙烯多元醇,醇,胺扩链剂,需用催化剂	外脱模剂
第三代	聚氨酯/聚脲	改性 MDI	聚氧化丙烯多元醇,芳香族二胺扩链剂,需用催化剂	内脱模剂
第四代	聚脲	改性 MDI	氨基聚醚,不需要催化剂	内脱模剂

第二节　RIM 聚氨酯

与普通聚氨酯相比,RIM 聚氨酯(RIM-PU)所使用的原料是反应活性特别高的化学品,当它们接触时,会在极短的时间内完成由液态至固态的相变过程。因此,所用设备必须是高效混合,快速吐出,混合室和流道必须即刻清洗干净。这种设备也就是目前广泛使用的高压机。

在高压机中,原料在高压下,经过喷嘴增速,高速喷入混合室进行冲击混合而无需任何机械搅拌装置,达到高效混合的功能,同时还无传统装置的密封泄漏问题;在高压机的设计上,它的清洁活塞能在物料吐出后,立刻将残留物料全部推出混合头,完成自清洁操作。因此自清洗式高压机是 RIM 聚氨酯加工的主要装备。高压机的基本组成图 7-1 所示。

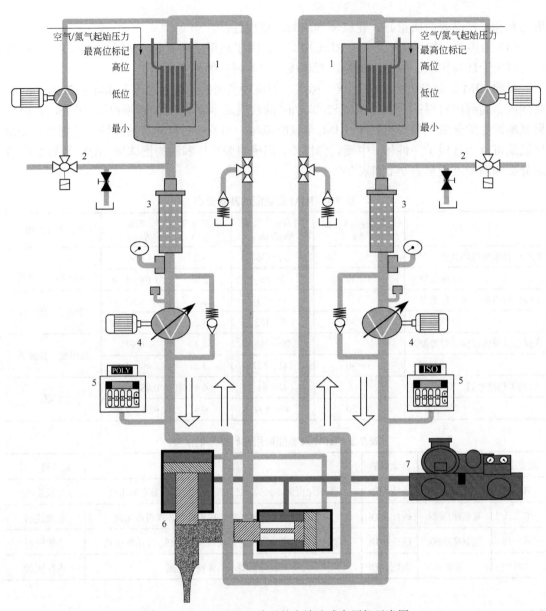

图 7-1 Krauss-Maffei 公司的自清洗式高压机示意图

1—原料罐（带有内嵌入式热交换器、料位显现控制器，并可通入氮气或干燥空气进行预加压）；2—循环泵；

3—过滤器（标准机型采用丝网式过滤器，根据要求也可以选用线隙式过滤器）；4—高压计量泵组

（高精度高压柱塞泵，恒定输出速率和最高达 220kg 的压力，将原料送到高压管道）；5—数字显示

压力表（用于监测原料压力和误差，以确保系统的安全运行）；6—L 型混合头（以确保原料

充分混合）；7—液压站（在中央控制系统的控制下，准确操控混合头执行各种操作指令）

目前，高压机已广泛用于软泡、半硬泡、硬泡，尤其是半硬质自结皮泡沫等制品的模塑生产。通常是由一台高压机和装配有多个模具及载模机械的装置构成一条生产线。自清洁高压发泡机的构成请参见本书第五章和第六章。

RIM-PU 实际上是综合型加工的新工艺，它是以具有计量、混合、浇注作用的高压机为核心，根据制品生产的需要而配备的模具、载模器以及生产线构成的完整的生产程序。正如在前面有关章节所述，高压机具有高精度计量、高压输出、低压循环的特点，原料工

艺条件调控精密，高效的冲击混合方式能适应高活性物料的快速混合，开启、闭合动作敏捷而同步，并能实现自动清洁；设备控制系统先进，全部工艺条件的设定、调节方便。使用这类高压机可将液体物料直接注入模具，物料在模具中将继续进行反应，并在很短的时间内完成制品定型。根据物料体系，使用 RIM-PU 工艺技术可以制备许多制品，尤其是汽车部件，如软质的坐垫泡沫体，半硬质泡沫体的方向盘、仪表盘，硬质的导流罩等（图 7-2）。对于每一种产品都需要制备相应的模具、载模器及生产线。在此仅列出汽车双密度坐垫生产线的一种形式（见图 7-3）。

图 7-2 利用 RIM-PU 生产的汽车仪表盘，门内板

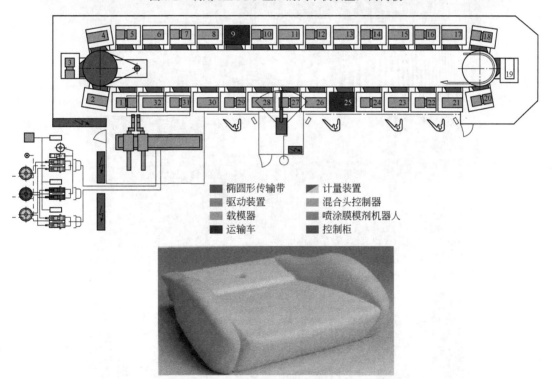

图 7-3 生产汽车用双密度坐垫的生产线和制品（摘自德国克劳斯马菲公司资料）

我国汽车工业的快速发展强劲带动了 RIM 聚氨酯产品需求，以高压发泡机为核心，配置相应的模具流动生产线，即可实现 RIM 聚氨酯制品的生产。国内一些较大的专业机械生产厂都可以提供这类设备，如湖北武汉中轻机械有限公司、成都东日机械有限公司、湘潭精正设备制造有限公司、广东中山新隆机械设备有限公司等，参见图 7-4～图 7-7。

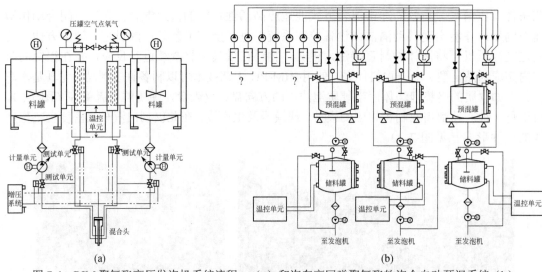

图 7-4　RIM 聚氨酯高压发泡机系统流程　（a）和汽车高回弹聚氨酯软泡全自动预混系统（b）
（湘潭精正设备制造有限公司）

图 7-5　RIM 聚氨酯高回弹汽车坐垫环形生产线（武汉中轻机械有限公司）

图 7-6　RIM 聚氨酯高回弹汽车坐垫环形生产线（湘潭精正设备制造有限公司）

图 7-7　汽车饰件环形生产线（广东中山新隆机械设备有限公司）

第三节 | RRIM 聚氨酯加工机械

RRIM 聚氨酯（Reinforced Reaction Injection Moulding PU，RRIM-PU）是用于加工含有固体增强性填料的聚氨酯原料的加工工艺，因此又称为增强型反应注射成型。RRIM-PU 不仅具有 RIM-PU 的优点，而且其制品表现出更好的性能，如更高的耐热性能、更高的弯曲模量、更小的线性膨胀系数等。

用于 RRIM-PU 的增强型填料主要有粉状或片状填料以及纤维状填料，如硅灰石、硫酸钡、白垩、石膏、碳酸钙、云母片、微片状玻璃、碳纤维、玻璃纤维以及新近开发的天然植物纤维等。加入这些增强剂的目的是改善制品的尺寸稳定性，提高机械强度和耐热性能，同时还可以降低成本。当然，对它们的选用要根据其用途、工艺性及原料成本等因素综合考虑，目前使用最广泛的是玻璃纤维、硅灰石、硫酸钡、碳酸钙等。硅灰石和短玻璃纤维一样，多用于生产汽车保险杠、垂直车身内板等；硫酸钡、碳酸钙用于生产汽车等交通工具或设备的隔音垫等。常用增强材料见表 7-3。

表 7-3　RRIM-PU 常用的增强材料

补 强 材 料	说 明	尺 寸
切断玻璃纤维	将玻璃纤维切断成一定长度	长度 1.5mm、3.0mm、6.0mm 等，直径 10～20μm
锤磨玻璃纤维	用锤磨机粉碎的玻璃丝	长度 0.1～0.5mm，直径 10～20μm
微片状玻璃片	微薄玻璃片粉碎并进行筛分	大小 0.3～3.2mm，厚度 7～33μm
云母片	天然云母片筛分	大小 74μm
硅灰石	天然矿物纤维状晶体	细度 325～2500 目，长径比 10∶1
中空玻璃球	不同直径的微玻璃球	平均粒径 60μm，65μm，75μm
硫酸钡	斜方晶体或无定形白色粉末	粒度 10～45μm

国外，在 RRIM-PU 中使用的玻璃纤维增强材料基本有两种：一种是平均长度在 0.18μm，直径在 9～17μm 的锤磨玻纤；另一种是平均长度在 1.5mm，直径 9～17μm 的短切玻纤。它们均需预先掺入原料多元醇组分中使用，但它们的加入对生产操作的影响较大，即使加入量不大，也会使多元醇物料黏度大幅度增加。因此，它们在原料中的加入量一般在 5%～6%以下，纤维长度越长，物料黏度越大。

在 RRIM-PU 的生产中，由于在液体原料中加入大量固体填料，使得原料表现出不同的特性，因此在设备上也必须做相应的变动。为了使固体和液体获得良好的混合，必须预先在特殊设计的预混合器中进行处理；RIM 高压机中使用的轴向多柱塞计量泵已不能满足这种高黏度物料的精密计量需要，现已改为活塞式计量装置；伴随着高磨损固体物料的加入，必须考虑它们对设备的磨损、沉降等问题。因此 RRIM 与 RIM 的加工装备有明显的区别，主要表现为以下几点：

（1）使用偶联剂的固体填料必须在专门设置的预混合器中进行表面处理，并使它们和多元醇等原料组分充分混合。

（2）含有填料的物料一般都有特有的悬浮平衡温度，只有超过这一温度，物料才不会产生沉淀，堵塞设备管道和混合头等。在 RRIM 加工中，含有填料的原料温度大多控制在 60℃以上。

（3）掺有大量填料的液体原料呈现出非牛顿型流体性质，当这些物料高速通过喷嘴时，一方面，它们获得很高的剪切速率，使它们的黏度显著下降，为使流体达到良好的混合效果，必须使流体的雷诺数高达 1000 左右。这样，RRIM 设备的注射压力必须提高，管道内物料的压力应提高至 25～29MPa。另一方面，通过喷嘴进入模腔的物料依靠获得的惯性产生的运动会有利于它们的流动，能提高制品表面质量。

（4）RRIM 设备的材质要选用高耐磨材料，尤其对于变径喷嘴等关键部件，从设计、选材、制造和表面处理等方面都必须具备优秀的耐磨性能。

（5）RRIM 设备物料输送管道系统短，弯头、死角少，内径大，并应能加热，以避免填料沉淀。

（6）RRIM 与 RIM 设备最大的区别在于计量系统。RRIM 使用活塞式计量装置，在工作时，每次吸入规定量的物料，同时加压，使物料同步经喷嘴进入混合室，混合后吐出。

原料预混合装置的设计见图 7-8。

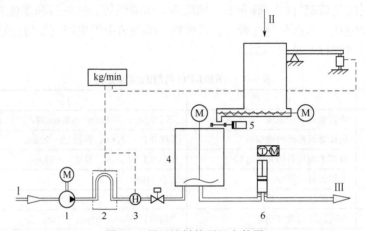

图 7-8　用于填料的预混合装置

1—原料输送泵；2—自动密度秤；3—流量计量装置；4—高速混合器；5—使用螺杆进行不同重量的计量；6—柱塞泵；
I —来自储料罐的原料；II—加热填料；III—输送至发泡机的工作罐

用于 RRIM 加工的典型设备见图 7-9。

Cannon 公司用于 RRIM 加工的 HE 系列设备采用了活塞缸计量装置，适用于带有磨损性填料、高黏度物料的计量，灵活性高，计量精度高。该系列还有配备了储能器的加强型，它能在极短时间内完成大流量物料的注射。

(a) Cannon 公司用于 RRIM 加工的 HE-System

(b) Krauss-Maffei 用于 RRIM 加工的设备——COMET 系列

(c) Hennecke 公司用于 RRIM 加工的设备——RIMDOMAT　　(d) BASF-EMB 公司用于 RRIM 加工的设备——SV 型 Puromat

图 7-9　用于 RRIM 加工的典型设备

　　BASF-EMB 公司专门用于 RRIM 加工的设备是 SV 型的 Puromat，它的计量活塞表面镀有坚硬、耐磨材料，缸体具有温度控制功能，活塞的运动速度和行程可无级调节。活塞计量缸的公称容积有 2L、5L、10L、15L 几种。设备结构紧凑，占地面积小，即使是最大型的设备高度也不会超过 2m。

　　Hennecke 公司用于 RRIM 加工的设备为 RIMDOMAT 系列（以前还有 HEDOMAT 系列，它的两个计量活塞是由一个机械轭连接在一起，组分配比调节性差，现已被 RIMDOMAT 取代）。该系列的两个计量活塞缸分别配备了独立的电子控制、压力传动的线性放大启动元件和电子液压导向驱动器，适合处理含有填料及黏度高达 50000mPa·s 以上的物料的精确计量。这种控制系统可对计量体积、活塞运动速度进行在线调节，物料注射的体积可由自动测程仪实施。

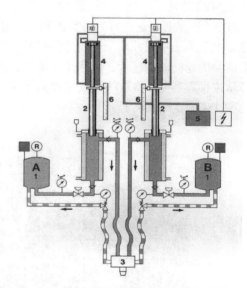

图 7-10　Hennecke 公司 RIMDOMAT 设备结构示意图

1—带有温度控制器的工作釜；2—计量活塞（带有温度控制器）；3—混合头；4—在线性放大器上的液压驱动器；5—具有储能器的液压装置；6—活塞移动控制器

RIMDOMAT 系列有 11 个机型，注射质量可达 50kg，利用慢冲程活塞缸计量、注射，特别适用于汽车部件的生产。设备结构示意图和典型技术参数见图 7-10 和表 7-4。

表 7-4　RIMDOMAT 设备技术参数

型　　号	活塞直径 /mm	总冲程 /mm	有效冲程 /mm	活塞运动速度 /(mm/s)	每组分计量能力 /(cm³/s)	最大注射量 （A：B=1：1）
HS 300-5	63	600	500	100	300	约 3kg/5s
HS 1100-5	120	600	500	100	1100	约 11kg/5s
HS 3000-4	140	900	800	200	3000	约 24kg/4s

第四节 SRIM 聚氨酯加工机械 <<<

SRIM 聚氨酯（Structural Reaction Injection Moulding PU，SRIM-PU）为结构反应注射模塑，又可称为铺垫反应注射模制（简称 MM-RIM）技术。

在 RRIM 加工技术中，因固体填料的加入所引起的计量、磨损等问题，影响了填料品种的选择，也极大地限制了大的填料量的使用。为此，在 RRIM 的基础上开发出 SRIM 加工技术。

该工艺是首先将玻纤等纤维状填料制成毡片，压制成和模腔相适应的形状，然后将它们固定在模腔中，注射聚氨酯树脂，使聚氨酯和玻纤毡片形成一体，达到材料增强的目的。由此可见，该工艺的优点十分明显：既解决了填料加至原料里产生的计量和磨损等问题，又可以极大地提高填料的加入量；在加工方面，由于它所用的压力较低，模具的锁模力也低；在制品性能上，材料的耐热性、抗冲击强度、弯曲模量等力学性能都有较大程度的提高。

SRIM 加工前，首先要制备纤维毡片。使用玻璃纤维或其他纤维，进行无定形喷丝或者进行编织等方法制成并非十分紧密的毡片。目前我国已有生产玻纤毡片的专门工厂，能生产许多品种用途的玻纤毡片。毡片经过黏合、热压、定型裁剪等工序制成与制品模具相吻合的玻纤毡片预成型件。将这些预成型件固定在模具中，合模即可注射聚氨酯树脂，制备出高性能的 SRIM 聚氨酯制品。

图 7-11　Cannon 公司 RTM/SRIM 预成型装置——COMPOTEC

Cannon 公司推出的 COMPOTEC 玻纤毡预成型机（图 7-11），可以加工 2200mm×2800mm 的部件，铺层可达 7 层。该预成型机分三个工序，成卷的玻纤毡经过毡卷处理机拉出，根据设定，同时处理 12 层宽度不等的玻纤毡，达到预定玻纤毡层数和长度后，切断；第二个工序，将玻纤毡送入加热区，玻纤毡在两排低热惰性材料做成的 MVL 型远红外加热炉中被加热至 200℃，即可快速送入成型区，在配有特殊纤维网的防滑动压框及设定温度的模具中，在小于 1000kPa 的压力下进行热压成型（图 7-12，图 7-13）。该种装置自动化程度高，各阶段工序可同步进行，生产效率高；能高速传递玻纤毡，快速合模，并易于控制玻纤毡的密度和质量，成品率高；另外，其生产灵活性高，底模板可移开，利用滑动框架，可以很容易地更换模具，以适应不同规格毡片的制备。使用毡片的最大尺寸为 3m×3.3m，最大预成型件厚度为 95cm。

图 7-12　Cannon 公司制造的用于 SRIM 工艺的 600t 位　　图 7-13　Cannon 公司为德国 BMW 轿车的 SRIM
　　　　模台 3m×2.5m 压力机　　　　　　　　　　　　　　制造的玻纤网预成型设备

美国 GFM 公司生产的 COMPFORM 自动玻纤毡型坯预成型系统能在 1 分钟内完成型坯，它选用了特殊的粘接剂体系，采用 UV 辐射固化，不仅能在可控时间内有效地把设定的能量辐射到所需部位，而且克服了有机溶剂挥发和烘干工序带来的环境污染及生产周期长的缺点，实现了纤维毡片的低成本、高效率自动化生产。

对于 SRIM 工艺中的原料体系，要求它们的黏度应尽量低一些，以便使它们在模腔内流动通畅，并能顺利地渗入，穿透玻纤毡片层，使它们和聚氨酯树脂牢固的黏合在一起。一般 SRIM-PU 制品的表面光洁度较差，仅适宜制备非可视部位制品。为适应汽车轻量化的需要，德国 Hennecke 等公司还把玻璃纤维和亚麻、剑麻等天然纤维以及铝、聚酯、尼龙、纸板等蜂窝结构材料用于 SRIM 工艺中，极大地拓展了这种新工艺技术的应用范围（图 7-14）。

图 7-14　以蜂窝纸板为垫层的 SRIM-PU 片材

首先在铝、聚酯、尼龙、纸板等蜂窝结构材料的两面加上玻纤或天然纤维垫，选用材料和组合方式可根据制品要求选定，然后在其两面浇注聚氨酯材料，将这种半成品放入预热（70～140℃）好的模具中，于 20～40bar（2～4MPa）的压力下加热 60～180s 进行快速熟化，制品取出后修整即可。由于材料中使用了内脱模剂，制品可以自行脱模；在加工过程中，结合装饰材料和金属材料，或在模具内进行表面喷涂（IMC），或在模具内预先喷漆（IMP），即可一步生产出各种汽车部件，如卡车车身底板、隔板、车顶天窗等。这些制品表层含纤量可以高达 50%，使用密度为 25～900g/m^3 的玻纤，与其他夹芯板材相比，在相等的体积和质量下力学性能提高 25%。根据不同的蜂窝结构材料和玻纤表层，重量可减少 60%。SRIM-PU 加工基本流程见图 7-15。

为扩大 SRIM 的应用范围，许多公司开发出一些新的技术。如模内的高压涂覆系统，预先在模内生成一层 90～125μm 的树脂层，使制品外表面达到汽车工业要求的 A 级表面；使用模内复合工艺-SPM 注压成型；薄膜发泡（Foam and Film）技术；模内装饰（IMD）技术等。这些技术都可以极大地改善制品的外表面。

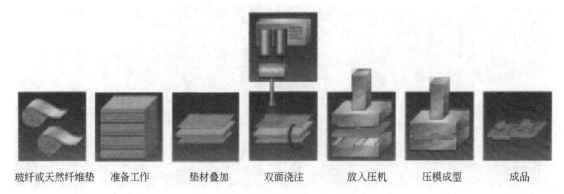

玻纤或天然纤维垫　　准备工作　　垫材叠加　　双面浇注　　放入压机　　压模成型　　成品

图 7-15　SRIM-PU 加工基本流程

第五节　长纤维增强型 RIM 聚氨酯

在聚氨酯中加入固体、纤维状填料，虽然在聚氨酯材料性能上有了很大提高，但在操作工艺、原料成本等方面仍有需要提高的空间。RRIM 使用短纤维或固体填料，需要预先和多元醇组分混合，使物料黏度增加，必须使用柱塞式计量设备；SRIM 生产过程需要事先制备纤维毡型坯，增加了生产工序和操作复杂性。

德国 Krauss-Maffei 公司首先开发出 LFI（Long Fiber Injection）工艺，即长纤维反应注射模塑新工艺。该工艺使用了新的混合头设计，长纤维粗纱束被输送至混合头上部的纤维切断机构，纤维束被夹在一个橡胶轮和装有一定数量刀片的刀轮之间，在控制器的指令下刀轮旋转将纤维切断，根据需要将它切断成 12.5～100mm 的长纤维束，并立即被刀轮下方的文杜利喷嘴吸入混合头，与聚氨酯原料组分在混合头中浸润，混合并吐出至模具中压铸成型，这种工艺特别适合制造汽车上的轻质且又具高强度的部件。

该工艺的主要优点是：

（1）长纤增强浇注成型（LFI）不采用玻纤垫，而是使用成本较低的玻纤粗纱束，其原料成本就可以节省 50%。与其他 RIM 工艺相比，制品中玻纤含量可得到大幅度提高，最高可达 50%。

（2）在设备运行的过程中，可根据制品结构需要随时改变玻纤的长度和输入量，提高制品力学性能，从而可以生产高玻纤含量的壁薄且大型的结构部件。

（3）与 RRIM 工艺相比，LFI-PUR 不需要预混合设备和活塞缸计量装置，同时也可以减少填料对设备的磨损。

（4）与 SRIM 工艺相比，LFI-PUR 在工作程序上不需要玻纤毡的预成形；在工作操作上，取消了玻纤毡往模具中放置、固定的程序，生产效率更高。

LFI-PU 的生产线包括 RIM-Star 型高压发泡机（配有玻纤切割机的混合头）、玻纤束传输装置、机械手、模具等，见图 7-16 和图 7-17。该公司开发出专门用于 LFI-PU 生产的浇注设备——RIM-STAR，利用机械人操控混合头，装配在环形生产线上，进行高性能汽车部件的生产，见图 7-18～图 7-20。

图 7-16 Krauss-Maffei 公司 LFI-PU 发泡机混合头上部装配的玻纤切断机（右为玻纤切断刀轮）

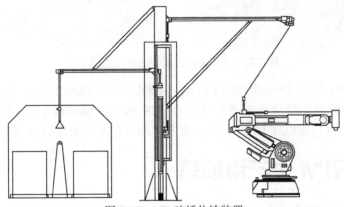

图 7-17 LFI 玻纤传输装置

图 7-18 左图为 Krauss-Maffei 公司 LFI 工艺用高压发泡机（RIM-Star）；右图为装配在机械手上的混合头

图 7-19 Krauss-Maffei 公司 8 工位圆台进行 LFI-PUR 制品生产线　　图 7-20 Krauss-Maffei 在 LFI-PUR
生产工艺中使用机械手（ABB）

Cannon 公司也推出了相类似的工艺，取名为内部湿润（Inter Wet）技术，将玻纤输送至混合头上部的玻纤切断机，长玻纤在混合头内混合共注，确保了混合物对玻纤的良好的湿润，使玻纤获得均匀分布。在配置的散射器的作用下，能使玻纤在模具中分散得更加均匀（图 7-21）。

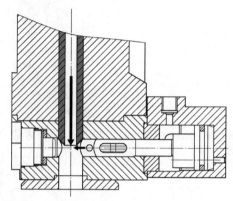

图 7-21　康隆公司内湿润的长纤式混合头

为提高 LFI-PU 制品的外表质量，Krauss-Maffei 等公司相应开发了一些新技术，如模内涂饰工艺、聚氨酯表皮喷涂反应成型技术（PUR Spray Moulding）、表皮成型加工技术（Skin-Form）等，这样可以使 LFI-PU 制品表面达到汽车工业需要的 A 级。

第六节　RIM 生产用模具 ‹‹‹

RIM 工艺生产所用的模具，不仅是规范 RIM 制品形状、结构及尺寸的器具，同时也是聚合物进行反应的容器。由于用于 RIM 工艺的物料都具有很高的反应活性，它们在混合后的很短时间内迅速完成从低黏度的液态相转化成固态相。在物料冲击的过程中，它们进行物理混合并处于化学反应的诱导期，操作工艺要求它们以低黏度液体状态进入模具型腔，流畅地完全充满型腔，并在其中进行化学反应，完成液态至固态的转变，形成制品的最终形状。因此，模具设计合理与否、物料流动是否顺畅、有无流动死角、温度分布是否均匀等，都是保证 RIM-PU 产品质量的重要环节。

对于 RIM 工艺的模具设计应遵循表 7-5 所列的原则。

表 7-5　RIM 生产用模具设计原则

不好的结构	良好的结构	说　　　明
S_1　S_2	S	避免壁厚度改变，保持低的翘曲
a　$a>S$ S	a $a<S$ $\alpha\geqslant1°$ S	肋的壁厚$<S$，等高凹槽覆盖凹痕。肋断面应呈锥形，以利脱模
	S　S	避免夹角形拐角，尽量使用等断面厚度的圆弧角过渡

续表

不好的结构	良好的结构	说　明
		倾斜角>90°，圆形内角截面。壁厚≤S，减少翘曲
		减少凸起处的截面积，使壁厚均匀，防止产生凹痕等缺陷
		避免凹槽，便于脱模 避免出现壁厚不均匀，防止翘曲和凹痕等缺陷
	物料流动方向	应采用对角加强肋，减少重量，减少收缩不均引起的破裂
		液流再汇合处应是圆形终止端。避免在该处夹带空气。拔芯允许于模腔的垂直表面开设排气孔
		RRIM工艺浇口位置应考虑纤维的流动方向

（1）应尽量避免制品厚度出现较大变化，以免在相态变化的过程中由于应力集中或不均而出现弯曲、翘曲等现象。

（2）制品的拐角处的设计应采用过渡性圆弧角，以减少弯角处的应力集中。在设计大于90°的倾斜角时，应采用过渡圆角设计，同时制品壁厚也应适当减薄。

（3）制品的设计应有利于脱模，加强筋等处均应有1°～3°的脱模斜度。

（4）加强筋的设计应有利于物料流动，其方向尽量与物料流动的方向一致，为方便脱模，筋骨要有一定斜度，其顶部断面应为弧状锥形，厚度应小于主板厚度。

（5）物料流动汇合处应呈圆形设计，以利于把空气赶出去，避免产品产生缺陷。

（6）在RIM工艺中，混合后的物料会在模腔内产生放热反应，会在很短的时间内释放出大量热量（反应放热量约为200～250kJ/kg），并会使温度上升至111～139℃，所以，模具应选择有利于传热、有利于温度控制、能承受高温的材料制造。

对模具的温度控制设计十分重要。如模具温度分布不均，将会影响制品内里及外在质量，影响制品尺寸准确性和稳定性。为此，在RIM的模具制造时，都会在靠近模腔内表面适宜的位置设置冷却水管，在生产中通入冷却水，及时将反应放出的热量排出去，使模具温度控制在设定温度的±2℃范围内。对于壁厚50mm的金属模，一般冷却孔之间的距离约为冷却孔直径的2～3倍，冷却管的间距约为80～100mm，冷却孔与模腔表面距离约为9.5mm。若使用环氧树脂模具，因材料的传热性能差，故冷却管的间距必须比金属模要小一些（如间距50mm）。另外，冷却管的排列必须均匀，在模具拐角处，冷却管的排列要稍微密一点（图7-22）。对于生产诸如方向盘等制品外观要求特别严格的产品，严格的模具控制是保证产品质量的重要前提之一。根据实际生产情况，模具温度一般设定在40～80℃。

（7）模具中心位置的配置和分型面的设计是该类模具设计的重要任务之一。模具的设计要根据制品的重量、几何结构、制品强度、外观要求、脱模的难易程度以及物流在模腔中的流动情况和模具材质等因素进行综合考虑。由于RIM工艺所用原料和进入模腔的混合物均为液体，为便于物料流动和排气，模具通常以 5°~10° 的角度配置在载模器上，浇口一般设置在模具的侧下方（图 7-23）。

分型面的设计必须有利于产品容易脱模，有利于物料流动，有利于模腔内空气排出。在兼顾制品结构和外形饱满、美观的基础上，分型面必须设置在应力不集中、方便物料流动、方便产品脱模、方便产品修整的部位。如根据制品结构形状，分型面应设置在物料上升时能驱赶模腔内的空气，而不应有无法排出空气的棱角，必要时可采用组合式模具，利用模具多个分型面，确保模腔中气体逸出，生产出结构饱满、表面无缺陷的产品（图 7-24）。

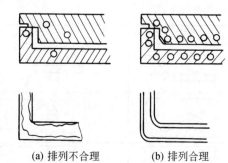

图 7-22　模具的加热和冷却管排列对产品表面的影响

(a) 排列不合理　　(b) 排列合理

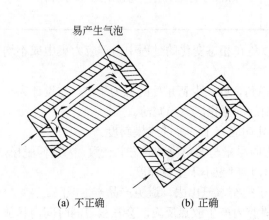

图 7-23　模具进料口的设计应有利物料流动和排气

(a) 不正确　　(b) 正确

易产生气泡

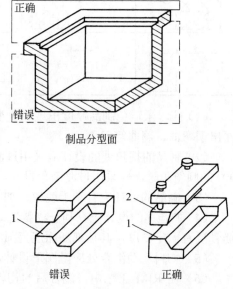

制品分型面

图 7-24　双分型面的设计有利气体排出
1—制品合模线下表面；2—制品上表面

错误　　　　正确

当然，也可以在模具的适当位置上设置若干个排气孔，使物料产生部分溢流、排气。但由于 RIM 工艺的排气孔清理难度较大，故排气孔的位置多设置在分型面上。

分型面的宽度通常较窄，以有利于气体逸出。不同材质模具的分型面宽度大致为：钢 6.35~12.7mm；铝 12.7~19.05mm；锌合金 12.7~19.05mm；环氧树脂 25mm；镍（壳）12.7mm。

环氧树脂等非金属材质模具，传热性能较差，脱模时间较长，使用寿命短，制品表面质量较差，但其加工周期短，造价低廉，主要适用于产品的试制和小批量生产。对于正规生产性产品的模具，主要使用钢质材料，其产品质量好，使用寿命长（一般大于 20 万次），缺点是加工周期长，造价较高。铝制模具重量轻，热传导性能好，但由于铸铝气泡较多，模腔表面质量差，如需采用铝制材料，通常多选用锻造铝合金。另外，由锌合金制造的模，模腔表面质量优良，脱模效果好，易于重新翻铸，若采用适当热处理工艺，可提供模腔表面硬度，使用寿命可超过 5 万次，故镁合金也是一种制造模具的好材料。

为方便物料以平稳的层流状态进入模腔，顺畅流动、排气，除了要将模具的注射口设置在模腔侧面最低位置的分型面上，还必须控制流经模具注射口的物料流速。例如，当温度为 25℃，物料黏度范围在 0.1～0.6Pa·s 时，物料流速应控制在下列经验值以内：

软质聚氨酯制品，壁厚 3～4mm，物料流速应小于 0.38m/s；

软质聚氨酯制品，壁厚 6～10mm，物料流速应小于 2m/s；

硬质聚氨酯制品，壁厚 6～10mm，物料流速应小于 1.5m/s。

如果物料黏度低于 0.1～0.6Pa·s 时，则应相应增加注射口尺寸或者降低物料流速。

注射口的大小应根据制品的壁厚、物料的流速和流量以及制品的形状而定。通常，RIM 制品的模具注射口形状为扁平形，长宽比例约为 4:1。在其他条件一定的情况下，注射口宽度可根据下列公式进行计算：

$$L = Q/hv\rho$$

式中，L 为注射口宽度，m；h 为注射口高度，m；v 为物料流速，m/s；ρ 为物料密度，kg/m^3；Q 为物料流量，kg/s。

对于约 0.34kg/s 的低流量的大型制品的 RIM 模具，通常采用扇形薄膜状浇口，如图 7-25。该类浇口由圆柱形流道过渡至扇形流道，在扇形流道中，宽度逐渐扩大，高度逐渐减薄，使薄膜状浇口截面积逐渐减小，以能产生一定的背压。通常进入模腔的薄膜流道截面积为圆柱形主流道截面积的 95% 左右。

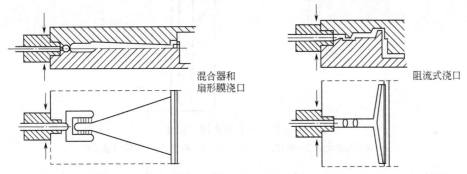

混合器和扇形膜浇口　　　阻流式浇口

图 7-25　薄膜式浇口和"堤堰式"浇口

带有后混合室的分流道和薄膜浇口，其薄膜浇口的截面积应略大于分流道截面积。为防止物料进入模腔产生飞溅，可在模具边缘设计一道"堤堰"和导流通道，其导流高度应为进入模腔缝隙宽度的 4 倍（图 7-26）。

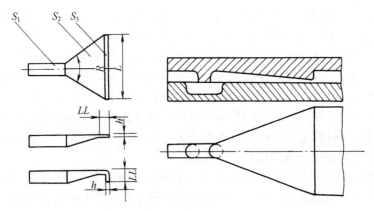

图 7-26　RIM 模具注射口设计

浇口面长度大于或等于 4 倍浇口高度：$LL \geq 4h$。S_1，S_2，S_3 为面积，$S_1 \geq S_2 \geq S_3$；$R \geq 90°$。

对于壁厚 3～5mm 的薄壁形制品或流量大于 0.34kg/s 的 RIM 模具，也可以采用槽式分流道，截面既可以是长方形，也可以是半圆形。物料进入分流道，充满后溢流，通过溢流堰进入模腔，这样能有效地减少大流量物料进入模腔产生的飞溅。根据经验，如流量在 2.5L/s 时，长方形分流槽的截面积约为 2.5cm²；半圆形分流槽的直径约为 2.5cm；当薄膜浇口厚度为 0.8mm 时，分流槽长度约为 300mm，且浇口截面积应为分流槽截面积的 95%左右（图 7-27）。

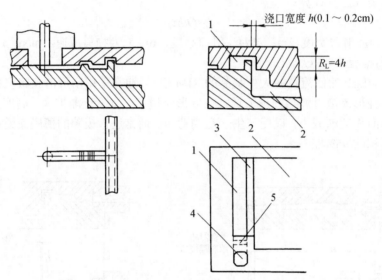

图 7-27　分流槽式浇口设计
1—槽式分流道；2—模腔；3—溢流堰；4—浇口；5—主流道溢流堰

对于壁厚小于 5mm、较薄的制品，也可以采用简单的薄膜式进料方式。另外，只要物料流动的起始速度、黏度等参数能满足下列公式的条件，也可以采用直接注射方式。

$$W_{rad}S/\eta_{min} \geq 0.5$$
$$W_{rad} = Q/\pi ds$$
$$\eta_{min} = G_a\eta_a + G_b\eta_b/G_a + G_b$$

式中，W_{rad} 为基于混合头直径或分流道直径的起始速度，m/s；S 为制品壁厚度，mm；Q 为 RIM 机械流量，L/min；d 为混合室直径或分流道直径，mm；η_{min} 为混合物料最小黏度，mPa·s；G_a 和 G_b 为 A、B 组分各自的质量；η_a 和 η_b 为 A、B 组分各自的黏度，mPa·s。

为了减少物料混合组分超前或滞后现象对产品造成影响，还可以在模具中增加组分超前或滞后的补偿设计，其典型结构见图 7-28。在 RIM 发泡机开始注射，物料由循环切换成注射时，虽然要求各组分要同步进入混合室，但有的设备会出现微小的超前或滞后。针对这种情况，可以在模具注射的主流道前与设备混合头之间加设一个后混合室，让它收容少量超前或滞后组分，使物料能按正确的比例进入模腔。

大型制品模具，尤其是结构形状复杂的大型模具（如汽车保险杠等制品），要设置制品顶出装置。其顶出机构通常有气动、液压和气压三种方式。顶出机构多设置在模具下方，且顶出位置应在制品的内侧，以获得表面外观优良的产品，见图 7-29。

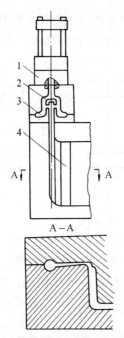

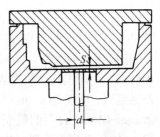

图 7-28　组分出现超前或滞后现象而设计的后混合室　　　　图 7-29　制品顶出装置示意图

1—混合头；2—后混合室；3—超前滞后设计的后混合室；4—模具脱模器

第七节 | 载模器械

RIM 工艺的进步是伴随着汽车工艺的需求而高速发展起来的。随着人们对汽车安全、舒适等性能的需求，不仅要求汽车内部饰件采用柔和的材料，同时也要求重量轻、强韧性好的外部件制品。对于聚氨酯制品，尤其是产量较大的各种部件生产的模具，通常是装载在载模器上，并组装在生产线上，完成其开、合等操作动作。

由于大型模具体积大、重量大，在生产中还必须根据工艺的不同要求做出各种不同的姿态变化功能，因此必须使用载模器。在生产中，将模具固定在载模器的模板上，依靠相应的液压系统，使它能根据生产工艺要求进行开启、闭合、转动、倾斜等各种动作。目前，RIM 聚氨酯制品生产用的载模器大多是根据产品结构、形状、尺寸等定制设计制造的，形式多种多样，但它们基本都是由 2 块主模板和相应的动力机构组成，各种运动姿态大多是由通过液压油缸驱动实施的。同时，它还会给模具施加一定的加持力，使模具闭合严密，承受 RIM 工艺注射压力和混合物反应产生的膨胀力及产生的热量，以保障 RIM 工艺生产的顺利进行。

载模器要根据产品模具的结构、形状、大小、重量、物料的充填方式、充填系数以及成型工艺要求等几方面因素进行设计、制造。主要从以下三个方面考虑：

① 根据模具的重量、大小、形状、尺寸，选择适当的模板面积。目前，专用设备生产厂生产不同规格的模板，在模板上均有预定尺寸的螺孔等设计，以适应不同尺寸模具的装配。对于有些特定产品，则必须专门设计、制造。例如，Krauss-Maffei 公司为制造窗框型材模具，设计制造了长达 6m 的载模器。

② 根据 RIM-PU 制品成型工艺要求，载模器模板应能做出各种运动姿态、动作。如能使模具平稳闭合，并给以适当的加持力；做出适当倾斜角度动作，以适应 RIM 工艺注射要求；能使模具顺利开启，必要时还需要设置制品的顶出装置；为方便模腔清理、安装嵌件、

喷涂脱模剂、取出产品的工艺要求，上、下模板均能做出相应的翻转、倾斜等动作。模板的基本动作形式有图 7-30 所示的几种。有时根据要求，需要几种运动形式组合完成。

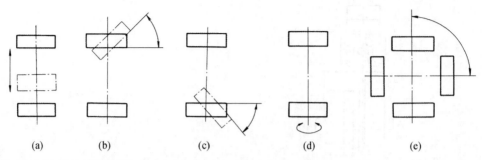

图 7-30　载模器模板的基本运动形式

（a）板间上下平行运动；（b）上板向上翻转；（c）下板下倾；（d）夹持装置沿垂直轴旋转；（e）夹持装置沿水平轴转动

③ 根据模具的大小、重量以及制品脱模的难易程度，选择载模器模板的夹持力。

RIM-PU 生产模具用载模器的设备规格和运动方式很多。许多专业工厂都有自己的设备特点和产品系列。现仅以 Krauss-Maffei 公司和 Hennecke 公司的载模器产品系列进行介绍。

1. Krauss-Maffei 公司的载模器产品

（1）KFT 系列载模器　KFT 系列载模器为小型产品，适用于轻型至中型重量模具的装配。该系列载模器利用两个液压缸驱动上、下两块模板执行各种动作。两板间距和平行状态可根据需要进行调整。下模板可由液压缸提升；上模板可下压，并可向上做大仰角翻转，以利于模具清理，取件等操作；该类设备结构简单、紧凑，采用小型液压站提供液压动力。它可用于装配各种中、小型模具，因此，它们又被称为"万能型"系列（图 7-31），其上模板是向上并向后倾斜（图 7-32）。该系列载模器部分产品规格列于表 7-6 中。

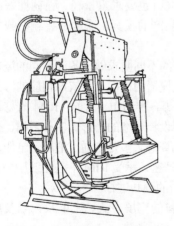

图 7-31　KFT 型系列载模器

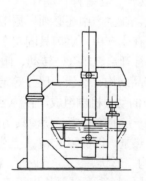 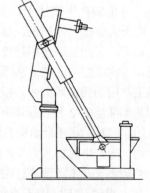

图 7-32　KFT 型载模器上下模板动作示意图

表 7-6　**Krauss-Maffei 公司 KFT 系列载模器部分产品的技术参数**

项　　目	KFT5.5	KFT8.5	KFT10.5	KFT10.8	KFT12, 5.5	KFT16.5	KFT16.8
夹持力/kN	63	100	160	250	160	250	400
开模力/kN	80	125	200	315	200	315	500
模板尺寸/mm	500×500	800×500	1000×500	1000×800	1250×500	1600×500	1600×800
板间行程/mm	300	300	300	430	300	300	550

续表

项 目	KFT5.5	KFT8.5	KFT10.5	KFT10.8	KFT12，5.5	KFT16.5	KFT16.8
板间距离/mm	400	400	500	630	500	500	800
上板倾斜角度/(°)	90	90	90	90	90	90	90
框架倾斜角度/(°)	±15	±10	±10	±10	±5	±5	±5
模具总重/kN	2	3	6.3	16	8	10	25
上模重量/kN	1	1.5	3.15	8	4	5	12.5
循环时间/s	15	15	24	30	24	24	34
电力配置/kW	5.5	7.5	7.5	11	7.5	11	15
设备重量/kN	5	8	12	19	17	24	38
设备尺寸 ($L×W×H$)/mm	1.1×1.15×24	1.5×1.15×2.3	1.9×1.4×2.7	2.1×2.1×3	2×1.3×3	2.7×1.5×3	2.4×1.8×3

图 7-33 为 KFT/L 型载模器。它是在 KFT 型的基础上的改进型号，用于软泡灌注、大面积硬泡等夹持力和开模力较低的制品的生产。该系列共有 6 个型号：KFT/L 8.5；KFT/L 10.8；KFT/L 12，5.10；KFT/L 16.1；KFT/L 20.12，5；KFT/L 25.12，5。其夹持力和开模力分别为 10～100kN 和 2～20kN。框架宽度：800×500～2500×1250mm。平行行程：125～400mm。上板仰角：60°～90°。最大模具高度：250～800mm。最大模具重量（总重/上模重）：1.2/0.6～12/6kN；设备总重量：3～15kN。

（2）UF 系列载模器 UF 系列载模器又称万能型载模器。它主要用于技术试验或在生产现场的技术支持。它有两个系列：UF 系列，具有用于轻质、大面积模具

图 7-33 KFT/L 型载模器

的大型模具安装板；UF/S 系列，具有安装大、中重量模具的狭长型模板。其模板为实体焊接而成，坚实牢靠；有两根强劲的立柱，4 个夹持液压缸分别控制模板的运动、夹持；设备整体为积木式标准化设计，基本性能见表 7-7。

表 7-7 Krauss-Maffei 公司 UF 系列载模器规格

项 目	UF10	UF15	UF20	UF10S	UF15S	UF20S
加持力/kN	450	650	1100	450	650	1100
开模力/kN	410	600	1000	410	600	1000
模板/mm	1000×1500	1500×2000	2000×2500	1000×800	1500×1000	2000×1500
最小模具高度/mm	600	600	800	400	300	500
平行行程/mm	1000	1200	1200	1000	1200	1200
间距/mm	1600	1800	2000	1400	1500	1700
上/下模板角度/(°)				45/45	45/45	45/45
加持装置转动角/(°)	±135	±135	±135	±135	±135	±135
框架倾斜/(°)	+90	+90	+45	+90	+90	+45
最大模具重量 (总量/上模)/kN	40/30	50/35	60/45	60/35	70/40	80/40
设备重量/kN	60	85	100	55	75	90
电力配备/kW	11	15	18.5	11	15	18.5
设备尺寸($L×W×H$)/mm	1750×2600×3400	2350×3600×4000	2950×4500×4500	1750×2600×3400	2350×3600×4000	2950×4500×4500

（3）CFT 系列载模器　见图 7-34。它与 KFT 系列具有基本相同的功能和特征，但该系列装备了前部闭锁框架，这意味着它可以通过底板上平行的液压架设计给予模具更大的夹持力。该系列载模器具有从实验室装备到生产线的多样性用途，结构紧凑且功能多。它可以三面操作，适宜大多数产品的开模浇注；上模板和下模板可以独立完成角度变化；如有需要，它还可以更换适当的液压系统；为适应大面积制品的生产，它的上模板可以翘起上仰翻转至 180°，同时它还可以配备压力缓冲器，使它的夹持力分布更加均匀，这对大面积产品尤为重要。对于形状比较复杂的产品，它还可以设置中心顶出装置，这样更有利于制品的脱模；模架的可调整式的角度变化，还将有利于 RIM-PU 产品的注射、反应和气体排出。其结构和动作示意见图 7-35，产品规格列于表 7-8 中。

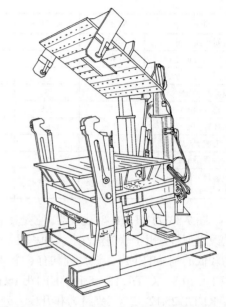

图 7-34　Krauss-Maffei 公司的 CFT 系列载模器

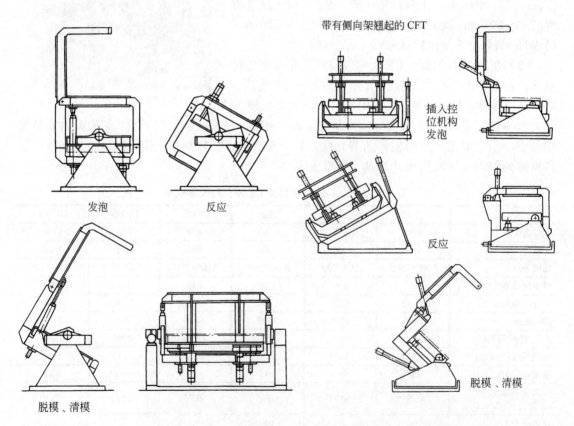

带有侧向架翘起的 CFT

发泡

反应

插入控位机构发泡

反应

脱模、清模

脱模、清模

图 7-35　Krauss-Maffei 公司 CFT 系列载模器动作示意图（右图为带有可翘起的侧向架结构）

表 7-8　**Krauss-Maffei 公司 CFT 系列载模器技术参数**

项　　目	CFT6	CFT7	CFT10	CFT15	CFT20
夹持力/kN	100	150	250	450	700
模板面积/mm	600×600	700×700	1000×1000	1500×1000	2000×1000
平行行程/mm	300	300	300	350	400
模板间距/mm	600	600	600	700	800
上模板翘起角度/(°)	90	90	90	90	90
框架翘起角度/(°)	30	30	30	30	30
模具重量（总重/上模重）/kN	8/4	10/5	20/10	30/15	50/25
循环时间/s	16	16	16	16	16
电力配置/kW	3	5.5	7.5	11	15
设备重量/kN	8	10	17	28	70
设备尺寸（$L×W×H$）/m	1.1×1.1×1.7	1.2×1.2×1.8	1.45×1.55×1.95	1.65×1.65×2.35	2.0×1.7×2.5

　　（4）DFT 系列载模器　DFT 系列载模器装备了内压力缓冲器，它更有利于大型汽车部件，如带有织物、薄膜等的汽车隔热地毯、消音地垫等制品的生产。为适应这种大面积部件的生产，该类载模器的双向、对称液压缸可使整个框架作较大角度的转动，上模板可以翻转至 180°，以适应大面积制品的浇注、排气、脱模等操作，同时制品受压更加均匀，使产品质量更好。产品外形和动作示意图分别见图 7-36 和图 7-37，部分产品规格见表 7-9。

图 7-36　Krauss-Maffei 公司 DFT 系列载模器外形示意图

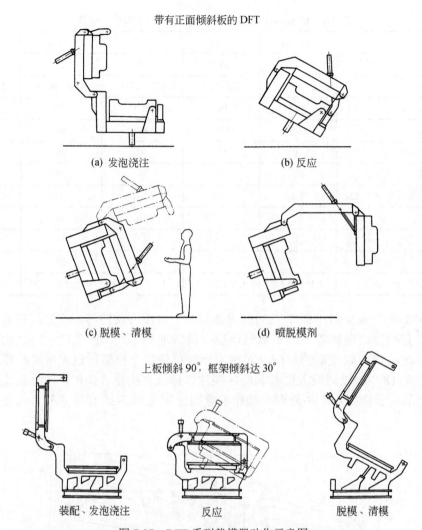

带有正面倾斜板的 DFT

(a) 发泡浇注　　　　　　　　(b) 反应

(c) 脱模、清模　　　　　　　(d) 喷脱模剂

上板倾斜 90°，框架倾斜达 30°

装配、发泡浇注　　　　　反应　　　　　　脱模、清模

图 7-37　DFT 系列载模器动作示意图

表 7-9　Keauss-Maffei 公司 CFT 和 DFT 系列载模器技术参数

项　目	DFT 系列			项　目	DFT 系列		
	DFT16	DFT19	DFT23		DFT16	DFT19	DFT23
夹持力/kN	110	600	1000	循环时间/s	16	40	40
模板面积/mm	700×800	1900×1700	2300×2000	模具重量(总重/上模重)/kN	1.5/0.75	20/10	50/20
平行行程/mm	50	50	50	电力配置/kW	7.5	18.5	18.5
模板间距/mm	430	650	1050	设备重量/kN	16	75	82
上模板翘起角度/(°)	90	180	180	设备尺寸(L×W×H)/m	1.6×1.25×1.55	1.9×3.35×1.37	1.97×4.15×2.45
框架翘起角度/(°)	90	180	180				

（5）UFT 系列载模器　UFT 系列载模器是大型的多用途生产设备。主要用于结构型硬质聚氨酯制品，如聚氨酯家具等形状大、结构复杂的大型产品的生产。这类载模器的高度一般在 3.4～4.5m 之间，它除了具有平行行程和上模板倾斜功能外，还可以在任何角度旋转，并可沿着垂直和水平方向作任何角度的倾斜，因此它具备满足大型制品加工需要的条件。从

图 7-38 可以看出，它有两个固定直径的立柱和 4 个夹持液压缸，能分别完成模具的开启、关闭、夹持、翻转、倾斜等功能，其结构紧凑、牢固，循环时间短，功能多且操作灵活。UFT 系列载模器操作动作示意见图 7-39，产品规格参数列于表 7-10 中。

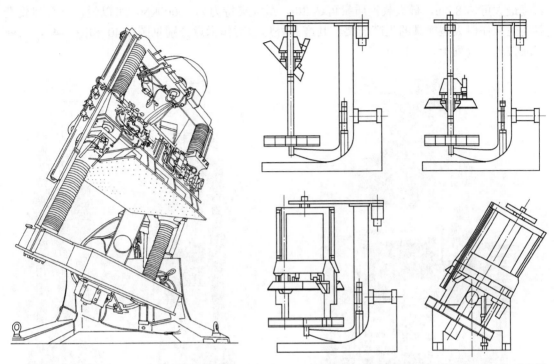

图 7-38　Krauss-Maffei 公司 UFT 系列载模器　　图 7-39　Krauss-Maffei 公司 UFT 系列载模器动作示意图

表 7-10　**Krauss-Maffei 公司 UFT 系列载模器技术参数**

项　　目	UFT10	UFT15	UFT20
夹持力/kN	375	650	1000
开模力/kN	375	650	1000
模板面积/mm	1000×1500	1500×1000	2000×1250
最大模具高度/mm	600	600	800
平行行程/mm	1000	1200	1200
最大板间距离/mm	1600	1800	2000
上模板倾斜角度/(°)	45	45	45
夹持装置转动角/(°)	±135	±135	±135
框架倾斜角/(°)	+90	+90	+45
最大模具重量 (总重量/上模板重量)/kN	40/30	50/35	60/45
循环时间 (大约)/s	23	32	32
电力配置/kW	11	15	18.5
设备重量/kN	70	110	130
设备尺寸 ($L×W×H$)/m	2.75×2.6×3.4	2.35×3.6×4.0	2.95×4.5×4.5

（6）ORION-SFT 系列载模器　Krauss-Maffei 公司为适应汽车工业对大型复杂部件的生产，专门设计推出了超大型载模器 ORION-SFT 系列产品。它主要用于汽车前后保险杠、扰流板等制品的生产。该类载模器建有 4 根高精度立柱和完整的高精度控制系统，通过多个液

压缸操控上下模板快速运动，或平行或倾斜，两个不同的夹持液压缸能确保给予模具足够大的夹持力；为方便脱模、嵌件的安装及模腔的清理等操作，不仅配置了产品顶出液压缸等装置，而且它的上、下模板可根据需要动作，做出各种姿态。该类载模器体积庞大，有的型号高度最大可达 8.8m，最大载模质量可达 30t，最大夹持力为 10000kN。可以说，该系列载模器能适应任何大型模具的生产需要。其产品外形和动作示意分别见图 7-40 和图 7-41，系列产品技术参数列于表 7-11 中。

图 7-40　Krauss-Maffei 公司大型载模器 ORION-SFT 系列

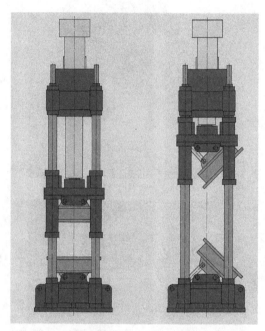

图 7-41　ORION-SFT 大型载模器动作示意图

表 7-11　ORION-SFT 载模器技术参数

项　目	参　数						
型　号	1000/15, 10	1900/20, 12.5	2400/25, 12.5	3500/25, 12.5	4500/25, 12.5	6000/27, 5.17	10000/27, 5.17
夹持力/kN	1000	1900	2400	3500	4500	6000	10000
开模力/kN	800	1300	1800	2600	3000	4000	7000
模板面积/mm	1.5×1.0	2.0×1.25	2.5×1.25	2.5×1.25	2.5×1.25	2.75×1.7	2.75×1.7
板间距离/mm	1.5	1.8	2.0	2.0	2.0	2.0	2.75
平行行程/mm	0.8	1.2	1.2	1.2	1.2	1.2	1.9
模板倾斜角 (上/下)/(°)	45/45	45/45	45/45	45/45	45/45	90/0	90/0
模板距地高度/mm	1.0	1.1	1.2	1.2	1.25	1.0	1.0
最大模具重量 (总重量/上模板重量)/kN	140/60	220/100	270/125	270/125	270/125	300/140	320/150
最大移动速度/(mm/s)	300	300	300	300	300	300	300
循环时间/s	18	20	20	20	20	20	20
电力配置/kW	30+30+11	30+30+11	37+37+11	37+37+115	37+37+18.5	45+45+37	45+45+45
设备重量/kN	160	200	240	300	480	750	920
设备尺寸(L×W×H)/m	2×1.5×5.5	2.6×1.5×6	3.1×1.6×6.4	3.2×1.6×6.5	3.3×1.8×7	3.6×2.0×7	3.8×2.3×8.8

2. 德国 Hennecke 公司的载模器产品

Hennecke 公司推出了多个系列的载模器产品，SV、SM、SH、SL、SW 等为中小型模具装配用载模器系列，SB 系列为大型载模器。

（1）SL 型载模器 SL 型载模器是为适应中、小型模具而设计的，它主要由铸铝组合支撑垫与钢件焊接而成，结构简单耐用，操作性能优良，适合装配在静止或运动的生产线上，该设备装配了上模板倾斜和锁模的操控元件，可通过压缩空气给予模具适当的夹持力。SL 型这样的小型载模器主要适用于汽车方向盘、扶手、头枕、靠背、变速器手柄等制品的生产，其外形和动作示意图见图 7-42，技术参数见表 7-12。

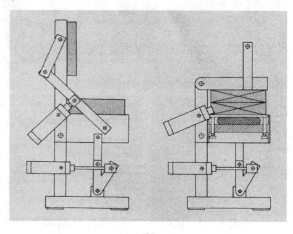

(a) (b)

图 7-42　SL 型载模器（a）及其动作示意图（b）

表 7-12　SL 型载模器技术参数

项　　目	SL4	SL5	SL6	SL7
载模板尺寸/mm	400×400	500×500	600×500	700×600
模具高度/mm	200	200	200	350
最大模具质量/kg	120	120	120	240
夹持力/kN	25	40	50	65
打开角度/(°)	90	90	90	90
行程/mm	20	20	20	20
基础姿态/(°)	+20	+20	+20	+20
压缩空气压力/MPa	0.6	0.6	0.6	0.6
每个循环空气消耗量/L	140	140	170	240
设备质量/kg	330	360	400	480

（2）SV、SM、SH 型载模器 SV、SM、SH 型载模器（见图 7-43，其基本动作见图 7-44）虽然都适用于中、小型模具生产，但在模具闭锁机构的设置上三者有区别。SV 系列载模器的模板闭锁机构设计在载模器的前沿，模板具有闭锁、承载的平衡配置；SM 系列载模器在模板两侧设置了一个曲轴水平系统，使得模具两侧和整个模板中心之间都能产生较强的承载力和锁模力；SH 型载模器的曲轴设计后移，使载模器的三个面都可以作为工作面，操作更加方便，特别适合一些形状复杂的中型制品的生产。为适应不同制品、不同生产条件等要求，模架底部弹出板或气垫高度，基本有三个序列，在基本系列号后标出（-F 的高度为 0；-L 的

高度为 20mm，-P 的为 100mm），此外在 SM 系列中还多了一个-Z 序列，其下部液压柱塞的顶出高度为 300mm。中小型载模器的基本规格列于表 7-13，中型载模器（SMZ）规格见表 7-14［表中字母与图 7-44（d）呼应］。

(a) SV 型

(b) SM 型

(c) SH 型

图 7-43　Hennecke 公司生产的载模器

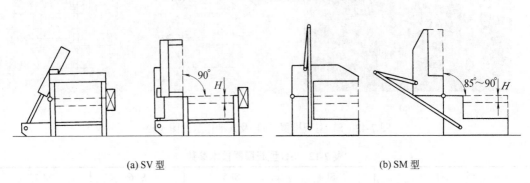
(a) SV 型　　　　　　　　　　　　　(b) SM 型

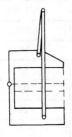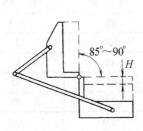
(c) SH 型

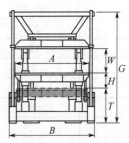
(d) SMZ 型

图 7-44　Hennecke 公司部分中小型载模器动作示意图

表 7-13　**Hennecke 公司中小型载模器规格节选**

项　　目	SVF 4-4-2	SVL 5-5-3.5	SVP 6-6-3.5	SMF 7-7-3.5	SML 8-8-4	SMP 9-9-4	SHF 16-7-4	SHL 18-9-4
夹持板尺寸(宽×深)/mm	400×400	500×500	600×600	700×700	800×800	900×900	1600×700	1800×900
装配模具最大高度/mm	200	350	350	350	400	400	400	400
最大加持力/kN	25	25	60	80	80	80	100	100
模具最大质量/kg	120	120	240	240	260	500	500	800

表 7-14 **Hennecke 公司中型载模器（SMZ）规格**

图中代码	项 目	SMZ 9-7-5	SMZ 12-7-5	SMZ 15-7-5	SMZ 18-7-5
$A \times C$	夹持板尺寸 (宽×深)/mm	900×700	1200×700	1500×700	1800×700
W	模具最小装配高度/mm	500	500	500	500
H	下板平行行程/mm	300	300	300	300
T	下板高度/mm	700	700	700	800
G	总高度/mm	约 2300	约 2300	约 2300	约 2400
B	总宽度/mm	约 1200	约 1500	约 1800	约 2100
F	总深度/mm	约 1600	约 1600	约 1600	约 1700
	上模最大质量/kg	1200	1600	2000	2400
	模具最大质量/kg	1800	2400	3000	3600
	最大承载压力/kN	240	320	400	480

（3）SW 系列载模器 SW 系列载模器的外形和模板的基本动作见图 7-45，技术参数见表 7-15。这类载模器适用于高反应自结皮 PR 中等尺寸制品的生产，如汽车外部件及其他中型部件。它具有以下优点：

① 该系列载模器安装有足够尺寸的导向立柱、轴套和焊接的钢质结构件，能提供较强的扭转力，整个设备坚固、耐用；

② 上模板为可倾斜动作设计，同时下模板也可向上运动，锁模和操作由中心控制器监控，具有优良的可操作性能；

③ 通过下模板和对称配置的液压活塞缸的运动，能对模具产生适应的夹持力；

④ 模板运动速度快，能满足大尺寸产品的批量生产。

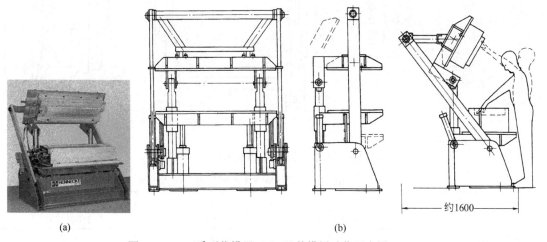

(a)   (b)

图 7-45 SW 系列载模器（a）及其模板动作示意图（b）

表 7-15 **SW 系列载模器技术参数**

项 目	SW-9	SW-12	SW-15	SW-18
模板尺寸/mm	900×700	1200×700	1500×700	1800×700
操作宽度/mm	500～800	500～800	500～800	500～800
下装配板高度/mm	700	700	700	800
下模板行程/mm	300	300	300	300
夹持力/kN	240	320	400	480
开模力/kN	240	320	400	480

项　目	SW-9	SW-12	SW-15	SW-18
最大模具质量/kg	180	240	300	360
最大上模质量/kg	≤1200	≤1600	≤2000	≤2400
设备尺寸 ($W \times D \times H$)/m	1.2×1.6×2.3	1.5×1.6×2.3	1.8×1.6×2.3	2.1×1.7×2.4
设备质量/kg	1700	1850	2000	2200
需要液压站面积/m	1.2×0.8	1.75×0.9	1.75×0.9	2.5×1.0

（4）SB 系列载模器（图 7-46）　SB 系列载模器主要用于高反应活性原料体系，制备硬质、半硬质自结皮大型 PU 制品的生产，如汽车保险杠、车身部件等形状复杂、大面积的模制件。该载模器坚固、耐用，通过导向柱可以使上、下模板作 45°的倾斜，以有利于大型制品的嵌件安装、产品脱模、模腔清理等操作；通过模板中心和两侧装配的对称的液压缸和导向柱，能使模板产生平行移动和适宜的夹持力。该类设备虽然体积很大，但在操作时，通过相应的液压装置和同步制动装置，操作方便、快速、灵活，可获得最小的工作循环时间；同时，在生产过程中的危险部位装配了安全监测设备，以确保安全生产。该类载模器规格列于表 7-16 中。

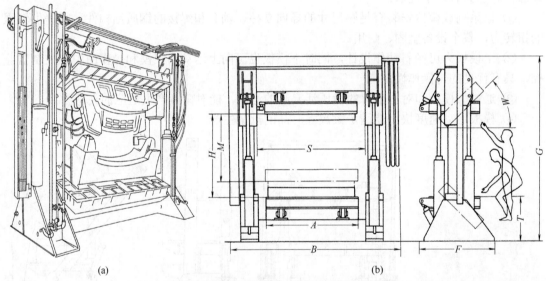

(a)　　　　　　　　　　　　　　　　　(b)

图 7-46　SB 系列载模器（a）及模板动作示意图（b）

表 7-16　**Hennecke 公司 SW/SB 系列载模器技术参数**

型　号	SB-18	SB-23	SB-25
模板尺寸/mm	1800×1000	2300×1200	2500×1250
操作宽度/mm	300～1600	300～1600	900～2400
下装配板高度/mm	870	870	950
下模板形程/mm	≤1000	≤1000	≤1000
夹持力/kN	800	1200	1500
开模力/kN	900	1300	1500
最大模具质量/kg	≤8000	≤12000	≤15000
最大上模质量/kg	≤5000	≤7500	≤8500
设备尺寸 ($W \times D \times H$)/m	3.5×1.5×3.6	4.0×1.5×3.6	4.2×1.7×4.25
设备质量/kg	2100	2500	2800
需要液压站面积/m	1.0×2.4	1.0×2.4	1.0×2.4

（5）SHH 系列载模器（图 7-47） SHH 系列载模器是该公司近年来开发的大型载模器，它综合了许多优点，如可快速装配、运行，模具闭锁牢靠，夹持部件旋转自如，具有可靠的操作、控制性能，其工艺数据很容易与电脑连接，进行存储、读取。这类载模器主要用于使用 RIM、RRIM、SRIM、Flpur Tec（使用长玻纤粗纤维增强聚氨酯技术）、Nafpur Tec（使用亚麻等天然纤维垫增强聚氨酯技术）、Compur Tec（使用蜂窝结构或波纹状材料增强聚氨酯技术）等技术进行大型模塑制品的生产。该系列载模器根据装置液压缸的配置，操作位置可以是一边、两边或四边。它有 SSH-1S、SSH-2S 和 SSH-2T 三个型号。SSH-1S 为一边操作；SSH-2S 可以在两边操作，模具可同时对开，能缩短生产循环时间；SSH-2T 载模器的液压缸装配在设备上部横梁上。因此，在它的四边都具有操作空间，这对于在载模器一侧进行自动化的模具更换以及在一侧或两侧装配集成化的生产输送系统都是极其有利的。SSH 系列载模器的外形和汽车部件生产情况见图 7-47，基本参数列于表 7-17 中。

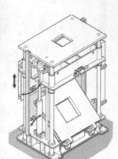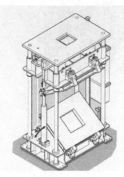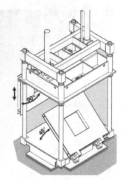

图 7-47 Hennecke 公司 SSH 系列载模器基本外形图和其操作状况

表 7-17 **Hennecke 公司 SSH 系列载模器基本技术参数**

项 目	SSH 15-12-50	SSH 20-10	SSH 25-12.5	SSH 30-15
夹持板尺寸（宽×深）/mm	1500×200	2000×1000	2500×250	3000×1500
夹持力/kN	500	1000/2000/4000/6000		
操作宽度/mm	1640	1800		
开模行程/mm	1090	1200		

3. 国内公司的载模器产品

在国外，聚氨酯制品生产中的载模器规格、类型较多，在此仅列举了两家德国公司生产的典型产品，对它们的结构特点、运行姿态做了一些简单描述。我国生产这类装备的公司也很多，但大多是随订单，专门设计、生产，还需要一定时间，逐渐形成比较完整的产品系列。一般来讲，凡能生产大型生产线的工厂，通常都是根据客户要求自行设计、制造模具和载模器，并装配在生产线上。国内许多厂家都可以设计和生产载模器，如武汉中轻机械有限公司（图 7-48）、湘潭精正设备制造有限公司（图 7-49）、中国扬子集团设备模具制造有限公司、成都东日机械有限公司、江苏张家港力勤机械有限公司（图 7-50）等。

(a) 轿车坐垫用　　　　　　　(b) 汽车仪表盘用　　　　　　(c) 汽车内饰件用

图 7-48　武汉中轻机械有限公司生产的气动载模器

(a) 汽车仪表盘用　　　　　　　　　　　　(b) 汽车坐垫用

图 7-49　湘潭精正设备制造有限公司生产的载模器

图 7-50　张家港力勤机械有限公司制造的载模器

　　张家港力勤机械有限公司生产的 MH 系列载模器主要用于汽车内饰件、方向盘、仪表盘、坐垫等产品的生产，可单工位配置，也可联机使用。图 7-53 为 MH-W 型载模器，主要用于聚氨酯自结皮方向盘的生产，模架具有倾角调节和闭合高度调节功能，同时具有手动和自动功能、安全性可靠性高的特点。其最大载模面积 800mm×900mm；闭合高度可调，250～350mm；最大锁模力 15000kgf（1kgf=9.80665N）；最大仰角约 90°；顶出缸行程 100～150mm；可调式整体倾斜角 0°～45°；液压站工作压力 8～12MPa。

MH-U 液压模架（图 7-51）是为生产汽车零部件开发的分标设备，该模架的所有动作——开模、合模、锁模、动模板升降、夹持均由电气控制液压，启动元件自动完成。载模板面积 1600mm×850mm；合模高度 600mm；动模板可移动形程 100mm；最大开模角约 95°。

图 7-51　张家港力勤机械有限公司生产的 MH-U 液压模架

图 7-52 为该公司生产的 MP 系列载模器。技术参数列于表 7-18。

(a) 气动系列　　　　　　(b) 电动 MP-E195100　　　　　(c) 电动 MP-E100100

图 7-52　张家港力勤机械公司生产的 MP 系列载模器

表 7-18　张家港力勤机械公司 MP 系列载模器技术参数

项　目	气　动		电 控 气 动	
	MP-16580	MP-7065	MP-E195100	MP-E100100
载模面积/mm	1659×800	700×650	1950×1000	1000×1000
闭合高度/mm	450	350	450	350
工作行程/ mm				
开合模气缸	约 548	约 220	约 220	约 230
气囊	20	20	20	20
工作压强/mm				
开合模气缸	0.6～0.7	0.6～0.7	0.6～0.7	0.6～0.7
气囊	0.3	0.3	0.3	0.3
锁模力/kgf	约 15000	约 6000	约 18000	约 10000
开模角/(°)	约 90	约 85	约 90	约 85
质量/kg	约 1600	约 850	约 1850	约 1000

注：1kgf=9.80665kN。

参考文献

[1] 徐培林，张淑琴. 聚氨酯材料手册. 北京: 化学工业出版社，2002.

[2] 德国克劳斯马菲（Krauss-Maffei）公司资料.

[3] 意大利康隆（Cannon）公司资料.

[4] 德国亨内基（Hennecke）公司资料.

[5] 武汉中轻机械有限公司资料.

[6] 湘潭精正设备制造有限公司资料.

[7] 中国扬子集团设备模具制造有限公司资料.

[8] 成都东日机械有限公司资料.

[9] 张家港力勤机械有限公司资料.

[10] 吴壮利. RIM 聚氨酯加工设备及其在汽车内饰件生产中的应用. 聚氨酯工业，2006，21(4)：36-39.

[11] 广东省中山市新隆机械设备有限公司资料.

第八章

典型聚氨酯软质块泡的生产设备

第一节　概况

为适应人们对聚氨酯软质泡沫体的需要，连续块状泡沫首先投入大规模工业化生产。这种生产方式生产效率高，产量大。在全球聚氨酯软泡制品中，这种生产方式产量约占一半。生产的块状泡沫体，宽度最大可达 2.4m，高度最高可达 1.2m，对连续生产的泡沫体长度可根据需要任意切割；生产工艺成熟，产品质量稳定，泡沫体熟化后，经过裁切、片切、滚切、磨削、仿形等加工，可以制成各种异型断面形状以及厚度仅有 0.5mm 的薄片等制品。能最大限度满足不同应用场合对聚氨酯软泡的需要。

聚氨酯软质块泡的连续化生产线，基本有两种类型：传统的卧式连续化和垂直式连续化。前者生产效率高、产品质量好，但其占地面积大、投资大，一般多为大型聚氨酯软泡生产的专业化企业采用。后者虽然产量较低，但设备占地面积小、投资少、产品随市场要求变化快，很适合中小型企业选用。

聚氨酯软质块泡的非连续化生产，基本有箱式发泡和新近开发的变压发泡工艺。

第二节　聚氨酯软质块泡卧式连续化生产线

一、Hennecke 平顶法

大型聚氨酯软质块泡连续化生产线装备是在 1952 年由德国亨内基（Hennecke）公司设计、制造，并投入商业化生产。它奠定了聚氨酯块泡的连续化生产基础。虽然以后有许多公司也设计、制造了各种形式的块泡的连续化生产线，但由 Hennecke 公司设计的基本原理却一直沿用至今。目前，经过改造的生产线每小时的产量最高可达 30t。其生产装备如图 8-1 和图 8-2 所示。

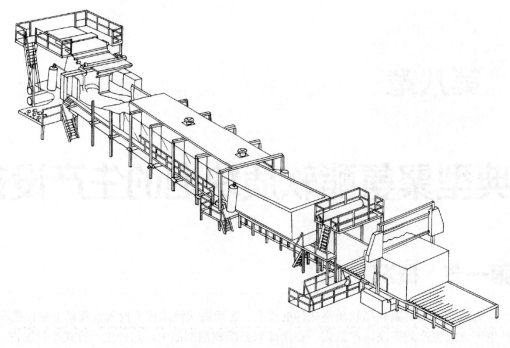

图 8-1 Hennecke 聚氨酯软泡平顶发泡连续生产线示意图

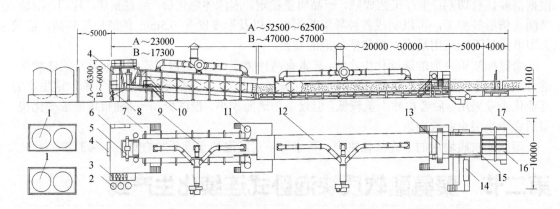

图 8-2 Hennecke 公司聚氨酯软质块泡连续生产线侧视图和顶视图

1—pol、iso 原料罐；2—添加剂组分罐；3—计量装置；4—顶纸输送辊；5—带混合头的机械门架；

6—电气柜；7—操作平台；8—底纸输送辊；9—排气熟化烘道；10—侧纸输送辊；11—侧纸回收辊；

12—带排气的连接输送带；13—顶纸回收辊；14—底纸回收辊；

15—托辊输送机；16—切断机；17—运输系统

目前，Hennecke 公司生产的聚氨酯软质块泡连续生产线基本由原料供应工段、混合浇注工段、发泡熟化工段、切割工段、后熟化工段及产品后加工等几部分组成。泡沫体的切割、后熟化好泡沫体的后加工装备将在以后的章节中阐述。

连续化生产聚氨酯软质块泡，生产效率高，原料供应量很大，因此，除了装备多元醇、异氰酸酯的工作储罐外，还必须分别设有各自独立的原料储存、工艺参数、条件调控、准备系统，以确保在连续工作时能将已准备好的原料源源不断地输送至生产线上（图 8-3 和图 8-4）。

图 8-3 聚氨酯连续发泡生产线用多达 12 种原料计量供应系统和混合头输入系统

由于温度对发泡反应影响很大，因此，对原料温度控制十分严格，通常温度控制在 18～25℃之间，温度波动范围应在 ±1℃。原料组分的计量、输送均使用高精度计量泵，一般的黏度范围应小于 2000mPa·s，对于色浆、阻燃剂等高黏度组分可使用齿轮泵，为防止异氰酸酯组分泄漏，建议使用磁性联轴器。为方便操作，提高计量精度，现在也有将部分添加剂合并，以减少计量泵数量，但要注意，有些添加剂如有机锡催化剂对其他组分很敏感，容易发生变质。

图 8-4 在 MAXFOAM 生产线上配置的各种配合剂供应系统

该生产线的混合装置一般使用的是低压混合头，搅拌器多为低剪切力的钉齿杆式，由调速电机驱动，转动速度为 3000～6000r/min。目前，在连续块状软泡生产的现代化企业也已开始采用高压计量、混合、发泡设备，可以根据需要调整混合头的搅拌形式、流速、喷嘴大小，来提高产品质量。在混合头处还可以配置空气输入装置，形成气核，以产生细密的泡孔结构。

混合好的物料在一定压力下被连续吐出混合头，为防止物料飞溅，夹带大量空气造成泡沫体内部产生大的洞穴，为此，除了缩短混合头与底板的距离，减少冲击力外，还在混合头出口前部安装了特殊设计的挡板、喇叭状或鸭嘴状导流管以及金属网等降低物料的冲击能量，同时还有降低物料出口管至底板的距离，如在 10mm 左右。为使混合好的物料在底板上分布均匀，在生产线上设置有横梁，混合头可配合底板输送带移动速度作左右移动，也可将物料分成多个导管进入与底板运动方向横向排列的分配槽中流出，使物料能十分均匀地分布在底板运输带上，见图8-5。

图 8-5　为防止吐出的物料飞溅，混合头上装配了一些导流装置

由混合头吐出的物料，在乳化时间前其流动性较好，随着反应的进行，混合物料会慢慢发起、膨胀。在吐出段的输送带前端，输送带应有 3°～9° 的倾斜角，并配置液压或手动的调节装置，以便根据工艺要求对倾斜角作适当调整，以确保物料单方向均匀地向下流动、起发。如果倾斜角太小或输送带移动速度太慢，泡沫厚度加大，下部泡沫发起困难；若倾斜角太大，吐出的物料流动过快，将会流至已开始起发的泡沫层下部，产生"潜流"，造成泡沫体出现裂纹。通常，大流量机组输送带的运动速度控制在 3～10m/min，中型机组控制在 1.5～3m/min。在操作中，要严格调整生产线的吐出量、输送带角度、移动速度等工艺参数，使物料吐出分配线与泡沫起发时呈现的乳白线的距离控制在 300～600mm 为宜。

混合物料由混合头吐出是直接分布在输送带上铺好的衬纸上。在发泡工段，装配有输送带、烘道、侧护板、泡沫衬料的传输及回收装置等。以前，大多使用的是三条衬纸系统，左右两侧衬纸沿排风道内侧与泡沫体同步移动，下衬纸则随输送带同步向前移动。过去泡沫体的上部不加限制，生产的泡沫体的上部呈拱形，浪费很大。后来发明了 Hennecke-Planidiock 法和 Hennecke 平顶发泡法（图8-6），目前普遍采用的是改良的 Hennecke 平顶法（图8-7）。

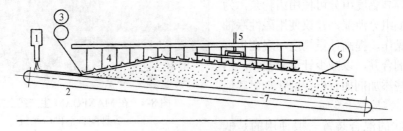

图 8-6　Hennecke-Planiblock 法

1—混合头；2—输送带；3—顶纸输送轴；4—逆向平衡压板；5—排气管；6—顶纸剥离回收辊；7—泡沫体

以上两种生产方法，在起发泡沫体的上部都设有机械式平衡压板，以减少泡沫体顶部产生拱形废料的体积。目前，Hennecke 平顶发泡的装备多采用上下左右四条衬纸与输送带同步前进方式。

泡沫体的衬材有专用衬纸和塑料薄膜。衬纸基材是强韧质地的牛皮纸，表面用聚硅氧烷、石蜡等脱模剂处理，或涂覆聚乙烯等非黏性化学品，近年来有一些生产厂开始使用价格便宜的聚乙烯等塑料薄膜，但要注意薄膜在运行中不能产生褶皱。不管是哪种衬材，在运行中都必须平整、无折痕。为使衬材平稳运行，许多公司开发出一些新技术，如 Cannon 公司牵引侧膜的矩形侧膜的（RS-Rectangular Section）设备（图 8-8）、变固定侧板为可运动的侧板（图 8-9）以及滑雪板式的顶纸展平装置（图 8-10）等，都是为了使衬纸能平稳地运行，并能形成良好的矩形断面。

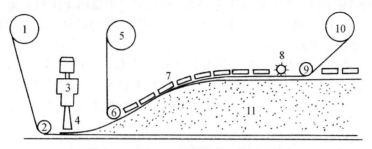

图 8-7　Hennecke 平顶发泡工艺示意图

1—底纸辊；2,6,9—导辊；3—混合头；4—喇叭口出料口；5—顶纸辊；7—平衡压板；8—刺轮；10—顶纸回收辊；11—泡沫体

图 8-8　Cannon 公司侧膜牵引输送装置

图 8-9　Cannon 公司运动式侧板设备

图 8-10　滑雪板式顶纸展平系统（摘自挪威 Laaderberg 公司）

在发泡工段的烘道中，泡沫体在输送带的衬纸上发泡、膨胀。根据不同的生产配方，或利用物料反应产生的热量方式，或借助外界热能等其他加热方式，使泡沫体尽快进行反应、凝胶、固化定型，达到所需的强度等性能，以便进入下一个工序。在烘道中装配有多个排风装置，将泡沫体产生的各种有害气体排出，经净化处理后排入大气。

泡沫体的输送带系统，表面要求十分平滑，运行极其平稳而无任何震动，两侧挡板间距可根据需要在一定范围内调整，即可生产出宽度不同的矩形泡沫体，其宽度最高可达 2.2m，生产的泡沫体一般高度都超过 1m。

泡沫体经过烘道后，虽然还没有达到性能的最大值，但已完成定型，为方便后续工段工作，应用在线装配的切断机将泡沫体按所需要求切割成一定长度，然后进行后熟化，使其反应完全，以便进行进一步加工。Hennecke 公司典型的生产线产品技术参数列于表 8-1 中。

表 8-1　Hennecke 公司典型发泡生产线技术参数

型号	生产能力/t	在 50Hz 下　组分输出量/（L/min）					输送带长度/m	输送带速度/（m/min）	连接输送带长度/m	泡沫体可调宽度/m	切割机能力/（m³/h）	消耗电功率[①]/kW
		pol	iso	助剂 1	助剂 2	发泡剂						
HKB150	500～2000	20～75	20～55	0.8～6.2	0.4～3.5	1.0～8.5	10	2～10	15～30	0.7～1.65	15000	70
UBT250	1000～3000	30～150	20～75	1～9.5	0.8～6.2	2.0～14	15	2～10	20～30	1.1～2.35	30000～40000	100
UBT350	2000～8000	20～225	30～150	1～9.5	0.8～6.2	2.0～14	20	2～10	20～30	1.1～2.35	40000～50000	120

① 不包括物料罐。

二、Maxfoam 下移式发泡法

Maxfoam 法又称为下移式发泡法。它是挪威科学家莱德·贝格（Leader Berg）在 1959 年发明的。它采用了与众不同的办法，即泡沫发泡底板向下移动的方法。其基本原理是将可向下移动的底板的前端上升至预计泡沫体发泡最终高度约 70%的位置，使整个底板可向下倾斜，当浇注物料起发上升约 30%位置时，下底板随发泡速度向下移动，使剩余发泡高度 70%的物料向下发泡，从而获得矩形断面的泡沫体。其原理和设备见图 8-11，并根据这一原理设计、开发出著名的 Maxfoam 下移式发泡工艺，见图 8-12。

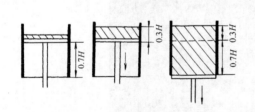

图 8-11　底板下移法原理示意图

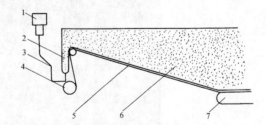

图 8-12　Maxfoam 下移式发泡工艺示意图
1—混合头；2—发泡槽；3—混合液；4—底衬纸输送带；
5—倾斜板；6—泡沫体；7—输送带

莱德·贝格在 Maxfoam 生产装置的研制中，最初是在混合物料吐出处设置了一块挡板，后来逐渐演变成长形的、向下的"发泡槽"，并把物料流动的平板改变成向下倾斜的底板，使泡沫体的起发向上膨胀变成向下膨胀，设计出著名的 Maxfoam 发泡工艺。莱德·贝格公司一直致力于软质聚氨酯块泡生产工艺和设备的研发、生产和销售，并成为在这一领域中的最著名的公司之一。其基本工艺流程见图8-13。

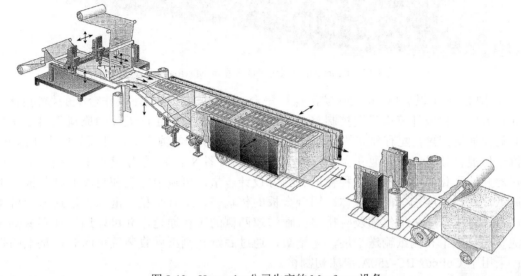

图8-13　Hennecke 公司生产的 Maxfoam 设备

（1）生产的泡沫体断面呈规整矩形，废品率大幅减少，成品率高。传统工艺的边角废料约为 15%，Draka 边缘滑动法工艺约为 12%，而 Maxfoam 工艺产生的废料不到 8%。现经过改进，如采用聚乙烯薄膜铺设的转动叉、牵引、展平装置（图8-14）对泡沫体进行全覆盖；利用反应物的热量加热底板，使泡沫的下表皮更薄等措施，会使废料降低至 1%～2%。

（2）设备设计合理，制造精良，控制准确，使用寿命长，生产成本低，一般操作运行仅需要 3～4 个人员，且维护成本低。

（3）独特的发泡工艺，使生产的泡沫体密度均匀一致，泡孔结构细密，质量上乘。

（4）典型的控制面板或增强型的计算机系统，准确地监控整个生产环节。模块式设计可很方便地与外围设备连接。

（5）使用原料范围广，既可使用聚醚型聚酯型，生产的泡沫体类型多种多样，除了标准软泡外，还可以生产高回弹泡沫、阻燃泡沫、充填泡沫、黏弹性泡沫以及使用二氧化碳发泡的泡沫。典型的 Maxfoam 生产线如图8-15所示。

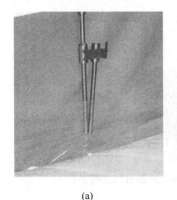

| (a) | (b) | (c) |

图8-14　铺设聚乙烯薄膜的转动叉（a）、牵引装置（b）和展平装置（c）

图 8-15　Beamech 公司生产的典型的 Maxfoam 设备

　　从图 8-15 可以看出，宽大的防滑操作平台，能提升工作效率；操作台上的控制面板，可通过数字模拟或计算机界面控制整个生产过程；专为日常生产设计的原料供料系统和独立的添加剂储罐，配有独立的计量输送系统；专门设计的混合头，可调节压力和速度，提供最佳混合效果，控制泡孔大小，减少"针孔"（图 8-16）。使用简单的多槽，混合物料在此开始乳化，可以根据各种输出和配方设计容量；可调节宽度和角度的跌落板，承载底纸，获得密度均匀的泡沫体；铝合金板的传输带，运行平稳；泡沫输送通道的可调式风机，将泡沫产生的气体及时排出；输送道两侧的步行通道，并可以通过观察窗检查发泡状况；底纸和侧纸输送平展，无褶皱，通过底纸和侧纸回收装置可随时调整纸的张力；采用了 Cutmax BC-250A 泡沫切割机。

　　莱德·贝格在 1960 年创立了自己的企业——Laader Berg AS，致力于聚氨酯泡沫体连续化生产设备的研发和生产。其基本 Maxform™ 发泡机的关键部件是配有多槽（Multi Trough，图 8-17）和跌落板。从图 8-18 的设备示意图中可以看出，混合物料通过多个管道输送至多槽的底部入口进入，物料在多槽中即开始反应，并在混合液体即将乳化前流至在倾斜跌落板上滑动的底部衬纸上，发泡多槽将泡沫乳液均匀溢流分布在跌落板的两边侧壁之间，溢流多槽的容积可以根据发泡配方和产量进行调节，其出口高度设在最终泡沫体高度 70%处。同时，倾斜跌落板的角度、数量、长度和宽度都可以根据配方和产量进行调节，从而使泡沫体在达到水平输送带时即已完成泡沫体的完全膨胀过程。泡沫体在跌落板向下流动的发泡过程中，依靠向下的重力消除了泡沫体和侧壁间的摩擦力，使泡沫体两侧泡沫结构更均匀、更平滑。泡沫体在发泡通道中排出生产中产生的废气，并完成泡沫体的熟化，即可进行切割处理。

图 8-16　专门设计的多组分混合头

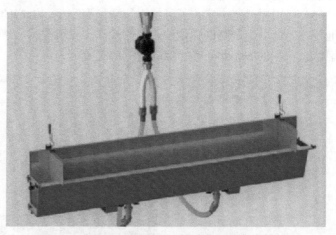

图 8-17　Maxfoam 发泡机配置的多槽

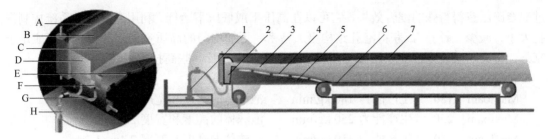

图 8-18　基本 Maxfoam^TM 示意图

A—侧壁；B—侧壁衬纸；C—泡沫膨胀区；D—多槽；E—跌落板；F—乳白线；G—底纸；H—混合头；

1—混合头；2—底部进口的多槽；3—膨胀的泡沫体；4—底纸；5—倾斜跌落板；6—水平输送带；7—侧壁

该公司在 Maxfoam 技术和装备的基础上不断创新，还推出了 Maxfoam 液体物料上部浇注（Liquid Laydown）工艺、NovaFlex® 工艺，Squaremax^TM、Flatmax^TM、Pintomax^TM、Cutmax^TM BC250A 海绵切割机等装备，高低压组合机 Multimax 等。其 Maxfoam 液体上部浇注工艺是使用传统悬挂式混合头，并安装在横摆的门架系统上，配置在第一个跌落板上方（见图 8-19 和图 8-20）。Squaremax^TMRS 是设置在发泡通道两侧的 PE 薄膜牵引装置，在混合物发泡膨胀的过程中牵引薄膜，并与下部跌落板和输送带同步运行；与之配合使用的还有 Flatmax^TM 或 Pintomax^TM，它们是将 PE 薄膜或隔离牛皮纸覆盖在发泡泡沫体的顶部，缩小泡沫体上部圆肩，减少顶皮厚度，减少 TDI 损耗，改善泡沫体硬度分布，使其成为泡孔结构精细、均匀的平顶方形泡沫体断面。高压 Maxfoam 可对 TDI 和水施以高压，混合头使用工艺喷嘴，通

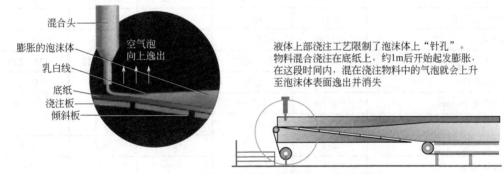

图 8-19　液体上部浇注的 Maxfoam 工艺示意图

(a)　　　　　　　　　　　　　　　(b)

图 8-20　液体上部浇注工艺，可左右运动的混合头（a）和横摆门架系统（b）

过混合降压获得特殊的混合效果，它可以在高压下或低压下运行。利用高压流量系统控制泡孔大小，减少"针孔"，获得泡孔结构更加精密、更加均匀的高质量的泡沫体，不仅应用于家具、寝具、服装等行业，而且可以用于生产汽车内衬及一些高技术领域。

目前标准的 Maxfoam 设备有多种机型（详见表 8-2）：

Maxfoam　180　　生产能力 180 kg/min　　泡沫体的高度和宽度 2.2m×1.2m

Maxfoam　250　　生产能力 250 kg/min　　泡沫体的高度和宽度 2.2m×1.2m

Maxfoam　350　　生产能力 350 kg/min　　泡沫体的高度和宽度 2.4m×1.2m

表 8-2　Laader Berg 公司的 Maxform™ 设备基本性能

设 备 系 列	5010	5020	5025	5030	Multimax™
计算机系统	任选	任选	许诺	许诺	许诺
设备能力/(kg/min)	63～259	115～385	115～385	115～425	115～436
聚醇/(kg/min)	50～150	80～230	80～230	80～270	80～270
TDI/(kg/min)	18～37	30～109	30～109	30～109	30～120
HP TDI/(kg/min)	任选	任选	任选	任选	30～109
胺/(kg/min)	0.1～1.5	0.1～1.5	0.1～1.5	0.1～1.5	0.1～1.5
辛酸亚锡/(kg/min)	0.1～1.5	0.1～1.5	0.1～1.5	0.1～1.5	0.1～1.5
硅油/(kg/min)	0.3～3.0	0.3～3.0	0.3～3.0	0.3～3.0	0.3～3.0
水/(kg/min)	2.0～11	2.0～11	2.0～11	2.0～11	2.0～11
发泡剂/(kg/min)	2.3～29	2.3～29	2.3～29	2.3～29	2.3～29
着色包括搅拌器	任选	任选	任选	任选	3
附加物流	任选	任选	任选	任选	任选
发泡标准宽度/cm	207	135～227	135～227	135～227	135～227
膨胀发泡宽度	任选	任选	任选	任选	任选
输送带速度/(m/min)	1.8～9	1.8～9	1.8～9	1.8～9	1.8～9
输送带长度/m	12.8	16.8	20.2	21.8	20.2
设备总长度/m	26.2	31.2	39.0	37.2	37.5
设备总宽度/m	6.9	6.9	6.9	9.0	8.5
设备总高度/m	3.5	3.5	4.2	3.5	4.6
标准设备总动力/kW	38	54	58	56	88
电力消耗/kW	28	40	43	42	66
多槽	许诺	许诺	许诺	许诺	许诺
液体上浇横摆	任选	任选	许诺	任选	无
液体上浇 Multimax™ 混合器	无	无	无	无	许诺
地面混合器	许诺	许诺	无	无	无
手动混合器	任选	任选	许诺	许诺	许诺
地面及硅油预混合器	任选	任选	任选	任选	任选
Novaflex	无	任选	任选	任选	任选
跌落板/段	4	5	6	5	6
附加跌落板/一段	任选	任选	无	任选	无

续表

设备系列		5010	5020	5025	5030	Multimax™
密度 /(kg/m³)	宽度200cm时发泡块体高度/cm					
	<20	130	130	130	130	130
	25	120	130	130	130	130
	30	110	130	130	130	130
	35	100	130	130	130	130
	40	90	120	120	130	130
	45	80	110	110	125	125
	50	65	100	100	120	120

我国在引进消化吸收的基础上，许多公司也可以生产此类生产线。现仅以下面两三家为例简单介绍如下（参见表8-3、图8-21和图8-22）。

表8-3　东莞艾立克机械有限公司生产的ECMT-100型全自动水平连续发泡机组生产线技术参数

项　　目	指　　标	项　　目	指　　标
自动吐出量/(kg/min)	200~350	原料系统	
泡沫密度范围/(kg/m³)	8~70	侧板尺寸(L×H)/m	16×1.2
混合头功率/kW	37	发泡平台尺寸(L×W×H)/m	2×3×0.7
最大搅拌速度/(r/min)	2500~6000	输送线长度L/m	16.9
发泡形式	溢流槽或喷头	设备基本单元	
泡沫体尺寸(H×W)/mm	1300×2300	跌落板尺寸(L×W)/m	8.5×(0.98~2.4)
设备总功率/kW	约125	走廊尺寸(L×W)/m	15×0.5
设备总质量/t	约25	冷热水机	1.5HP×1套
设备尺寸(L×W×H)/m	35×5×4.5	边膜提升系统	1套
		裁断机	1套
		侧纸/底纸输送系统+收卷系统	1套

　(a) 摆动式混合吐出装置　　(b) 溢流槽和跌落板　　(c) 泡沫体输送及熟化系统　　(d) 长泡切割装置

图8-21　石家庄金海德聚氨酯公司水平连续发泡机组

石家庄金海德聚氨酯有限公司前身是创建于1995年的石家庄市中和聚氨酯设备厂。他们在吸收国外先进技术的基本上结合国内实际需求，不断研发、创新，先后推出多款聚氨酯加工设备。现对ZHF-2000A型水平连续发泡机组作简单介绍。

ZHF-2000A（B）型由原料系统、计量混合系统、泡沫体输送、熟化系统、泡沫体切割系统、衬纸收放系统、整机控制系统等部分组成。标准机型，容积 5t 的聚醚储罐和 4t 的 TDI 储罐为双层夹套结构，带有温度调控系统和搅拌装置，其他配合剂组分采用独立的不锈钢料罐以及独立的计量输送系统；以电磁型或变频型调速的高精度计量泵，并配置精密流量计测量原料实际输出量。高速混合装置吐出量范围 50～300L/min，搅拌速度范围 3000～5800r/min。驱动功率 30kW/37kW。空气注入装置可调整空气输出量为 0.016～0.16m³/h。泡沫混合物吐出后，采用溢流槽加 5 块可自动调控的跌落板来实现泡沫体上部产生平顶状态。跌落板长度为 6m，发泡宽度范围 1～2.3m，发泡体高度 0.8～1.2m。泡沫体输送机长度 12m，宽度 2.5m，烘道长度 17m，内部配置 18kW 碘钨灯辐射加热装置，两侧铝合金输送链板长度 17m，输送带速度 0～8m/min。根据发泡工艺，输送机长度可以进行调整。泡沫体的底布、底膜和侧膜收放系统包括表面衬 170g 的 PP 薄膜的编织布，侧膜、底膜厚度为大于 1 丝聚乙烯薄膜。底布、底膜的宽度由发泡宽度决定，膜宽度 1.2m（单层）。泡沫体的切割系统包括变频同步输送，双锯片联动上下切割，自动进退，可切泡沫体尺寸为：长度 1.5～6m，高度 0.2～1.3m，宽度 1～2.3m。控制柜设在发泡平台一侧，PLC 触摸屏智能化管理，操作简便、可靠，监控整个设备的正常运行。整套设备尺寸：36m，宽 4.5m，高 4.5m。

东莞市恒生机械制造公司的 HSLF-2400 自动连续发泡生产线见图 8-22，其烘道长度 17.5m，发泡海绵高度＜1.25m，发泡宽度 1～2.25m，发泡密度 10～50kg/m³，输送带长度 17.5m，侧板调节宽度 0.98～2.3m，输送带线速度 0～6.8m/min，混合头功率 37kW，吐出量 100～300kg/min，机器外形尺寸（$L×W×H$）34000mm×4550mm×3200mm。

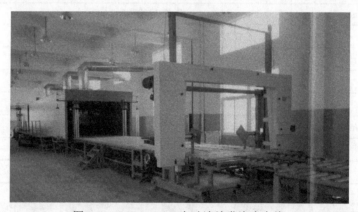

图 8-22 HSLF-2400 自动连续发泡生产线

在聚氨酯软质泡沫体的连续化生产线上，为避免发泡物料与金属的底板、侧板等部件的粘接，影响泡沫体的生长和运动，在发泡线的底部、上部以及两侧分别都设有随生产线运动的隔离纸装置。

隔离纸是涂覆硅系或非硅系或 PE 等隔离剂的强韧的牛皮纸以及 PP、PE 等隔离性薄膜。作为聚氨酯泡沫生产线上所用的普通隔离纸有 85～105g 的分层发泡纸、105～110g 的淋膜牛皮纸等，我国许多大型纸业公司都有生产，如东莞市东科纸业公司、东莞市楷诚纸业公司、上海连冠包装技术公司等。目前最为先进的是衬有极薄聚乙烯薄膜的高强度牛皮纸的隔离纸[如瑞典盟迪（MONDI）涂布和包装公司的 OLMO Paper®]，它在生产中随生产线运动，有效地阻隔环境中的潮气与异氰酸酯反应，有效地阻隔反应物料渗入牛皮纸，但在生产线后部收取衬纸时，可剥离聚乙烯薄膜则会附着在泡沫体的表面，形成一个光洁的、安全的表皮层，不仅可减少异氰酸酯挥发气体，改善工作环境，而且生产的泡沫体平整、美观，并能利用聚乙烯薄膜低的透光度，改善泡沫体的黄变现象。

三、垂直发泡法

1971年，英国海曼（Hyman）发展公司开发出独特的垂直发泡工艺技术和装备，该装置主要由物料储罐系统、计量输送系统、混合注射系统、桶状发泡装置、加热及泡沫提升装置以及切断机构等组成（图8-23）。

物料储罐系统和一般的系统相类似，基本有五部分原料储罐（带有温度控制和搅拌装置的PPG，TDI为主要原料，混合有水、硅油、胺催化剂、助剂、MC发泡剂、有机锡催化剂）。它们的计量和输送系统一般采用无级调速电机带动的齿轮泵，为提供计量精度，还可以加装流量计；混合头通常选用低压、搅拌式混合头；混合好的物料通过管道从下部注入至倒锥形的发泡桶中，发泡桶内预先铺设好连续化的聚乙烯薄膜，当混合好的物料反应、起发时，首先沿水平方向运动，充满倒锥形断面，并随断面的扩大缓慢上升，逐渐充满聚乙烯薄膜桶，同时向上移动进入加热段。在加热段周围设有电加热系统，以使泡沫体尽快熟化，达到

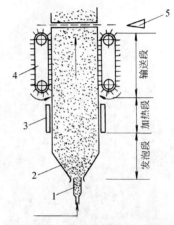

图8-23　垂直发泡设备示意图
1—混合后料液进入管；2—聚乙烯薄膜筒；
3—加热块；4—带有针刺的输送带；
5—切割机

能承受带针传动带针入提升的强度；泡沫体的提升是由带有10~15mm细针的立式传送带实施，围绕整个泡沫体的周围配置了多个这样的传送带，其上部的细针扎入有一定强度的泡沫体中，随着传动带的转动逐渐将泡沫体提升起来。装置的上部配置了切断机以及与之联动的离合机构，当泡沫体上升到规定高度时启动切断机。切断的泡沫体沿倾斜的滑道输送至产品后熟化室。

该工艺只要更换适当形状的发泡桶，即可生产断面是方形或圆形的泡沫体，在连续生产的过程中还可以在线改变泡沫的颜色，而颜色的过渡区长度仅有150mm，不仅产品可以很容易地变换颜色，而且泡沫体成品率高、泡沫体横截面上的密度硬度等性能均匀、泡沫体边缘的表皮厚度薄、废品率低；尤其重要的是，垂直发泡设备占地面积小，仅有传统水平发泡装备的四分之一，很适合中小型企业选用。产品不仅适用于普通软泡制品，其圆形泡沫体的切片更适合用作服装内衬材料。

垂直发泡工艺对原料、配比、生产工艺调节控制等方面，比水平块状泡沫体的生产工艺的要求更加严格，必须精确控制原料温度、配比、泡沫吐出量、空气注入量、混合速度、熟化段温度、牵引速度等各种工艺参数，才能生产出高质量的泡沫体。在实际生产中，容易出现以下问题，必须注意解决。

（1）泡沫闭孔率高或收缩　这是由于有机锡催化剂用量过多，凝胶速度过快，孔壁强度增长过快造成的。另外，也可能是泡沫稳定剂用量过多，泡沫稳定性太好而不易生成开孔的泡沫结构。

（2）泡沫体开裂　泡沫体开裂多半是由于配方或计量出现误差所致。如有机锡催化剂和泡沫稳定剂用量不足，活性下降所致。当然，在机械方面，如在泡沫体内混入了杂质、油污以及牵引速度波动等，也可能造成泡沫体大量开裂。

（3）泡沫体出现大泡空穴　当泡沫体出现大泡空穴时，应着重从以下几个方面检查：当大气泡规律分布时，应检查混合室、进料管等设备是否有漏气现象；当有少量锥形大泡出现

时，可能是原料温度过高，使发泡剂更易汽化造成；当泡沫体出现非规则分布的大气泡时，其主要原因是搅拌速度过高，夹带空气量较多造成的。通常在混合头密封良好的情况下，搅拌速度控制在2500～3000r/min即可。当在片材中出现大片穿孔、串泡，而又无清晰的网络结构时，这可能是向混合头内输入过量的空气造成的。

（4）泡沫体下滑　应从配方失误、起发时间过长、发泡不足、熟化温度太低和牵引输送机配合不当等几方面考虑，这是在设备启动初期"牵引环"除去后容易出现的问题。对此，应对配方和设备运行参数作相应的检查，作好调整。

（5）出现泡沫体压缩线　在牵引提升速度与混合物料输出量不协调，尤其是输入量大而泡沫体提升速度太慢时，在断面上会出现明显的、强度很差的白线，即压缩线现象。对此，应仔细调整泡沫输入量和提升速度，使其协调一致。

过去，我国多从国外公司引进设备，如英国的Hyman公司等。目前我国已有多家公司也可以制造这类设备，如广东东莞市艾立克机械制造有限公司、河北石家庄金海德聚氨酯公司（原石家庄市中和聚氨酯机械厂）、邯郸市吉而吉聚氨酯机械公司、山东青岛新美海绵机械制造有限公司、河北省奥乐实业有限公司、广州伟达海绵制品厂、东莞市恒生机械制造有限公司、上海胡殷科技服务有限公司等。某些企业生产的垂直发泡设备的技术参数见表8-4和表8-5，外形见图8-24和图8-25。

图8-24　东莞市恒生机械制造有限公司的
HSCF-1500型垂直连续发泡生产线
混合头功率11kW；发泡速度1～2m/min；
最大吐出量150～200L/min；发泡体
直径1.5m；发泡体高度>1m；发泡体
密度8～45kg/cm³；总功率60kW；
主机外形尺寸（$L×W×H$）
1000mm×5000mm×5000mm

表8-4　广州伟达海绵制品厂垂直发泡设备基本技术参数

项　目	指　标	项　目	指　标
泡沫体密度/(kg/m³)	8～50	设备功率/kW	56
搅拌器速度/(r/min)	3000～5000	提升速度/(m/min)	0～3
设备重量/t	12	生产能力/(t/h)	3
发泡体直径/m	1.2～1.5	设备尺寸/m	4×6×8.5（不含料罐和控制部分）
喷嘴流量/(L/min)	90		

表8-5　上海胡殷科技服务有限公司垂直发泡机组性能参数

项　目	指　标	项　目	指　标
生产能力（最大综合流量）/(kg/min)	16～45	原料组分	PPG、TDI、水、硅油、三亚乙基二胺、MC、辛酸亚锡等9个组分
泡沫体直径/mm	1380	切断机	切断机与输送带同步，确保切断面平直，最短切断长度0.7m
混合体转速/(r/min)	5500	机组用电量/kW	30
输送带速度/(m/min)	0.5～3（滑差电机无级调速）	机组尺寸/m	3×4.5×8

图 8-25 上海胡殷科技服务有限公司垂直发泡机组（a）、上部切割机组（b）、发泡机头（c）和原料罐系统（d）

四、变压发泡（VPF）设备

人们在生产聚氨酯泡沫体的实践中发现，使用同一个配方，在不同大气环境压力下可以得到不同密度的产品。大气环境压力越低，泡沫体的密度也相应降低。其规律可依下列公式解释：

$$d/d_{atm}=p/p_{atm}$$

式中，d 为在压力 p 下的密度；d_{atm} 为在大气压力 p_{atm} 下的密度；p 为发泡环境下的压力；p_{atm} 为大气压力。

例如，在大气压力 100kPa 下生成的泡沫体密度为 24kg/m³，依据上述公式，当在大气压力为 70kPa 时，使用同样的配方，生成的泡沫体密度却为 16.8kg/m³。这也就是变压发泡（Variable Pressure Foaming，VPF）的基本原理。

随着人们环保意识的日益加强，以及各国对有害发泡剂限制，取替的措施中，美国 Foamex 公司和英国 Beamech 公司合作，首先开发出变压发泡工艺和连续化生产设备，使用效果良好。由于该技术不受配方用水量的约束，可以在不使用任何辅助发泡剂的情况下就可以生产出密度、硬度范围很宽的泡沫体，不仅生产工艺具备环境友好的特点，而且生产的产品泡孔细密、均匀，手感柔软，强度和耐久性都很好，尤其适合制备高档泡沫制品。这种工艺和设备受到业界广泛关注。

变压发泡连续化生产线装备通常都比较庞大。其实质也就是把连续化生产线设置在一个可调节、控制压力的、密闭的通道中。传统的发泡设备仍然放置在密闭通道外面，由混合头混合好的物料经过高压管与密闭通道中生产线上的溢流槽相连，在生产线上设有两个可快速密封的、相对独立的获得舱门，使通道形成可相互连接又可相互隔断的两部分，每个部分都有压力控制系统以及对生产中生产的气体进行净化的活性炭吸收装置；在生产线上还设有切断机和多个传送装置。其生产装置及生产过程见图8-26。

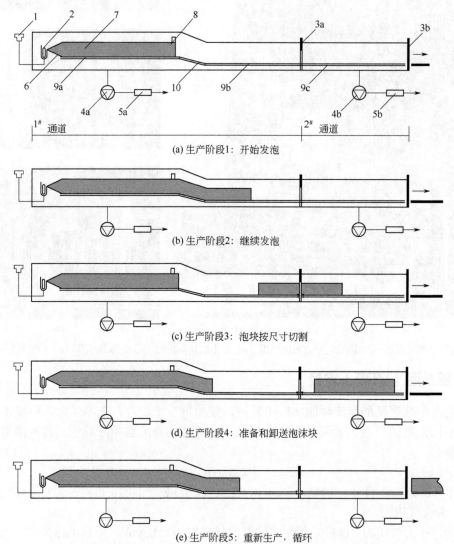

(a) 生产阶段1：开始发泡

(b) 生产阶段2：继续发泡

(c) 生产阶段3：泡块按尺寸切割

(d) 生产阶段4：准备和卸送泡沫块

(e) 生产阶段5：重新生产，循环

图8-26 聚氨酯软泡变压发泡连续化生产线装置机生产过程示意图

1—混合头；2—槽；3a—中间气密门；3b—气密出口门；4a,4b—真空或压力系统；5a,5b—活性炭气体捕集器；
6—落料板；7—泡沫块；8—剪切机；9a—带式运送机1；9b—带式运送机2；
9c—带式运送机3；10—自由滚子传送器

（1）打开中间舱门3a，关闭出口舱门3b。开启压力控制系统4a、4b，致使整个通道的压力达到设定压力值；典型的压力范围是50～150kPa（0.5～1.5atm）。

（2）开动发泡机，混合的物料进入密闭通道中的溢流槽流至跌落板，并在设定的压力环境下发泡。

（3）待泡沫体初步熟化定型并达到一定长度后，切割机工作，将其切断。

（4）切断的泡沫体进入通道后区，关闭中间舱门，调节后区压力与环境压力相等时，开启出口舱门，将泡沫体输送至熟化区，完成熟化；同时，出口舱门应立刻关闭，并要立即启动压力调节装置，使其压力与整个通道压力相等时，开启中间舱门，接纳下一个切断的泡沫体。

该生产线由高度自动化的电脑进行程序监控，通道分段控制，周期切换，调节系统压力，根据密封通道即真空或压力容器不同，既可以生产矩形断面也可以生产圆形断面的泡沫体。在其连续化生产线的基础上，又开发出箱式变压发泡间歇生产线。虽然生产效率高，但控制系统复杂，且设备体积庞大，密闭通道长度多在百米以上，设备投资大。目前生产这类设备的公司主要有美国的 Foamex 公司、英国的 Beamech 公司和意大利 OMS 公司。国内也有一些单位研制、生产这类设备，如北京福奥盟化工技术有限公司、河北邯郸奥乐实业有限公司等。图 8-27 和图 8-28 分别为英国 Beamech 公司变压发泡设备示意图和设备照片，图 8-29为该公司生产的矩形断面通道。

图 8-27　英国 Beamech 公司变压发泡设备示意图
1—混合头；2—压力室；3—空气闭锁室

图 8-28　英国 Beamech 公司变压发泡设备（圆形断面通道）

东莞市强辉发泡机械科技有限公司推出了新一代 PU-AOLE 调压仓型（真空）发泡装备（图 8-30）。它可以使海绵在真空箱内完成一系列化学反应，TDI 用量可下降 30%，也不需要添加二氯甲烷发泡剂，即可使原料成本下降 10%～30%；设备总长 114m，装配德国西门子变频器、电脑 PLC 编程控制系统，该机能自动机械流量监测，配方自动转换，并可以全程联网实现远程维修。

(a)   (b)

图 8-29　Beamech 公司披露的 VPF 生产线装备（矩形断面通道）

图 8-30　QHFP-2010 型真空多层海绵发泡水平生产线（东莞市强辉发泡机械科技有限公司）

河北奥乐实业有限公司推出的变压发泡设备，仅使用水而不使用任何化学发泡剂，就可以在大的密封舱中，利用控制减压方法即可生产出需要密度规格的泡沫体。该设备还可以较大地降低 TDI 用量以及其他助剂用量。对发泡产生的气体，经过滤、水溶解后，转化成二氧化碳排出，环保无污染。这种调压仓（真空）水平连续发泡机组可生产宽度 1.5～2.3m 的泡沫体。它有两种机型：一种机身长度为 75m，泡沫切割长度为 20m；另一种机身长度为 105m，泡沫切割长度为 50m。

北京现代四维科贸有限公司推出的 BYF-Ⅱ变压发泡设备，在不使用 CFC-11 及其他物理发泡剂的情况下，可以制备 12～70kg/m³ 范围内的聚氨酯泡沫体，泡沫产品不仅性能优良，而且生产成本更低。该设备由原料储罐、计量及预混系统、发泡系统、变压室及压力控制系和电气自动化控制系统五部分组成。整个设备总功率为 70kW，总质量 24t。

第三节　聚氨酯软质块泡非连续化生产线   <<<

一、箱式发泡工艺设备

箱式发泡工艺和装备是为了适应小型聚氨酯软泡生产厂需要，在实验室和手工发泡的基础上开发出来的一项新技术装备。它实际上是放大的实验室发泡方法。它经历了三个发展阶段，最初是将各组分物料依次称量后加至一个较大的容器中，然后加入 TDI，快速搅拌后，立刻将混合物料倒入大的箱式模具中。此种方法劳动强度大，有毒气体挥发浓度高，对操作者的健康损害严重。同时，由于倾倒时物料飞溅会夹裹大量空气，很容易在泡沫体中形成大气泡，甚至出现泡沫体开裂现象。另外，残留废料量大，原料浪费严重，生产成本高。后来，该工艺选用了计量泵计量，将物料输送到底部能自动开启的混料筒中，高速搅拌后，开启混料筒底板，利用压缩空气将物料快速压出至模具中进行发泡。但这种方法，物料的流速过快，容易产生涡流，泡沫体的泡孔结构不均匀，容易出现月牙形裂纹等质量问题。工艺改进的第三阶段，就是目前大多采用的箱式发泡装置。其基本发泡原理见图8-31。

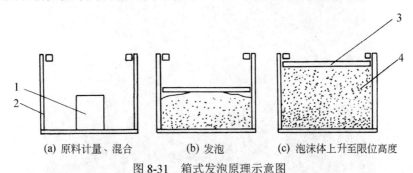

(a) 原料计量、混合　　(b) 发泡　　(c) 泡沫体上升至限位高度

图 8-31　箱式发泡原理示意图

1—可提升的物料混合桶；2—可装配式箱式模具；3—浮动式箱顶板；4—泡沫体

　　箱式发泡的工业化生产装备主要由原料储罐、计量泵组、可升降的混合搅拌料筒、组合式木质箱式模具等组成。从亨内基（Hennecke）公司制造的箱式发泡设备示意图（图8-32）中可以看出：发泡原料在储罐中，由调控装置调节至加工条件所需的温度范围，通常温度控制在 23℃±3℃，然后用计量泵依次向料筒中注入聚醚多元醇、催化剂、表面活化剂、发泡剂等，搅拌 30～60min，再按配方输入 TDI，或者经过底部装有开关的中间量筒加入 TDI。TDI 加入后立即进行搅拌混合。根据原料、配方不同，搅拌速度一般控制在 900～1000r/min，搅拌时间为 3～8s，搅拌完成后应立即快速提升混合料筒。混合料筒下部无底，落下时料筒直接置于模具箱的底板上，依靠桶底边缘的密封圈防止物料泄漏。当它被提起时，混合好的浆料可直接摊铺分散在箱式模具的底板上，自然发泡上升。为避免发普通上部形成拱形表面，需配置与模具面积相吻合

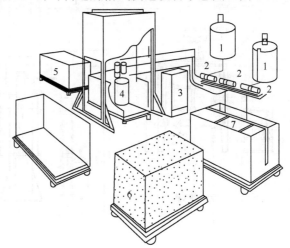

图 8-32　Hennecke 公司制造的箱式发泡设备
（BFM100/BFM150）

1—原料储罐；2—计量泵组；3—控制柜；
4—带有升降装置的混合桶；5—发泡箱；
6—泡沫成品；7—上浮板

并能进行上升限位的上模板。模具箱主要由硬质木板构成，底板固定在可移动的模具运输车上，四面侧板均为装配式，设有快速开启、合拢的锁模机构，板内侧涂覆硅酮类脱模剂或内衬聚乙烯薄膜材料，以防止粘模。在箱中的发泡体经过 8～10min 的强制熟化后，打开模具箱的四边侧板，即可取出块状软泡。这些软泡再经过 24h 熟化完成后，即可进行切割等后处理加工。

　　箱式发泡工艺和设备具有操作简单、设备结构紧凑简单、投资少、占地面积小、维护方便等特点，尤其适宜于低密度块状软泡的间歇式生产的小型企业。但其缺点也十分明显：生产效率较低、生产环境差、现场有毒气体挥发浓度高、必须配置极其良好的排风装置和有毒气体净化装置。

Hennnecke 公司生产的典型的箱式发泡设备参见图 8-33。BLOCK-FOAMAT BFM100 和 BFM150 的最大注入量分别为 100kg 和 150kg，箱体尺寸（长×宽×高）分别为 2.0m×1.6m×1.0m 和 2.0m×2.5m×1.2m，设备电力功率分别为 10kW 和 16kW，设备质量分别为 3500kg 和 3800kg。改变箱体尺寸和形状可以生产矩形、方形或圆形等产品。

图 8-33　Hennecke 公司箱式发泡设备

图 8-34 和图 8-35 是 OMS 公司箱式发泡设备示意图和设备照片。

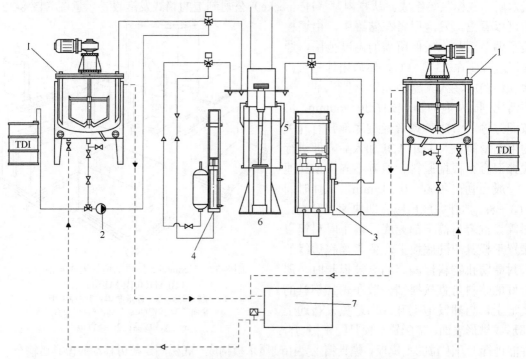

图 8-34　OMS 公司箱式发泡设备示意图

1—TDI 原料罐；2—聚醚计量泵；3—TDI 计量柱塞；4—辛酸亚锡计量柱塞；5—混料筒；
6—混合器及混合料筒垂直移动的气动系统；7—控制台

为提高搅拌效率，有的公司在搅拌混合桶内四壁增设几个垂直且等距离的扰流板，配以高速螺旋桨式搅拌器，进行高速混合，在一定程度上能起到减少混合液体层流作用，提高混合效率。但物料中夹带空气量也将会增加。该类设备结构相对简单，我国有许多公司都能制造这类设备，较专业的有东莞市恒生机械制造有限公司、苏州恒昇海绵机械制造有限公司、广东东莞艾立克机械制造有限公司、北京梦龙翔机械有限公司等。有关产品的外形及技术参数见图 8-36～图 8-38。

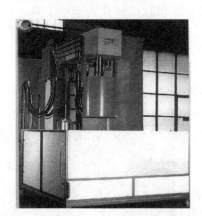

图 8-35　OMS 公司箱式发泡设备（BB3）

图 8-36　HSXF-75 全自动箱式发泡机组（东莞市恒生机械制造公司）

该生产线配有全自动电脑控制和手动控制两种方式。适用于 10～60kg/cm³ 密度软质聚氨酯海绵的生产。发泡模具尺寸（$L \times W$）：2240mm×2050mm。最大发泡量：180L。发泡高度：1200mm。发泡密度：10～60kg/cm³。搅拌功率：7.5kW。总功率：35kW。外形尺寸（$L \times W \times H$）：2300 mm×700 mm×2000mm

图 8-37　SHBZD-2000A 型半自动箱式发泡机组（苏州恒昇海绵机械制造公司）　　图 8-38　升降式半自动箱式发泡机（扬宇富机械制造深圳公司）

二、网状泡沫体制备设备

网化聚氨酯泡沫体是20世纪80年代开发的一种功能性泡沫产品。它具有很高的开孔率，有着清晰的网络结构，柔软、透气、机械强度好。可以广泛作为运输工具、仪器仪表等优良的过滤、减震材料；医疗材料过滤膜；化学工业用催化剂载体；将它充填在飞机油箱中，可以抑制油品剧烈晃动，降低爆炸的危险性；将它浸沾陶瓷浆液后进行高温烧结，可以制成新型的网状陶瓷过滤材料，用于冶金行业。

网化聚氨酯泡沫体的制备有蒸气水解法、碱液浸泡法、爆炸法等。在工业化生产中，主要采用爆炸法。首先利用箱式发泡工艺制备一定孔径规格的聚氨酯泡沫体，然后放入专用的爆炸网化设备中，充入爆炸性气体，使其完全充满泡沫体后引爆。利用爆炸参数的冲击能量和高温热量，将聚氨酯泡沫体的泡孔壁膜冲破，并熔附在泡孔壁上，形成清晰的网络结构，见图8-39。

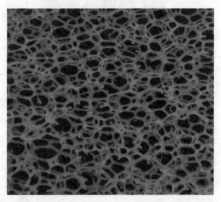

采用蒸气水解或碱液浸泡等方法制备网状泡沫体，目前尚存在效率低、质量差以及污染环境等问题，这些方法主要用于实验室样品试制等小批量生产。大规模生产主要采用爆炸法。佛山市方元海绵机械厂等企业相继研发推出了聚氨酯网状海绵爆炸

图8-39　经络清晰的网状泡沫体

成型机。图8-40（a）为方元海绵机械厂生产的第一代海绵爆炸成型机。该设备为第一代网化泡沫体处理机，电脑程序控制，充入可爆炸气体后，远距离进行引爆控制，可一次处理1m×2m×1m 的聚氨酯泡沫体。图8-40（b）为该厂生产的第二代海绵爆炸成型机，用于处理各种孔径的海绵破泡，开孔率达99%以上，电脑程序操作，采用双防爆膜、自动液压锁模等多重安全防护装置。

(a) 过滤海绵处理机　　　　　　　　　　　　　　　(b) 新型过滤海绵处理机

图8-40　方元海绵机械厂生产的海绵爆炸成型机

德国 ATL Schubs 股份有限公司是主要研发聚氨酯网状泡沫并制造 Reticulatus[TM] 网状泡沫爆破机械的专业化公司。网状泡沫爆破设备的爆破室有两种形式：圆筒状和矩形状。前者适用于圆筒状泡沫体；后者适应性更强，不仅能适用于方形泡沫，也可以适用于圆筒状泡沫体的网状泡沫加工。见图 8-41，爆破室采用 100mm 厚的优质钢板制造，操作采用电脑调制解调器控制，具有自动开合、自动闭锁、自动操作及自动提醒等功能，并可以通过数据传输感应器进行远程程序设计和更改。系统符合 ATEX 94/9/EG 规范，并通过

ASME 和 UL 论证。

图 8-41　聚氨酯海绵网化处理设备（德国 ATL Schubs 股份有限公司）

　　生产时，将欲进行网状化的 $3\sim6m^3$ 的泡沫体推入爆破室，通过液压关闭舱门，使用真空泵抽出爆破室内的空气，在计算机的控制下精确的输入一定比例的氧气和氢气，混合气体的比例要根据泡沫样品种、网络尺寸要求等条件机械调整。传感器将连续进行监测，确保所有的工艺参数符合条件后，进行可控制爆破。利用爆炸产生的冲击能力和火焰强度，贯穿整个泡沫体，使其生成清晰的网络结构。成型后的泡沫体经过冷却，用氮气清除残渣和废气，即可打开压力室，取出网状泡沫体。整个程序大约 $8\sim10min$。网状泡沫体的泡孔直径在 $10\sim100ppi$ 之间（注：ppi 是指在 1in 内的泡孔个数），见图 8-41。相关设备技术参数参见表 8-6。

表 8-6　设备技术参数

项　　目	规格 1	规格 2	规格 3	规格 4
矩形压力室——用于方形及圆筒状泡沫体				
内部尺寸 $(W\times G\times L)$/mm	1350×1050×2350	1530×1250×2040	1650×1150×2140	1450×1050×4100
内部容积/m³	3.33	3.90	4.06	6.24
泡沫体最大块状尺寸/mm	1300×1000×2300	1480×1200×1990	1600×1100×2090	1400×1000×4050
圆筒状泡绵最大尺寸/mm	$\phi950\times2300$	$\phi1150\times1990$	$\phi1050\times2090$	$\phi1050\times4050$
圆筒状压力室——用于圆筒状泡沫体				
内部尺寸 $(W\times G\times L)$/mm	$\phi980\times1900$	$\phi1250\times2250$		
圆筒状泡绵最大尺寸/mm	$\phi980\times1880$	$\phi1250\times2230$		
电力供应	400V AC/63A/50Hz	400V AC/63A/50Hz	400V AC/63A/50Hz	400V AC/63A/50Hz

参考文献

[1] 徐培林，张淑琴. 聚氨酯材料手册. 北京：化学工业出版社, 2002.

[2] 亨耐基（Hennecke）公司资料.

[3] 英国百鸣集团公司（Beamech Group Limited）公司资料.

[4] 意大利 OMS 公司资料.

[5] 挪威莱德·贝格(Laader·Berg)公司资料.

[6] 意大利康隆（Cannon）公司资料.

[7] 美国海曼（Hyman）公司资料.

[8] 东莞市艾立克机械制造公司资料.

[9] 石家庄金海德聚氨酯有限公司资料.

[10] 河北省邯郸市吉而吉聚氨酯机械有限公司资料.

[11] 青岛新美海绵机械制造有限公司资料.

[12] 北京福奥盟化工技术有限公司资料.

[13] 河北省邯郸市奥乐实业有限公司资料.

[14] 北京梦龙翔机械有限公司资料.

[15] 苏州恒昇海绵机械制造有限公司资料.

[16] 扬州金大地海绵有限公司资料.

[17] 广州伟达海绵制品厂资料.

[18] 北京现代四维科贸有限公司资料.

[19] 罗运策，葛云飞，崔高云. 软质聚氨酯泡沫塑料变压发泡（VPF）介绍. 中国第一届聚氨酯行业发展国际论坛—2005 年聚氨酯泡沫塑料加速淘汰 ODS 专题峰会论文.

[20] Chiu Y Chan, Beat B N, William B. 采用环境友好的变压发泡工艺生产聚氨酯泡沫塑料. 2003 年中国聚氨酯行业整体淘汰 ODS 国际论坛论文集.

[21] 上海胡殷科技技术服务有限公司资料.

[22] 德国 ATL Schubs 股份有限公司资料.

[23] 挪威 LAADERBERG 公司资料.

[24] 佛山方元泡绵机械厂资料.

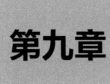

第九章

聚氨酯泡沫体后加工设备

第一节　聚氨酯泡沫体产品生产流程配置 ⟨⟨⟨

　　在聚氨酯产品中，各种泡沫体约占整个聚氨酯材料的 70% 以上，有软质、硬质、半硬质、微孔弹性体等，产品的表现形式多种多样。根据每种产品的生产特点和要求，其生产流程配置有很大差别，在此仅就几个典型产品的生产流程配置做一简单的叙述。

　　由于产品类型不同，生产流程配置各有特点，但必须符合下列要求：

　　① 有利于提高产品的生产效率；

　　② 符合产品的技术要求和生产特点；

　　③ 设备结构紧凑，占地面积和空间小，运行能耗低；

　　④ 设备运行安全、可靠，便于能及时更换模具，也便于设备的维护、保养。

　　根据聚氨酯模制产品的实际生产需要，目前生产线配置方式主要有以下几种。

　　（1）单一配置　即一台发泡机与一套模具相配合，见图 9-1。这是最简单的方式，生产效率低，它主要适用于样品试制等工作。

　　（2）扇形配置　即利用发泡机较长悬臂的摆动，在一定角度和距离能配置一定数量的载模器和模具；为适应狭长形模具的配置和浇注操作，可以在此基础上附加延伸悬臂，见图 9-2。

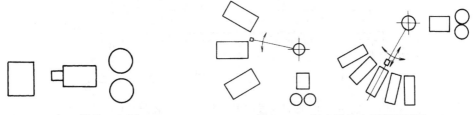

图 9-1　一机一模单一配置　　　　　　　　图 9-2　一机多模的扇形配置两例

　　（3）一机多模平行配置（图 9-3）　为适应制品的大规模生产，可以将载模器和模具排成一行，将发泡机装配在与之平行轨道的、并可前后运动的台车上，这样运动的发泡机能逐一对模具进行浇注和注射。也可以将载模器和模具设置在轨道的两侧，利用发泡机能作 180° 摆动的混合头悬臂或第二套悬臂，对轨道两侧的模具进行浇注和注射。图 9-4 是 OMS 公司冰箱生产线的一机多模设备配置示意图，该种生产线配置占地面积大、投资较大，主要适用于同类产品的大批量生产。

图 9-3　一机多模平行配置

（4）一机多模多枪头平行设置　为适应冰箱、冰柜、车用外部件的批量化生产，设备生产商相继推出了多枪头、多模具的平行配置设计（图 9-5）。它是采用在一台计量、分配主机上，配备多个转换器控制的多个与相应载模器和模具相匹配的混合枪头组合。这种配置虽然投资费用较高，但操作方便、工作效率高、可靠性好，即使工作经验不多的工人，经过简单培训后，也能生产出合格的产品。目前，这种配置广泛用于硬泡模塑制品，例如许多冰箱箱体等制品的生产，都采用这种方式（图 9-6）。

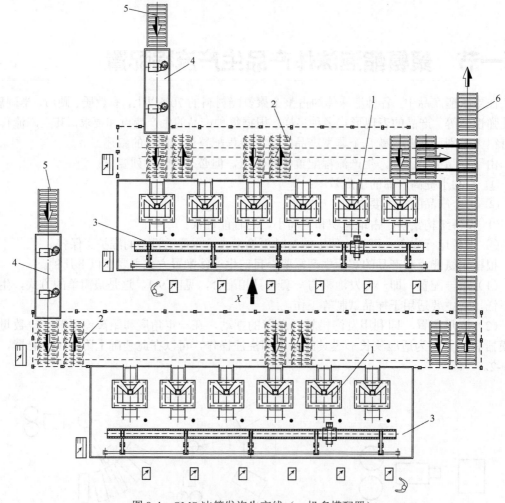

图 9-4　OMS 冰箱发泡生产线（一机多模配置）

1—发泡模架和模具；2—箱体由模具上装载或卸载自动线；3—装有混合注射头的自动车；
4—预热炉；5—箱体输入线；6—完成发泡的箱体输出线

（5）模具直线传动方式　对于简单冷熟化成型模制产品的生产，可采用简单的模具主线式配置，即将模具放在传动带上，根据生产需要，计量、分配主机配置在传动带的前端或侧面，进行批量生产（图 9-7）。

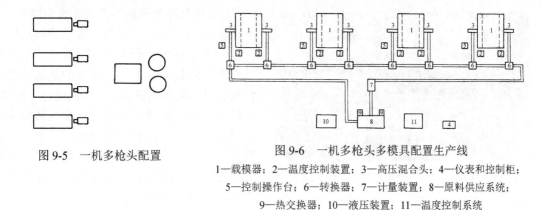

图 9-5　一机多枪头配置

图 9-6　一机多枪头多模具配置生产线

1—载模器；2—温度控制装置；3—高压混合头；4—仪表和控制柜；
5—控制操作台；6—转换器；7—计量装置；8—原料供应系统；
9—热交换器；10—液压装置；11—温度控制系统

（6）封闭式循环生产线配置　为适应小型模制品的大批量生产需要，将多套模具装配在平面的或立体的循环生产线上，在整个封闭的循环线上可划分出不同的工作段，进行连续浇注、合模、熟化、脱模、清模等工序，必要时，还可以在循环线上设置烘道，加速产品熟化，具有自动化程度高、生产效率高、产量大的特点。因此这类生产线配置特别适用于鞋底、汽车坐垫、扶手等模制品的生产。根据产品特点，这种配置既可以是矩形平面，也可以是圆形或椭圆形平面，有时也可以做成立体配置，如图 9-8 和图 9-9 所示。

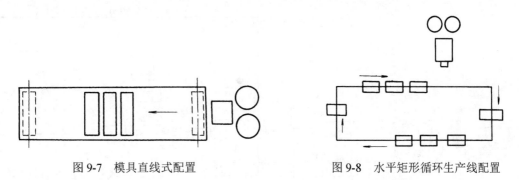

图 9-7　模具直线式配置

图 9-8　水平矩形循环生产线配置

针对这类生产线配置方式存在占地面积大、更换模具需全线停机的缺点，Cannon 公司推出了立体循环线以解决占地面积大的问题，同时，该设计在第一循环线上方增设了第二条循环线轨道（图 9-10），命名为 ROTOFLEX，它配备了电脑进行全线的中心操控，根据指令，将需要更换的模具由第二环行线上自动送入第一环形生产线上，进入生产状态。而要更换的模具则在电脑指令下，被安排送出第一环形线，安置在模具停泊处。该生产线具有占地面积小、更换模具不影响生产的特点。武汉中轻机械有限公司生产的环形模具传输生产线见图 9-11。

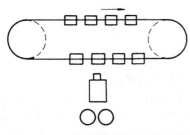

图 9-9　水平椭圆形循环生产线

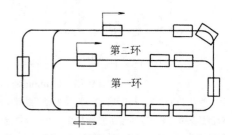

图 9-10　Cannon 公司 ROTOFLEX 立体循环生产线

图 9-11 武汉中轻机械有限公司生产的环形模具传输生产线

（7）模具环形转台生产线（图 9-12） 对于聚氨酯鞋、汽车方向盘、扶手等制品均已广泛采用了环形转台生产线配置，将模具安装在转台的载模器上，在转台的侧面配置一台发泡机，根据原料体系、制品浇注、熟化、脱模的循环时间设计转台直径和模具数量。同时还可以根据需要，在转台循环生产线上设置第二套主机，这是生产双色鞋底产品常采用的方式。图 9-13 为 Cannon 公司典型的环形转台生产线配置示意图。

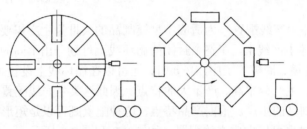

图 9-12 环形转台生产线配置

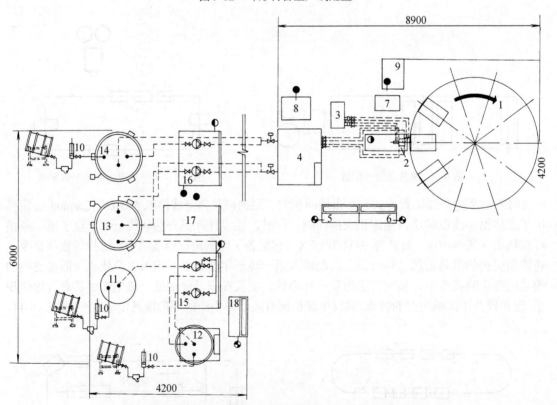

图 9-13 Cannon 公司典型的环形转台生产线配置

1—转台（型号 T10）；2—混合头；3—混合头液压装置；4—高压发泡机（型号 H40）；5—发泡机控制柜；6—转台控制柜；7—转台液压装置；8—冷却器（型号 HP2）；9—模具温度调控器；10—气动泵；11—储罐（400L）；12—发泡剂预混罐；13—聚醇储罐（1000L）；14—异氰酸酯储罐（1000L）；15—中间泵组；16—循环泵组；17—冷却器（5HP）；18—储存控制柜

图 9-13 为 Cannon 公司生产汽车方向盘的环形转台生产线设备配置的平面设计图。图 9-14 为 Krauss-Maffei 公司灌注热水器保温层的环形转台式生产线设备配置平面设计图。

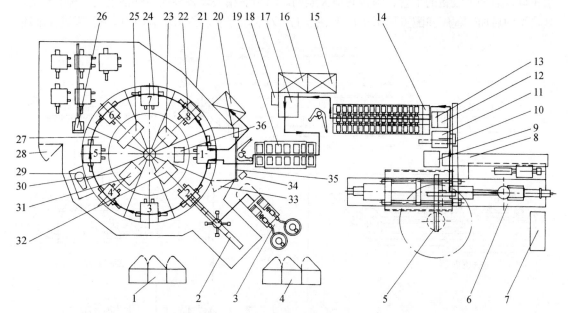

图 9-14　5～10L 热水器转盘生产线设备配置平面图（Krauss-Maffei 公司）

1—转台和操作控制柜；2—操作混合头；3—高压发泡机（RIM-Star40/20）；4—高压发泡机控制柜；

5—用于更换模具的悬臂式起重机；6—注射机制机（KM350—1650B）；7—注射机控制柜；8—转位运输带；

9—旋转模制热水器设备；10—操作设备；11—焊接机械；12—质监站；13—编码机械；14—堆放输送带；

15—含加热元件的输送箱；16—含热水器后壁的输送箱；17—装配工作台；18—压缩料箱；

19—带加热的输送带通道；20—收集最终热水器的装配箱；21—安全围栏；22—载模器；23—真空泵；

24—载模器；25—加热和冷却装置；26—更换载模器的吊臂（长度 3m，载重 500kg）；

27—八工位转台（直径 5.6m）；28—安全门；29—转台驱动器；30—环行线；

31—载模器控制盒；32—液压动力部件；33—安全门；34—操作控制台；

35—屏障灯；36—试验装置转台工位；1 位—脱模和装配嵌件；

2 位—灌注，发泡；3～7 位—熟化，反应；8 位—开模

（8）转筒式模具配置（图 9-15）　该配置方式是将模具固定在圆筒状的装置中，根据制品硬化循环时间设定转筒回转分度，使模具在转动至一定角度时进行浇注作业。该方法的最大优点是设备占地面积小，这种配置仅适用于小型制品的生产。

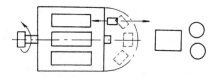

图 9-15　转筒式模具配置

第二节　泡沫体制品后加工程序

通常，聚氨酯泡沫体专业生产厂主要是指采用大型连续法生产块状泡沫体和间歇式生产块状泡沫体的专业工厂，由它们生产出来的大型泡沫体还必须进行必要的后加工、后处理等工序，才能成为市场需要的商品。因此，泡沫体的后加工、后处理等工序是聚氨酯泡沫制品生产的重要一环。

所谓聚氨酯泡沫体的后加工、后处理是指大型泡沫体切断后的储存熟化、切割、裁片、仿

形等工作程序（图 9-16），在大型连续化泡沫体生产的专业工厂中，均设有熟化、切割、裁片等加工工段，但仿形、黏合等则不一定在同一工厂或同一车间完成。由于产品形式多样，市场需求不同，后加工设备的配置、组合有很大差别，所用的相关设备种类与规格也是多种多样的。其典型的后加工程序和配置见图 9-16 和图 9-17。为叙述方便，这些内容将在以下各节进行叙述。

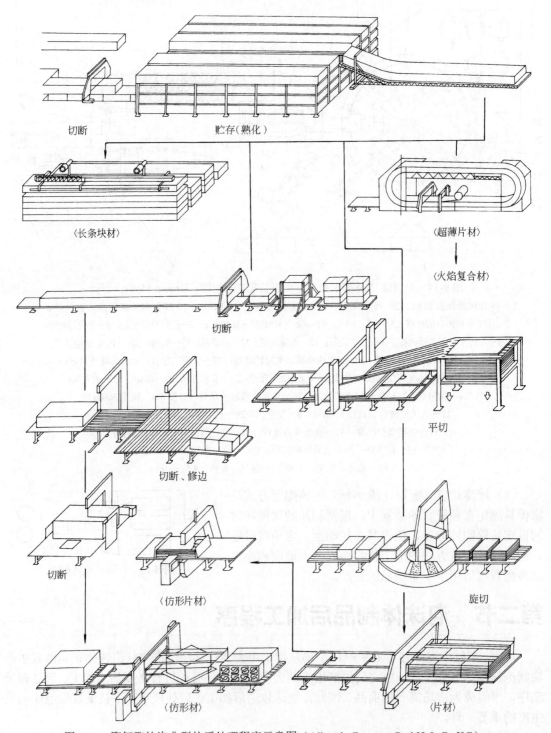

切断　　　　　贮存（熟化）

〈长条块材〉　　　　〈超薄片材〉

〈火焰复合材〉

切断

平切

切断、修边

切断　　〈仿形片材〉　　旋切

〈仿形材〉　　〈片材〉

图 9-16　聚氨酯软泡典型的后处理程序示意图（Albrecht Baumer GmbH & Co.KG）

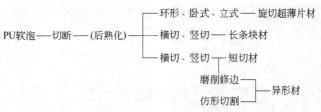

图 9-17 泡沫体后加工程序

第三节 | 聚氨酯泡沫体连续生产线上的切断设备 <<<

　　在连续化生产聚氨酯矩形泡沫体的生产线上，生产的泡沫体连续不断地从熟化段推出，在生产线后部配备有横断立式切割机，根据泡沫体产量和工艺要求将连续的矩形泡沫体切断，以利于泡沫体的运输、储存和后加工。在线横断立式切割机多为自动控制的自动行走式，它们在横断切割的过程中切割刀与泡沫体同步运行。它们装备了极薄且又极锋利的环形带状刀片，刀片在环形高速运行的状态下由上往下动作，刀架在设置的光电测速和电脑控制下，与泡沫体同步运动的同时将泡沫体切断。图 9-18 为弗肯克菲公司生产自动行走立式切断机，（b）图为 T4 型切割机，它使用的是一把震动刀，以合适的角度进行切割。根据在线切断机的机型和型号，通常来讲，它们的切断速度可以达到 10m/min，切断高度 1.5m，切断宽度 2.4m。例如，德国博伊默公司（Albrecht Baumer GmbH & Co.KG）的行走式切断机（ABLC 1 型，2 型）切断高度为 1250～1500mm，工作宽度为 2200～2400mm。对于大型专业化泡沫体生产厂，泡沫体的切割长度一般为 1～10m、1～60m 等几个规定的规格。当然，在国外也曾有长度 120m 泡沫体的报道，但这种情况较少。对于一般的中小型泡沫体生产厂，都是根据市场需求和客户的具体要求规定所生产泡沫体的长度标准。图 9-19 和图 9-20 是两家企业的切割机及其参数。

(a) T2 型

(b) T4 型

图 9-18　弗肯克菲（Fecken-Kirfel）工程机械有限公司生产的自动行走式立式切割机

图 9-19　软泡生产线在线切断机
（韩国金属工程有限公司）

（工作宽度 2400mm；工作高度 1300mm；线速度
最大 10m/min；厚度×宽度=0.5mm×30mm；
最小切割长度 1100mm；误差±2mm）

图 9-20　在线软泡皮带式切断机
（东莞市震丰机械制造有限公司）

（工作宽度 2400mm；工作高度 1300mm；刀架移动
速度 21m/min；输送带速度 0～7.2m/min；
总功率 6.6kW；设备质量 1800kg）

第四节　后熟化储运设备

　　后熟化储运设备主要用于年产量大于 1000t 氨酯泡沫体连续化生产的大型工厂。由于这些工厂泡沫体产量高，半成品体积庞大，且聚氨酯泡沫体具有一定的自燃危险性，必须设置专用运输装备、后熟化储存区以及防火和通风等相应的设备和系统。由生产线上切割下来的具有一定规格的泡沫体由输送线、输送桥等直接送入抽屉式储存箱或储存库，停放并进行后熟化，使泡沫体反应完全，性能提高、稳定。输送线基本由可以活动的传动辊或传动带组合、连接而成。输送桥和储存库的配合基本有 3 种类型：中等熟化储存库，可使用升降式输送桥〔图 9-21（a）〕；对于大型熟化储存库，则可以采用左右移动、上下升降式输送桥〔图 9-21（b）〕；或者是采用左右转动、上下升降式输送桥〔图 9-21（c）〕。切断后的泡沫块储存在储存室的专用存放架上。

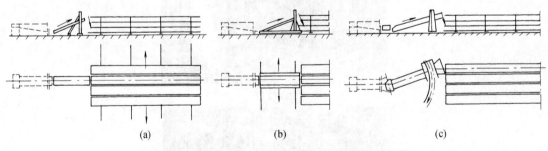

(a)　　　　　　　　　　(b)　　　　　　　　　　(c)

图 9-21　德国 Baumer 公司推出的 3 种输送桥示意图

　　在输送线上，当泡沫体需要改变方向时，可采用十字转台或一些导向轨等装置（图 9-22）。有时也可以使用装有专用夹具的起重设备（图 9-23，图 9-24）。泡沫体经过称重（图 9-25），做好标记后送入熟化储藏室（图 9-26）。熟化储藏室多半是通风极其良好的建筑物，设有多处温度检测、预警及灭火装置。熟化储藏室要根据泡沫体熟化的程度严格分区，对于仍处于反应放热阶段的泡沫体，必须置于极其良好的通风之处和良好的监控之下。对于已熟化完全的泡沫体则可送入后加工区。

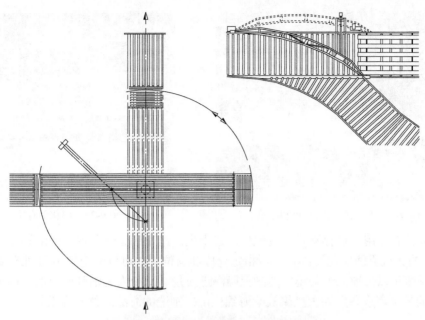

图 9-22 泡沫体输送线的转向台和导向轨

图 9-23 长泡沫体的调运设备

图 9-24 韩国金属工程有限公司（Metal Engineering Co.，Ltd.）50m 长泡沫体的吊运设备
（工作宽度 2400mm；工作高度 1300mm；块泡长度 50m，60m；最大运行速度 14.5m/min；
起吊速度 6.5m/min；加持速度 6.8m/min；块泡质量最大 8t；控制方式为无线遥控）

图 9-25　输送线上的称重和印刷　　　　　　　　图 9-26　熟化储存室

　　熟化立体仓库用于储存刚刚由发泡生产线上生产出来的、尚未完全熟化的海绵，通过配套的 PLC 与人机界面实现海绵输入至指定仓库和仓位，并可以从仓位中顺利地移动出来。同时，该系统可以加速海绵降温，达到保障海绵质量、减少人力消耗的目的。图 9-27 和图 9-28 显示的是国产设备厂为大型聚氨酯海绵生产厂制造的海绵立体储存系统。

图 9-27　HSCK-2400 海绵立体仓库（东莞市恒生机械制造公司）

图 9-28　CNCHK-11 海绵立体储存系统（南通恒康数控机械有限公司）

第五节　垂直式切割机械

　　垂直切割机械主要是将已熟化好的大块泡沫体，按照市场需求做进一步分段切割，切除侧边。垂直切割机基本由可放置泡沫块的工作台、带有环形锯刀高速运转的刀架、防护挡板及控制系统等组成。根据机构运行情况，可分为刀架固定、工作台移动和工作台固定、刀架移动两种方式。前者设备价格较低，采用人工操作方式工作，放置泡沫块的工作台可沿着导轨作前后和左右滑动，移动位置多采用标尺装置。该类设备操作简单、方便，但设备占地面积较大（图9-29）。后者是将泡沫体放置在固定的工作台面上，切割刀架由电机控制作左右移动，完成对泡沫体的切割作业。切割尺寸通常使用标尺、靠板和电脑进行精确控制。该类设备工作效率高，占地面积要比移动工作台式切割机减少约50%（图9-30）。大的聚氨酯长形泡沫体的切边可使用 V116 型垂直切边机（Fecken-Kirfel 公司）。

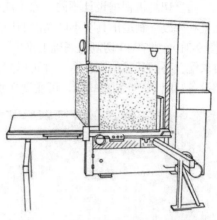

图 9-29 工作底板滑动的垂直切割机
（Fecken-Kirfel 公司）

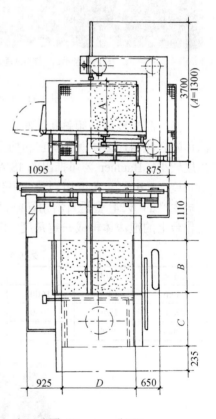

图 9-30 工作台固定、刀架移动的垂直切割机（IS/M）和尺寸图（Baumer 公司）

泡沫块高度 A/mm	500	1000	1300	1500	1600
泡沫块宽度 B/mm	1250	1600	2200	2500	
预留宽度 C/mm	1250	1600	2200	2500	
泡沫块长度 D/mm	2080	2580	3080		

　　垂直切割机根据设计不同，除了能完成切断、修切侧边等功能外，可根据产品要求做适当配置和修改，制造出具有不同功能的切割机机型。德国 Baumer 公司制造了 IS 系列垂直切割机（图 9-31），并在 IS 切割机基础上推出了全自动垂直切割机 IS/M（图 9-30），同时可以根据用户要求配置不同尺寸的工作台，并可以配置能调节角度的切割臂，使切刀能进行倾斜运动，当这类设备装配 PC 控制系统后，可实现切割的全自动化，加工程序更加简单，切割尺寸更加精确。

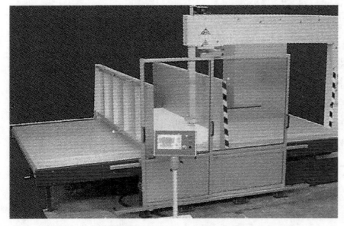 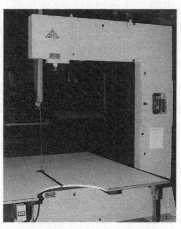

(a) IS-L 型手动工作台式垂直切割机　　　　(b) IS-3 小型垂直切割机（台面深度 1.5m；
宽度 2.0m；切割高度 1.0m）

图 9-31　Baumer 公司制造的 IS 系列垂直切割机

　　当产品需要切割倾斜断面时，过去的切割机工作台面可以一边上升，使工作台面上的泡沫体随之倾斜，这样就会使它和切刀形成一定角度，即可进行一定角度的切割，但其操作的角度较小。Baumer 公司推出的 IS/A 切割机（图 9-32），其整个刀臂支架可做左右调节，调节角度高达 65°，角度切割功能更强，相关技术参数见表 9-1。德国弗肯克菲（Fecken-Kirfel）公司生产的 V24 型垂直斜角切割机则是调节整个刀架，做前后倾斜，使带刀与水平配置在工作台上的泡沫体构成一定角度，其左方最大斜角为 60°。右方最大斜角为 70°（图 9-33）。

表 9-1　IS/A 系列角度切割机技术参数

A/mm	1300			调整角度	0°	15°	30°	45°	60°	65°
B/mm	1250	1600	2200	切割高度/mm	1300	1230	1075	845	560	450
C/mm	1250	1600	2200							
D/mm	2200	2500								

(a) 外形

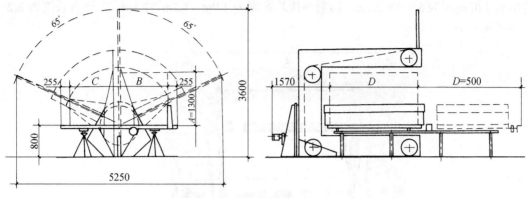

(b) 尺寸示意

图 9-32　Baumer 公司制造的角度切割机（IS/A 系列）

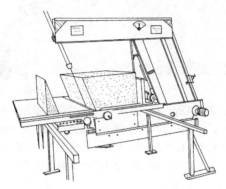

图 9-33　V24 型垂直斜角切割机

第六节　水平式切割机械

要将泡沫体分割成一定厚度的片材、板材，需要使用水平式切割机。它与垂直切割机的主要区别在于它的带状环形切刀的进刀方向，精确调控水平状态的带锯刀的高度，即可在高速运行下对泡沫体进行切割，完成设定厚度泡沫体的分离。为确保泡沫体在切割的过程中不发生位移，通常要在工作台或传送带下配置数个真空吸盘等防止泡沫体滑动的装置；在工作台或传送带上涂覆黏性金刚砂等，对防止重量不大的泡沫体的滑动也是有效的方法。目前，水平式切割机的种类很多，根据刀架和工作台相对运动状态，大致可分为可滑动的长方形台面和可旋转的圆形台面。

图 9-34 为美国 Edge-Sweets 公司生产的传送带式水平切割机，置于传动带上的泡沫体随传动带运动被水平切割，切割速度达 74m/min。为确保切割的精确性，带刀导向板提供了高的张力，一般标准机型的张力大于 5000 lbf（22.24kN），针对不同种类和密度的泡沫体，某些机型提供的张力高达 20000 lbf（88.964kN）。

德国 Baumer 公司制造的水平切割机是将泡沫体放置在可前后运动的工作台上，使用测量装置调节带刀的高度，使其在设定的高度上做高速水平运动，随着工作台前进，泡沫块被切割，每切割一层，控制装置会发出指令，工作台或输送带会返回原处，带刀即自动下降到第二高度，并进行第二层切割作业。该类设备使用大宽度的单面带刀（如 30mm），可调节的切割速度范围为 5～50m/min，切割泡沫块高度为 1.0m、1.3m、1.5m，工作台长度为 2.2～6.2m（图 9-35）。

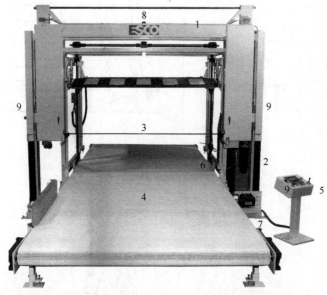

图 9-34　美国 Edge-Sweets 公司生产的传送带式水平切割机

1—高速独立的上盖；2—防尘罩；3—为了精确切割，可提供一定张力，并涂覆了特氟龙刀的导向板；
4—高速传动带；5—控制传动带和切割速度的控制台；6—监测块泡位置的电子眼；7—脚踏控制器；
8—工作时闪烁的安全灯；9—紧急停车按钮

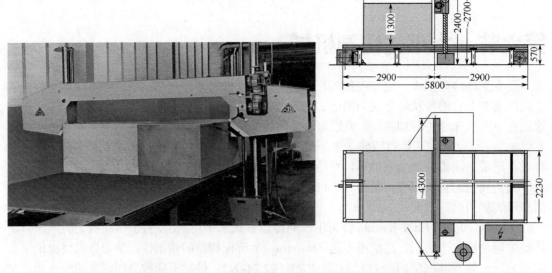

图 9-35　德国 Baumer 公司制造的水平切割机及其尺寸（型号 BSL-102）

　　在这类设备中，对于高密度聚氨酯泡沫体、慢回弹泡沫体、再生泡沫以及类似材料的水平切割，一般要和堆垛装备相配合，即使用单一的水平切割设备。每次切割下来的片材，要及时移至堆垛装备上，然后才能进行第二次切割。对于密度较低的泡沫体可使用切割和堆垛一起的切割机，如 Fecken-Kirfel 公司 W 型或 H 型水平切割机（图 9-36）。

（a）H32 型自动水平切割机

（工作宽度 2200mm；输送带长度 5000mm；带刀规格
60mm×0.6mm；切割速度 4～40m/min）

（b）W21 型水平切割机

（工作宽度 2200mm；工作台长度 2200mm；泡沫体高度
1300mm；堆垛高度 1600mm；带刀规格 30mm×0.45 mm；
切割速度 7～70m/min）

图 9-36　Fecken-Kirfel 公司制造的水平切割机

对于目前需求量较大的弹性泡沫薄板生产的水平切割设备中，应用最多的是圆盘式水平切割机。该类设备占地面积不大，且生产效率很高，其结构形式多样，但基本可分为以下两种。

一种是将泡沫体安置在固定的圆盘式工作台上，切割头以工作台中心为轴心做水平式旋转运动，切割刀的水平旋转轨迹呈螺旋状逐渐下降，也可以呈水平旋转切割，完成一周切割后，刀具再降至第二高度进行切割。德国 Fecken-Kirfel 公司生产的 S1 型旋片机就是这类设备的典型产品［图 9-37（a）］。

第二种是圆盘工作台旋转，刀具固定在设定高度，水平切割旋转运动的泡沫体，每次旋转以后，切割刀具按预先设定的切割厚度向下移动一定距离，进行下一层切割。德国 Fecken-Kirfel 公司推出的 S24 型旋片机是这种类型切割机的代表［图 9-37（b）］，该机型工作宽度为 2600mm（另一种机型 S22 的工作宽度为 2200mm）。

(a) S1 型旋片机

(b) S24 型旋片机

图 9-37　Fecken-Kirfel 公司生产的旋片机

圆盘式水平切割机的圆盘一般都比较大，直径大多在 5～10m 之间；泡沫块高度通常小于 1.5m。根据泡沫体的品种、密度不同，其切割速度可达 75～95m/min。

为适应高速切割及自动堆垛需要，不仅在极薄且十分锋利的刀片上涂覆特氟龙（Teflon），以保持刀片锋利、爽滑，同时还在刀片上装配了护刀肩和减少运动阻力的支撑垫肩（图 9-38）。

刀片的运动速度极高，通常为 10～14m/s，根据泡沫体品种和密度的不同，进刀角度可在 0°～6°间调节，切割厚度为 0.5～45mm。

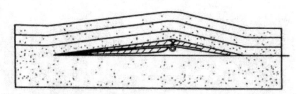

图 9-38　带有支撑垫肩的水平切割刀及示意图

第七节　薄片卷材成型机械

为适应制鞋、纺织等工业对聚氨酯软质超薄泡沫片材的需要，相继开发了相应的超薄片材加工装备。

使用方形断面聚氨酯泡沫块为基础材料，首先在镗孔机上进行泡沫体中心镗孔、插轴，将方形断面的泡沫体切除边棱，使其成为圆柱体，然后进行旋片作业。当然，将方形断面的泡沫体切成圆断面（图 9-39），废边损失率将会达到 30%左右，成本较高。目前国内大多采用箱式发泡制备圆断面泡沫体，或采用垂直发泡工艺制备圆断面泡沫体，以有效地提高产品的利用率，大幅降低生产成本。图 9-40 为 Fecken-Kirfel 公司生产的 R17 型镗孔插轴机，其镗孔直径为 75mm、120mm、150mm，镗孔长度为 2000mm、2400mm、3200mm、4000mm、4800mm、5200mm，泡沫块直径为 1500mm，矩形块刃口长度最大为 1100mm。

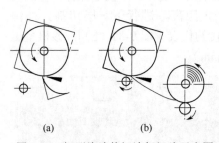

图 9-39　矩形泡沫体切边机切片示意图　　　图 9-40　Fecken-Kirfel 公司生产的 R17 型镗孔插轴机

图 9-41 为 Fecken-Kirfel 公司生产的剥片机，其型号为 R11/88。工作长度与 R17 型镗孔插孔机配套，为 2000～5200mm，共 6 挡；泡沫体直径为 1500mm，最大 2000mm；泡沫体最大质量 1500kg；片材厚度 0.5～20mm；旋片生产速度 13～130m/min。

图 9-42 为德国 Baumer 公司生产的 SMW 型剥片机，切割机是一条宽度为 80mm 的无缝带刀环绕着一个直径为 650mm 的盘形刀轮运行，铸件刀梁由涂覆特氟龙涂料且具有极抗磨损的特种钢制成，切割进度由伺服电机进行电动调节，切削厚度通过控制器调节，其切削厚度范围可以从 0.5mm 到 30mm 进行预选，根据泡沫体的品种和密度，切削速度可以在 1～150m/min 之间进行，切割下来的薄片由可调节卷绕速度的卷绕装置均匀地卷起来，以做下一步再加工。

国内将这类设备称为海绵圆切机，工作原理和国外设备基本相同，它与打孔机配合使用，加工出来的无限长的海绵薄片通过自动收卷装置计码收卷成聚氨酯海绵薄片成品卷，以便使它们再和无纺布、纤维针织品作进一步黏合处理。国内生产此类设备的厂家很多，在此仅以东莞市艾立克机械制造有限公司的生产的 ECMT-123 型自动海绵圆切机为例作简单介绍（图 9-43）。其基本性能：切割海绵尺寸 ϕ2000mm×2150mm；切割速度 0～50mm/min（可调）；卷料速度 0～50m/min（可调）；切割带刀尺寸（$L×W×T$）9160mm×30mm×0.45mm；切割厚度范围 2～25mm；切割厚度设置可手动或更换厚度齿轮；控制方式为电动控制；设备总功率 4.87kW；设备质量 2000kg；设备尺寸（$L×W×T$）4800mm×1750mm×1700mm。

图 9-41　Fecken-Kirfel 公司生产的 R11/88 型剥片机　　图 9-42　德国 Baumer 公司生产的 SMW 型剥片机

　　制备聚氨酯薄片材料的第二种方式是直接使用长的泡沫条或大块为基本原料，使用由一部水平切割机和相应的传动带及卷绕机构成的生产线（图 9-44）进行切割。在 Fecken-Kirfel 公司生产的 W22 型水平剖片机的前后配备适当的输送带，后面的输送带再与 A2 卷绕机相连形成一条薄片材料的生产线。使用长度 5～60m 的泡沫块作为切割原料进行切割，剖切下来的薄片，在卷绕前，前后两张薄片的收尾进行黏合并焊接在一起，进入卷绕机形成 1.5m 直径的薄片卷材。

图 9-43　东莞市艾立克机械制造有限公司生产的　　　　图 9-44　利用长的大块泡沫制备泡沫薄片
　　　　ECMT-123 型自动海绵圆切机

　　制备聚氨酯薄片材料的第三种方法，是使用大型的连续超薄片材切割装备——立体环形切割机，图 9-45 为其设备示意图。图 9-46 为 Baumer 公司生产的 BSV-E(T)型水平环形切割机，其基本技术参数列于表 9-2 中。图 9-47 为我国东莞市恒生机械制造有限公司生产的立体环形薄片切割机组，其技术参数列于表 9-3 中。

　　使用这种装置，首先要将长达 100m 甚至 120m 的矩形断面泡沫体首尾粘接在一起，形成一个巨大的无缝的环形圈，然后装配在这种环形切割机上，在设备内环中装配有水平切割机和片材卷绕机。环形传送带由多个伺服电机驱动控制，运行速度可在 100～350m/min 之间调节，泡沫体在输送装置的驱动下，通过与之呈一定角度配置的横向水平运动的刀片时，即可切出设定厚度的、连续的片材，切下来的薄片材经自动卷绕机，收卷成一定规格、一定长度的卷材。根据要求，片材厚度在 0.5～30mm。这种装置体积庞大、占地面积大、投资费用大，但其自动化程度高、生产效率高、材料利用率高，主要装备于大型专业公司。

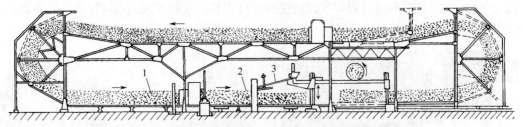

图 9-45　德国 Baumer 公司生产的水平环形切割机示意图

1—长条形泡沫体；2—薄片切割装置；3—泡沫薄片材的卷取

图 9-46　Baumer 公司生产的 BSV-E(T)型水平环形切割机

表 9-2　**Baumer 公司水平环形切割机基本技术性能**

项　　目	BSV-EC	BSV-ET	BSV-R
切削高度/mm	1300	1500	600
工作台 (宽×长)/mm	2300×32000	2500×60000	2300×20000
最大切割速度/(m/min)	150	350	100
基本配置	压力滚筒装置、磨刀条装置、减压吸尘装置		

图 9-47　HSHQ-2200CNC 数控环形薄片切割机（东莞市恒生机械制造公司）

表 9-3 HSHQ-2200CN 数控环形薄片切割机基本技术参数

项　　目	参　　数	项　　目	参　　数
切割海绵尺寸 ($L×W×H$)/m	($49\sim100$) × ($1\sim2.2$) ×1.3	可收卷海绵宽度/m	$1\sim2.3$
切割精度	$2\sim10mm$: ±0.1~0.2mm $11\sim30mm$: ±0.2mm	可收卷海绵直径/m	1.8
水平切割最大切割尺寸 ($W×H×T$)/mm	2200×1300×(2~30)	修边装置	修边长度 1~2.3m 修边高度 1.3m
切割速度/(m/min)	0~120	总功率/kW	50
海绵密度范围/(kg/m³)	6~40	设备尺寸 ($L×W×H$)/m	($28\sim55$) ×6.2×8
定位夹绵宽度/m	1~2.3	输送方式	采用带式+滚筒输送海绵块料

第八节　仿形切割机械

　　仿形切割主要用于二维坐标异型产品，以往是将要加工的产品形状、尺寸绘制出图纸，依靠光电读出装置进行扫描，控制切割刀具依照 *x-y* 坐标运动，实现泡沫体的异型切割（见图 9-48）。图 9-49 就是 Fecken-Kirfel 公司依此原理制备的 C21 型 Sensomatic 仿形切割机，这种仿形机械需要把要切的形状用墨汁画在以塑料覆盖的一张薄膜或白纸上，用一部光电读出装置在图纸上扫描，操控切割刀作业。

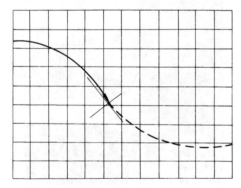

图 9-48　狭窄的切割刀按照 *x-y* 坐标指令运动　　图 9-49　Fecken-Kirfel 公司制备的 C21 型 Sensomatic 仿形切割机

　　现在的仿形切割均采用计算机数字控制（CNC）设计和控制，不仅设计速度快，而且切割精确，已逐渐成为仿形切割机必需的控制装备（图 9-50）。CNC 技术的进步，使仿形工艺有了突飞猛进的发展，二维仿形已很快发展成三维仿形。德国 Baumer 公司开发出自己的编程软件 WinCAP，用于设计、生产、管理所有仿形切割机的切割程序。WinCAP 具有许多特点和功能：它有大量 CAD 编辑器、图形数码化器具，拥有常用的产品轮廓、形状的表格，导入和导出 DXF、SLD、S3D、FDM 格式图纸等。使用者可以用自动或手动方式绘制切割路径，并可通过预览窗口对生产过程实时进行监控（图 9-51）。程序软件可以对切割的产品自动进行切割时间、数量、余料计算，利用"多区编程"、"指示模式"等功能进行形状合理的排列，由 WinCAP 提供多种编程可能，如自动路由、Common-Line 功能、变量程序、变量缩放、快速程序、程序编辑器、切削方向显示、刀具翻转点显示、切削线优化等，并自动传输至切割生产线进行作业。图 9-52 为 Baumer 公司的垂直仿形切割机，型号 OFS-VT

CNC，其标准机型技术参数如下：切割高度 1300mm，工作宽度 2200mm，工作长度 2400mm，最大切割速度 80m/min（依据材料）。配置：上部刀具旋转驱动高度全自动；块体棱角测定；配有冷却装置和磨削装置；刀速可任意调节。设备尺寸：5958mm×5158mm。工作台：2610mm×5158mm。

图 9-50　Fecken-Kirfel 公司制备的 CNC 操控的 C51 型仿形切割机

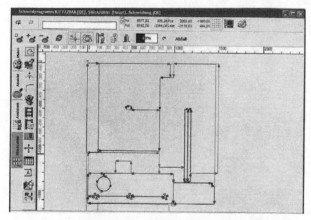

图 9-51　利用 CNC 技术控制设备进行仿形切割

图 9-52　Baumer 公司推出的 OFS-VT CNC 型垂直仿形切割机

第九节　压缩变形切割设备

　　压缩变形切割技术是利用聚氨酯软质泡沫体压缩变形的特点，采用型模或型辊结合切割作业的工艺技术。压缩变形切割的基本原理见图 9-53。聚氨酯软质泡沫体在型辊或型模的压缩下产生变形（图 9-54 和图 9-55），此时进行切割，当去除外界压力，泡沫体恢复后，将会产生与型模和型辊相应的外形。根据市场需求，人们开发出各种各样的压型工具，基本有型模和型辊两类。型辊的滚花切割产品主要用于包装和床垫行业。压型辊均采用优质钢制成，根据市场需求开出表面具有各种花型的产品。图 9-56 为 Baumer 公司生产的型辊切割机，图 9-57 为部分型辊及其相应的花型。

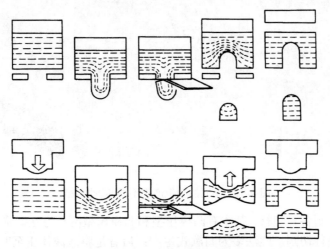

图 9-53 压型变形切割基本原理

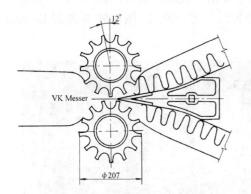

图 9-54 型辊压型切割示意图

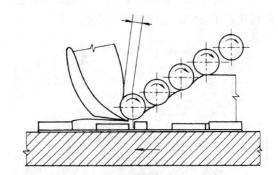

图 9-55 型模压型切割示意图

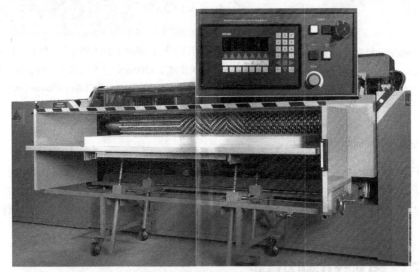

图 9-56 Baumer 公司制造的 EP/ES 系列滚花切割机

（工作宽度 1200mm、1600mm、2200mm，可调辊速 15～70mm/min，工作速度 2～30m/min，

上辊可调 100mm，下辊可调 120 mm，带刀动力 7.5kW）

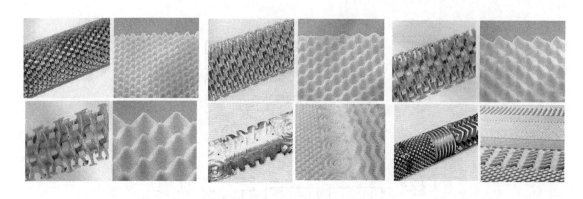

图 9-57 不同的型辊产生不同的表面效果

使用型模切割制备异型材，基本有凸模压型和凹模压型两种方法。前者是使用凸型模压缩泡沫体，然后进行切割，此法多为间歇式生产；后者是将泡沫体压至凹形模中进行切割，由此产生不同形状的表面效果。由型模制备的产品主要用于包装、家具、座椅、医疗矫形等行业。在实际成型操作中，根据工艺要求，这两类型模经常配合使用。图 9-58 是德国 Baumer 公司生产的 FSM 系列仿形切割机。

图 9-58　Baumer 公司生产的 FSM 系列仿形切割机
［带刀宽度 20mm；切割速度 10m/min（可调）；切割长度
1000mm（每分钟 2 个工作循环）；台面最大可调速度
10m/min（返回速度：20m/min）；泡沫体最大高度
500mm；台面尺寸（宽×长）1000mm×1000mm
/2000mm 或 1200mm×1200mm/2400mm］

图 9-59　Fecken-Kirfel 公司生产的 D5 型压型切割机
（工作宽度 1200mm；工作台长度 1200mm/2200mm；泡沫
体厚度 8～250mm；带刀规格 60mm×1mm；带刀速度
5～15m/min；带刀返回速度 22m/min）

图 9-59 为 Fecken-Kirfel 公司生产的 D5 型压型切割机，它是由树脂板制备的模板，安装在可滑动的工作平台上，一个压力辊安装在泡沫体压进模板的间隙中，在平台移动的过程中持续高速运转的带刀将型模上方被压缩的泡沫体进行切割，生成异型泡沫体产品。

第十节　角槽切割机械

使用不同的切割刀，刀锋角度和运动方向及其组合，可以在泡沫体表面上进行不同尺寸的角槽切割。该类设备使用双刃刀具进行双刀往复运动进行切割，每个切割刀的角度都可以任意调节。根据机型不同，开槽角度范围可在 75°～105°之间调节（图 9-60），生产最大角槽深度为 150mm（V73）。

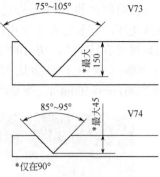

图 9-60 角槽切割角度示意图

图 9-61 是德国 Baumer 公司生产的两款角槽切割机，它们所用切割刀具不同。V73 型使用的是两个凿刀（chisel）装置；而 V74 型使用的是两个圆形刀，分别安装在两个由电机驱动的刀架上，两只圆盘切刀的进刀速度和角度都可以进行调节，其夹角可调的最大角度为 90°，角槽深度要比 V73 型小一些，一般小于 45°。

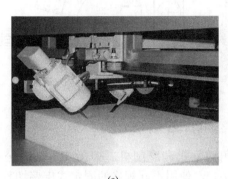
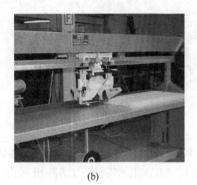

(a)　　　　　　　　　　(b)

图 9-61 Baumer 公司 V73 型（a）和 V74 型（b）角槽切割机

第十一节 异型修边机械

要将直边泡沫体边缘改变成异型边缘需使用异型修边机。若将直边改为斜边，可使用德国 Baumer 公司生产的 AS 系列小型切边机。

AS1 型修边机（图 9-62）是修正角度和形切可同时进行的机械，体积较小，其尺寸为 1100mm×1100mm，90°角时可通过高度为 450mm。它配备了两个直径为 300mm 的切刀圆盘，可反向旋转 15°，通过导轮和手轮调节操作，能十分方便地进行形切作业。另外该设备下部装有行走脚轮，可以很方便地移动至不同的场所工作。

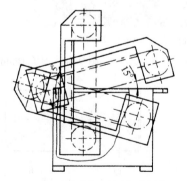

(a)AS1 型修边机外形　　　(b)AS1 型修边机切割动作示意图

图 9-62 德国 Baumer 公司的 AS1 型修边机

该公司生产的 AS3 型修边机（图 9-63）体积较大，适宜切割长达 2200mm 和 2700mm 的泡沫块坯，它装配有 3 个用橡胶材料涂覆的直径为 230mm 的刀轮，刀具由电机驱动。切割刀装置可旋转 15°，切刀的位置、形态均可通过显示仪表进行观察及精确调节，设备上装有两个帽形盘用于研磨切刀，刀具后装有副板和上停、调节手柄等。工作台尺寸 2200(2700)mm×500mm，在 90°时可通过泡沫体的最大高度为 500mm。

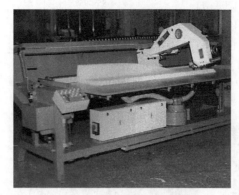
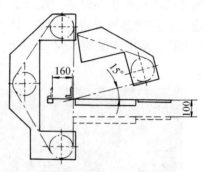

(a) AS3 型修边机外形 　　　　　　　　(b) AS3 型切割机切割动作示意图

图 9-63　德国 Baumer 公司的 AS3 型异形切割机

对于圆形、弧形边角制品则可使用圆角切割机和磨削机。德国 Baumer 公司推出的 DK160/200、MDKⅡ型圆形边切割机（图 9-64），使用不同规格的固定式震荡切割刀具，可以进行不同直径的半圆形边缘泡沫体的加工。DK160 型切割机的切割高度为 45～165mm，DK200 型切割机的切割高度为 140～200mm，工作台尺寸为 1000mm×800mm。MDKⅡ型切割机的切割高度为 70～180mm，工作台尺寸为 1000mm×800mm，切割的断面显示在图 9-65 中。

(a) 半径切割机 DK160/200 　　　　　　　(b) 半径切割机 MDKⅡ切割机

图 9-64　德国 Baumer 公司的圆形边切割机

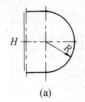
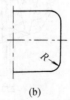

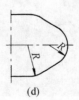

(a)　　　　　　(b)　　　　　　(c)　　　　　　(d)

图 9-65　半径切割断面示意图

对于非规则圆弧形边缘的制备，还可以采用 Baumer 公司生产的 SF 系列泡沫海绵磨削机（图 9-66）。它们主要采用机械磨削的方法对泡沫体块坯进行处理，装配有电动机驱动的砂轮组，在电机的驱动下对泡沫体进行磨削。但要注意，在操作区必须配备强力吸气回收装置，以减少磨削下来的粉末对操作者造成损伤，同时磨削下来的粉末还可以回收利用。机械磨削的基本原理如图 9-67 所示。海绵泡沫块典型产品如图 9-68 所示。

图 9-66　SF 系列海绵泡沫块磨削机

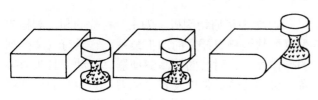

图 9-67　机械磨削基本原理示意图

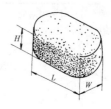

图 9-68　海绵泡沫块产品尺寸

L=90～200mm；W=90～140mm；H=40～80mm

第十二节　垫肩专用切割机

垫肩是西服、大衣等外套必不可少的部件，使用聚氨酯软质泡沫体制成的垫肩规整、舒适、成形性好、不变形，很受服装加工业的欢迎。为适应市场需求，专门设计开发了垫肩切割机。这种设备一般由电气控制切割刀具、震荡驱动器、切刀张力调节器、输送带等部件组成。并配备精密的电气控制系统，确保切割的垫肩具有高度精确的重复性。为确保操作的安全性，设备还配置了自动停车的安全装置。图 9-69 显示的是 Baumer 公司的两款垫肩切割机。

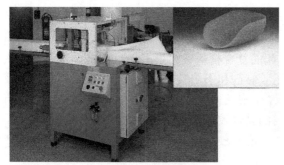
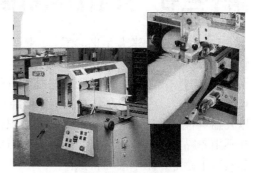

(a) SP91 型垫肩切割机　　　　　　　　　　(b) SP72 型垫肩切割机

图 9-69　Baumer 公司的垫肩切割机

SP91 型垫肩切割机装备有耐磨震荡装置——气动控制张力器，以使切割刀的张力始终保持恒定。使用气动控制的输送带将矩形断面泡沫条送入进行切割。其侧向导向片和输送带主要通过手轮进行调节。垫肩的断面和尺寸见图 9-70 和表 9-4。

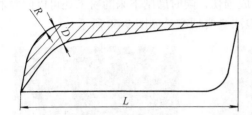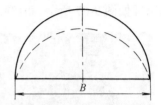

图 9-70　Baumer 公司 SP91 型垫肩切割机生产的垫肩尺寸图

表 9-4　生产垫肩尺寸表

项目	垫肩长度 L/mm	垫肩宽度 B/mm	垫肩厚度 D/mm	圆弧 R
数值	120～180	90～130	6～25	40/50
备注	使用两个不同的导向类型	连续调节	根据垫肩长度变化	根据客户要求

注：本表中的符号与图 9-70 对应。

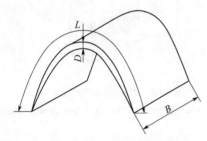

图 9-71　SP72 垫肩切割机切割的垫肩尺寸

型号	SP I	SP II	SPIII
L	120～170	150～200	180～230
B	90～200	90～200	90～200
D	5～40	5～40	5～40

SP72 型垫肩切割机是为生产对称的和不对称的聚氨酯软泡垫肩开发的加工装备。它具有气动控制的操作体系、耐磨的震荡驱动器、气动刀具张力装置、可调式传送带以及若出现刀具断裂时的自动停机的安全装置，该设备是将泡沫条坯放在输送带上输入进行切割，根据泡沫体质量和垫肩的厚度，每小时产量为 800～1500 副。该机可切割的 3 种垫肩及其尺寸见图 9-71。

另外，该公司生产的 SP86 型垫肩切割机是专为切割大尺寸垫肩（$D \geqslant 50$mm，$B \geqslant 200$mm）而设计的。配有可互换的导向模型，可测定垫肩模型形状装置和电气控制进刀系统以确保垫肩尺寸的精确性和重复性。根据泡沫体的质量和垫肩厚度，该机的生产能力为 500～1000 副/h。

第十三节　火焰复合机械

在纺织行业、建筑行业、汽车工业等行业中都需要大量软饰面复合材料，其中对聚氨酯软质 泡沫薄型片材与各种纤维织物黏合在一起的复合材料应用最多。目前将薄型聚氨酯软质泡沫体与织物复合在一起的方法基本有使用胶黏剂和不用胶黏剂两类。前者是将胶黏剂或点胶、或喷胶、或涂覆在基布上，然后经过压合，使之和其他材料复合，它主要存在环保问题及黏合性差的问题，尤其是对于大面积材料的黏合效果不易控制，且产品的柔软性较差。在不用胶黏剂的方法中，主要是采用火焰复合工艺。它不使用胶黏剂，无环保污染问题，产品具有手感好、耐水洗的特点。

火焰复合是利用火焰烘烤聚氨酯泡沫体表面，使其表面产生轻微熔融，并在此情况下将它和其他材料进行粘接复合，基本原理见图 9-72。图 9-73 为 Baumer 公司生产的火焰复合成型机，该设备复合速度为 7～70m/min，最大复合宽度 2200mm。

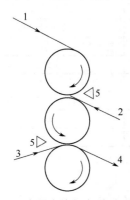

图 9-72 多层火焰复合原理示意图
1—泡沫薄片卷材（开孔型聚氨酯软质泡沫体）；
2—里衬织物；3—面料织物；4—层压复合织物；
5—喷射火焰

图 9-73 Baumer 公司生产的火焰复合成型机

在我国改革开放初期，聚氨酯火焰复合装备主要依靠进口，如挪威普拉玛（Plmma）公司的火焰复合机，其年生产能力约为 300 万平方米。该机由火焰喷射和轧辊两大部件及辅助导向辊、冷却辊、卷材原料辊和成品卷取辊等组成。在整个操作过程中，首先要注意控制火焰喷射的大小、方向，与空气的混合比以及它与泡沫体表面的距离等。通常控制火焰高度在 6～10cm 时，温度可达 800℃，距离泡沫体表面约为 2.5cm，且要求火焰在整个泡沫体宽度上均匀分布、燃烧，使泡沫体表面产生一定限度的熔融，以获得最佳粘接效果。在轧辊方面，则要注意轧辊的间距要适当，既要保障复合操作顺利进行，又要确保能提供较大的压合力，以获得性能优异的产品。火焰复合通常使用热值较高的丙烷、城市煤气、天然气、石油液化气等燃料，但要考虑燃烧气体和聚氨酯泡沫体表面熔融产生废气的影响，在燃烧上方必须安装有效的排风装置。

我国在走过引进、消化吸收的过程后，许多厂家也已设计、生产自己的火焰复合机。如江苏无锡前洲鑫邦机械厂、扬州福达海绵机械公司、东莞市艾立克机械制造有限公司（产品技术参数见表 9-5），以及盐城的闳业、长兴、明和机械厂等。

表 9-5 东莞市艾立克机械制造有限公司 ECMT-144B 海绵火焰黏合机主要技术参数

项 目	参 数	项 目	参 数
生产能力/(m/min)	55	点火方式	手动点火枪
黏合宽度/mm	1800～2400	控制方式	电动控制；自动对边；自动收卷
黏合厚度范围/mm	2～10	设备总功率/kW	6
燃气类型	天然气	占地面积($L×W×H$)/mm	8000×3200×2400
发热滚筒尺寸/mm	1500×1830	设备质量/kg	3100

目前，对于海绵与纤维材料的黏合，除了采用火焰复合法外，还有使用胶黏剂、热压等方法进行黏合。热压法与火焰复合法相比，设备投资和技术要求等相对低得多。

东莞市恒生机械制造有限公司生产的海绵黏合机主要用于海绵、针织品等材料经上浆后与布加温加压贴合成为一体，再经过电热滚筒加热烘干后收卷为成品。东莞市艾立克机械制造有限公司生产的 ECMT-122 型海绵黏合机采用单槽胶水黏合方式，主要用于海绵与无纺布料、PVC 等材料的黏合，主要技术参数见表 9-6。

表 9-6 ECMT-122 型海绵黏合机技术参数

项　　目	参　　数	项　　目	参　　数
生产能力/（m/min）	55	胶轮尺寸/mm	219×1830
黏合宽度/mm	1500～1800	控制方式	电动控制；自动对边；自动收卷
黏合厚度/mm	2～30	发热管功率/kW	1.5×18
不锈钢电热管规格/mm	ϕ60×1690	设备总功率/kW	32
发热管控制方式	双电机驱动控制	占地面积（$L×W×H$）/mm	6800×2200×2600
发热滚筒尺寸/mm	ϕ1500×1830	设备质量/kg	3500
胶水槽类型	单槽		

第十四节　泡沫体切割刀具

聚氨酯泡沫体后加工中，切割刀具是十分重要的备品部件，它们主要由专业的生产单位制造。根据切割方式、材料品种等不同，其规格型号也是多种多样的。基本有：各种形式的带状片刀（图 9-74）；单面、双面、四面刃、宽度和厚度不同的刃片刀；各种单双面的齿型刀具；切割异形断面的切割线以及形形色色的特种切割刀具。见图 9-75。

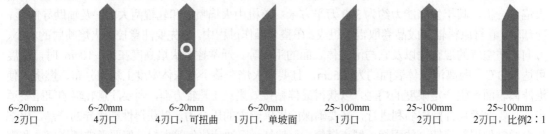

6～20mm	6～20mm	6～20mm	6～20mm	25～100mm	25～100mm	25～100mm
2刃口	4刃口	4刃口，可扭曲	1刃口，单坡面	1刃口	2刃口	2刃口，比例2∶1

图 9-74 不同形状的磨刃带刀（摘自德国 Baumer 公司资料）

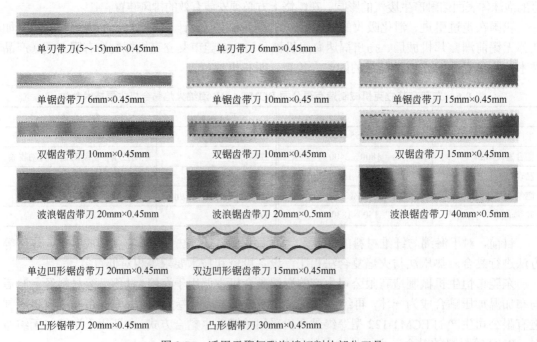

单刃带刀(5～15)mm×0.45mm　　单刃带刀 6mm×0.45mm

单锯齿带刀 6mm×0.45mm　　单锯齿带刀 10mm×0.45 mm　　单锯齿带刀 15mm×0.45mm

双锯齿带刀 10mm×0.45mm　　双锯齿带刀 10mm×0.45mm　　双锯齿带刀 15mm×0.45mm

波浪锯齿带刀 20mm×0.45mm　　波浪锯齿带刀 20mm×0.5mm　　波浪锯齿带刀 40mm×0.5mm

单边凹形锯齿带刀 20mm×0.45mm　　双边凹形锯齿带刀 15mm×0.45mm

凸形锯带刀 20mm×0.45mm　　凸形锯带刀 30mm×0.45mm

图 9-75 适用于聚氨酯海绵切割的部分刀具

过去，我国多采用进口专用的切割刀具，现在大多选用国产切割刀具，但高性能刀具仍采用进口特种钢带。目前，生产聚氨酯泡沫体切割刀具的生产厂较多。现仅以广东省东莞市五金刀具厂为例，就其聚氨酯泡沫体切割刀具的产品作一些介绍。

1. 环形带刀系列（图 9-76）

环形带刀系列主要用于各种密度泡沫体的切割加工，适用于长泡平切机、普通平切机、圆盘平切机、圆切机、切断机、立切机、压型机。部分常用环形带刀规格（长度、宽度、厚度）如下。

图 9-76　环形带刀系列

长度（mm）：4600，5800，6900，7500，8100，8380，8500，8940，9280，10000……

宽度（mm）：10，15，20，25，30，32，35，40，45，50……

厚度（mm）：0.45～0.50，0.45～0.56，0.45～0.60……

此外，还有扭面双刃带刀，用于泡沫体立切机往复快速切割的扭面双刃带刀的部分规格如下。

长度（mm）：8280，8500，9660，9750，9330，9960……

厚度×宽度（mm）：10×0.50，15×0.56，20×0.56，25×0.56……

2. 数控切割刀系列

数控切割刀系列可分为 3 种：数控带刀、数控颤动刀和仿形切割线刀。数控切割带刀有普通型和双扭型，有平口开刃刀型及普通齿形刀口型，见图 9-77。

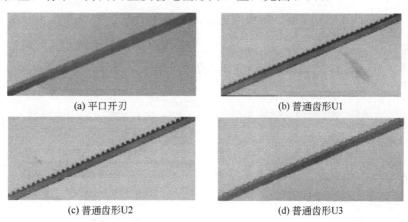

(a) 平口开刃　　　　　　　　　　(b) 普通齿形U1

(c) 普通齿形U2　　　　　　　　　(d) 普通齿形U3

图 9-77　数控带刀的刀口形状

部分普通型数控带刀规格如下。

长度：9940mm，11900mm，12850mm，13700mm，14070mm……

宽度（mm）×厚度（mm）×齿形：3×0.6×U1；3×0.6×U3；3×0.6；3.5×0.6；5×0.6……

部分双扭型数控带刀规格如下。

长度（mm）：12820，13050，13290，13355，14770。

宽度（mm）×厚度（mm）×齿形：3.5×0.6；3.5×0.6×U3

数控颤动刀长度不一，但宽度和厚度分别均为 3mm 和 0.6mm，长度如下。

长度：1400，1500，1600，2200，2300，2420，2500，2520，2600mm……齿形有多种，见图 9-78。

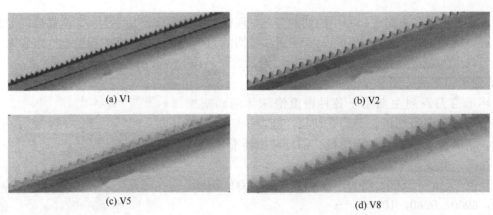

(a) V1　　　　　　　　　　　　　　　　(b) V2

(c) V5　　　　　　　　　　　　　　　　(d) V8

图 9-78　数控颤动刀齿型

仿形切割均使用线刀，基本有普通型、加锋型和交叉型 3 种类型（见图 9-79），其常用规格有（长度×直径×齿距）：6900mm×ϕ1.3mm×0.8mm；8000mm×ϕ1.3mm×0.8mm。

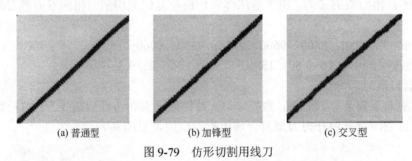

(a) 普通型　　　　　　　(b) 加锋型　　　　　　　(c) 交叉型

图 9-79　仿形切割用线刀

3. 环形带锯系列

该系列主要用于泡沫体的切断机、立切机等加工设备。基本齿形见图 9-80，部分常用带锯规格见表 9-7。

(a) 部分带锯齿形　　　　　　　　　　　　(b) 部分双边带锯齿形

图 9-80　环形带锯基本齿形

表 9-7　部分常用带锯规格

宽度/mm	厚度/mm	齿距模式	齿　形	齿尖模式
6	0.50			
10	0.56			
15	0.56～0.65	T3	直齿	常规开刃
20	0.56～0.60		斜齿	非平直开刃
25	0.56～0.60			
30	0.56～0.60			

部分双边齿形带锯规格如下：宽度为 10mm，18mm，20mm；厚度为 0.56mm；齿距为 T1.8mm，T2.5mm，T3mm.。

4. 波浪齿形带刀系列（图 9-81）

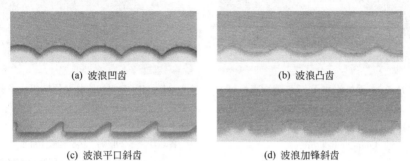

(a) 波浪凹齿　　　　　　　　　　　(b) 波浪凸齿

(c) 波浪平口斜齿　　　　　　　　　(d) 波浪加锋斜齿

图 9-81　波浪齿形带刀齿形

该系列齿形带刀长度可根据加工设备而定。宽度为 10mm，15mm，20mm，25mm，30mm；厚度基本为 0.50mm，0.56mm；齿距分别为 T10mm，T12mm，T15mm，T20mm。

为在加工设备运行中研磨刀具，可装配杯形砂轮（图 9-82）。部分常用规格（外径×高度×内径）：ϕ75mm×40mm×ϕ8mm，ϕ75mm×40mm×ϕ10mm，ϕ75mm×40mm×ϕ20mm，ϕ80mm×50mm×ϕ20mm。

图 9-82　刀具研磨用杯形砂轮

第十五节 　国产聚氨酯后加工设备节选

改革开放后，我国引进了大量聚氨酯生产设备及后加工设备。经过近几十年的发展，我国聚氨酯工业已获得举世瞩目的发展，不仅在原料生产、产品制备等方面取得了多个世界第一，同时，在聚氨酯设备的制造方面也取得了较大发展。在我国技术人员对国外设备消化、吸收、创新的基础上，经过长期的不懈努力，现在我们不但可以制造各种聚氨酯生产设备，而且也可以制造各种各样的后加工设备，尤其在沿海几个经济较发达的地区和聚氨酯生产比较集中的地区，许多企业都开展了这类设备的研发和制造生产业务，例如：广东的东莞市裕隆机械制造有限公司、东莞市汉威机械有限公司、东莞市宝鸿精密机械有限公司、东莞市恒生机械制造有限公司、东莞市伊瑞斯机械制造有限公司、东莞市震丰机械制造有限公司、佛山方元海绵机械有限公司、深圳奇龙海绵自控设备机械厂，浙江的温州市华敏聚氨酯设备有限公司，江苏的无锡裕达轻工机械厂、南通恒康海绵制品有限公司、南通牧野机械有限公司，山东的青岛新美海绵机械制造有限公司，河北香河县巨龙泡沫机械有限公司，等等。在此仅能选择以上各节未曾述及的几种设备做简单介绍，见图 9-83～图 9-100（涉及的企业名称均采用简称）。

图 9-83　ULJJ-50 海绵搬运夹具（东莞裕隆机械）

可夹泡棉长度 50m，宽度 1～2.3m；总功率 6kW；机械质量 5000kg；外形尺寸（L×W×H）4.6m×2.6m×1.7m

图 9-84　ULQD-2380 水平顶切机（东莞裕隆机械）

切割高度 2400mm，宽度 1200mm；刀带周长 9200mm；刀架升级速度 21m/min；输送带运动速度 0～8m/min；设备总功率 5.29kW；设备质量 1000kg；外形尺寸（L×W×H）1500mm×4550mm×3000mm

图 9-85　ULCD-2380A 生产线裁断机（东莞裕隆机械）

裁断宽度 2400mm，长度 1300mm；刀带周长 10940mm；刀架升降速度 21m/min；输送带运动速度 0～8m/min；设备总功率 8.69kW，总质量 2000kg；外形尺寸（L×W×H）6000mm×4550mm×4000mm

图 9-86　HRO-2150 路轨式平切机（东莞汉威机械）

切割泡棉尺寸（W×L）2150mm×3000mm；切割高度 1100mm；切割厚度 ≥2mm；刀带长度 8300mm；设备功率 6.99kW；全自动数字控制，刀带切割角度调节范围为 0°～5°

图 9-87　GHL1 全自动水平轮廓切割机（南通牧野机械）

切割泡沫长度×高度×宽度：50m×1.25m×2.2m；工作台面可 90°自动回转；切割精度 ±0.5mm；环形刀具尺寸：11000mm×（3～5）mm×0.6mm（张紧气压 5bar）；刀具线速度 15m/s；最大切割速度 30m/min；全自动电脑操作，自动编程，自动角度校正，最大回转工作台，绝对值控制系统；全自动搜索，上料，切断，旋转，异形切割，卸料

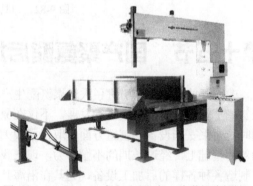

图 9-88　ULLQ-4LB 全自动直切机（东莞裕隆机械）

刀带长度 9635mm；刀带有效切割行程 2200mm；切割高度 1100mm；刀架运行速度 0～20m/min；外/内工作台尺寸（L×W）2240mm×2150/2240mm×2150mm；设备尺寸（L×W×H）：3700mm×5700mm×2900mm

图 9-89 BHYP 圆盘平切机（东莞宝鸿精机）

切割高度 1200mm；刀带长度 11000mm；切割厚度 2～120mm 功率 10.79kW；全自动数字控制旋转速度，切割角度可调 0°～5°

图 9-90 HSLQ-3L 泡棉三轮立切机（东莞恒生机械）

切割高度 400/600mm；挡板高度 200/300mm；内/外工作台尺寸（$W \times L$）1320×2290mm/1200×2290mm；刀带长度 5810/6100mm；设备功率 2.44kW；设备质量 1000kg；设备尺寸（$L \times W \times H$）4500mm×4000mm×2100mm

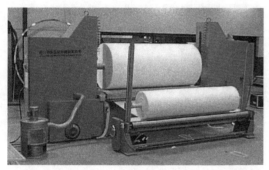

图 9-91 HCC-2150 泡沫园切机（东莞汉威机械）

切割泡沫体尺寸：L2150mm×ϕ2000mm；切割长度 2150mm；切割厚度 1.5～25mm；刀带长度 8940mm；设备功率 4.69kW

图 9-92 HSY-2000 压形切割机（东莞恒生机械）

最大压型宽度 2000mm；最大压型深度 30mm；压型辊转速 5～15r/min；刀带周长 8800mm；总功率 9.94kW；外形尺寸（$L \times W \times H$）4300mm×1350mm×1450mm

图 9-93 ULJQ-2L-A 海绵直线角度切割机（东莞恒生机械）

内工作台尺寸（$W \times L$）300mm×1500mm；外工作台尺寸（$W \times L$）1000mm×1500mm；挡板高度 300mm；切割角度 45°～90°；刀带长度 4460mm；总功率 1.88kW；总质量 800kg；外形尺寸（$L \times W \times H$）3000mm×2000mm×2200mm

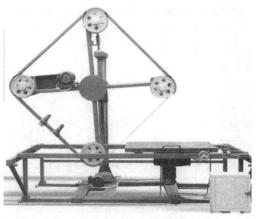

图 9-94 DJQ 多角度切割机（河北香河泡沫机械）

切割件最大尺寸（$L \times W$）860mm×800mm；刀带长度 6360mm；切割角度 0°～180°；设备总功率 3.7kW；外形尺寸（$L \times W \times H$）2700mm×2400mm×2120mm

图 9-95　HNZJ-51 泡棉打孔机（温州华敏 PU 设备）

钻孔直径 51mm；主轴转速 230r/min；总功率 4.4kW；

泡沫体最大尺寸 ϕ1700mm×1800mm

图 9-96　手动仿形切割机（东莞鸿力机械）

最大切割海绵尺寸（$L×W×H$）1500mm×1200mm×800mm；

线刀长度 7000mm；设备功率 2.25kW；总质量 800kg；

设备尺寸（$L×W×H$）2500mm×3100mm×1200mm

图 9-97　CNCHK-2 水平数控仿形切割机

（南通恒康海绵制品）

泡沫块最大尺寸（$L× W × H$）2900mm×2100mm×2200mm；

高频振动刀具尺寸 2235mm×3mm×0.5mm；伺服系统

2200～2400r/min；步进电机扭矩 20Nm；最大加工

线速度 0～6.3r/min；加工精度 ±0.5mm；最小加工

尺寸/切割半径 5mm/10mm；CNC 类型/显示器：

工业控制机/液晶显示器；可编程序轴：X, Y, Z, φ

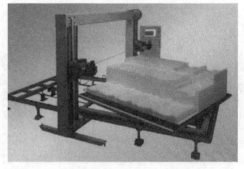

图 9-98　CNCHK-4 旋转台数控双面异形切割机

（南通恒康海绵制品有限公司）

块料最大尺寸 2100mm×2100mm×1200mm；刀具尺寸

2345mm×3mm×0.5mm；最大加工线速度 0～4m/min；

最小切割尺寸 5mm；加工精度 ±0.5mm；CNC 型工业

控制器：Windows2000 系统；可编程轴：X, Y, Z,

φ；伺服系统：2200～2400r/min；液晶显示器；步进

电机扭矩 20Nm；设备质量 1.3t；设备总功率 8kW

图 9-99　海绵贴合机（扬宇富机械制造深圳公司）

主要用于卷装海绵与布及其他棉织品材料，进行胶水黏合加

工。经过加热滚筒及加压处理后，使其完成贴合。可贴合海

绵长度 2.2m，直径 1.2m；贴合速度 2～40m/min；温度范围

50～200℃；机台尺寸（$L×W×H$）6.3m×2.9m×2.5m

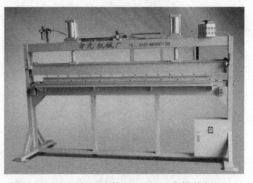

图 9-100　泡沫体熔接机（方元泡棉机械厂）

熔接海绵最大宽度 2.2m；熔接海绵厚度 2～15mm；

设备尺寸 2.65m×0.5m×1.95m

参考文献

[1] 意大利 OMS 公司资料.

[2] 徐培林，张淑琴. 聚氨酯材料手册. 北京: 化学工业出版社，2002.

[3] 意大利 Cannon 公司资料.

[4] 德国 Krauss-Maffei 公司资料.

[5] 德国 Fecken-Kirfel 公司资料.

[6] 德国 Albrecht Baumer GmbH & Co. KG 资料.

[7] 韩国 Metal Engineering Co. Ltd.资料.

[8] 澳大利亚温泰克工程有限公司资料.

[9] 东莞市震丰机械制造有限公司资料.

[10] 东莞市裕隆机械制造有限公司资料.

[11] 台湾荣全化工机械有限公司资料.

[12] 迈科能海绵设备深圳有限公司资料.

[13] 佛山方元海绵机械有限公司资料.

[14] 东莞市汉威机械有限公司资料.

[15] 东莞市恒生机械制造有限公司资料.

[16] 河北香河县巨龙泡沫机械有限公司资料.

[17] 东莞市伊瑞斯机械制造有限公司资料.

[18] 东莞市宝鸿精密机械有限公司资料.

[19] 温州市华敏聚氨酯设备有限公司资料.

[20] 江苏南通恒康海绵制品有限公司资料.

[21] 镇江云德机器有限公司资料.

[22] 山东朝辉聚氨酯（海绵）机械有限公司资料.

[23] 东莞市萨浦刀锯有限公司资料.

[24] 扬州福达海绵机械有限公司资料.

[25] 美国 EDGE-SWEETS 公司资料.

[26] 青岛新美海绵机械制造有限公司资料.

[27] 南通牧野机械有限公司资料.

[28] 代尔蒙特（苏州）刀具有限公司资料.

[29] 北京通州永利刀具有限公司资料.

[30] 扬州旺达刀锯有限公司资料.

[31] 英德润科技发展（深圳）有限公司资料.

[32] 东莞市东兴五金刀具厂资料.

第十章

聚氨酯半硬质泡沫制品的模塑加工设备

第一节　概述

在聚氨酯泡沫体中，开发应用最早的是硬度很高的泡沫体，而产量最大、使用最广的则是聚氨酯软质泡沫体。硬度介于两者之间的则称为半硬质泡沫体。

聚氨酯半硬质泡沫体仅是一个相对比较简单的统称。它与软质泡沫体相比具有较高的压缩负荷能力和较高的密度，在低负荷情况下其变形较小，但在较高负荷下又能表现出较大的变形；硬质泡沫体强度高，而变形甚小；半硬质泡沫体与软质、硬质泡沫体的主要区别在于它具有较好的变形能力和较高的压缩强度，在外力负荷卸载后泡沫体复原的速度缓慢，表现出极好的能量吸收和缓冲减震特性。根据这些特性，目前聚氨酯半硬质泡沫体已广泛用于制造减震缓冲部件、鞋底材料、包装材料、汽车内外缓冲部件（如汽车的方向盘、仪表板、内衬板、扶手、头靠、前后防撞板）等。目前，聚氨酯材料已成为制鞋行业不可或缺的主要原料之一。随着汽车工业的快速发展和汽车轻量、安全、舒适程度的提高，半硬质聚氨酯泡沫材料也已成为极其重要的首选材料。

聚氨酯半硬质泡沫制品主要采用模塑方法生产。根据制品特点和生产工艺，既可以使用低压机设备，也可以使用高压机设备；既可以采用开模浇注工艺，也可以采用闭模注射工艺。但不管使用哪种设备、哪种生产工艺，都必须遵循两个重要原则：第一，要求物料混合必须均匀；第二，混合好的物料应该在其乳化时间前注入模具，物料在模具中要有良好的流动性能，均匀地分散在模具的各个角落，对于大型制品或形状复杂的制品更要考虑物料在模具中的流动方向，必要时可采取多区、多点注料，应尽量避免局部泡沫过早地接触顶模产生横向挤压发泡，从而造成制品内部开裂、中空，以及模内局部压力过高。本章选择两种典型制品——鞋和汽车内饰件的生产，阐述它们的生产设备。

第二节　聚氨酯鞋品的生产设备

使用聚氨酯半硬质微孔泡沫体制备鞋底始于 1960 年前后，英国、德国、美国、日本等国先后利用聚氨酯微孔泡沫体轻盈、耐磨等特点制造鞋底，其优越的性能深受市场欢迎。其独特、高效的加工方法也深受制鞋行业欢迎。目前在制鞋行业中，聚氨酯材料已成为不可或缺的原材料，制鞋业每年消费聚氨酯的数量均在几十万吨以上。自改革开放以来，我国已有几百家制鞋企业装备了聚氨酯制鞋机械，我国已成为世界上最大的制鞋国家和鞋品消费国。

聚氨酯鞋底的生产方式基本有两种：开模浇注制备鞋底，这多用于鞋品大底的生产，大底然后再与鞋帮黏合制成鞋子成品；另外，还可以将鞋帮预先装配在制鞋机械上，然后通过注射使聚氨酯鞋底直接在鞋帮上成型，即鞋底鞋帮一次成型。前者为开模浇注；后者为闭模注射。就聚氨酯制鞋机械而言，大体可以分为单元大底成型、鞋帮鞋底一次注射成型和全聚氨酯鞋靴成型三大类。基本生产方式有开模浇注、闭模低压注射、闭模工艺注射等，见表 10-1。

表 10-1　鞋底生产方式比较

项　　目	浇　注　法	低　压　注　射	高　压　注　射
注模形式	开模	闭模	闭模
注模压力/MPa	0.2～1.0	0.2～1.0	10～20
计量装置	齿轮泵或滑片泵	齿轮泵或滑片泵	轴向柱塞泵
搅拌形式	针状或螺杆	螺杆	冲击混合，无搅拌
物料反应性/s	11～15	4～8	2
成型周期/min	6～7	3～4	1～2
主要适用范围	单色大底	单底与鞋帮一次成型	单底与鞋帮双色，双密度

由于聚氨酯材料作为鞋材表现出许多优点，有关研发不断深入，新材料、新工艺和新加工机械不断涌现。在国外，聚氨酯鞋类加工机械比较著名的公司有德国的德士玛（K.F.Desma）公司、英国联合制鞋机械（USM）公司、C&T Clark 公司、意大利 GUSBI 公司等。

一、开模浇注聚氨酯鞋底设备

单元大底成型机模制简单，生产能力大，但生产线占地面积较大，它们是最早发展起来的聚氨酯鞋品生产机械，工艺技术以及生产装备都比较成熟，典型产品如日本丸加机械工业株式会社生产的 MEG-Z 型鞋底成型机和 C201 型椭圆形生产线，见图 10-1 和图 10-2。

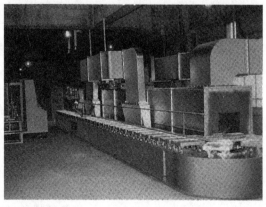

图 10-1　日本丸加机械工业株式会社 MEG-Z 型鞋底成型机和 C201 型椭圆形生产线

该生产线全长 24m，在椭圆形输送线上可装配 60 套鞋底模具，每小时的生产能力为 360～450 双聚氨酯大底。

目前，根据不同鞋品的不同技术要求，制备聚氨酯鞋底的原料大部分是由专业工厂配制成双组分原料体系，A 组分由多元醇聚合物、发泡剂、催化剂、泡沫稳定剂等组成，B 组分为改性的液化 MDI。有时，为了有利于组合原料的稳定储存，也可将有些催化剂单独作为第三组分。将调节好温度的各组分输送至发泡机的工作罐中，精确计量的各组分经混合头充分混合后吐出。混合头安装在横跨输送线上方的悬架上，可做全方位移动以方便鞋底的敞模浇注。椭圆形输送带根据需要，可配备不同型号。例如 C201H 型，以按钮操作浇注，手动开启、关闭鞋的金属模具，输送线可装配 60 副金属模具，生产能力为 360～450 双/h；另有 C201A 型，它不同在于能自动开启与闭合模具；又如 MK-18 型、MK-24 型和 MK36 型，载模数量分别为 18 套、24 套和 36 套，生产能力分别为 90～100 双、135～150 双和 180～200 双。浇注好的模具，在模具闭合工位 2 处闭模，锁紧，然后输送进入加热熟化烘道 3。加热烘道通常采用煤气、燃油气、管道蒸汽等较经济的能源，现在已普遍采用电加热、远红外线、微波等清洁、简便、高效的加热方式。烘道温度大多控制在 60～80℃之间。根据原料反应体系、鞋品大小和厚度、烘道的加热方式、效率、输送线运行速度等工艺条件，在烘道中的熟化时间一般为 4～5min。对于较厚的鞋底，熟化时间应适当延长，主要以鞋底制品脱模后不会产生收缩、变形为准。产品熟化后，在脱模工位 4 处将鞋底半成品脱出后送入后处理工序。模具清理后，喷涂脱模剂，置入嵌件后即进入下一个生产循环。

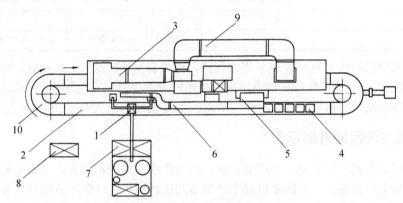

图 10-2　日本丸加机械工业株式会社聚氨酯鞋底生产线示意图

1—浇注工位；2—闭模工位；3—硬化加热烘道；4—脱模工位；5—脱模剂喷涂工位；6—嵌件放置工位；
7—MEG-Z 型发泡机；8—控制柜；9—热风循环及排风通道；10—模具输送线

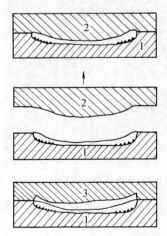

图 10-3　双色鞋底模具示意图

1—底模；2—中间模；3—上模

脱模后的鞋底半成品，应去除飞边，清除脱模剂后进行彩色涂装，然后即可与各种款式的鞋帮进行组合、粘接，做出鞋子成品。这种单色大底很适合制作款式新颖的女式鞋、童鞋及男士轻便鞋。

在这种浇注成型工艺中，如果对模具作适当改进，增加色浆添加计量机或带有另一种色浆的浇注机，即在同一条生产线上就可以实现双色鞋底的生产。

过去，通常是将色料加至 A 组分中，若要制备双色鞋底，就必须增加载有第二种色浆的浇注机。现在许多公司都开发推出了新型的专用色浆加入机械。它可将色浆单独计量，并直接输送至发泡机混合头的混合室中，从而使产品的颜色变化更加简便，快捷。

通常，双色鞋底的模具是组合式的（图 10-3）。模具由 3 块组成。首先将第一种颜色的物料浇注到底模中，关闭带有聚乙烯薄膜的中间模，定型熟化后开启中间模，再浇注另一种颜色的混合料，而上部合模使用的模具则更换为喷涂有脱模剂的上模，进行熟化后即可成为双色鞋底。

鞋底模具一般是采用铝合金材料制造，内表面光洁，花纹图案设计简明、清晰、美观，且有利于脱模，最好使用镀镍处理。模具及其紧固件的承压能力应按普通发泡压（0.15～0.2MPa）的 3 倍计算，即模具承压应按 0.6MPa 标准设计。模具在生产输送线上，应按 5°～15°倾斜角装配，以利于发泡物料的排气。

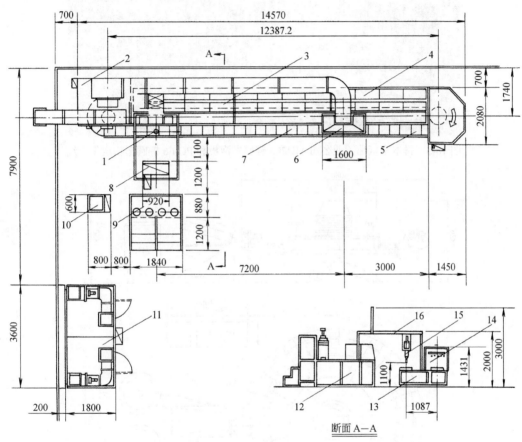

图 10-4　日本聚氨酯工业公司鞋底生产装备平面图

1—浇注区；2—气体排风；3,13—循环输送线；4,14—电加热熟化烘道；5—开模区；
6—脱模区；7—脱模剂喷涂区；8,12—发泡机；9—原料罐；10—温度控制柜；
11—原料预热烘房；15—混合头；16—混合头活动框架

图 10-4 是日本聚氨酯工业公司鞋底生产装备平面图，该公司使用 MU203 鞋底发泡机和 PC-66 椭圆形输送线构成的生产线见图 10-5，该线发泡机吐出能力为 1.5～6.0kg/min。椭圆输送线可配置 66 套鞋底模具，每小时产量约为 400 双。这些都是典型的低压机开模浇注的生产工艺和设备。

由德国德士马（K.F.DESMA)公司生产的 1531、1532、1533 等鞋底注射成型则是低压闭模注射生产工艺的典型。该生产线由 1351/24 等规格的旋转工作台和聚氨酯浇注机（如 PAS58 等）组成。在工作转台上配备 24～30 套模具工位，鞋楦的起落、开合等动作均由设备的控制系统自动完成，操作可采用敞模浇注，也可以闭模注射。设备工位配合准确，运行平稳（见图 10-6)。根据需要，生产线还可以拓展成带有 80 个工位的环形输送线，既可以配置 RGE-310 型单色浇注机，也可以配置 RGE-95G 型双色浇注机，以适应单色和双色、单密度和双密度鞋品的连续化生产。

图 10-5   日本聚氨酯工业公司 MU203 鞋底发泡机和 PC-66 椭圆形输送生产线

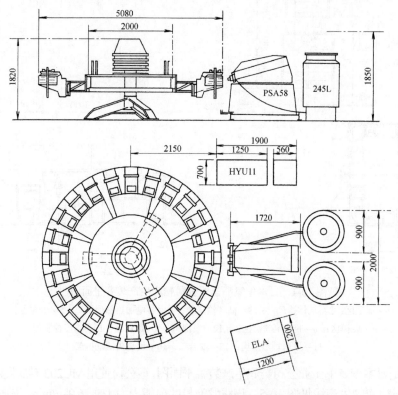

图 10-6   DESMA 公司的 1530 系列鞋品生产线示意图

我国改革开放以来，聚氨酯材料在制鞋行业中取得了极大的发展。在引进、吸收的基础上，许多公司结合我国国情研发并推出了许多制鞋设备，性能很好且价格比进口产品便宜得多，如温州飞龙机电设备工程有限公司（图 10-7，表 10-2）、浙江海峰制鞋设备有限公司（图 10-8，表 10-3）、温州市泽程机电设备有限公司（图 10-9）、温州市嘉隆聚氨酯设备厂（图 10-10，表-10-4）、台湾绿的工业有限公司（图 10-11）、温州市奥瑞聚氨酯设备有限公司、浙江武义恒惠机械制造有限公司等企业都能生产此类设备。

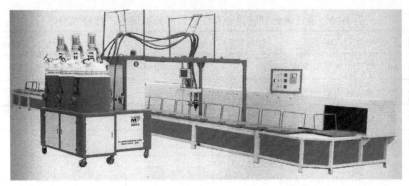

图 10-7　温州飞龙机电设备工程有限公司 PU20F/30F-X 型鞋底生产装备

表 10-2　温州飞龙设备工程有限公司 PU20F/30F-X 鞋底生产线技术参数

型　　号	混合比	总吐出量 /(kg/min)	总功率 /kW	混合头搅拌速度 /(r/min)	温度 /℃	尺寸(长×宽×高) /mm	质量 /kg
单色机 PU20F-X	100∶(80~120)	1.5~6	10.5	6300	30~45	1600×1600×2200	1000
双色机 PU30F-X	100∶(80~120)	1.5~6	15	6300	30~45	1650×1950×2200	1300

温州市海峰制鞋设备有限公司是以生产制鞋机械为主，形成并建立了聚氨酯浇注成型机、聚氨酯注射成型机以及多功能、多系列聚氨酯制鞋机械产品系列产品。图 10-8 为该公司生产的典型的聚氨酯鞋底生产线，发泡机混合头转速从 4785r/min 提高至 8600r/min，使得 A、B 原料混合更好，泡孔结构更加细密，密度分布更加均匀。为解决搅拌带来的高温产生的技术难题，自行设计制造了可投入冷却水的混合头部件及冷水机设备系统，不仅解决了混合头发热问题，延长了使用寿命和清洗周期，而且大大提高了制品质量。同时，该系列生产线采用了全套的电脑控制系统，对生产全过程的温度、压力、流量等工艺参数实施设定和自动调控。计量泵总成采用特制的光机电装置，将计量泵机械转动信号转化为电脉冲信号，通过微机处理，精确测量出计量泵每转排量，以克为计量单位，每个料罐均由一套计量系统来精确控制出料量，提高了计量精度。整套生产线不仅设置了电脑以及显示屏，工艺参数图像化，实现人机对话，而且可以实现远程网络监控、生产参数记录、查询。基本技术参数参见表 10-3。

图 10-8　浙江海峰制鞋设备有限公司 SZST4-MF 型制鞋设备

（发泡体最大浇注量 70g/s；透明体最大浇注量 50g/s；计量泵转速调节范围 60~280r/min；混合头转速 8500r/min±150r/min；模具输送速度可调范围 0~12m/min；功率 16.5kW；烘道可调温度范围为室温~80℃；鞋模最大允许高度 420mm）

表 10-3　浙江海峰制鞋设备有限公司部分鞋底生产线技术参数

型　号[①]	名　　称	烘道节数	加热方式	外形尺寸(长×宽×高)[②]/m	功率[③]/kW
XCXL3-60	60 工位连帮成型生产线	7	油，电，油电热	18.96×2.45×2.12	56
XCXL3-70	70 工位连帮成型生产线	8	油，电，油电热	21.96×2.45×2.12	56
XCXL3-80	80 工位连帮成型生产线	9	油，电，油电热	24.96×2.45×2.12	56
XCXD3-60	60 工位鞋底成型生产线	6	油，电，油电热	15.96×2.45×2.12	56
XCXD3-72	72 工位鞋底成型生产线	7	油，电，油电热	18.96×2.45×2.12	56
XCXD3-84	84 工位鞋底成型生产线	8	油，电，油电热	21.96×2.45×2.12	56
XCXD3-96	96 工位鞋底成型生产线	9	油，电，油电热	24.96×2.45×2.12	56

① 每个型号有 3 个机型，每个机型传动部位有两种方式，A 为电磁调试，B 为变频调速。

② 模具盘尺寸均为 600mm×500mm。

③ 每个型号的 3 个机型的功率不同，分别为 50.5kW、53.5kW、56kW。

图 10-9　温州泽程机电设备有限公司生产的双色鞋底浇注生产线

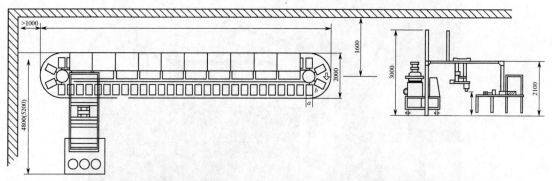

图 10-10　温州嘉隆聚氨酯设备公司的鞋底浇注机和环形传输带生产线示意图

　　环形生产线加鞋底浇注机占地面积：宽度小于 5.2m，支架最高为 3m，龙门架高度 2.1m，环形生产线宽度 2m。浇注头伸缩高度为 0.9～1.0m。生产线长度 L、模具宽度 a 和长度 b 均根据生产线型号及工位数变化，详见表 10-4。

表 10-4　温州嘉隆聚氨酯设备公司环保鞋底生产线基本参数

型　号	工位	L/mm	a×b	型　号	工位	L/mm	a×b
HX60×50/50	50	15800	600×500	HD50×50/60	60	15800	500×500
HX60×50/60	60	18800	600×500	HD50×50/72	72	18800	500×500
HX60×50/70	70	21800	600×500	HD50×50/84	84	21800	500×500

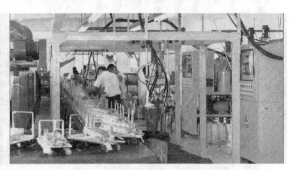

图 10-11　台湾绿的工业有限公司制造的鞋底成型生产线

台湾绿的工业有限公司是较早进入大陆市场的台资企业，早期在大陆聚氨酯制鞋业中占有较大的市场份额。根据市场变化，该公司相继推出了多种聚氨酯鞋底生产装备，图 10-11 是聚氨酯鞋底低压开模浇注生产线（相应的技术参数列于表 10-5 中），与之配套的发泡机见图 10-12。图 10-13 是该公司采用闭模注射方式进行聚氨酯鞋底生产的装备。随着科技进步及市场需求，近年来又推出了闭模注射鞋品的高压注射发泡机——HNC-2115，其外形和混合头的动作示意见图 10-14。

(a) N-3201 型三组分鞋底生产低压机　(b) N-2207-4T 型四组分鞋底生产低压机　(c) NC-2208 型鞋底生产低压机

图 10-12　台湾绿的公司鞋底成型用发泡机

表 10-5　台湾绿的工业有限公司低压鞋底生产低压机基本参数

系　列	型　号	产能/(g/s)	特　点
N-2205	2205/2305/2405	5～30/20～60/50～100	撞针式混合头，可配 60～120 工位环形生产线
N-3201	3201/3301/3401	5～30/20～60/50～100	撞针式混合头，可配 60～120 工位环形生产线，但可瞬间切换不同颜色和密度配方
N-2207-4T	2207-4T/2307-4T/2407-4T	5～30/20～60/50～100	根据 NIKE 工艺要求配置，两个原料准备罐，两个原料工作罐
NC-2208	2208/2308/2408	5～30/20～60/50～100	最新一代发泡机，配置 PC base 控制器，动态监控生产作业

图 10-13 台湾绿的工业有限公司生产的 CM-50-2S 系列鞋底生产灌装机和转台式生产线

（50 工位转台直径为 7.6m；工位尺寸 420mm×340mm；工位间隔 0～60mm；工位倾角-7°～15°；

工位移动时间 6s；每台模具配备独立的温度控制系统，使用压缩空气进行模具的开启和闭合）

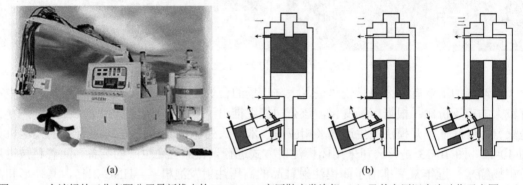

（a）　　　　　　　　　　　　　　　　　　（b）

图 10-14 台湾绿的工业有限公司最新推出的 HNC-2115 高压鞋底发泡机（a）及其高压混合头动作示意图（b）

（小活塞依靠其沟槽控制原料进入和关闭；大活塞提供混合室和清除残留化合物）

　　温州市新南机械设备有限公司生产的 XN-PU30Z-T 三组分透明聚氨酯鞋底生产机及其技术参数见图 10-15。

图 10-15 温州新南机械设备有限公司推出的 XN-PU30Z-T 三组分透明聚氨酯鞋底生产机

（总吐出量 25～60g/s；计量精度 1%；搅拌器转速 4500r/min；A，B 料罐容积 120/120L；

清洗罐容积 25L；清洗周期 70～100 双/次；控制系统 JH-3 程序控制器；

设备总功率 13.8kW；尺寸 1950mm×1450mm×2350mm；质量 1500kg）

二、鞋帮-鞋底一次成型生产线

鞋帮-鞋底一次成型工艺是首先将衬里、衬垫与鞋帮缝合、粘接，做出鞋的半成品，在该生产线上将它们套在鞋楦上，置于模具中，注射聚氨酯鞋底料，使其直接黏合在鞋帮半成品上，生产出鞋成品（见图10-16）。从图中可以看出：首先是将假鞋楦上模置于模具中，使用第一台聚氨酯注射机将鞋底料注入［图10-16（a）］；移开假鞋楦，将装配好鞋帮的鞋楦放在已成型的鞋底上［图10-16（b）］，然后使用第二台聚氨酯注射机，通过第二个注口注入第二色缓冲层［图10-16（c）］。该类生产主要是采用高压或低压的闭模注射工艺，生产线主要由两大部分组成：聚氨酯计量、混合、浇注设备和载有些模具的循环输送线。德国德士马（DESMA）公司生产线的 D523S、D581S-586S 等生产线就是这类设备的典型代表，其外形和装备的平面配置见图10-17。

 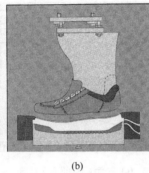 

(a)　　　　　　　　　　(b)　　　　　　　　　　(c)

图 10-16　鞋帮-鞋底一次成型示意图

德国德士马（DESMA）公司生产的 D523S 圆盘为单色或双色聚氨酯鞋底生产用设备，根据型号不同，具有 12、18 以及 24 个立式工位，设有回转鞋楦头的支架，装配有闭合框架和底板筒的模具加热板，并装有温度控制系统；配有鞋楦行程和闭合框的自动气动曲柄杠杆闭合装置，每个模具工位都设有旋转按钮控制，可以在不同位置更换模具，鞋楦可调高度为 ±3mm。其配备的安全反向开关，可以对转台的任何位置上的模具、鞋楦、鞋头进行开启和闭合操作。该生产线配备两台 PSA 90 系列聚氨酯发泡机，其计量准确，混合性能优良，配有螺杆反应注压式混合器，并具有自清洗功能。计量泵采用电子式脉冲控制的高精度齿轮泵，可通过电位计对混合比以及吐出量进行无级调节。注料喷嘴的嵌件可以互换，以适应不同黏度和注入量的要求。根据工作条件要求，混合头既可以由侧面闭模注射［图10-18（a）］，也可以从上部开模浇注［图10-18（b）］，同时根据需要还可以配置双混合头开模浇注。DESMA 公司 PSA90 系列鞋用发泡机的技术参数参见表 10-6。

(a) D523S 型　　　　　　　　　　　　　　　(b) D581S-D586S 型

图 10-17

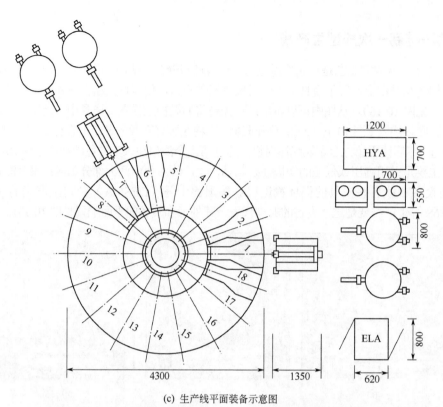

(c) 生产线平面装备示意图

图 10-17　德国德士马（DESMA）公司鞋帮-鞋底一次成型生产线

(a) 侧面闭模注射

(b) 双混合头开模浇注

图 10-18　DESMA 公司 PSA90 系列发泡机

表 10-6　DESMA 公司 PAS90 系列鞋用发泡机技术参数

项　目	PAS90	PAS91	PAS92	PAS93
组分数	2	3	2	3
混合室直径/mm	25	25	30	30
混合室清洁方式	自清洁			
计量泵能力/(cm³/r)	20	20	20	20
驱动功率/kW	0.5	0.5	0.5	0.5

续表

项　目	PAS90	PAS91	PAS92	PAS93
调节装置	10级电位计	10级电位计	10级电位计	10级电位计
搅拌器功率/kW	3	3	3	3
体积流量(最大/最小)/(cm³/s)	60/30	60/30	100/40	100/40
总功率/kW	4.7	4.7	4.7	4.7
质量/kg	630	630	630	630

注：搅拌器速度分为 7 挡。

　　德国 DESMA 公司 D581-D584 系列也是鞋帮-鞋底一次成型的加工设备，它们可配备具有 12、18、24、30 个工位的载模转台，通过 PLC 可编程序控制可在缝制好的鞋帮上直接生产出单色、双色甚至三色以及单密度、双密度的鞋品，生产效率高。

　　意大利古斯比（GUSBI）公司也是生产聚氨酯鞋品设备的专业厂家，生产的 LINEAR 型 12/18/24 工位聚氨酯鞋底生产线主要用于生产纯 PU 技术用品和单/双色（单/双密度）大底以及联帮鞋；P18/ECONOMY 型万能自动圆盘 PU 鞋底生产线具有 18/24/30 工位，可生产纯 PU 单/双色、单/双密度的大底和联帮鞋。工位更多的 AP87/2 NEWFLEX 万能型聚氨酯鞋品圆盘生产线，采用先进的 NEWFLEX 技术（高密度，透明鞋底）生产单色、双色，单密度、双密度的纯 PU 大底和联帮鞋，配备有 24、32、40 个工位机型。

　　据了解，温州海峰聚氨酯成套设备有限公司在多年生产聚氨酯鞋品转盘式注射成型机（图 10-19，表 10-7）的基础上，开始生产高达 96 工位的转盘式聚氨酯注射鞋品生产线。该生产线可以在转盘周围配置两套或 3 套注射机，注射生产多色、多密度、多层鞋品，工作效率大幅度提高，同时也有利于产品成本的大幅度降低。该生产线具有以下特点：人机界面采用触摸屏，微电脑控制，自动化程度高；立式齿轮结构计量泵，变频闭环调节，计量准确，运行平稳；自动清洗螺杆和注射余料；鞋楦自动旋转一体化；变频控制转台转速，运行平稳；有外加色系统，颜色切换简便。

图 10-19　温州海峰聚氨酯成套设备有限公司 XJZX-18，-24，-30 工位双密度多色聚氨酯连帮注射成型机

表 10-7　浙江海峰制鞋设备有限公司 XJZX-18，-24，-30 工位双密度多色聚氨酯连帮注射成型机技术参数

工位数	螺杆直径/mm	螺杆转速/(r/min)	注射量/(g/s)	料罐容积/L	容模空间/mm	功率/kW
18/24/30	25	18000	75	220×5	400×200	70

　　我国生产鞋帮-鞋底一次成型设备的企业还有很多。图 10-20 为东莞市东城晶瑞机械生产的聚氨酯联帮一体机，其主机为 KR-HGC8205AS 型高压鞋底灌装机，50 工位环形联帮鞋自动生产线。生产线自动回转定点式灌注，模具具有热循环水自动调温功能；并具有开闭、密合、旋转装置。图 10-21 为武汉中轻机械有限责任公司生产的转盘式聚氨酯鞋底生产线，更换模架也可以立即进行联帮鞋的生产。

图 10-20　东莞市东城晶瑞机械生产的聚氨酯联帮一体式生产设备（晶瑞机械）　　　图 10-21　武汉中轻机械有限责任公司生产的转盘式聚氨酯鞋底生产线

三、聚氨酯靴成型机械

　　在聚氨酯制鞋机械中，还有一类全聚氨酯靴鞋生产设备。采用这类设备可以生产鞋底、鞋面和鞋帮等均由聚氨酯材料制造，配以其他材料作为内衬的全聚氨酯靴。这类靴鞋耐油、耐化学品，且轻便、柔软，具有良好的舒适性和保暖性。尤其是高筒靴等鞋品，很受人们欢迎。

　　德国 DESMA 公司制造的 D-507 型聚氨酯长筒靴成型生产线，聚氨酯原料经计量后，在高达 15000～18000r/min 的螺杆式搅拌器混合后压注至设置在具有 12 套模具工位的转台模具中，模具和带有内衬材料的鞋楦交替运动，靴筒和靴底使用不同性能的聚氨酯材质进行注射加工，可以生产出不同色泽、不同密度及不同性能的一次成型生产靴鞋成品（图 10-22）。

　　意大利 GUSBI 公司推出的 S2/14 双色全聚氨酯靴生产线，其转盘配置了 14 个模具工位，配备了具有 NEWFLEX 专利注册的模塑系统（浇注机头设有自动清洁装置）。

　　奥地利 Polyair 公司生产的 $R_3SA_3/16$ 型聚氨酯鞋靴生产装置，既可以生产单色大底，也可以生产全聚氨酯靴鞋。工作转台直径 3.55m，可装配 16 套模具，生产能力每小时为 90～120 双；$R_4SA_4/36$ 型为双色靴鞋成型生产设备，工作转台直径达 4.55m，可配置 36 套模具，能生产双色双密度聚氨酯大底，也可以生产全聚氨酯靴鞋，其生产能力每小时可达 120～225 双。

图 10-22　双色全聚氨酯靴

　　国外著名的鞋机制造公司还有很多，如英国的 C&J Clark 公司、USM 公司等。近年来，我国的制鞋机械发展十分迅速，但不平衡，多以普通橡胶和 PVC 等原料为主。制鞋机械制造多集中在广东、福建、浙江、江苏等省，产品有意利鞋机、奇峰鞋机、九州鞋机、中泰鞋机、凯嘉机械、温州大隆、海峰制鞋机械、邦达精机、华英鞋机、恒远鞋机等。我国温州市海峰制鞋设备有限公司也已开始聚氨酯高筒靴生产线的制造，并已推向市场。

第三节　聚氨酯汽车内饰件生产设备

汽车的发展直接推动了聚氨酯产品的快速发展，尤其是在汽车内饰件方面，它最能体现出聚氨酯泡沫制品的模塑加工技术特点。例如，汽车座椅是采用模塑加工技术生产的高回弹泡沫体；方向盘、扶手等是采用模塑加工技术生产的自结皮型泡沫体；仪表盘、门内板、顶棚等则是采用模塑加工技术生产的带有不同表皮材料的半硬质泡沫体……

一、汽车坐椅垫生产设备

普通家具坐椅坐垫等多半是由大型块泡切割后加工制成的，而汽车的座椅坐垫则是采用模塑加工方式逐个生产的。一般车用聚氨酯坐垫属高回弹性泡沫体。它是根据人体、车型等专门设计的，两侧较中间稍高。考虑到车辆转弯时的安全性，坐垫两侧泡沫体的硬度要稍高一些，即现代普遍采用的双色、双密度汽车坐垫（图 10-23）。

图 10-23　汽车坐垫泡沫体

汽车座椅聚氨酯垫均采用模塑成型方式生产，生产方法有热模塑法和冷模塑法两种。

热模塑法是将混合的聚氨酯浇注在模具中，在模具合模后要立即送入大于 160° 的热风烘道，定型后（一般要在 10min 左右）取出制品。烘道热能的提供，以往多是高温热风炉，现在一般采用远红外等微波加热方式，直接激化原料分子内部分子运动，加热速度迅速，生产周期为 10～15min。该工艺要求模具要反复加热、冷却，模具通常需要采用金属材料，铝合金是较适合的制造材料。此法能量消耗较大，将逐渐被冷模塑法取代。

冷模塑法的进步在于它主要采用高活性原料，利用本身反应生产的热量完成产品定型。

该生产方式节省能源，生产效率高，并可以使用非金属材料制造模具，因此目前大多数模塑生产多采用冷模塑方式。车用高回弹坐垫的连续化生产既可以采用圆盘形生产线（图 10-24），也可以采用椭圆形生产线（图 10-25）。圆盘形生产线上配置了 12～16 个安装模具的框架，上框架装有气动活塞缸，有程序控制其开合动作。根据模架的大小、数量对每个模具或几个模具配备一个热水器，用于加热模

图 10-24　Cannon 公司高回弹坐垫圆盘形生产装置

具。汽车坐垫的生产及生产线上的模架见图 10-26。

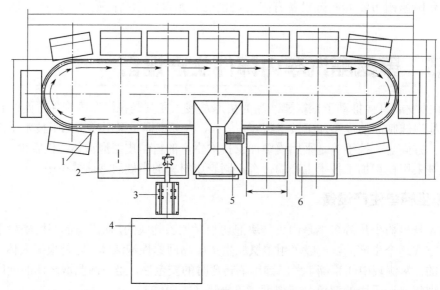

图 10-25　Cannon 公司高回弹坐垫椭圆形转盘式生产线

1—驱动链条；2—浇注头；3—混合头悬臂；4—H 型发泡机；5—清理、喷涂脱模剂的排风处；6—模架

图 10-26　汽车坐垫的生产及其生产线模架

图 10-27　康隆（CANNON）
公司 H40 型发泡机

A∶B 配比调节范围为（5∶1）～（1∶5）。

A∶B 配比为 1∶1 时，最大吐出量为
36kg/min，电力消耗为 22～32kW

这两种生产线都可以配备康隆公司 H 系列高压发泡机（图 10-27），并可装配 FPL 型自动清洗的混合头，这种混合头装配在一个特制的、可在 120°范围内左右移动的悬臂上，在浇注时可随着转台运动移动，方便操作。

若生产线配备 16 套模具，以固化时间为 5min、11 个工位闭模熟化，5 个工位开模作业，生产线的工作频率可达约 35s 一件产品，若按每天工作 7h 计算，全年生产量可达 16 万件坐垫产品（280 天×80%）。

我国许多聚氨酯设备制造企业都能生产汽车聚氨酯坐垫的加工装备，在此仅列举青岛宝龙聚氨酯保温防腐设备有限公司（表 10-8）和张家港力勤机械有限公司（表 10-9）两家部分产品作简单介绍。

表 10-8　青岛宝龙聚氨酯保温防腐设备有限公司用于汽车坐垫生产的高压发泡机基本性能

型　　号	流量 (1∶1)/(g/s)	料罐容积/L	功率/kW	备　　　　注
PH(R/F)-40	300～610	100	30	配备撞击式 L 型混合头、高精度轴向活塞泵、PLC 控制器、彩色触摸屏面板，不仅用于汽车坐垫生产，还可用于高回弹软泡、慢回弹软泡等制品的生产
PH(R/F)-100	500～1490	220	40	
PH(R/F)-200	1000～2800	280	60	
PH(R/F)-300	2000～4200	360	80	

表 10-9　张家港力勤机械有限公司 RT1100 圆盘转台技术参数

项　　目	参　　数	项　　目	参　　数
生产节拍/s	30～60	模具运转周期/min	6～12
主电机功率/kW	5.5	模温控制加热功率/kW	30
电源	3×380V/50Hz±10%	控制电压/V	20～24
压缩空气压力/MPa	约 0.8	气囊压力/MPa	约 0.45
占地面积/mm	12500×12500	流量/(L/min)	1000
转台高度/mm	425	输入功率/kW	38
补水水箱/L	200	运行方式	间歇停止浇注或连续运行人工跟踪浇注

二、自结皮方向盘的模塑生产设备

聚氨酯整皮泡沫体（Integral Skin Foam，ISF），又称为自结皮泡沫体（Self-Skinning Foam），它是由英国壳牌化学公司首先研制开发的，属高密度半硬质泡沫体，一般均采用模塑方式生产。

聚氨酯自结皮泡沫制品在汽车内饰方面的应用十分有代表性，其典型的应用有方向盘、座椅扶手、头枕、变速杆手球、遮阳板等软化型内功能饰件（图 10-28）。

图 10-28　聚氨酯自结皮泡沫制品——方向盘，座椅头靠

聚氨酯自结皮泡沫体是将专用的原料计量混合后注入带有皮革纹理图案的模具中，闭模发泡成型。它与普通泡沫体的不同之处在于该类制品具有高密度且又强韧的外表皮层，内部是一般的泡沫结构，因此，这类制品坚韧耐磨且又手感柔软，具有较好的吸震、缓冲性能，很适合制备汽车内部软化型部件。该类制品的生产具有生产周期短、操作工艺简单、生产效率高等特点。生产的主要装备由高压发泡机、模具和载模机械以及控制系统组成。根据厂房条件、产量要求等，生产装备既可配置成环形生产线（图 10-29），也可配置成转台式生产线

（图 10-30 和图 10-31）。根据产量和加工工艺要求，可以选择不同型号的主机、模具和载模机械。

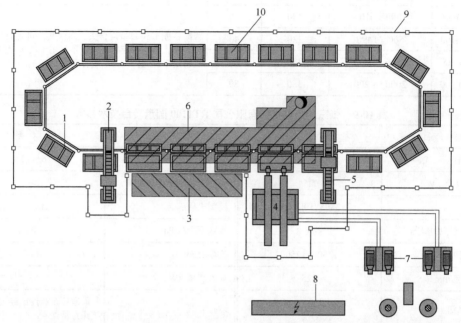

图 10-29　武汉中轻机械有限责任公司的环形聚氨酯自结皮制品生产线

1—模具托架传送系统；2—模具开启工位；3—脱模及模具清洗区；4—双混合头及其支架；5—模具闭合
工位；6—排气系统；7—PUROMAT 型高压发泡机；8—电子控制柜；9—安全系统；10—固化区

图 10-30　台湾绿的工业有限公司制造的环形台生产线

康隆公司自结皮方向盘转台式生产线可配备一台 H40 型高压发泡机，使用 FPL 自清洁式混合头。模具装配在 600mm×600mm 的模架上，每个模架都需前倾 20°，注射枪头由前部进入，这样有利于驱赶模腔中的气体。模架采用液压操作，其开启、闭合动作均由电磁阀自动控制，模架下部装有液压顶出装置，产品成型并开模后可以将方向盘一侧托起，方便脱模。每个模架都配有控制箱，它上面装有原料固化计时器和用来控制和操作的各种开关、按钮。这种圆盘形生产线适合单一品种的大规模生产。若 12 个工位按熟化时间 4min 计算，年产量可达 21 万件（7h ×300d）。为减少制品表面缺陷、提高制品合格率，同时为了方便操作，方向盘模具均采用前低后高的倾斜方式装配（图 10-32）。

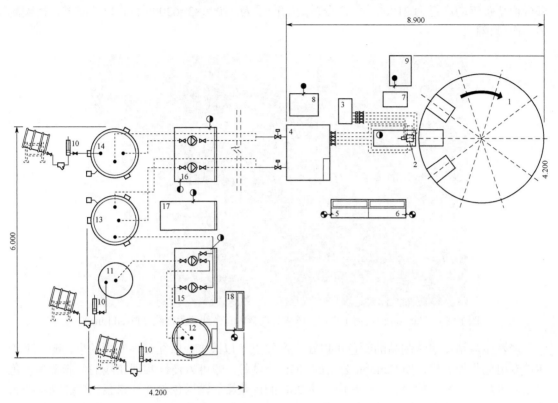

图 10-31 Cannon 公司自结皮方向盘转台式生产线（尺寸单位：m）

1—T10 转台（10 工位）；2—混合头；3—控制混合头的液压装置；4—H40 型高压发泡机；5—工作控制台；
6—转台控制台；7—驱动转台的液压装置；8—HP2 冷凝器；9—模具温度调节单元； 10—空气压缩泵；
11—400L 釜；12—多元醇与发泡剂混合装置；13—1000L 多元醇罐；14—1000L 异氰酸酯罐；
15—中间泵组；16—循环泵组；17—5HP 型冷凝器；18—储罐控制台

（a）生产方向盘的圆盘形生产线　　（b）倾斜注料，上模向上开启　　（c）倾斜注料，上模侧向开启

图 10-32　方向盘模具装配方式

根据生产条件需要，除了配置椭圆形和转台形生产线外，还可以配备长条形生产线（Fixed Line）（图 10-33）。其特点是一台高压发泡机可以配置多个注射枪头，每个模架配备一个 FPL 枪头，每个注射枪头由一套钢管、软管及控制阀门与发泡主机相连。这样，一台发泡主机就可以处理多个模具工作，设计更加灵活，如需扩大产量，只需在原有的生产线上增加模架、模具、注射枪头以及相连的管道、元件，并在总控制系统上接上电路即可。根据市场变化，生产配置更加灵活方便。

若原料的固化时间为 4min，操作时间为 2min，每天工作 7h，每年按 300 个工作日计算，每台模架每年的产量为 21000 件，3 台模架的产量为 21000×3=63000 件，以此类推，模架越多，产量越高。

图 10-33　Cannon 公司用于生产自结皮方向盘的直条线式生产线（Fixed Line）

聚氨酯自结皮泡沫制品的颜色可以在生产线上予以改变。以往是很麻烦的事，现在可以通过专用色浆加入机，如 Cannon 公司的 CCS 等设备，即可方便地实现在线的色彩变换。色料注入机是一台独立的设备，它是由容量 25L 的色浆罐、输送色浆的计量泵、汽缸以及控制箱等元件组成。其输出管线可直接与发泡机注射枪头的混合室相连，即可实现产品颜色的快速更换。

三、汽车仪表盘生产设备

在汽车驾驶者面前的仪表盘既要有一定的柔韧性，能对司乘人员提供一定的保护作用，又必须能清晰地显示各种指示仪表，要求色泽稳重，且不能产生炫目的反光。因此，使用聚氨酯半硬质泡沫体在制备汽车仪表盘产品时，需首先制备特定材料的外表皮。这种外表皮目前主要是选用 0.8～1.0mm 厚、压花和具有消光性的 ABS 或 PVC 等着色塑料薄片。依据模具制备好外表皮后，将它们放置在模具的下模中，进行浇注，发泡。

聚氨酯仪表盘的生产装备包括 Cannon-A 系列高压发泡机及操纵混合头浇注的机械手、仪表盘发泡模具及 8 工位转台，这些装备与模塑生产设备差不多，二者最大的区别在于：

① 模具　仪表盘的生产模具一般都体积大、重量大，安装、调整、更换都需要吊装设备。

② 需要特定的表皮层　使用 ABS、PVC 等厚度在 0.8～1.2mm 的塑料片材，在一个仿形模具中真空热塑成型，预先制备出仪表盘的外表皮，将它和骨架嵌件放置在模具中，或浇注闭模成型，或闭模注射成型。一般 5～10min 即可脱模，经后熟化完全后，即为成品。

康隆沙利（Cannon FORMA）真空热成型装备（图 10-34），主要适用于 ABS、PVC 等塑料薄片材料的热成型加工，制备汽车仪表盘表皮等。它主要由塑料片材开卷装置、自动计量切割装置、片材输送装置、加热和真空装置、模具和压力成型装置以及自动控制装备等组成。

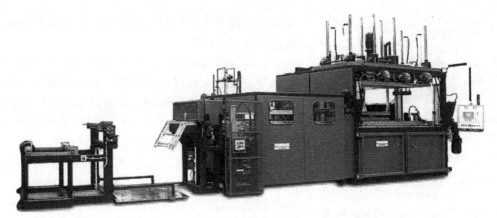

图 10-34　Cannon FORMA 专门用于汽车内饰件生产的真空热成型装备

目前，我国也有许多厂家制造汽车内饰件的生产装备，如武汉中轻机械有限责任公司（图 10-35）、成都东日机械有限公司、江苏镇江奥力聚氨酯机械有限公司、张家港力勤机械有限公司、广东中山新隆机械设备有限公司、湖南湘潭精正设备制造有限公司等。

图 10-35　武汉中轻机械有限公司制造的汽车坐垫、仪表盘等内饰件生产的装备

第四节　模具及饰面层的制作方法与设备

一、模具的制作方法与设备

在聚氨酯半硬质泡沫体制品的生产中，模具是极其重要的器具，无论是鞋品的生产还是制备汽车的各种软化部件都必须使用合格的模具。它的优劣影响着产品的好坏，同时它在生产成本中也占据着十分可观的比重。另外，模塑工艺的发泡过程是在模具中完成的，这一过程将会产生 0.1～0.2MPa 的内压，这种压力虽然不高，但对于大型制品将会对模具产出较大影响，因此，用作模塑泡沫体生产的模具大多采用铝制或钢质材料制造，它们具有很强的抗压能力、耐热性能、优良的导热性能和加工性能，能很好地适应生产中产生的内压、模具的骤冷骤热的变化、耐化学品侵蚀的生产环境。

在正规生产中，一般使用的模具是铝或钢质的，耐用、使用寿命长，但它们的加工周期长、成本高，不能很好地适应市场的变化。因此，在产品开发、试制阶段往往采用其他方法或材料进行模具的快速制造，其中典型的例子是使用低熔点合金丝进行电弧喷涂、在母模上快速仿制模具的技术。例如，美国大发（TAFA）公司的 M8830/350 金属喷涂机和专利喷枪

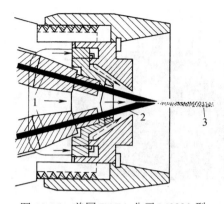

图 10-36　美国 TAFA 公司 M8830 型
电弧喷枪头示意图

1—金属丝；2—压缩气流；3—电弧热熔后
被压缩气流喷出的金属粉粒

就很适合模具的快速仿制（图 10-36），其简易制模过程可参见图 10-37。

　　在制备简易模具时，首先要制备母模，所用材料可以是金属、木材以及石膏等，要求母模轮廓尺寸准确、结构合理、线条清晰。将做好的母模模型放置在木质底板上，并要在上面涂刷一层离型剂［图 10-38（a）］。然后，再均匀地涂刷一层 PVA 脱模剂，放置 30min 晾干，即可用 TAFA 电弧喷枪喷涂 204M 制模用低熔点合金丝，在模型上形成约 2mm 厚的金属薄壳。喷涂时模型表面温度一般不会超过 60℃，若母模为木材、石膏等表面有疏松气孔材料，应在喷涂离型剂以前用封口剂进行表面处理［图 10-37（b）］。在底板上安装约 5mm 厚的钢板框并与底板密封好。使用专用树脂、铝粉及铝粒，按比例混合均匀后倒入钢框内，40min后，待填充料完全固化后即完成第一个半模。如模具在生产时需要加热时，可在倒入填充料以前先配置好适当弯曲的铜管，然后再倒入填充料［图 10-37（c）］。将第一个半模倒置，脱除底模和可塑性材料［图 10-37（d）］。

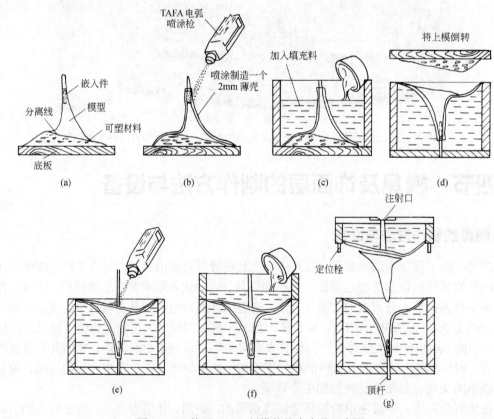

图 10-37　使用 TAFA 制模的基本步骤示意图

　　重复图 10-37（b）所示步骤，即涂离型剂、脱模剂，喷涂低熔点合金丝，在下半部模型上制备出约 2mm 厚的金属薄壳［图 10-37（e）］。

重复图 10-37（c）所示步骤，倒入填充料［图 10-37（f）］。

在上模充填料完全固化后，将上下模浸泡在温水中，由于 PVA 脱模剂是水溶性的，几分钟后即可完全溶解，轻轻拉动模具即可将上下模分开，脱除模型，即可完成仿形模具的制备［图 10-37（g）］。

该类仿形模具的生产周期短，加工成本低，其费用仅是制造钢模的十分之一，是铸铝制模的二分之一，而且制模时间也可以得到极大的缩短。这种模具主要用于新产品试制和小批量制品的生产。

使用非金属材料取代金属直板模具是国内外业界经常选用的方法，选择一些合适且又容易加工的材料，如使用木材、熟石膏、糊树脂等作为翻制模型的材料。在制模中，要求结构设计合理，注意适当选择模具的分型面、浇注方式、排气位置等因素。同时还需要考虑制模材料的收缩率。为制备具有皮革纹理花纹的表面，可以选择适当纹理图案的塑料薄膜粘贴在原型上。在此，以汽巴-嘉基（Ciba-Geigy）公司使用的树脂制备模具为例介绍其制作程序（图 10-38）。

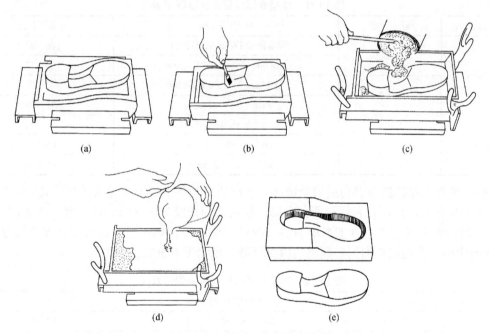

图 10-38　Ciba- Geigy 公司使用环氧树脂制模基本步骤示意图

首先将准备用于翻模的实物或模型固定在底板上［图 10-38（a）］；考虑原型物体的表面气孔及制模收缩率等因素，在原型物体上要使用适当材料进行表面处理［图 10-38（b）］；在模型四周配置可拆卸的钢质或木质边框，并予以密封处理，然后加入含有金属铝珠的专用环氧树脂（铝珠直径约为 0.5～2mm），充填密实［图 10-38（c）］；倒入环氧树脂和硬化剂的混合物［图 10-38（d）］，使其完全固化，即可脱模制造出非金属模具［图 10-38（e）］。

根据模具尺寸、结构和用途不同，可使用不同的方式和结构。

（1）全注塑法　此法主要用于制备小型模具或标准模具的更换备件。在原模型上涂覆脱模剂后，从模具的最低点填充专用树脂混合物。若料层厚度大于 50mm，应采取分步注塑，即在第一层树脂固化后，间隔 2～3h，再注塑第二层树脂。对于具有皮革花纹等表面要求十分精细的模具翻制，最好预先在原模型表面上涂覆一层注塑专用树脂混合物。推荐配方见表 10-10。

表 10-10　注塑专用树脂混合物配制表-1

配　方　一			配　方　二		
操作温度	树脂/固化剂	质量混合比	操作温度	树脂/固化剂	质量混合比
60℃	Araldite CW 2418-1	100	60℃	Araldite CW 216-1	100
	HY5160 或 5161	15		HY216	11

（2）带有表皮层的全注塑法　该法特别适宜制备模塑聚氨酯鞋底等模具。增加表面积即有可能使铝珠充填物与树脂体系混合，可以降低树脂的反应放热，提高成型模具的热传导性。同时，也可以增加注塑树脂的厚度。

在使用脱模剂处理模型后，应使用毛刷涂覆 1mm 厚的表面层，在表面层尚未完全固化时填充注塑树脂的混合物。如果模具的形状比较复杂，则最好在尚未完全固化的表面层上再涂覆一层无铝珠注塑树脂，推荐配方见表 10-11。

表 10-11　注塑专用树脂混合物配制表-2

操作温度	应　用	树脂/固化剂	质量混合比
≤60℃	表面层	Araldite SW-404/HY-2404	100∶21
		Araldite SW-419-1/HY-5160	100∶13
	全注塑	Araldite CW-2215/HY-5160	100∶20
		铝珠（0.5～2.0mm）	200～300
≥60℃	表面层	Araldite SV-414/HY-414	100∶21
	全注塑	Araldite CW-216/HY-216	100∶11
		铝珠（0.5～2.0mm）	200～300

（3）带有支撑材料和表面层的全塑法　该法适宜制备中等尺寸泡沫塑料模具。在原模型上涂刷脱模剂后，涂两层表面树脂，在第二层树脂尚在发黏时立即涂刷厚度约 2mm 的偶联剂层，然后倒入掺有大量骨架型填料的支撑性树脂，轻轻捣实，最后再在顶部浇注厚度为 5mm 的涂层，并通过机加工使翻制的模具规整。推荐配方见表 10-12。

表 10-12　注塑专用树脂混合物配制表-3

操作温度	应　用	树脂/固化剂	混　合　比
≥60℃	表面层	Araldite SV-414/HY-414	100∶21
	偶联剂层	Araldite LW561/HY-216	100∶27
		铝粉或切碎的玻璃纤维 QT-58	150～200 或 15～20
	支撑性树脂	Araldite LW-561/HY-216	100∶27
		铝珠（0.5～2.0mm）或硅沙	800～1000
	涂层	Araldite CW-216-1/HY-216	

（4）薄壳结构型模具　该法主要适用于制备体积大的泡沫制品的模具。原模型经过脱模剂处理后，首先用表面层树脂和偶联剂覆盖，然后再制作层压壳。经层压树脂浸渍的玻璃纤维布连续叠铺在壳体上，直到其厚度达到要求为止。使用层压糊构成的壳体可节省大量时间。将树脂和硬化剂充分混合后涂在偶联剂层上，然后压实。也可根据要求做成夹层结构，如表面层偶联剂层、1～2 层浸渍的玻璃丝布、10～20mm 厚的层压糊中间层，最后是 1～2 层浸渍的玻璃丝布层。发泡模具壳体的法兰盘和密封部位必须用金属框架或角钢加以强化处理。

对于超大型壳体，必须使用与模具外形一致的扁平金属部件做出横向肋条，还必须使用偶联剂层化合物或层压糊或叠铺的玻璃丝布，与模具的加固框架及模具壳体连接成为一体。推荐的配方见表10-13。

表 10-13 注塑树脂专用混合物配制表-4

操作温度	应 用	树脂/固化剂	混 合 比
≥60℃	表面层	Araldite SV-414/HY-414	100：21
	偶联剂层	Araldite LW-561/HY-216	100：27
		铝粉或切碎的玻璃纤维 QT-58	150～200 或 15～20
	层压叠铺		
	用玻璃丝布	Araldite LW-561/HY-216	100：27
	用层压糊	Araldite LV-571/HY-216	100：8

我国在快速制模技术上也有飞跃式发展。依托西安交通大学先进制造技术研究所为基础成立的快速制造工程研究中心，推出了诸多快速制造新技术、新装备。其中ART-3500 金属电弧喷涂机主要用于模具的快速制造，设备主要由机械本体、气体供给装置、喷涂装置以及相应的控制软件等配套组成。喷涂材料主要包括锌、铝、铅锡合金、铜、碳钢等实芯丝材及常用的粉芯丝材。根据不同生产工况条件需要，可以快速制造所需的模具。

金属电弧喷涂制模技术是基于电弧喷涂、快速原形、数控加工和材料科学为一体的经济、快速的制模新技术。它通过材料累加方法，可快速制造出具有材料梯度、功能梯度加工的模具。与普通钢模相比，不仅能极大地节省工时，而且模具的制造成本也可以大幅度降低。其快速制模工艺流程见图10-39 和图10-40。

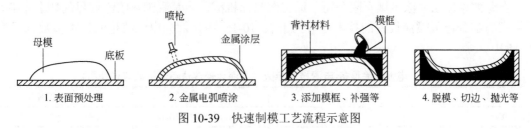

图 10-39 快速制模工艺流程示意图

基于中低熔点金属喷涂模具的样件制作工艺流程

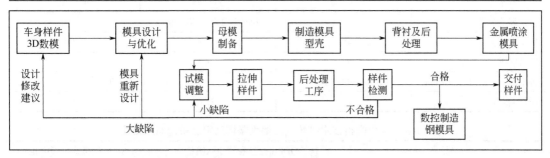

图 10-40 快速制模方框流程示意图

ART-3500 金属电弧喷涂设备的主要技术参数如下。

① 金属喷涂效率：10kg/h；

② 喷涂厚度均匀度：0.2mm（700mm ×700mm 范围）；

③ 喷枪有效工作面积：3100 mm×1800 mm× 480mm，其中

X 方向：行程 3100mm；最大速度 300mm/s；最大加速度 $200mm/s^2$；

Y 方向：行程 1800mm；最大速度 300mm/s；最大加速度 $400mm/s^2$；

Z 方向：行程 480mm；最大速度 300mm/s；最大加速度 $400mm/s^2$；

U 方向：摆动范围 ±90°；最大角加速度 $5\pi/s^2$；

V 方向：摆动范围 ±90°；最大角加速度 $5\pi/s^2$；

④定位误差：0.5mm（X，Y，Z 方向）；0.5°（U，V 方向）；

⑤重复定位性：0.1mm（X，Y，Z 方向）；0.1°（U，V 方向）。

同时，西安交通大学先进制造技术研究所还生产 ZK 系列真空浇注成型机，可以在真空和常温条件下进行硅橡胶、聚氨酯等样品模具的制造以及小批量样机的生产。特别适用于型面及其复杂零件制品的制备。其真空浇注成型机共有 3 个系列，技术参数见表 10-14。

表 10-14　西安交通大学先进制造技术研究所 ZK 系列真空浇注成型机技术参数

项　目	ZK550	ZK850	ZK1000
最大注料容量/g	2000	2500	2500
最大模具尺寸（$L×W×H$）/mm	550×500×1050	850×700×800	1000×800×800
真空度/kPa	≤−94～90		
抽空时间/min	≤3		
放气时间（可调）/s	≤25		
真空保压/(kPa/h)	≤3		
设备尺寸（$L×W×H$）/mm	1250×760×1650	1650×1000×1780	1800×1100×1780

上海大豪瑞法喷涂机械有限公司（原上海喷涂机械厂）是我国热喷涂业界的知名企业，其生产的部分电弧喷涂设备的技术参数列于表 10-15 中，部分电弧喷枪的技术参数列于表 10-16 中。

表 10-15　电弧喷涂设备-电源技术参数（上海大豪瑞法喷涂机械有限公司）

型　号	QD10-D-400	QD8-D-400	QD8-D400N
输入电流	3×AC380V；50Hz		
输入功率/kW	15	18	13
输出电压/V	21～45	21～45	18～42
电压调节等级	粗细各 3 挡，共计 9 挡		
输出电流/A	400	400	300
载荷率/%	60	60	60
外形尺寸（$L×W×H$）/mm	700×500×1050	600×460×850	
质量/kg	225	215	195

表 10-16　电弧喷枪技术参数（上海大豪瑞法喷涂机械有限公司）

项　目	QD8-LA 型拉式电弧喷枪	QD8-TA 型推式电弧喷枪
喷枪质量/kg	3	3
压缩空气压力/MPa	≥0.5	≥0.5
压缩空气消耗量/(m³/min)	1.8（空气雾化帽口径+ϕ6mm 时）	2.4（空气雾化帽口径ϕ7mm 时）

续表

项　目		QD8-LA 型拉式电弧喷枪	QD8-TA 型推式电弧喷枪
送丝拉力/kg		≥8	≥8
喷涂效率/(kg/h)		20（ϕ2mm 锌丝 200A 时）	6.5（ϕ2mm 铝丝 200A 时）
熔融不同线材需要的空载电压/V 和正常工作电流/A	锌，铝（线径 1.2～1.3mm）	20～28/50～80	
	铅锡合金（线径 1.3～2.0mm）	35～40/100～200	
	铜（线径 1.6～ 2.0mm）	35～40/120～240	
	碳钢，不锈钢（线径 2.0mm）	22～28/150～200	
空气雾化帽的选择		喷涂材料线径/mm	空气雾化帽孔径/mm
		1.2～1.3	5～6
		1.6	6～7
		2.0	7
		3.0	9～10

我国生产快速模具制造的金属热喷涂设备的厂家还有很多，如广州三鑫金属科技有限公司、上海休玛喷涂机械有限公司、北京航北川科技开发中心、长春市三宝机电设备厂、淄博意兰表面工程有限公司等。

二、保护性外皮层制作方法与设备

在自结皮泡沫体的生产中，虽然可以产生强韧、高密度的外表皮，但在实际应用中和市场需求中仍然需要在泡沫体外包覆许多其他材料，如纤维织物、皮革、塑料等。在汽车内饰制品中，除了对性能有着严格的要求外，对产品的外观也有很多苛刻的要求。例如门的内衬板顶棚等不仅要求色泽典雅，与整车的颜色匹配，而且要求选用色调柔和，能给人以温暖、舒适感的织物；仪表盘除了有色泽的要求，同时还要求材料表面不反光，以免对驾驶者造成炫目现象，引发交通事故。

目前，保护性外皮层材料主要以织物、皮革和塑料片材居多。织物和皮革多为后期缝制加工、装配，同时也有一部分是预先衬在模具中，然后灌注聚氨酯，发泡形成一体，但这只局限于比较规整的大平面制品。

汽车仪表盘的保护性外皮层材料主要是 PVC、ABS 等塑料薄片，可以采用不同真空成型方式加工，如差压热成型、覆盖热成型、真空回吸热成型等。这几种方法都是利用热能使塑料片材软化，再利用压力变化将其与模具相吻合成型，冷却后形成塑料保护性外表皮层。常用的加压热成型和真空热成型过程见图 10-41 和图 10-42。

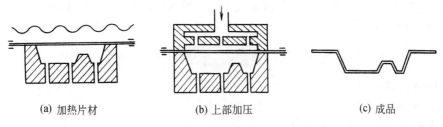

(a) 加热片材　　　　　　(b) 上部加压　　　　　　(c) 成品

图 10-41 塑料薄片的加压热成型示意图

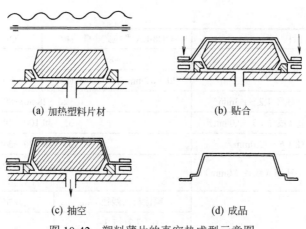

(a) 加热塑料片材　　　(b) 贴合

(c) 抽空　　　(d) 成品

图 10-42　塑料薄片的真空热成型示意图

在图 10-41 和图 10-42 中，首先将塑料片材夹持在模具上，并使用电热器进行加热，当加热至移动温度时，塑料片会软化，下垂弯曲，此时在塑料片材上方施加压力或者在塑料片材下方进行减压就可以使塑料片材与模具吻合，冷却成型后的塑料外皮层可采用吹气加压方式使其脱出。片材成型温度范围推荐如下：

塑料品种	加工温度（上限/下限）/℃	正常成型温度/℃
PVC	149/93	118
ABS	182/126	146

现在塑料保护性外表皮层的制备也可采用搪塑成型工艺。在汽车仪表盘的制备中，该生产方法因其具有良好的花纹成形性和手感以及材料成本低廉而获得很大的市场份额，尤其在中低档汽车中。将定量的 PVC 粉装入粉盒中，并安装在已加热的模具上，旋转模具使 PVC 粉贴服在模具内壁上熔融成型，冷却后取出即可。但由于 PVC 的玻璃化温度较高，材料在低温环境下，无缝气囊仪表盘在低温状态下爆破时有表皮碎片飞出伤人的危险，另外 PVC 还存在不耐老化、增塑剂迁移、对车内空气造成污染等问题，所以人们一直在努力寻找更好的材料来取代它。当前获得成功的是热塑性聚氨酯（TPU）的搪塑加工技术。

拜耳公司开发出的新型 TPU 材料（如 Desmopan DP3790 AP）用于制备汽车仪表盘保护性外皮，它具有优良的老化性能和抗紫外线辐射性能，不含任何增塑剂和卤素，能降低车内雾化污染，改善驾驶环境。TPU 的玻璃化温度为−50℃，它在低温下仍然具有很好的弹性，有优良的安全性。制备仪表盘保护性外皮的 TPU 基本有两类：芳香族聚氨酯和脂肪族聚氨酯。前者由于在结构上存在不饱和双键，容易出现变黄和粉化现象。为此，相继开发出模内涂层（IMC）的搪塑工艺或者直接在 TPU 表皮外面喷涂抗紫外线涂料，以防止外皮层变黄。现在，在制备仪表盘保护性外皮层的材料中综合性能最好的是脂肪族聚氨酯，它具有优良的抗紫外线性能，制备的外表皮无需做抗变黄处理。但这种保护性外表皮材料成本很高。目前也只有在顶级轿车中使用。

参考文献

[1] 德国 DESMA 公司资料.

[2] 意大利 GUSBI 公司资料.

[3] 英国联合制鞋机械（USM）公司资料.

[4] 日本丸加机械工业株式会社资料.

[5] 日本聚氨酯高压株式会社资料.

[6] 奥地利 OLYAIR 公司资料.

[7] 意大利 CANNON 公司资料.

[8] 意大利 OMS 公司资料.

[9] 美国 TAFA 公司资料.

[10] 德国 BAYER 公司资料.

[11] 德国 BASF 公司资料.

[12] 瑞士 CIBA-GEIGY 公司资料.

[13] 温州飞龙机电工程设备有限公司资料.

[14] 温州泽程机电设备有限公司资料.

[15] 温州嘉隆聚氨酯设备厂资料.

[16] 浙江武义恒惠机械制造有限公司资料.

[17] 温州奥瑞聚氨酯设备有限公司资料.

[18] 温州海峰制鞋设备有限公司资料.

[19] 温州市新南机械设备有限公司资料.

[20] 东莞市东城晶瑞机械贸易部资料.

[21] 青岛宝龙保温防腐设备有限公司资料.

[22] 张家港力勤机械有限公司资料.

[23] 武汉中轻机械有限责任公司资料.

[24] 成都东日机械有限公司资料.

[25] 镇江奥力聚氨酯机械有限公司资料.

[26] 广东中山新隆机械设备有限公司资料.

[27] 湘潭精正设备制造有限公司资料.

[28] 徐培林，张淑琴. 聚氨酯材料手册. 北京：化学工业出版社 2002.

[29] 蒋鼎南. 聚氨酯浇注设备及制品成型工艺. 北京：化学工业出版社, 2007.

[30] 李贻彬. 高回弹双硬度汽车坐垫发泡生产线技术浅谈. 聚氨酯工业 2006，21(1)：42-44.

[31] 吴壮利. RIM 聚氨酯加工设备及其在汽车内饰件生产中的应用. 聚氨酯工业, 2006, 21(4)：36-39.

[32] 江苏德翔聚氨酯座椅有限公司资料.

[33] 西安交通大学快速制造根据工程研究中心资料.

[34] 上海大豪瑞法喷涂机械有限公司资料.

[35] 广州三鑫金属科技有限公司资料.

第十一章

聚氨酯硬质泡沫体的生产设备

第一节 概述

聚氨酯硬质泡沫体是聚氨酯材料中的一大分支，其消耗量约占聚氨酯泡沫体总量的40%～50%，其主要应用领域是在建筑行业作为绝热保温材料，其次是用于冰箱冰柜等制冷设备以及运输业的绝热保温材料。另外，合成木材等高强度结构泡沫体的涌现，也使得聚氨酯硬泡拓展出更大的应用空间。

近几十年来，聚氨酯硬质泡沫体的产量年增长速度十分迅猛，这主要是由于它具有许多引人注目的特点所决定的。

（1）聚氨酯硬质泡沫体具有重量轻、比强度高、尺寸稳定性好的特点。聚氨酯硬质泡沫体的用途，要求也不同，其泡沫体的密度通常低于 $150kg/m^3$。包装行业使用的硬泡密度甚至达到 $8kg/m^3$；一般绝热保温材料所用硬泡的密度为 $28～60kg/m^3$。在日本将绝热保温用途的聚氨酯按照密度分为高、中、低 3 类，密度范围分别为 $25～30kg/m^3$、$40～60kg/m^3$ 和 $60～150kg/m^3$。

聚氨酯硬泡的机械强度高，在低温环境下，强度不仅不会下降，反而还有所提高。它们在低温下的尺寸稳定性好，不收缩。在温度为-20℃的条件下存放24h，其线性变化率小于 1%。

（2）聚氨酯硬质泡沫体的绝热性能优异，是目前绝热性能最好的建筑保温材料，其与其他建筑保温材料的保温性能比较见表 11-1。

表 11-1　建筑保温材料保温性能比较

材　料	热导率/[kcal/(m·h·℃)]	相对保温层厚度/mm	材　料	热导率/[kcal/(m·h·℃)]	相对保温层厚度/mm
聚氨酯硬泡	0.020	25	轻软木	0.050	50
聚苯乙烯泡沫	0.035	40	纤维板	0.056	65
矿物棉	0.040	45	混凝土块	0.300	380
膨胀硅藻土	0.045	50	普通砖块	0.600	860

（3）黏合力强。除了聚乙烯、聚丙烯和聚四氟乙烯外，聚氨酯硬泡对大多数材料（如钢、铝、不锈钢等金属，木材，石棉，沥青，混凝土，纸，纤维等）都有良好的粘接性能，适宜

制作各种面材的绝热型材以及设备绝热保温层。

（4）老化性能好，使用寿命长。实际应用表明，在外表皮未被破坏的情况下，外层再使用非渗透性饰面材料，在-190～70℃的环境下，寿命可达14年之久。

（5）反应混合物具有良好的流动性，能顺利地充满形状复杂的模腔或空间。由聚氨酯硬泡制备的复合材料重量轻，易于装配，且不会吸引昆虫或鼠类啃嚼，经久耐用。

（6）生产原料反应活性高，能够快速固化，可在工厂中实现高效率、大批量的现代化生产。

根据应用的不同要求，聚氨酯硬质泡沫体逐渐形成了两大分支。一是传统的绝热保温材料，它主要应用于建筑业、制冷设备（如冰箱、冰柜）、冷藏交通工具、管道、大型储罐等领域。二是结构性硬质泡沫体，它们是随着高活性原料体系的开发和RIM加工工艺的发展推出的高硬度泡沫体。按硬度划分，可分为3种：

① 低密度结构性泡沫体，密度小于400kg/m³，主要用于制备装饰的模制材料。

② 中密度结构性泡沫体，密度范围400～600kg/m³，主要是作为合成木材用于家具行业。

③ 高密度结构性泡沫体，密度大于600kg/m³，目前主要用于制备电气设备壳体，体育运动器材等。

聚氨酯硬质泡沫体的生产，最初是借鉴了聚氨酯软泡的生产方式，先制备体积较大的硬泡块，熟化后，再根据市场需要进行切割成板材应用。后来研究发现，无外表皮层的硬泡板材极易受到湿气环境的影响，受水侵蚀后绝热保温性能大幅度下降，因此不得不在切割的硬泡板材外进行表面处理。目前，采用箱式生产硬泡的企业主要是小型工厂的间歇式生产。其劳动强度大，后加工程序多，产品质量不稳定，使用寿命短。

为适应市场需要，现在的聚氨酯硬泡绝热保温板材已基本是具有各种饰面一体的夹心板材。就生产方式而言，基本可划分如下：

间歇式——箱式发泡式、单一压力机式、交叉压力机式。

连续式——连续夹心板生产线。

为方便布局，本章仅就上述几种生产方式做一些介绍。而对结构性硬质泡沫体的生产，将另设章节阐述。

第二节 聚氨酯夹心板材的生产

一、箱式发泡

硬泡的箱式发泡工艺采用和普通箱式软泡生产类似的模具和装备（可参看软泡箱式发泡一节），将高官能度聚醚多元醇、微量水、辅助发泡剂、泡沫稳定剂、复合催化剂等输入至箱式发泡剂的A罐中，搅拌3～5min，送至发泡搅拌桶中，在搅拌下输入计算量的异氰酸酯（PAPI），快速搅拌30s后，提起搅拌桶并同时打开桶底板，使混合好的浆料平稳地流到衬有聚乙烯薄膜或涂有脱模剂的木质箱式模具中，放置浮动顶板，利用反应放出的热量，混合物发泡，上升，并基本完成熟化定型（图11-1）。历时10～15min后，即可将木质箱体的四边侧板打开，取出聚氨酯硬质泡沫体，自然熟化1天后，即可进行切割等后加工。

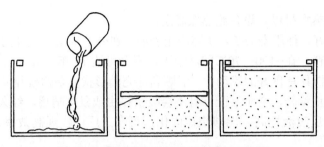

图 11-1　聚氨酯硬泡箱式发泡工艺示意图

二、间歇式单一压力机方式生产

为适应市场需求，对于非柔性饰面材料，如石膏板、饰面水泥板、珍珠岩板、木板及其层压板、硬质塑料板等，不容易进行连续化生产，则多使用间歇方式生产。

间歇式生产基本可分为两种：单一压力机式和交叉压力机式。

单一压力机式的生产装备，主要有发泡机、多层压力机和模具。该法就是将装配好上下饰面的模具一层一层地放置在多层压力机上，将发泡机的混合头深入到模腔里，边浇注边后退，完成浇注定量后，拉出混合头，关闭注料口。将混合头移至另一个模具进行浇注，直至全部模具浇注完成。它们在压力机的作用下完成发泡、粘接和初步定型，取出后自然熟化，即可成为成品。工艺过程见图 11-2，图 11-3 为 BASF 集团 Elastogran 生产的单一压力机式 PU 硬泡夹心板材生产装备。

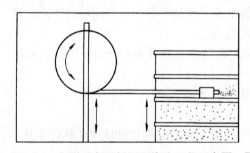

图 11-2　间歇式保温板逐层浇注工艺示意图

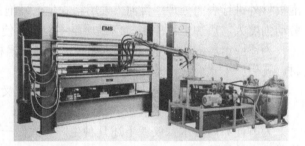

图 11-3　Elastogran 生产的单一压力机式 PU 硬泡夹心板生产装备

生产聚氨酯夹心板的发泡机既可以是低压机，也可以是高压机，这主要根据生产产品的品种要求和投资等情况决定。间歇式生产，长度小于 6m、硬质饰面及特殊品种的小批量板材的生产，多选用低压机；而大规模的连续化生产，则多使用高压机发泡机，混合头的结构和形状则要根据具体生产的浇注方式而定。

聚氨酯夹心板的生产浇注方式见图 11-4。

从图 11-4 可以看出聚氨酯夹心板浇注方式基本有 4 种：①在层压机模具的一个注口进行闭模注射浇注；②在层压机模具的两个或多个注口注射浇注；③发泡机混合头出料口深入层压机模腔中，一边浇注一边后退，逐渐抽出，尤其是采用间歇法生产较长的夹心板（图 11-5）；④在开模的情况下，聚氨酯混合物料吐出在向前运动的下饰面层上，然后再附以上饰面层，并在上下外力的作用下完成材料的发泡反应、定型。为方便生产浇注，可以在一大块模具的空腔内架设若干个隔板使其分成几个独立的区域，每个区域都有一个浇注口，这样一次就可以生产几块夹心板（图 11-6）。显然，前 3 种均为间歇式生产方式，后 1 种为连续式生产方式。

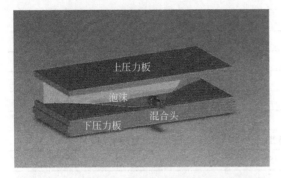
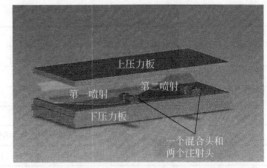
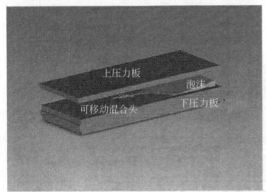
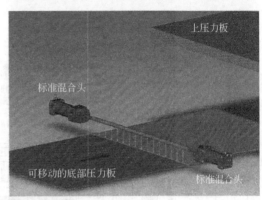

图 11-4　聚氨酯夹心板生产浇注方式

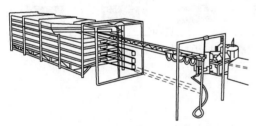

图 11-5　长板压机浇注头抽拉注入　　　　图 11-6　大板模腔分割浇注

　　层压机有大小之分。小型层压机压板的面积较小，压机的夹持力在 100kPa 即可满足生产需要，压机的层数较多，每层放置一块模具，可以放置多个模具，这主要适用于小型企业的生产。若将小型层压机排列成一条生产线，共用一台发泡机，使用一个或多个注料枪头，也可以大幅度提高产量（图 11-7）。在普通聚氨酯夹心板材生产企业中，多半是以多层压力机为中心，在其周围配置可升级式工作台，装配好面板和框架后，送入多层压力机中进行聚氨酯泡沫灌注作业。图 11-8 显示的是多层层压机和升降式工作台的示意图。张家港力勤机械有限公司生产的夹心板材生产装备即是此类设备，其技术参数列于表 11-2。

表 11-2　张家港力勤机械有限公司间歇式多层 PU 发泡板材生产线技术参数

项　　目	PSP420/145	PSP520/145	PSP620/145	PSP820/145
层数	3，5，8，10	3，5，8	3，5	2，3
载模板尺寸 ($L \times W$)/mm	4200×1450	5200×1450	6200×1450	8200×1450
合模高度/mm	20～200	20～200	30～200	50～250

续表

项　　目	PSP420/145	PSP520/145	PSP620/145	PSP820/145
节拍/min	10～45	10～45	15～50	20～65
工作压力/MPa	8～12			
加热介质温度/℃	90			
介质压力/MPa	0.25			
电源	3×380V/50Hz±10%　（控制电压：AC220V/DC24V）			
总功率/kW	约40	约45	约50	约65

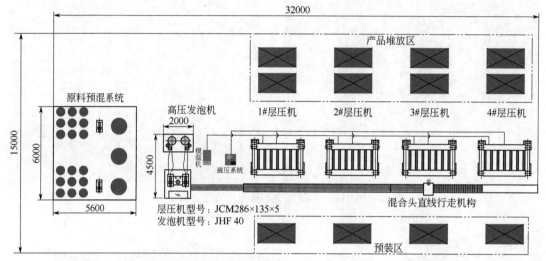

图 11-7　湖南湘潭精正设备制造有限公司间歇式 PU 板材生产线平面布置图

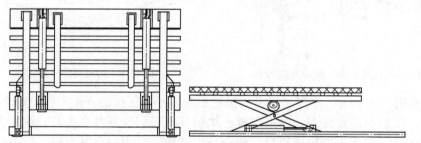

图 11-8　多层层压机和升降式工作台示意图

对于长度达五六米的聚氨酯夹心板间歇生产，均采用大型层压机。由于面积大，承受发泡的压力较大，通常为单层，其工作面长度通常都在 6m 以上（图 11-9）。混合头的物料输出管多半是根据实际需要特殊设计并加长处理的，图 11-10 显示的是韩国 DUT 公司设计的一款夹心板材生产用混合头。

间歇式夹心板生产所用的模具大部分是选用铝合金材料制造。它基本由 4 个边框组成，其中一边固定在下压板上。当放置好底部外表层饰面层后，另外 3 个边框可以根据不同的尺寸规格进行组装，并加以固定，在模具的空腔中可以根据要求预设装配工程所需的导线、导管等各种预埋件以及固定装置。对于面积较大的产品，还可以放置预先切割好的、设计厚度的聚氨酯硬泡垫块，然后放置好上层饰面板和上板，放入层压机中。模具装配示意图可参看图 11-11。

图 11-9　聚氨酯夹心板间歇式生产用大型层压机

图 11-10　韩国 DUT 公司聚氨酯夹心板材生产用浇注枪（DHS-10NA 系列）

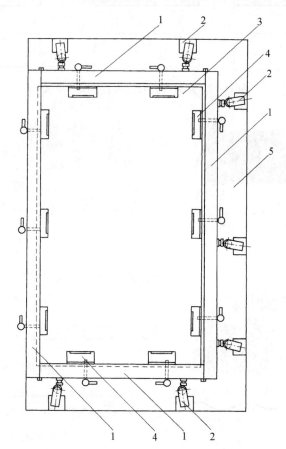

图 11-11　间歇式单一板材生产模具平面结构示意图

1—铝模边框；2—滚轮夹；3—下部金属面板；4—带手柄的滚轮锁具；5—30mm 厚三合板

　　模具的边框条也可以根据需要选用凹凸形边条，这样做出夹心板材，利用它们之间凸缘和凹槽的相互配合企口（图 11-12），不仅方便夹心板的后期装配，而且还可以有效地消除"冷桥"现象，提高绝热保温的效果。根据屋面和墙面的不同要求和设计，夹心板材的表面除了平面以外，还可以设计制造成各种形状（图 11-13），并设计出独特的连接方式，见图 11-14。

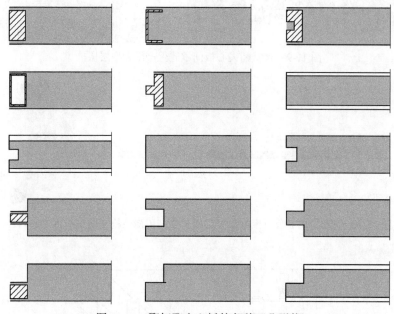

图 11-12　聚氨酯夹心板的各种凹凸形状

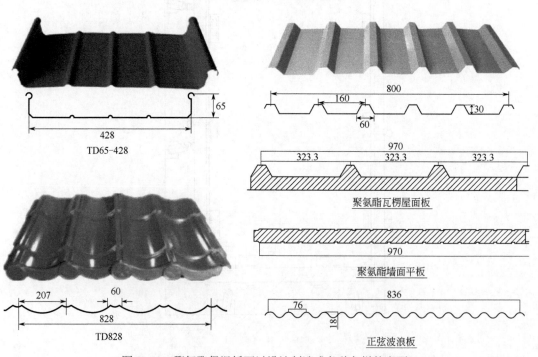

图 11-13　聚氨酯保温板可以设计制造成各种各样的表面

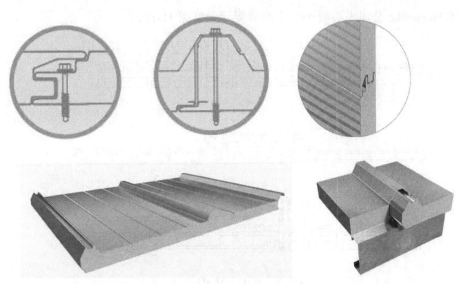

图 11-14 聚氨酯保温板部分连接方式

三、间歇交叉压力机方式生产

为提高生产效率，充分利用层压机设备的利用率，开发出以层压机为中心的交叉式生产方式。在此使用的层压机基本有大型和小型两种。根据需要，大型层压机有适用于冷藏运输车的 13m×2.8m、13m×3.0m，适用于冷库等建筑绝热保温板的（12～5）m×（1.5～1.0）m 等各种规格，其层压机的层数一般为一层或两层；小型层压机的长度通常在 3～4m，宽度在 1.5～1.0m，但压机的层数较多。层压机多采用铝合金型材结构，对工作台或模具能进行加热控制。整机下部设置多个液压缸，可对整个底板施加压力，为有利气体排出，整机还可以进行一定角度的倾斜。典型的层压机参见图 11-15。表 11-3 列出了新加坡润英聚合工业有限公司推出的部分液压层压机的技术规格。

图 11-15 意大利赛普（SAIP）公司生产的层压机

表 11-3 新加坡润英聚合工业有限公司液压层压机技术参数

型　号	种类	层数	层面尺寸/mm	型　号	种类	层数	层面尺寸/mm
P-HM2/12.5	2+2	2	12500×1500	P-HM1/6.8	1+1	1	6800×1000
P-HM2/8.3	2+2	2	8300×1500	P-HF3/3.0	Fixed	3	3000×1800
P-HM2/6.8	2+2	2	6800×1400	P-HF5/4.2	Fixed	5	4200×2400
P-HM2/4.2	2+2	2	4200×1500	P-HF6/3.6	Fixed	6	3600×1900

该种间歇式生产是以层压机为中心，在其一侧或两侧配备可升降、可移动的工作台。根据需要可以有不同的组合方式。通常有以下几种方式：1+0、1+1、2+0、2+2。在层压机的一侧，配备一个工作台（图 11-16）。在工作台上将夹心板模具装配完成后，送入层压机，灌注聚氨酯混合物料，发泡，定型后推出，取出板材半成品后再进行第二件夹心板的模具装配

工作。德国 Hennecke 公司夹心板 1+1 生产装置示意见图 11-17。

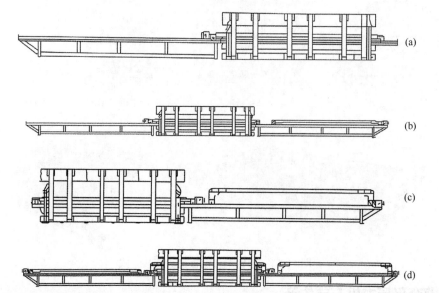

图 11-16　层压机和工作台配置方式：1+0（a）；1+1（b）；2+0（c）；2+2（d）配置模式

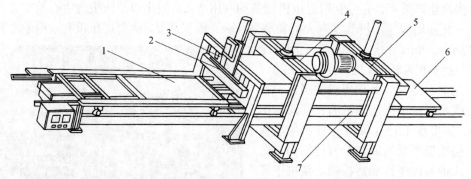

图 11-17　德国 Hennecke 公司夹心板 1+1 生产装置示意图

1—放置低饰面模具框及操作位置；2—聚氨酯浆料分流槽；3—发泡机混合头；

4—上饰面模框吸附装置；5—压机；6—输送车；7—夹心板

图 11-18～图 11-22 分别显示了夹心板材 1+0、1+1、1+1、2+2 和 3+3 的生产装备。图 11-23 和图 11-24 分别显示了两家韩国公司夹心板生产设备。图 11-25 显示的是夹心板物料喷淋浇注的情况。

图 11-18　湘潭方棱设备制造公司 1+0 生产线

图 11-19　意大利赛普公司 1+1 生产线

图 11-20　武汉中轻机械公司生产的 1+1 夹心板材生产线

图 11-21　新加坡润英聚合工业公司 2+2 生产线

图 11-22　德国 HENNECKE 公司 3+3 夹心板生产装置

图 11-23　韩国 UREATAC 公司 PU 非连续板材生产线

夹心板长×宽×厚：（1.5～5m）×（0.4～1.2m）×（0.05～0.2m）；钢板厚度 0.45～0.8mm

图 11-24　韩国 PU 技术设备公司多层层压机生产线

图 11-25　Hennecke 公司夹心板物料的喷淋浇注

1+1 方式：在层压机的两边，左右各配置了一个装配工作台。左侧工作台将装配好的模具送入层压机，即可进行聚氨酯硬泡浆料的灌注，与此同时右侧工作台也要立即进行模具装配工作，在 10～15min 后，将压机上已完成定型的夹心板送至左侧工作台上进行脱模的同时，将右侧已完成装配的模具送至层压机进行发泡操作。左右交叉作业，不断进行模具装配和模具的灌注、压制，生产效率高。设备配置比较简单，如稍加改进，在层压机的一侧或两侧各配置两个工作台，即 2+0 和 2+2 方式，这样，一侧两套模具和两侧四套模具相互交替作业，生产效率将会大幅度提高。德国还曾推出 3+3 的夹心板生产装置（图 11-22）。

我国生产此类设备的厂家较多，主要有武汉中机械有限责任公司（主要产品有 SPJ 1+1 型、2+2 型、3+3 型等）、湖南湘潭方棱设备制造有限公司（FCY 型的多种组合）、四川成都东日机械有限公司、江苏张家港力勤机械有限公司（表 11-4）等。

表 11-4　张家港力勤机械有限公司夹心板层压发泡设备技术参数

项　　目	PSP 620/145	PSP 820/145 或 r260	PSP 1200/145 或 260	PSP 1500/145 或 260
层数	1+1，2+2	1+1，2+2	1+1，2+2	1+1
载模板尺寸($L \times W$)/mm	6200 × 1450	8200 × 1450(2600)	12200 × 14450(2600)	15200 × 1450(2600)
合模高度/mm	30～250	40～250	50～250	50～250
节拍	15～50	20～65	25～75	30～90
工作压力/MPa	8～12			
加热介质温度/℃	90			
加热介质压力/MPa	0.25			
供应电源	3 × 380V/50Hz±10%			
控制电压	AC220V/DC24V			
总功率/kW	约 50	约 65	约 90	约 110
占地面积/mm	20500 × 6000	26500 × 6000(7000)	38500 × 6000(7000)	32500 × 6000(7000)

四、聚氨酯夹心板的连续化生产

聚氨酯夹心板材基本是由 3 层构成，中间层为聚氨酯(PU)硬泡或聚异氰脲酸酯(PIR)硬泡和上下饰面表皮层。根据市场需求，两面的表皮饰层既可以是硬质的，也可以是软质的。常用的硬质表皮饰层是涂覆了保护性涂料的薄钢板、铝板、木材、胶合板、玻纤层压板、硬质塑料板等。常用的软质表皮饰层有牛皮纸、聚乙烯涂覆牛皮纸、沥青纸、石棉纸、铝箔等。在实际应用中，上下两个饰面是根据市场需求而进行搭配组合的，既可以是硬-硬、软-软，也可以是硬-软组合。生产方式也比较灵活，但对于市场需求量大的夹心板，主要还是大型专业化工厂采用连续化生产方式。

1. 软-软饰面夹心板

典型的聚氨酯双软质饰面夹心板的连续化生产流程示意见图 11-26。

在上图中，上下软质表层饰面是以卷材的形式分别安装在输送辊上，经过一系列传动辊的动作，使它们被平整、拉紧，无任何皱褶地向前运动，聚氨酯混合好的浆料由发泡机混合头吐出，均匀地分布在匀速前进的下饰面上，混合浆料在向前运动的过程中逐渐发泡，上升，上饰面则不失时机地被覆盖在泡沫体上，在压力传送带的作用下，不仅能使它们彼此获得良好的粘接，而且调节上下压力输送带的间距可以控制夹心板产品的厚度。在上下输送带的夹持作用下板材被送入冷却区，使用纵向和横向切割机将连续的夹心板切割成一定规格要求的板材。调整配方和加工工艺参数，可以生产厚度 10～200mm 的软质饰面的聚氨酯保温板。

图 11-27 为镇江奥力聚氨酯机械有限公司制造的铝箔饰面保温板连续化生产线布局示意图。

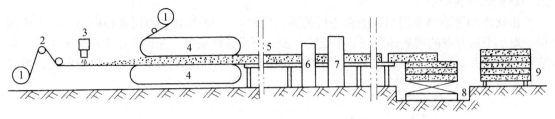

图 11-26　聚氨酯双软质饰面夹心板连续化生产流程示意图

1—上下软质饰面输送辊；2—传送辊；3—发泡机混合头；4—压力式输送带；5—产品冷却区；
6—纵向切割机；7—横向切割机；8—码垛机；9—成品

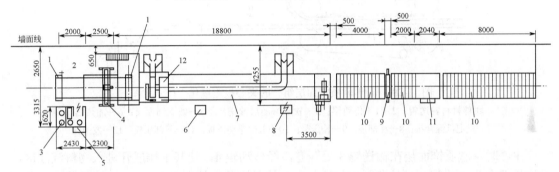

图 11-27　镇江奥力聚氨酯机械有限公司制造的铝箔饰面保温板连续化生产线

1—铝箔放料装置；2—预加热和侧纸贴合装置；3—低压发泡机；4—移动式混合头；5—冷水机；6—液压站；
7—履带式层压输送机；8—输送机电气控制柜；9—修边机；10—辊架；11—切断机组；12—热风循环装置

该夹心板连续生产线，其上下饰面层均为铝箔，中间泡沫层既可以是阻燃性聚氨酯泡沫体也可以是聚异氰尿酸酯或酚醛泡沫体，这类保温板主要用于制备中央空调用的送风管道。生产线所用铝箔厚度为 0.08~0.12mm，宽度小于 1200mm。履带式层压机的压板长度 18m，无极可调式运行速度为 3~8m/min，配备 12 只升降液压缸，且分别装有液压锁，以确保层压机上层压板可在任何位置停留，其基本技术参数见表 11-5。

表 11-5　镇江奥力聚氨酯机械有限公司 PSYF-LB-1200 型铝箔饰面夹心板连续生产线技术参数

项　目	参　数	项　目	参　数
生产线速度/(m/min)	3~5	热风循环温度 (最大)/℃	70
板材尺寸 (宽度×厚度)/mm	1200×(20~30)	层压机间距/mm	300
板材长度	自定	装机总功率/kW	85~125
铝箔压纹速度 (最大)/(m/min)	20	生产线尺寸 (长×宽×高)/ mm	40340×5365×3636
混合头搅拌速度/(r/min)	4500	压纹机组外形尺寸(长×宽×高)/mm	7050×3200×1600
浇注头往复频率/(次/min)	≥60	质量/t	约 33

湖南精正设备制造有限公司生产的聚氨酯复合夹心板连续化生产线由以下单元组成：软质饰面层开卷机两台、气动夹紧阻尼装置两套、光电纠偏装置两套、饰面材料预加热装置两套、2000L机前原料罐供应系统两套、高压发泡机组一台、布料小车一台、双履带式层压输送机一台及其通道、热风循环装置一套、侧部两套、挡料装置两套、侧边修边机两台、自动跟踪切断机一套、传输辊架一套及电气控制系统一套。其主要技术参数如下：生产的夹心板材宽度 1200mm；厚度20~120mm；在线切割长度 2~4m；生产线速度 3~20m；双履带输送机长度 24m（标准）；热风

循环最高温度 70℃；整机总功率 180kW；生产线外形尺寸（长×宽×高）65m×4m×3.8m。

2. 软-硬饰面夹心板

由软质和硬质饰面层组合的夹心板的连续化生产，与软-软饰面层夹心板的生产大体相同。对于不易开卷的硬质饰面层、木板胶合板、硬质塑料板等，在连续化生产装备中，可将它们依次排列放置在下部输送带上，将软质饰面层安排在上部的开卷辊上，以反面复合方式进行连续化生产（图 11-28）。

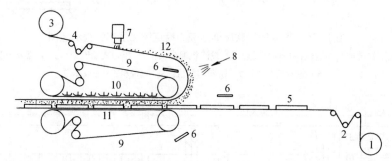

图 11-28　硬质-软质饰面层组合的夹心板连续化生产示意图

1—底部衬材输送辊；2，4—传动辊；3—软质饰面层输送辊；5—硬质饰面层；6—加热器；
7—发泡机混合头；8—冷却段；9—输送带；10—上部浮动压板；11—下部压板；12—发泡区

生产时，软质饰面层在输送辊 3 处开卷，经传动辊 4，使其平摊展开进入物料浇注区，发泡机混合头 7 将混合好的浆料均匀地分布在软质饰面层的内表面上，在 12 区发泡，经过冷却段 8 后，在输送带的作用下翻转。底板衬纸从 1 开始经过传动辊 2 进入硬质饰面层放置区 5，将硬质饰面层一块一块地摆放在输送带的衬纸上，在输送带 9、下部压板 11 和上部浮动压板 10 的作用下使带有泡沫层的软质饰面层和下部的硬质饰面层牢固地粘接在一起。必要时，可使用加热器 6 作适当的加热处理。调整上下压板的距离，即可控制夹心板材的厚度。连续生产的板材经切割后为成品。

在这种翻转发泡的生产工艺中，聚氨酯发泡配方是顺利生产的重要因素，发泡机混合头连续不断地将混合好的物料吐出，均匀地分布在饰面层的背面，其输送带是以 3°～8° 的角度配置，混合物料将在这一区域里反应、发泡。在它们进入翻转弯道以前，发泡物料应该完成发泡过程并基本定型，否则产品会出现开裂等质量缺陷。为促进反应，必要时可进行适当的加热处理。有时，为了提高粘接效果，也可以在硬质饰面层表面喷涂聚氨酯类胶黏剂。图 11-29 为无锡威华机械有限公司生产的软饰面保温板生产线的开卷系统，该系统可以在 20～60m/min 的高速状态不停机的情况下实现软饰面层的储料、张紧、对接等。

图 11-29　无锡威华机械有限公司生产的软饰面保温板生产线的开卷系统

3. 硬-硬饰面夹心板

　　双硬质饰面的聚氨酯保温板材主要用于大型工厂厂房、仓库、冷库等非承重外墙、屋顶等的绝热保温，根据不同的用途选择不同的饰面层材料。通常，对于大型建筑的绝热保温多使用以薄钢板为饰面的夹心板，对于保温冷藏车辆等则多选用以铝合金为饰面材料的夹心板。

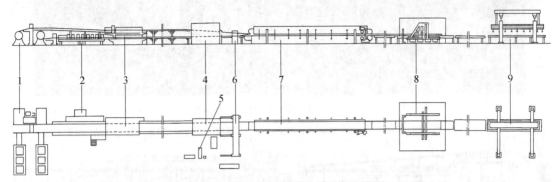

图 11-30　双金属饰面保温板连续化生产流程示意图（Hennecke 公司）

1—金属薄板开卷机；2—波纹辊机组；3—金属薄板成型机组；4—预热装置；5—发泡机；
6—发泡操作控制桥；7—层压机输送系统；8—切割机械；9—码垛装置

　　图 11-30 是德国 Hennecke 公司早期推出的生产装置，配备 HK 系列发泡机和 CONTIMAT 履带式层压输送机（图 11-31）。该生产线可制造双金属饰面的保温板宽度为 600～1200mm，最大厚度为 20～250mm。该线系列共有 4 个型号：CM10，CM15，CM20，CM30。CM 后面的数字代表履带式层压输送带长度（m），其输送带的运行速度分别为 1～12m/min、1.5～15m/min、1.5～15m/min、1.5～25m/min。

图 11-31　Hennecke 公司生产的履带式压力输送机(CONTIMAT)

　　江苏镇江奥力聚氨酯机械有限公司（原镇江市第二轻工机械厂）在 2004 年推出了聚氨酯夹心彩钢板 PSYF-CG-1000 型连续化生产线。它由开卷机、压型机组、覆膜装置、钢板预热装置、低压发泡机、扫描布料机、履带式层压输送机、侧边挡料装置、托链、热风循环装置、自动跟踪切断机、产品放料装置等构成。整个生产线质量约 40t，外形尺寸（长×宽×高）为 80000mm×5300mm×3800mm。整个生产线配置和布局见图 11-32。图 11-33 和图 11-34 分别是意大利 OMS 公司、大唐盛隆科技有限公司和浙江精工科技股份有限公司硬质饰面夹心板连续化生产线的配置示意图。

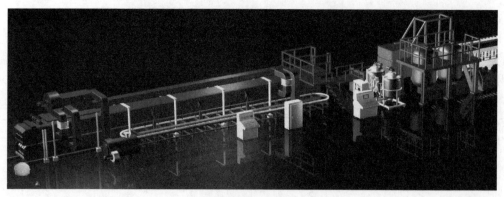

(a) 装置外形示意

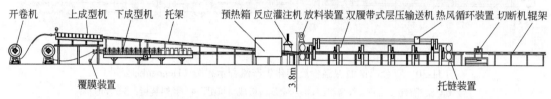

开卷机　上成型机　下成型机　托架　　预热箱　反应灌注机　放料装置　双履带式层压输送机　热风循环装置　切断机辊架

覆膜装置　　　　　　　　　　　　　3.8m　　　　　　　　　　　　　　　　　托链装置

(b) 配置和布局示意

图 11-32　镇江奥力聚氨酯机械有限公司夹心彩钢保温板连续生产线装置示意图

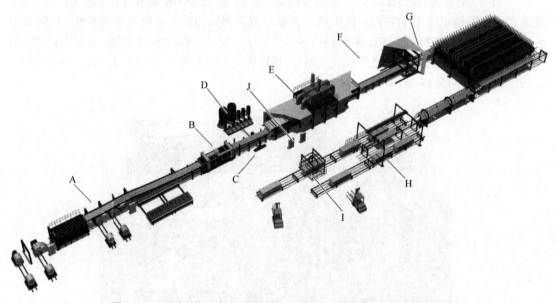

图 11-33　意大利 OMS 公司硬质饰面夹心板连续化生产线示意图

A—滚轮压型机；B—金属饰面预加热炉；C—物料分配吐出装置；D—高压发泡机；E—双履带压力机；
F—切割机械；G—冷却系统；H—板材自动包装设备；I—自动包装机械；J—生产线控制台

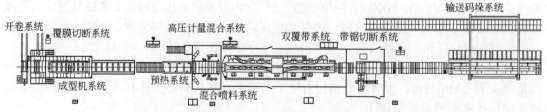

输送码垛系统

开卷系统　覆膜切断系统　　　　高压计量混合系统　　双覆带系统　带锯切断系统

成型机系统　　　预热系统　　混合喷料系统

图 11-34　上海大唐盛隆科技有限公司及浙江精工科技股份有限公司制造的硬质饰面夹心板连续化生产线

履带板式层压输送机为链板式传动结构，链板选用优质铝合金制造，层压长度 24m，运行速度 1～4m/min（无级调速），产品厚度由上下履带板间距确定，上层履带板采用液压方式开启，最大开启高度达 250mm，采用了液压反向保压系统，以确保其承受发泡膨胀力。12 只升降液压缸分别装有液压锁，以确保上层履带能在任何位置停留。其主要技术参数参见表 11-6。

表 11-6 聚氨酯夹心彩钢板连续化生产线主要技术参数（镇江奥力聚氨酯机械有限公司 PSYF-CG-1000 型）

项 目	参 数	项 目	参 数
原材料（彩钢板）规格		产品彩钢夹心板规格	
宽度/mm	1000～1200	宽度/mm	700～1000
厚度/mm	0.35～0.7	厚度/mm	20～150
生产线速度/(m/min)	3～8	长度	任意
热风循环最高温度/℃	70	发泡机混合头往复频率/(次/min)	>60
装机总功率/kW	85～190		

比较以上 3 个硬质饰面连续化生产线的示意图，其主要结构基本相同，但后两者显然更完善。意大利 OMS 公司甚至还专门设立了的板材冷却区，它与码垛装置和包装装置连接起来，形成一条十分完整的连续化生产线。

硬质饰面夹芯板的硬质饰面开卷系统、硬饰面成型机、物料多头分配系统、发泡机、切割机、冷却系统和包装设备等见图 11-35～图 11-46，在表 11-7 中显示了几家企业生产的硬质饰面夹心板材生产线的简要技术参数。

(a) 无锡威华机械有限公司

(b) 浙江精工公司

(c) 意大利 OMS 公司

(d) 德国 Hennecke 公司

图 11-35 硬质饰面开卷系统

(a) 浙江精工公司

(b) 意大利 OMS 公司

(c) 意大利 SAIP 公司

图 11-36 硬质饰面连续化生产线的硬饰面成型机

图 11-37　物料多头分配系统（意大利 OMS 公司）

图 11-38　物料多孔摆动吐出（意大利 OMS 公司）

图 11-39　环戊烷型发泡机（意大利 OMS 公司）

图 11-40　履带压力输送机（KraussMaffei 公司）

图 11-41　双履带连续板材生产线的同步切割带锯（Hennecke 公司）

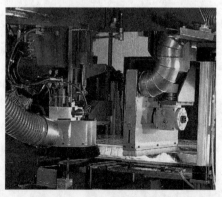

图 11-42　Hennecke 夹心板切割机

图 11-43　夹心板冷却系统（意大利 OMS 公司）

图 11-44　夹心板生产线包装设备（无锡威华机械公司）

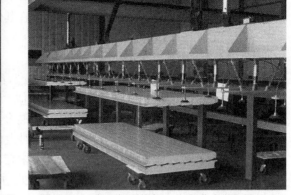

图 11-45 夹心板材生产线包装设备（意大利 OMS 公司） 图 11-46 夹心板码垛机（张家港力勤机械公司）

表 11-7 生产硬质饰面夹心板连续生产线技术参数（摘要）

项 目	上海大唐盛隆科技有限公司	浙江精工科技股份有限公司	DUT 韩国有限公司
型 号	大唐	JF100	
生产线速度/(m/min)	6～9	3～7	1.5～12
生产产品规格 (宽×厚)/mm	（500～1200）×（20～150）	（900～1020）×（30～150）	1000×（35～200）
履带压机长度/m	20	21（双履带长度 ）	
装机总功率/kW	70kV·A	约 300	400

第三节 冰箱绝热层的生产

在家用器具中，直接使用聚氨酯发泡制备绝热材料最典型的例子是冰箱、冰柜等。由于聚氨酯硬泡的密度小、热导率低、综合性能优异，目前全世界的冰箱、冰柜等白色家电设备的绝热材料都是采用聚氨酯硬质泡沫体。我国所有的冰箱生产厂都装备了自己的聚氨酯硬泡灌注设备。其基本生产原理就是将聚氨酯混合浆料直接注入冰箱的壳体或是门扉的夹缝空间中，混合的浆液在壳体的空间中反应、发泡，充满整个空间，形成一层闭孔结构的泡沫绝热层。由于冰箱等绝热设备对绝热性能有着严格的要求，同时要确保物料在狭窄、复杂的夹缝空间中能流动顺畅，使发起的泡沫体能完全充满整个空间，对制备冰箱保温层所用聚氨酯硬泡的配方和灌注工艺的要求都比较严格，对其加工性能和泡沫体的物理性能等都有严格的、明确的技术要求（表 11-8）。

表 11-8 冰箱绝热层加工工艺要求和绝热层性能要求

项 目		参数	项 目		参数
加工性能	黏度 (21℃)/Pa·s	0.3～0.35	材料性能要求（国标）	表面密度/(kg/m³)	28～35
	乳白时间/s	8～17		压缩强度/kPa	≥100
	凝胶时间/s	75～120		热导率/[W/(m·K)]	≤0.022
	不粘手时间/s	90～140		吸水率 (体积分数)/%	≤5
	脱模时间/min	4～8		闭孔率/%	≥90
				尺寸稳定性	
				低温 (−20℃, 24h) 平均线性变化率/%	≤1
				高温 (100℃, 24h) 平均线性变化率/%	≤1.5

冰箱、冰柜等保温层的制备是将箱体和门体分成两个部分，分别灌注聚氨酯硬泡绝热保温层后再进行装配的。由于箱体和门体结构不同，在其保温层的灌注生产方式上也是不尽相同的。

一、冰箱箱体保温层的灌注

早期，冰箱箱体保温层灌注的连续化生产普遍采用的是水平转盘式生产线（图11-47）。该生产方法和小型软泡制品转盘生产方式相似，将冰箱箱体装配在转盘式模架的生产线上，转盘转动，在进入灌注工位时，将发泡机的混合头插入箱体模具，灌注聚氨酯硬泡，完成灌注量后，封闭灌注口并转入下一个工位，同时发泡机对新转入的冰箱模具进行灌注。该种生产线装备比较笨重，能量消耗大；对原料要求苛刻且产量低；同时，模具更换必须将整个生产线都停下来，费工费时，对市场需求变化的适应性差。因此，这类生产线已基本被淘汰。

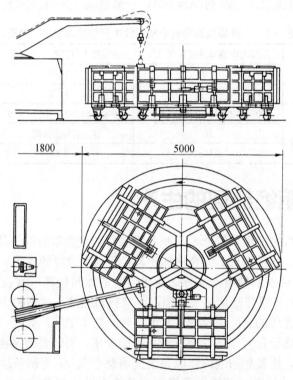

图11-47 早期冰箱箱体保温层水平圆盘式灌注

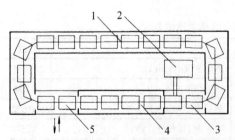

图11-48 冰箱保温层的水平矩形生产线

1—熟化烘道；2—发泡机；3—发泡工位；
4—预热烘道；5—振动脱模工位

早期冰箱箱体保温层的生产还采用过和鞋底成型相似的矩形生产线（图11-48）。冰箱箱体模具在转动的生产线上完成灌注、熟化、脱模和模具配置等工序，生产能力大幅度提高，但众多笨重模具的转动，能量消耗大。因此，它和转盘式生产线一样，已逐渐被多线式生产线取代。随着发泡装备的研发、进步，生产理念的发展，以及环保意识和法规的日益增强，冰箱保温层的生产有了较大改进，如变模具移动为发泡机混合头移动、由单一定制模具改为组合模具、发泡剂改为环戊烷的加工技术（pentane process technology，PPT）等。

目前，冰箱箱体的连续化生产已采用多线式生产线方式（图11-49），整套生产线由输送冰箱箱体的主运输托架或运输小车、分运输托架、箱体预热烘道、模具、发泡机、多个注射枪头或者单注射枪头的移动轨道、完成发泡箱体的输出托架以及中心控制台等组成。这种生产线的单一箱体轻便，传输能量消耗低，生产效率高，在不影响整个生产线工作的情况下可任意更换某一个模具以生产不同款式的产品，对市场的适应性强。在每条支线上，均设有箱体预热装置，能使箱体均匀地达到设定的工艺温度（如通常的40℃）。

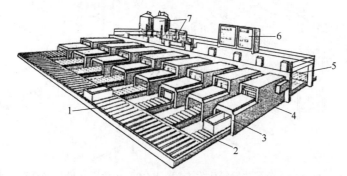

图 11-49　多线式冰箱箱体保温层灌注生产线

1—冰箱箱体主输送线；2—箱体分输送线；3—箱体预热烘道；4—固定模架；

5—发泡箱体输出线；6—中心控制台；7—高压发泡机

Hennecke公司新近推出的冰箱箱体连续化生产线（KGS），不仅生产效率高，而且能耗低，占地面积少，同时使用环戊烷作为发泡剂及原料的高效利用率，更加有助于环保。图11-50和图11-51为该公司目前先进的冰箱箱体生产线。

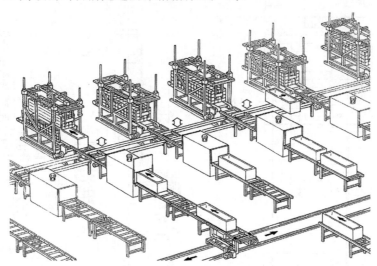

图 11-50　Hennecke冰箱箱体生产线示意图（模具夹具经过改进）

图11-52和图11-53是Cannon公司的多枪头和单枪头冰箱箱体生产线。图11-54显示的是Cannon公司1台发泡机与4套冰箱箱体模具配套的生产线照片。从图11-54（a）中可以看出冰箱箱体生产线的后部设有可供来回移动的运输小车，它可以运输箱体，并将它们安置在箱体模具中，在完成泡沫体灌注以后再被取出，由运输小车输出。图11-54（b）显示的是生产线的前部，在程序控制指令下，发泡机枪头依次对这几台模具进行灌注作业。

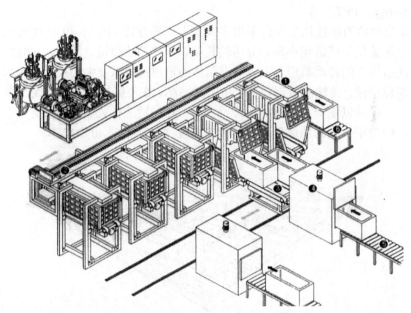

图 11-51　Hennecke 公司冰箱箱体生产线（KGS）示意图（模具夹具经过改进）

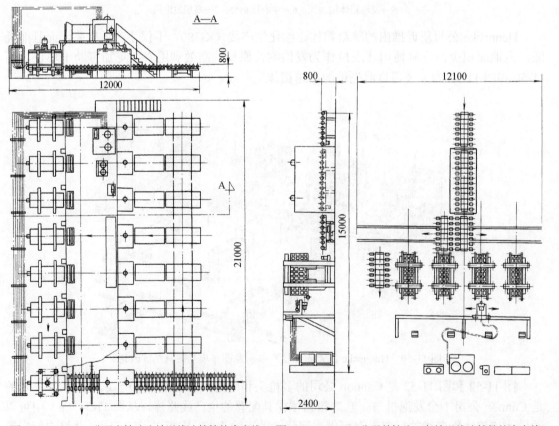

图 11-52　Cannon 公司多枪头多输送线冰箱箱体生产线　　图 11-53　Cannon 公司单枪头 4 条输送线冰箱箱体生产线

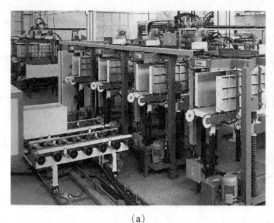 

(a)　　　　　　　　　　　　　　　　　(b)

图 11-54　Cannon 公司冰箱箱体灌注生产线

　　我国目前一般的冰箱生产企业，很多都是采用一机多模的直线排列方式。国内聚氨酯设备制造企业也都能为冰箱输出企业提供性能优良的加工机械以及相应的生产线。图 11-55 显示的是武汉中轻机械有限公司生产的冰箱箱体灌注生产线。同时，为适应日益严格的环保标准和要求，也可以生产以环戊烷为发泡剂的工艺设备。图 11-56 是武汉中轻机械有限公司专门为环戊烷体系开发的冰箱箱体灌注生产线，该生产线配备有相应的环戊烷计量、混合、灌注安全操作系统以及完备的环戊烷检测系统，通风和排风系统，安全可靠。

图 11-55　武汉中轻机械有限公司生产的 BT515 型冰箱箱体灌注生产线

图 11-56　武汉中轻机械有限公司生产的环戊烷防爆型冰箱箱体灌注生产线

湘潭精正设备制造有限公司在吸收国外先进技术基础上设计、生产出 8 工位冰箱箱体灌注生产线，该线成直线式布局，由双向分配小车、8 套箱体发泡夹具、发泡机和一套注射机械手系统、箱体预热系统及中心控制系统等单元组成。冰箱箱体从输送、夹紧、灌注、熟化至发泡箱体输出等工序依次完成，具有自动化程度高、劳动强度小的特点。

在生产的过程中，人们对生产装备进行了很多革新。如对箱体的灌注位置、箱体的夹具等。原来冰箱箱体的门位在模具中处于向下的位置，发泡浆料由上部灌注并向下流动，而浆料发泡方向却是由下向上起发的，两者方向恰好相反。因此，这种配置容易产生浆料潜流，在箱体狭窄的间隙，尤其是拐弯、转向的地方，很容易产生物料堆积，妨碍下部泡沫上升，造成箱体内泡沫密度分布不均，甚至产生较大的空穴，影响冰箱绝热保温效果。目前，冰箱箱体在模具中的位置均已采用了 Cannon 公司的门位向上的配置方式，聚氨酯浆料从下部进入并与浆料发泡方向一致，从而避免了物料潜流、密度分布不均等问题（图11-57）。

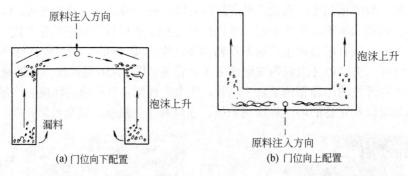

图 11-57　冰箱箱体门位配置方向与发泡流动方向的关系

冰箱箱体灌注发泡模夹具是冰箱生产线的核心部件，图 11-58 为 Cannon 公司设计制造的冰箱箱体模夹具。图 11-59 为 Hennecke 公司设计制造的冰箱箱体模夹具，该模具夹具的底部为"指形底板"，因此，可以很方便地对其宽度作有效的调节，以适应不同的冰箱型号需要。开启和关闭动作是通过四边的纺锤形举升齿（spindle-type lifting gears）实施的。带状

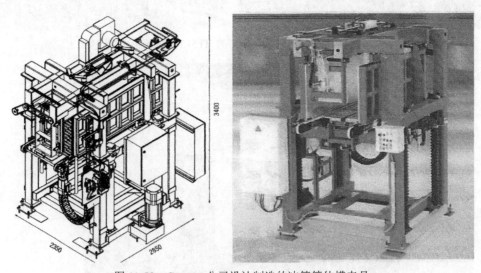

图 11-58　Cannon 公司设计制造的冰箱箱体模夹具

输送机可在其同一侧或另一侧装入或取出冰箱箱体。为便于夹具宽度的调整，其底部设计成交叉式的指状，以适应不同类型箱体的外形轮廓变化。箱体的加热和温度控制，采用电加热和预埋水管的铝板。带有举升功能的箱体夹具可以采用手工或全自动方式进行调整（如使用 ROTAFLEX 原理的换芯机械）。

由于市场需求变化的持续增长，要求在生产线上能随时进行冰箱箱体模具更换，为此，Hennecke 公司提供了 3 种箱体模更换方案——ROTAFLEX，COREFLEX，STOREFLEX，见图 11-60。

上述 3 种箱体模转换方式中，ROTAFLEX 是其标准型。在其上部配置了一个适应双箱体配置

图 11-59 Hennecke 公司设计制造的
冰箱箱体模夹具

及前部板的一体化的旋转体。在箱体模转换时，其箱体模侧壁自动移动，旋转体开启，转换箱体模式，然后转动，定位并闭锁，同时箱体模夹具侧壁自动调整，以适应新模外形尺寸。

(a) ROTAFLEX   (b) COREFLEX   (c) STOREFLEX

图 11-60 箱体模更换方式

如需要夹具模频繁更换，尤其是利用一个多于 6 个芯模转换装置的箱体模夹具时，可以采用 COREFLEX 方式，6 套以上的芯模装置能被配置在每个形体模夹具中。它不同于 ROTAFLEX 方式，带有芯模和侧壁的旋转体被定位在发泡夹具的前面。为节省空间，装置被安排在分配输送线的上部。这样，在生产的过程中更容易进行维护工作。在模式变换时，箱体模的侧壁自动移动至最大宽度，开启芯装置，将其转移更换成旋转体相应的传输线上，带有新的芯模转动至传输位置，再将新模式从旋转体传输至箱体模夹具中锁定，箱体模夹具的侧壁自动调节至新模式尺寸。其全部模式的转换时间仅需要 60s。

STOREFLEX 用于特殊组装好的形体模夹具，它通过有双位滑道输送线与中心模型储存架相连，这样它可以充分利用各种模型。在模具更换时，使用推进器将芯模从带有固定和传输装置的储存架上推出。如有必要，可将芯模推至预热炉中加热至加工温度。加热后的芯模传输到选定的夹具中，定位，使用另一个推进器将芯模转至滑道的第二个合适的位置上，滑

道复位并在箱体模夹具中放入新的芯模，闭锁，并使箱体夹具侧壁进行自动调节，以适应新模式。每个夹具模式更换的时间大约为60s。

二、冰箱门体保温层的灌注

冰箱门体的结构比较简单，在保温层的灌注发泡方式上与箱体发泡有一定差异。

1. 冰箱门体的抽屉式灌注方式

20世纪70年代，Cannon公司采用聚氨酯保温板材的生产原理，设计开发了冰箱门体绝热保温层的抽屉式生产装置（图11-61）。装配好的冰箱门体逐层放置在多层压机的每一层上，并依次灌注聚氨酯硬质泡沫体。虽然该生产装备具有设备占地面积小、投资费用低等特点。但工人劳动强度大且产量低，另外，多层制品的闭模灌注，产品的质量稳定性较差。图11-62是Hennecke公司用于冰箱门体保温层生产的KTP型多层压机。它用电加热方式，聚氨酯浆液水平注射，门体的装卸均采用人工进行。

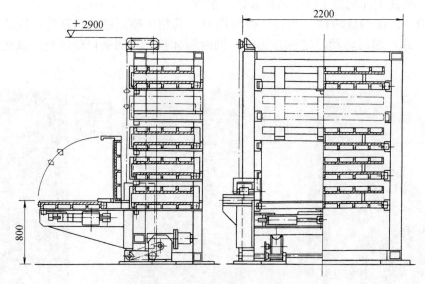

图11-61　冰箱门体绝热保温层的抽屉式生产装备

图11-62　Hennecke公司用于冰箱门体保温层生产的KTP型多层压机

2. 平面和双层立体循环生产线

对于规格变化小且要求产量大的冰箱门体保温层的连续化生产，可采用平面循环生产线，图 11-63 是湘潭精正设备制造有限公司生产的水平排列的冰箱门体绝热保温层生产线；也可采用立体双层循环式生产线，图 11-64 为 Cannon 公司设计的双层立体循环冰箱门体灌注生产线。

图 11-63　湘潭精正设备制造有限公司生产的冰箱门体绝热保温层生产线

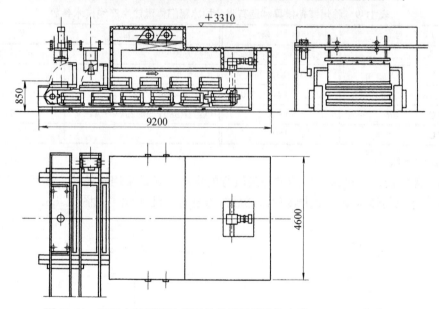

图 11-64　双层立体循环冰箱门体保温层灌注生产线（Cannon 公司）

这类生产线的配置通常是几十套门体模具安装在平面或立体传动的生产线上，在输送线旁配备发泡机混合头，将聚氨酯浆料进行开模浇注，经过合模闭锁、发泡熟化、脱模取出等工序，完成对冰箱门体绝热保温层的制备。图 11-64 是 Cannon 公司 20 世纪 80 年代推出的冰箱门体保温层双层立体循环生产线，该线的门体模具输送线为双层立体式设计，可以配置 20～30 套门体模具，聚氨酯浆料以开模浇注方式进行，除了浇注、合模、开模、取件等工序外，其他输送线均处于烘房式的壳体内，以便排出生产中产生的废气。虽然这种生产形式是水平生产线的一种变体，但它具有设备占地面积小、产量较高的特点。

图 11-65 展示的是中国扬子集团滁州装备模具制造有限公司生产的冰箱门体灌注生产线，该生产线共有 22 套模架，有 4 个开启工位，采用电机和气缸驱动凸轮或连杆等机械机

构,模架在利用轨道开启的同时,模架后侧抬起,使模具倾斜,以便于上下料操作。该系统侧部驱动,前后升降循环发泡,具有安全可靠、机构紧凑、生产效率高的特点。基本技术参数见表11-9。

图 11-65　直线式冰箱门体发泡生产线（中国扬子集团滁州装备模具制造有限公司）

表 11-9　滁州装备模具制造有限公司冰箱门体灌注生产线技术参数

项　目	参　数	项　目	参　数
模架数量	22套（2门/单个模架）	加热方式	电加热或蒸气加热
模架闭合尺寸($L×B×H$)/mm	2100×835×280	工作节拍/s	30
生产线尺寸($L×B×H$)/mm	27240×4940×3570	蒸气容量/(m³/h)	200
烘炉温度/℃	50±10	电容量(380V/50Hz)/kV·A	110
蒸气温度/℃	150		

3. 转轮式生产线

目前,冰箱门体绝热保温层的灌注最流行的生产方式是采用转轮式生产线。这种生产方式是将多个冰箱门体构成一个大转轮,然后依次进行浇注作业,见图11-66。

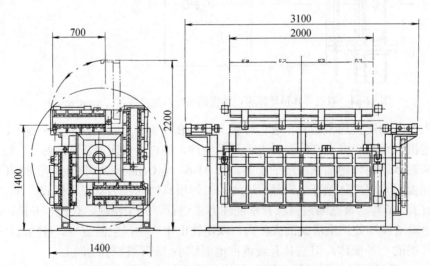

（a）由4套模具构成的滚轮式门体灌注生产装备

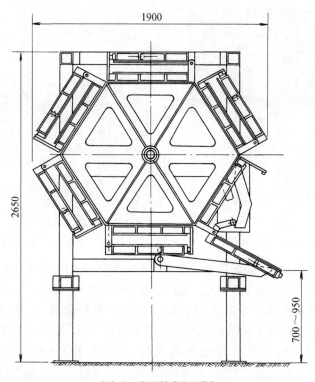

（b）六工位滚轮式生产装备

图 11-66　冰箱门体保温层转轮式生产设备示意图

图 11-67 是 OMS 公司冰箱门体转轮式生产装置。在图 11-68 中可以看出，低压大型门体生产设备还采用了双混合头的灌注工艺。图 11-69 为由多个转轮式装置构成的冰箱门体生产线。德国 Hennecke 公司为适应冰箱门体绝热保温层的中型生产量的需要，开发了取名为 ROTAMAT 的转轮式系列生产装备，该装置围绕水平轴向周围安装了多个载模器，可按工位进行旋转。冰箱门体模具装配在载模器上，整个载模器滚轮由电机控制的齿轮带动其转动。从各处理工位到最佳水平位置的灌注工位的旋转过程中，模具被打开，利用摇臂打开模具并浇注聚氨酯浆料。为实现人体工程学，模具夹持装置可以开启至 80° 的角度，以方便操作者装

图 11-67　OMS 公司生产的门体保温层自动化转轮式生产装备

图 11-68　配备双枪头的转轮式生产装备　　　图 11-69　由多个转轮式装置构成的冰箱门体浇注生产线

卸冰箱门体。当 ROTAMAT 向前转动一个位置时，模具关闭。在使用高活性反应体系原料时，滚轮可高速转动，其循环时间可达 45s，即每小时可生产 80 套冰箱门体。为降低生产成本，可配置一个或多个轴向运动的浇注机械手，提高物料分配能力，有效降低原料浪费，还可以在模具输送机的前部或下部装配机械手，用于装卸门体。根据不同的生产需求，可分别选择带有 5、6、7、8 个载模器的不同机型。典型 ROTAMAT 装置的外形尺寸为 6000mm × 6000mm × 6000mm。另外，在每个模具上还可以进行分割处理，生产多种规格的绝热保温板材产品。

第四节　聚氨酯保温管材

一、聚氨酯保温管材的优点

在人们生产和生活的各个领域中，有大量的气体、液体需要在保温、保冷的条件下运输、储存和输送。对于这些容器、设备、管线的保温、保冷，传统的保温、保冷材料，如石棉、矿渣棉、珍珠岩、锯末、沥青、玻璃纤维等，都存在许多缺点，这些保温材料施工程序复杂，操作不便，有些材料对施工人员的健康还有较大危害。另外，这些保温材料的热导率较高，绝热效果差，能量损耗严重，使用寿命较短。相比之下，聚氨酯硬质泡沫体热导率最低，并能很好地摒弃传统保温材料的缺点，尤其在材料绝热性能方面是其他保温材料无法与之相比的。有关性能对比见表 11-10～表 11-12。

表 11-10　聚氨酯硬泡与其他材料导热性能比较

材　　料	PU 硬泡	PS，PE 硬泡	矿棉	软木	玻璃丝棉	泡沫玻璃
热导率/[W/(m·K)]	0.025	0.03	0.035	0.04	0.041～0.044	0.045

材料	牛毛毡	轻质刨花板	矿渣棉	沥青珍珠岩	沥青
热导率/[W/(m·K)]	0.046	0.047	0.047～0.058	0.052	0.175

表 11-11　建筑材料中达到同等绝热效果所需材料厚度比较

材　　料	PU 硬泡	PS 硬泡	矿棉	软木	刨花板	低密度木板	混凝土	砖块
相对厚度/mm	50	80	90	100	130	280	760	1720

表 11-12　油田输油管线保温材料对比

材料	热导率/[W/(m·K)]	保温层结构	性　　能	施工条件
PU 硬泡	0.03	厚度 25mm，密度 50kg/m³	保温，防腐	机械化施工
沥青	0.175	加强保温厚度 5mm	仅能防腐	机械化施工
玻璃棉	0.041～0.044	厚度 50mm 外敷玻璃丝布，沥青防护层	保温，存在防水问题	手工施工
矿渣棉	0.047～0.058	厚度 50mm 外敷铁丝网玻璃丝布沥青防护层	保温，存在防水问题	手工施工

使用聚氨酯硬质泡沫体作为绝热材料具有以下优点。

① 绝热效果好。这一点在以上几个表格中可以明显地显示出来。使用聚氨酯硬泡和聚异氰脲酸酯（PIR）硬泡，不仅保温层薄而轻，而且绝热效果优异。

② 聚氨酯硬泡和 PIR 硬泡具有很高的闭孔率，并能生产密实的外表皮层，不易渗水，防水效果好。

③ 热稳定性能好，工作温度范围广。新型 PU 和 PIR 硬泡保温层可以在 150℃工况条件下长期工作，服务期可达 25 年之久。

④ 耐化学性能好，不仅耐热保温，而且具有较好的防腐功能。

⑤ 可以在工厂中进行大规模机械化生产，效率高，质量好；施工简单方便，对施工人员的健康无损伤，安全，可靠。

在本章聚氨酯绝热材料加工的表述中，还包括聚异氰脲酸酯（PIR）硬泡。后者是含有异氰脲酸酯环的聚氨酯衍生物。目前，在工业上主要是在特种催化剂的作用下，使异氰酸酯中的—NCO 基团自聚环化，生产耐热性优异的异氰脲酸酯环（一般异氰脲酸酯环的热稳定性在 200℃以上）。为避免单一聚异氰脲酸酯产物太脆，提高其实际使用效果，现在使用的 PIR 泡沫都是经过改性的，如使用氨基甲酸酯改性、碳化二亚胺改性、环氧树脂改性等。PIR 硬泡不仅耐热性更好，能在 150℃高温条件下长期工作，尺寸变化率小于 1%，而且更为优异的性能是它的耐火焰贯穿性能优良和发烟量低，很适宜制作各种容器储罐、管道等的绝热保温材料。为叙述方便，本章中的聚氨酯也包括聚异氰脲酸酯。

二、保温管材的生产

聚氨酯保温管材基本是由输送流体的金属内管、聚氨酯保温层（也包括其他保温材料和辅助材料）以及保护性外套管等构成。在实际工业化生产中，聚氨酯保温管材的生产方式基本有以下几种。

1. 直接浇注法和片状混合头抽出技术

对于有内管和外套管，中间进行保温层施工的制造，可以将外管和内管视为模具，将聚氨酯混合浆料直接注入，进行发泡。为确保内、外管的同心度，在两管之间必须预先安装隔板等器具。根据浆料的流道状态和发泡速度，浇注可采用直立，也可以采用卧式，但大多数密度较大的保温层则多采取倾斜方式进行浇注。依据原料体系配方以及混合浆料流动状况，既可采用上部注入，也可以采用下部注入。在实际生产中，使用流动状况良好的物料，该浇注方式通常适用于 3～5mm、长度小于 16m 的保温管制造，保温层密度一般为 60～80kg/m³。这类小直径的保温管一般可用于公共事业用管、天然气支管、住宅小区暖气支管等。

为适应大直径聚氨酯保温管道以及大型泡沫制品灌注需要，我国许多聚氨酯设备制造企业相继开发了大流量发泡机。图 11-70 是青岛亿双林聚氨酯设备有限公司开发的 BH(R)-400/600 大流量聚氨酯高压发泡机及灌注大直径保温管的工作场面。

该设备配有 600kg/只的原料储罐，4 个自洁式过滤器和自动补料系统，混合头上下移动达 4.5m，水平移动 4.5m，可连续进行 600kg/s 的大流量灌注，操作精度 0.1s。

图 11-70　BH(R)-400/600 大流量聚氨酯高压发泡机（青岛亿双林聚氨酯设备有限公司）

对于浇注聚氨酯管道保温层的方法，要根据管道的直径、浇注厚度、浇注长度、物料黏度等因素考虑，选择正确的浇注方式。通常在浇注厚度不大、浇注长度和物料黏度流动性较好的情况下，多采用管道倾斜，在上端部或下端部直接浇注作业方式进行施工，如图 11-71 和图 11-72 所示。

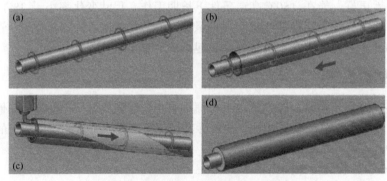

图 11-71　直接浇注保温层示意图

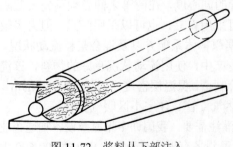

图 11-72　浆料从下部注入

为解决长管保温层浇注困难，近年来，德国 Hennecke 公司开发出弧形片状混合头（图 11-73），它与两组分物料输送管相连，片状混合头深入至内外管之间深处，其下部依托在外管内壁，上部托住内管的外壁。这种混合头可以取代过去内外管间的隔板，同时又是组分的混合、灌注装置。根据物料配方体系和发泡状况，混合头可连续沿管线均匀抽出。采用该法浇注，建议采用高压发泡机，原料体系最好选用反应速度较快的配方为宜。由此法制备的保温层，泡孔结构均匀、细密，原料浪费少，与传统方式相比，可节省原料 10%～15%，泡沫体的密度更加均匀，生产速度更加快捷，非常适合于中小直径保温管的生产（图 11-74）

另一种卧式浇注方法是将混合头置于管外，而将混合好的发泡浆料吐出在通过套管的纸质输送带上，用移动的纸带将发泡物料送入至套管中发泡（图 11-75）。相比之下，这种方法已明显落后，纸带的消耗将会使生产成本增加；混合浆料必须在泡沫发起时间内被全部牵引至外套管内以及外套管两端的密封等，都将增加工艺操作的难度。

图 11-73 弧形片状混合头（Hennecke 公司）

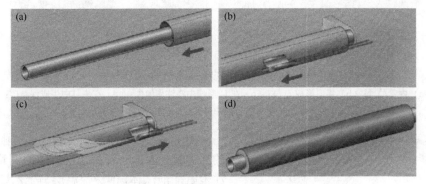

图 11-74 弧形混合头抽出灌注示意图

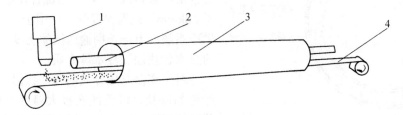

图 11-75 纸带牵引卧式浇注示意图
1—混合头；2—内管；3—外套管；4—纸带

2. 保温管的连续化生产

在这种纸带牵引卧式浇注改进的基础上，开发出一种保温管连续生产方法。首先将经过抛丸除锈、除尘的钢质内管安装在生产线上，同时，镀铝箔或 PE 等塑料薄膜等材料开卷后，经 U 形夹具沿内管外部形成 U 形，并与内管一起沿轴向运动，发泡机将混合好的物料不断地浇注至 U 形槽中。在生产线的运动中，带有发泡物料的 U 形铝箔和内管经过铝箔合拢夹具，发泡的物料将内管完整地包覆起来，泡沫保温层经熟化成为半成品（国内一些单位称之为一步法）。将熟化后的保温管半成品再经过塑料挤出机加工，在保温管外部挤出高密度聚乙烯、增强聚丙烯、聚苯乙烯、聚氯乙烯等，构成塑料外壳保护层，提高保温管的防水、防腐能力。由塑料挤出机进行保护性外管的生产过程，国内一些单位又称为两步法。在生产线上，应该密切注意调整管线牵引速度，它必须与聚氨酯混合物料的发泡参数、凝聚时间以及铝箔合拢时间等参数相匹配。所使用的发泡机最好是高压机。由于低压机装配的机械式搅拌器存在物料附着、多余气泡夹带、环戊烷发泡剂在混合室内释放等问题，将会出现物料混合效率差、泡孔结构不均匀等现象，故推荐使用高压发泡机（图 11-76）。

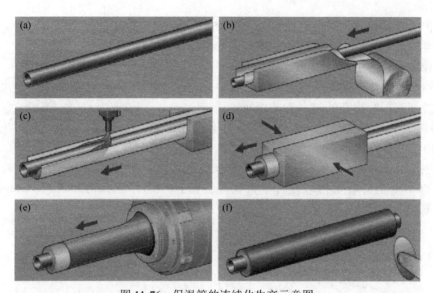

图 11-76　保温管的连续化生产示意图

（a）内管处理；（b）铝箔形成 U 型；（c）在 U 形槽中浇注聚氨酯；（d）在夹具中生成保温层；

（e）挤出机制备塑料保护层外壳；（f）切割，修整

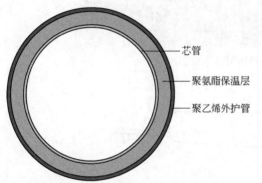

芯管

聚氨酯保温层

聚乙烯外护管

图 11-77　高密度聚乙烯外套管聚氨酯
保温层预制直埋式保温管（天津管道工程
集团有限公司保温管厂）

图 11-77 为天津管道工程集团有限公司生产的保温管。内部芯管为输送流体的钢管，外部灌注聚氨酯泡沫体，泡沫保温层与聚乙烯外保护套管紧密结合构成一体。聚氨酯保温层芯部密度大于 $60kg/m^3$。该类保温管广泛用于城镇集中供热、供冷系统，用于长期输送流体温度不高于 130℃ 的热水、热油、冷水等介质。

对于高温高压介质的输送保温，由于工作条件苛刻以及金属管线在极大温度变化下的膨胀差异等问题，设计了内滑动和外滑动式的钢管套钢管的保温管（图 11-78）。它们通过特殊设计的滑动支架，使工作钢管与外护套钢管之间可以存在一定的滑动。尤其是在输送高温、高压的大直径保温管上，这种灵活的滑动钢骨架形式，既保证了内外钢管的同心度，又可以使工作钢管自由滑动，在滑动钢骨架与工作钢管之间设置了隔热环，既能很好地防止产生热桥的产生，同时还能有效地解决保温材料防潮、排湿等技术问题。这类保温管主要用于城市集中供热、工业热源管道等领域，输送介质温度一般不高于 350℃，输送压力不大于 1.6MPa。

3. Hexalag 工艺连续化生产

该工艺是由英国 ICI 公司发明的，见图 11-79。它在管道进行保温层制备的同时连续缠绕两层内衬纸带，并用密封带粘牢接缝，发泡浆料直接浇注在衬纸或塑料带上，在发泡过程中将其直接缠绕在内管上，然后在衬纸或塑料带外进行封涂或套在外保护套管中。在工业化生产中，还常常将内管道芯轴管式模具，将成型后的泡沫保温层管切割成一定长度规格的保温套管，在管道保温施工时，只要选择相应直径的保温套管，套在需要保温的管道上，外部再进行封涂外保护层即可。施工方便，快捷。

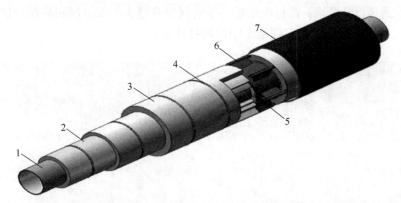

图 11-78　钢套钢外滑动预制直埋式蒸汽保温管（天津市管道工程集团有限公司保温管厂）

1—工作钢管（外部涂刷富锌底漆）；2—保温材料（离心玻璃棉）；3—铝箔反射层；4—不锈钢打包带；

5—硬质隔热材料；6—滑动钢支架；7—外套钢管（外加防腐层）

（在铝箔反射层之间可浇注 PU 或 PIR 硬泡保温层）

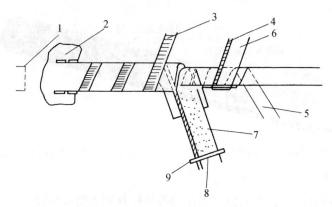

图 11-79　管道保温连续生产 Hexalag 工艺（ICI 公司）

1—刀具；2—缠绕设备；3—外封涂覆带；4—密封带；5—内衬纸（1）；

6—内衬纸（2）；7—聚氨酯发泡浆料；8，9—发泡机浇注头

4. 旋转喷涂成型

旋转喷涂成型是目前比较先进的管道保温的生产方法。将已经过抛丸除锈处理的输送流体的金属管直接放置在旋转装置上，通过驱动轮转动，带动金属管做匀速旋转运动，与此同时安装在金属管上方的浇注机混合喷枪将聚氨酯浆料均匀地喷涂在金属管的外壁上（图11-80）。保温层的厚度可根据金属管的转速、混合头运动的速度以及喷涂量加以调节。若一次喷涂达不到预定厚度时，可以在已发泡的管线上进行第二次喷涂、第三次喷涂，直到达到设定厚度。为保护聚氨酯泡沫体免受外部机械损伤，提高保温管防水、防腐性能，还需要在其外部做缠绕包覆玻璃丝布、聚乙烯带并涂覆环氧煤焦油沥青或喷涂聚脲等处理工作。

2011 年天津市管道工程集团有限公司保温管厂引进了我国第一套聚氨酯喷涂聚乙烯缠绕预制直埋保温管生产线，可生产管径 600～1200mm 各种规格的聚氨酯保温管（图 11-81）。这种硬质聚氨酯喷涂聚乙烯缠绕预制直埋式保温管，其保温层厚度和外保护层厚度均可根据需要在一定范围内任意调整。在生产中，钢管要进行抛丸除锈处理，以提高它与聚氨酯的粘接强度，确保保温层和钢管行程一体；在聚氨酯浆料喷涂的过程中，进行在线测厚，以确保设计的保温层厚度；在聚乙烯外保护层缠绕时，要根据设计确定聚乙烯带的挤出厚度和缠绕

搭接宽度，以满足设计要求；管材冷却后还要对保温管端头的保温层和外保护层进行切割修整，留出一定的裸露长度，以方便施工中的焊接作业。

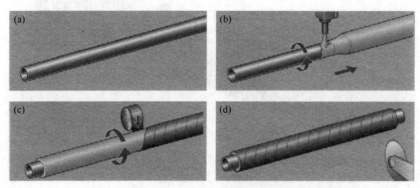

图 11-80　喷涂旋转成型示意图
（a）处理钢管；（b）旋转喷涂；（c）旋转包覆；（d）切割修整

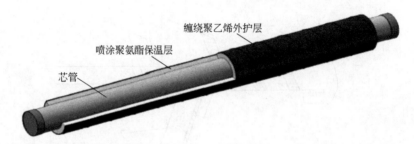

图 11-81　聚乙烯缠绕预制直埋式保温管（天津市管道工程集团有限公司保温管厂）

5. 保温套管的生产

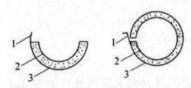

图 11-82　保温套管结构示意图
1—密封带；2—牛皮纸；3—外保护层

这种方法和 Hexalag 工艺相类似，但作为芯轴模具则需要特殊设计，生产出的保温层成品既可以是圆形断面的筒体，也可以是半圆形断面的弧形体。在其内部衬有牛皮纸，外部可包覆 PVC、PE 或铝箔等材料（图 11-82）。这些外包覆层一般是在工厂生产中一起制造的，当然，也可以在现场施工时另行包覆。半圆形保温层弧形体在合缝一侧粘接有纵向的、带有保护膜的粘接带。在施工中将两个半圆弧形体合拢后，用粘接带将它们粘接在一起，这样可方便施工，以便进行保温的后续工作。

工厂生产的圆筒断面的保温筒体的一侧有开口缝，并附有带保护膜的粘接带，在开缝对面的另一侧，泡沫体的内侧开有 1/3～1/2 壁厚的纵向沟槽，以方便在施工中将圆形筒体打开，这样可以将保温管扣在需要保温的管线上，去除粘接带内侧的保护膜，压紧保温套管使它完全与内管吻合后将其粘接在一起。

在专业化生产的工厂中，也可以将开卷后的牛皮纸等内衬和 PVC、PE 等外保护层材料，使用相应的装置使它在运行的过程中形成 U 形，在它与管状芯模间注入聚氨酯发泡浆料，然后进入模压成型工段。该工段的外模是一对对的半圆形模瓦，它伴随着内模和发泡的保温套一起进入热风烘道熟化定型，开模后经切开、修整、粘贴粘接带等工序后，即可按一定管径和长度进行包装。通常 PU 保温套管长度不超过 2m，允许金属管内输送流体的温度一般为−50～110℃；PIR 保温管允许的工作温度范围为−50～150℃。

我国生产聚氨酯保温管的单位很多，如青岛宝能管道设备有限公司、河北廊坊渤海聚氨酯有限公司、上海帝宏机电有限公司、天津市管道工程集团有限公司保温管厂等。

第五节　包装泡沫的现场制备

聚氨酯泡沫体不仅广泛应用于保温领域，同时还可以利用其重量轻、缓冲性能好、能快速反应、瞬间成型的特点，用于包装泡沫的现场制备。

我国企业已逐渐认识到高品质的产品包装是保障优质产品高品质优势不可分割的重要环节。尤其是对于精密的仪器仪表，贵重的影像、通讯器材，易碎的玻璃、陶瓷工艺品等产品，为避免在运输储存、搬运装卸的过程中碰撞损伤，都必须进行有效的减震保护。在现有的抗冲击防护材料中，使用聚氨酯进行现场发泡是目前国际上广泛采用的一项先进方式（图11-83）。现场发泡设备可以广泛用于热水器、啤酒保鲜桶、消毒柜、冷库、屋顶防水保温工程、城市过热工程等。

（a）　　　　　　　　　　　　　　　　（b）

图 11-83　使用现场发泡装置进行灌注保温杯（a）和汽车电子保温箱（b）操作（江门市建中化工有限公司）

聚氨酯包装泡沫的现场制备具有快捷、经济、工作效率高等特点，能对各种产品进行现场包装，瞬间完成，而不像传统的 EPS（发泡聚苯乙烯）那样，要消耗昂贵的模具制造费用和时间；液体原料储存方便，现场泡沫包装时液体反应，体积膨胀高达 200 倍，设备体积小，重量轻便。不需要大量仓库储存 EPS 板和它的边角废料；缓冲性能好，其抗冲击性能大大优于其他缓冲包装材料，同时它的包装整体性好，能使产品牢固地固定在外包装箱内，使产品和包装箱形成一体而不会产生任何位移，能有效地确保制品在撞击、磕碰时完好无损。

20 世纪末，美国希悦尔公司（Sealed Air Corporation）将这种先进的包装设备和方法介绍到国内，引起了聚氨酯行业和包装行业的广泛关注，有关设备见图 11-84。

图 11-84　美国 Sealed Air 公司 Instapak® 900 系列
手持式现场发泡设备

Instapak® 系列手持式现场发泡设备是该公司生产的第二代全电动成型发泡包装设

备。设备配有电脑，具有自我诊断、故障代码识别、功能显示等功能，工作稳定可靠，无需外接气源。现场包装过程十分简单。首先将聚氨酯反应物料注入铺在外包装纸箱中的专用包装薄膜上，并向内折好，将需要包装的商品放置在正在发泡的薄膜上，在商品上面覆盖一层包装薄膜，注入聚氨酯发泡料折合即可。其现场发泡基本包装程序和定制发泡包装程序见图11-85。

图 11-85 美国希悦尔（Sealed air）公司现场发泡包装程序示意图

(a)　　　　　　　　　　　　　　　　　　(b)

图 11-86 Speedypacker®全自动发泡袋包装设备

Speedypacker®全自动发泡袋包装系统配有多种台上机型号（图11-86）。具有极佳的通用性和生产效率。一台设备可支持一条或多条生产线，使用效率高。设备操作时，使用最新的图像显示选择发泡袋的大小和所需的包装量，只要按下按钮，即可自动将设定的发泡量注入薄膜并封袋，一次完成。该系统可预设156种衬垫袋的生产配置。每分钟可生产多达21个发泡袋衬垫，并可制造具有专利的连续管状泡沫垫，广泛用于形状各异、大小不同的产品包装。发泡袋现场成型包装基本操作见图11-87。

1. 操作员只需要按一个键来选定发泡袋的尺寸和发泡原料的填充量

2. 操作员将发泡袋放入纸箱内，并将产品置放在正在膨胀成形的发泡袋上

3. 将另一只发泡袋置放于产品之上，合上纸箱

4. 发泡袋自动充满产品与包装箱之间的空隙，形成产品上部缓冲垫

图 11-87 发泡袋现场成型包装基本操作

发泡袋模压成型包装过程的操作如图 11-88 所示。

1. 操作员只需按一下按钮，设备快速制作好一个因时发®发泡袋

2. 将发泡袋放入模具中，真空吸气装置把发泡袋吸入模腔内

3. 待发泡袋完成膨胀成型，在内置吹风装置帮助下取出成形缓冲垫

4. 量身订制的缓冲垫为您的产品提供经济、高效、均一的保护

图 11-88 Speedypacker®现场包装程序

Instapak®Complete®发泡袋包装系统（图 11-89）是该公司推出的新的桌面系统，设备结构紧凑，可连续生产管状泡沫缓冲袋和常规发泡缓冲袋。其连续管状泡沫袋生产技术为该公司专利。该公司还推出了一种称为 Instapak® Quick®（快客®）的新产品。它是以一种简单的片状包装袋的形式出售，完全不需要任何设备投资。在需要进行产品包装时，将薄膜袋展开，按住左下侧的"Press Here"标示区 [图 11-90(a)]；用手轻拍袋上表有 A 和 B 的两个区域，内装的两个原料液体就会混合、反应并开始膨胀 [图 11-90(b)]；把开始膨胀的泡沫袋放入纸板箱中，并立即放入要包装的产品[图 11-90(c)]；在产品上再放置第二个正在发泡膨胀的发泡袋，关闭纸板箱，完成封装 [图 11-90(d)]。

图 11-89 Instapak® Complete®设备

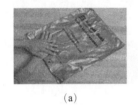 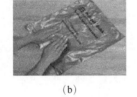 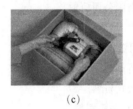 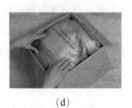

（a） （b） （c） （d）

图 11-90 Instapak® Quick®（快客®）操作程序

我国在大力开展聚氨酯在保温绝热方面应用的同时，对现场包装泡沫的应用也给予了一定程度的关注。除了废纸、泡沫体的边角废料等以外，传统的多为发泡聚苯乙烯（EPS），但其体积大、占据空间大、包装作业繁杂、抗冲击效果差，因此，在高档产品的包装方面聚氨酯现场发泡包装显示出独特的优势。目前我国生产聚氨酯现场发泡包装设备的公司很多，如上海渠成包装材料有限公司、浙江领新聚氨酯有限公司（产品见图 11-91）、深圳市壮志科技有限公司（产品见图 11-92）、宁波市博程机械厂（产品技术参数见表 11-13）、北京东盛福田聚脲有限公司（产品技术参数见表 11-14）等。

表 11-13 宁波市博程机械厂现场发泡包装设备技术参数

型 号	吐出量	工作压力	重复精度	使用电源	额定功率	质量	设 备 尺 寸
HB-08A	10～35g/s	0.6～0.8MPa	≤3%	220V，50Hz	4.5kW	80kg	1100mm×350mm×450mm

图 11-91 浙江领新聚氨酯有限公司　　　图 11-92 深圳市壮志科技公司生产的手动式现场包装泡沫设备；
　　　　生产的现场包装泡沫设备　　　　　　　　后为全自动式现场包装泡沫设备

表 11-14　北京东盛福田聚脲有限公司现场发泡包装设备技术参数

型号	流 量	工作方式	加热方式	料管长度	电 源	气 压	质量	主 要 用 途
FR-1	2～3kg/min	连续	内加热	5.5m	220V，50Hz 15A	7～8kg/cm²	48kg	低压灌注，喷涂
FR-2	2～3kg/min						48kg	低压灌注，定时定量
FR-3	6～8kg/min		集中加热	20m	25A		110kg	工艺灌注，喷涂

参考文献

[1] 湘潭精正设备制造有限公司资料.

[2] 湘潭方棱设备制造有限公司资料.

[3] 意大利 SAIP 公司资料.

[4] 新加坡润英聚合工业有限公司资料.

[5] 镇江奥力聚氨酯机械有限公司资料.

[6] 意大利 OMS 公司资料.

[7] 意大利 CANNON 公司资料.

[8] 德国 HENNECKE 公司资料.

[9] 张家港力勤机械有限公司资料.

[10] 武汉中轻机械有限责任公司资料.

[11] 德国 BASF 集团 ELASTOGRAN 公司资料.

[12] 上海大唐盛隆科技有限公司资料.

[13] 浙江精工科技股份有限公司资料.

[14] 韩国聚氨酯技术设备有限公司资料.

[15] 韩国 DUT 公司资料.

[16] 成都东日机械有限公司资料.

[17] 德国 KRAUSS-MAFFEI 公司资料.

[18] 无锡威华机械有限公司资料.

[19] 天津市管道工程集团公司保温管厂资料.

[20] 青岛宝能管道设备有限公司资料.

[21] 河北廊坊渤海聚氨酯有限公司资料.

[22] 上海帝宏机电有限公司资料.

[23] PU MAGAZINE VOL，3 NO.4-AUGUST 2006.

[24] 中国扬子集团滁州装备模具制造有限公司资料.

[25] 浙江绍兴恒丰聚氨酯实业有限公司资料.

[26] 韩国 UREATAC 公司资料.

[27] 美国 Sealed Air Corporation 资料.

[28] 浙江领新聚氨酯有限公司资料.

[29] 深圳市壮志科技有限公司资料.

[30] 江门市建中化工有限公司资料.

[31] 上海渠成包装材料有限公司资料.

[32] 北京东盛福田聚脲有限公司资料.

[33] 宁波镇海博程机械制造厂资料.

[34] 上海新昕板材有限公司资料.

[35] 杭州拓域通建筑系统工程有限公司资料.

[36] 北京多维联合集团资料.

[37] 山东普兰特板业有限公司资料.

第十二章

喷涂灌注机

喷涂工艺不仅是涂料施工中的重要工艺技术之一，同时也是在聚氨酯产品生产过程中的一种重要手段。除了在聚氨酯涂料产品的施工中，在建筑物保温中，在弹性屋面防水层的制备中，在喷涂型弹性体的制备中，在破碎岩层的加固、粘接等应用场合都需要使用喷涂灌注设备。

第一节 ┃ 喷涂设备的基本构成

与聚氨酯发泡设备相比，喷涂设备相应要简单一些，其基本是由原料输送、计量系统，反应物料混合系统，温度控制系统等几部分组成（图 12-1）。

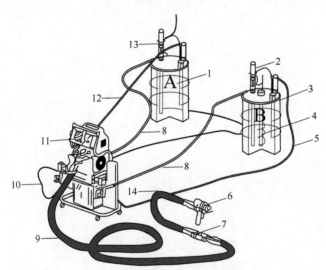

图 12-1　喷涂设备构成示意图

1—A 组分料罐；2—气动柱塞泵；3—B 组分料罐；4—搅拌器；5—循环管路；6—喷枪；
7—液体温度传感器；8—供料管路；9—加热出料软管；10—喷枪供气软管；
11—喷涂机；12—循环管路；13—气动柱塞泵；14—加热快接软管

一、原料供给系统

1. 气动活塞式输送泵

与聚氨酯泡沫体生产不同，喷涂机不设储料罐，在一般情况下是直接使用温度大于 20℃

的普通 200L 桶装原料。为使物料均匀，在各组分原料桶上装有螺旋状、低剪切力的搅拌器。供料多使用气动活塞式输送泵，其基本结构见图 12-2。

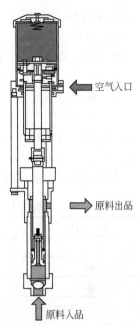

← 空气入口

→ 原料出品

↑ 原料入品

(a) 气动活塞式输送泵（GRACO 公司）　　　　(b) 气动活塞式输送泵结构示意图（IPM 公司）

图 12-2　气动活塞式输送泵及其结构示意图

气动活塞式输送泵装配有与液体区域完全隔离的气动马达，依靠压缩空气进行驱动，可以提供较宽的压力比、高的输送压力，能较好地输送各种黏度的液体原料，并具有双向作用，不论活塞上程还是下程均可出料。该泵设计有快速装卸的料桶接口，方便料桶的更换；有高精度组合的密封结构并采用聚四氟乙烯材料做的 O 形密封圈，密封效果好，使用寿命长；料桶还应装配有空气干燥器，及时向料桶中提供干燥的压缩空气。气动活塞式输送泵的相关技术参数择列于表 12-1 和表 12-2 中。若在寒冷季节时喷涂施工，可以在料桶上配备地毯式加热器具，给物料进行必要的加热或保温（图 12-3）。

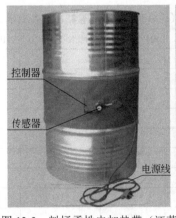

控制器

传感器

电源线

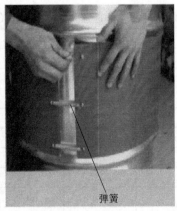

弹簧

图 12-3　料桶柔性电加热带（江苏省江阴市辉龙电热电器有限公司）

柔性是以柔性耐热硅橡胶为基材，均匀分布金属发热元件，加上接地金属和防爆电源接线盒等部件组成。当接通电源后，发热元件会发出热能，通过硅橡胶将热能传导给被加热料桶，对料桶、管道、反应器、容器等机械加热或保温。这种柔性加热带的形状适应性强，并能紧密附着在被加热物体上，热传导效率高，使用简单、方便。该类产品有如下多种规格。

料桶容积：	20L	200L	200L
加热带尺寸：	200mm × 860mm	125mm × 1740mm	250mm × 1740mm
容量：	220V，800W	220V，1000W	220V，2000W
温度调节范围：	30～150℃	30～150℃	30～150℃
质量（大约）：	0.3kg	0.4kg	0.5kg

由于聚氨酯原料对水分十分敏感，对进入料桶的空气必须经过干燥过滤器，或经过冷干机处理。另外，在原料进入喷涂机时必须经过主机上的过滤器除去可能对喷枪造成故障的杂质，以确保喷涂操作正常进行。

表 12-1　气动活塞式输送泵技术参数（节选）（IPM 公司）

项　　目	IP-01	IP-02	IP-23	IP-05	IP-10	OP232C
压力比	1∶1	2∶1	8∶1	5∶1	10∶1	2∶1
最大流量/(L/min)	15	9.5	5.3	9.5	11.4	20.8
气动马达直径/mm	36	36	51	76	108	51
气动马达压力范围/bar	3～12	2～12	2～12	3～12	3～12	2～12
最大液压/ bar	12	24	96	60	120	24
气源入口尺寸 NPT(F)/in	1/4	1/4	1/4	3/8	1/2	1/4
液体入口尺寸 NPT(M)/in	3/4	3/4	3/4	3/4	3/4	3/4
液体出口尺寸 NPT(F)/in	3/4	3/4	3/8	3/4	3/4	3/4
活塞杆液体缸材质	CS&SST	CS&SST	SST	CS&SST	CS&SST	SST
密封件材质	PE	Teflon	Teflon	UPE/Teflon	UPE/Teflon	Teflon
活塞环材质	UPE	Teflon	UPE	UPE/Teflon	UPE/Teflon	Teflon
泵长度/mm	1315	1270	815	1379	1456	1371
质量/kg	8.2	7.3	7.5	13.6	19.5	11

注：1bar=0.1MPa；1in=0.0254m；UPE 为超高分子量聚乙烯。下同。

表 12-2　京华派克输送泵系列技术参数（北京京华派克聚合机械设备有限公司）

项　　目	JHPK-3G51	JHPK-3G63	JHPK-3G76	JHPK-3G76-01	JHPK-4CT	JHPK-6CT
压力比	2∶1	2∶1	2∶1	3∶1	5∶1	5∶1
气马达直径/mm	51	63	76	76	101.6	152.4
气源入口尺寸/in			ZG　1/4			ZG 1/2
液体出口尺寸/in			ZG　3/4			
气马达压力范围/MPa			0.2～0.8			
最大液压/MPa	1.6	1.6	1.85	2.28	4	9.2
最大输出量 (敞开)/kg	28	34.2	42	34.2	30	26
泵长度/ mm	1270	1360	1360	1360	1379	1456
泵质量/kg	7	8.5	10	9.5	13.6	19.5
最高环境温度/℃			50			
最高液体温度/℃			88			

2. 隔膜泵

对于输送大流量、含有填料的物料时，隔膜泵是近几年常用的输送物料设备之一，它装配有三向先导阀的换向阀设计精巧，性能可靠。该类隔膜泵结构紧凑，流量大，运行平稳，噪声低，尤其适用于带有颗粒性填料的液体，腐蚀性液体，高黏度、易燃、易挥发、有毒等液体的输送。例如美国固瑞克（GRACO）公司的 Husky 气动隔膜泵。这类泵，我国的许多厂家都能生产，如上海宝龙气动泵阀厂、上海宏东泵业制造有限公司、浙江扬子江泵业有限公司、温州展博隔膜泵制造有限公司等。固瑞克（GRACO）公司的双隔膜泵结构及尺寸见图 12-4，部分隔膜泵的技术参数列于表 12-3 中。

(a) 双隔膜泵结构示意图及其优点

A—便于清洗，维护方便；B—专利的内置三通控制阀，无堵塞操作，无需空气管路润滑；C—零件配合精密，更换简便；D—保护性排放口，所有排放口采用一个公共端，可防止室内气化液体侵蚀空气马达的密封件；E—外部结构牢固可靠，耐腐蚀；F—良好的流体相容性，根据输送液体种类不同，泵体可以选择球墨铸铁、不锈钢、铝以及各种工程塑料等 6 种材质；G—密封设计合理，隔膜可紧密锁定到位；H—精密，重型隔膜板消除一切渗漏和脱落现象；I—长效的阀杆设计，使其在潮湿的空气中仍具有较好的抗腐蚀功能；J—定位方便；K—阀座和阀球可选择适宜的弹性材料，从而获得高效率、高寿命和更高的吸升高度

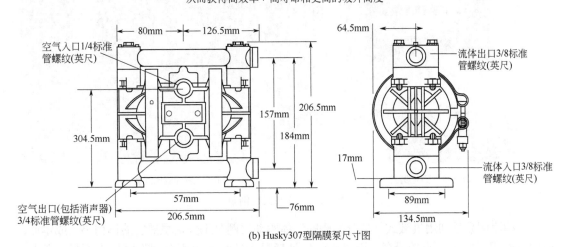

(b) Husky307型隔膜泵尺寸图

图 12-4 GRACO 公司双隔膜泵结构及尺寸图

表 12-3　GRACO 公司部分隔膜泵技术参数

项　目		Husky-307	Husky-515	Husky-716	Husky-1050	Husky-1059
最大流体压力/MPa		0.7	0.7	0.7	0.86	0.84
最大自由流量/(m³/h)		1.56	3.42		50(gpm)	22.74
每个往复流量/L		0.076		0.15	0.64	1.96
最大往复速度/(r/min)		330	400	400	280	200
输出最大颗粒粒径/mm		1.6	2.5	2.5	3.2	4.8
最大自吸高度(干吸)/m		3.7	3.7	3.4	4.9	6.1
工作空气压力范围/MPa			0.18～0.7	0.18～0.7	0.14～0.86	0.14～0.86
最大空气消耗量/(m³/h)		0.17	0.672	0.672	113.7	210
在50psi和50r/min情况下噪声等级/dB		75	74	74	78	77
空气进口尺寸/in		1/4	1/4	1/4	1/2	1/2
流体出口尺寸/in		3/8	3/4, 1/2	3/4	1	1～1/2
质量/kg	乙缩醛	2.4	3.5	铝 3.9		
	聚丙烯	2.2	2.9	8.2（不锈钢）	16.9（不锈钢+铝）	38.6（不锈钢）

注：自吸高度（干吸）根据泵体阀座、球、隔膜泵体组合变化。1psi=6894.76Pa。

二、计量系统

计量系统即为喷涂机的主要部件。它主要由计量泵，流量、压力和温度监测，温度加热器，调控装置等组成，计量泵多采用气动、液压的双向工作柱塞式比例泵（图 12-5）。近几年，还出现了电驱动的比例泵，它用电机和控制元器件直接操控比例泵运动，不仅快捷方便，而且使设备结构更加小巧紧凑，极大地减轻了设备的重量和体积，使得移动和操作更加方便。

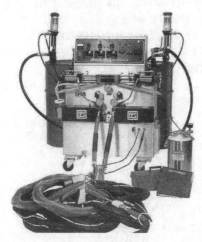

(a) 水平配置比例泵

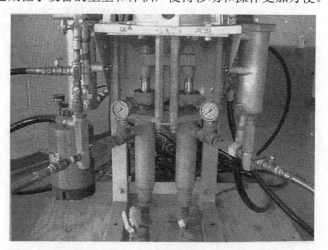

(b) 立式配置比例泵

图 12-5　柱塞式比例泵

气动比例泵是利用机械式气体分配阀的气体驱动比例泵工作，虽然它的体积小、成本低，但它只能用于输出量小的设备，而对于气体消耗量大的喷涂机则会因供气压力不足，产生供料量的波动。目前最为常用的是液压的比例泵，并且多为水平配置。一般以液压缸居中，两边对称水平配置 A、B 组分比例泵。在液压缸的驱动下，两只比例泵获得相同的压力，同步动作，消除了因压力不平衡等因素造成的混合不匀的问题。

为确保物料在较低黏度下获得精确的计量和顺畅的输出，喷涂机装有加热控制系统。主机上一般配备两套功率在 2～10kW 的主加热器，分别对两个原料进行加热，将由室温或者经过预热的原料瞬间加热至设定温度。如 GUSMER 公司的 H-20/35 Pro 就在两个组分上分别配备了 9kW 的主加热器给原料提供更多的热量，其数码加热控制器确保物料获得稳定的温度，并能避免物料过热（图 12-6）。设备的另一套加热系统是依附在十多米长的输送软管上。另外，在长的物料输送管线上还可以使用更加简便的伴热线缆，将它们缠绕在物料管线上，外部包裹保温带，即可使物料保持在恒定的温度范围内。温控电伴热带电缆是由导电高分子材料、两根平行金属导线和绝缘护套构成的扁形带状电缆。导电高分子大多为硅橡胶、氟橡胶、

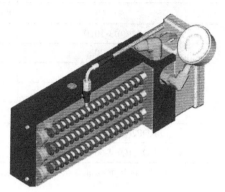

图 12-6　GUSMER 的新型混合集成
管型加热器

半晶态共聚物与炭黑的共聚物等 PTC 材料（PTC，Postive Temperayure Coefficent，正温度系数。在电伴热带产品中，PTC 材料专指可自动控温的一类热敏热阻半导体材料），根据用途不同，电缆外部绝缘层和保护层有不同组合。图 12-7 为济南开启热控自动化科技有限公司生产典型的控温电伴热电缆结构示意图。编织层镀镍或镀锡铜丝，绝缘层采用 PFA 共聚物（四氟乙烯-全氟烷基乙烯醚共聚物）。该类电热带具有自动控温、自动限温功能；伴热启动速度快，伴热温度均匀；运行可靠，安全；使用长度可根据需要任意截取，安装简便，维护方便。使用工作温度一般为 85℃和 185℃。图 12-8 和表 12-4 分别是江苏和安徽两个生产厂的产品和技术参数。

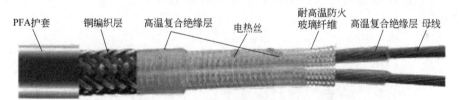

PFA护套　铜编织层　高温复合绝缘层　电热丝　耐高温防火玻璃纤维　高温复合绝缘层　母线

图 12-7　温控电伴热电缆带加工示意图（济南开启热控自动化科技有限公司）

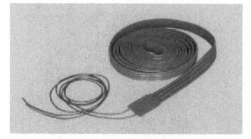

图 12-8　左图为自限式电热带；右图为硅橡胶型电热带（江阴市辉龙电热电器有限公司）

表 12-4　电伴热电缆简明规格（安徽环瑞电热器材有限公司）

规格型号		加热功率	工作电压	最大使用长度
阻燃 0～65℃低温电热带，阻燃 65～105℃中温电热带（铜芯导线规格 7 股 × 0.42mm;7 股 × 0.5mm;19 股 × 0.32mm）				
低温自限温电热带	(ZR)DHR-J,P,PF	10，15，20，25，35	6～380	100
中温自限温电热带	(ZR)ZHR-J,P,PP	35，45，60，65	220	100

规 格 型 号	流体最高维持温度/℃	最高耐温/℃	最大使用长度/℃
0～150℃单向恒功率电热带			
RDP2(Q)J3-1010	210	150	205
RDP2(Q)J3-2020	180	120	205
RDP2(Q)J3-3030	150	90	205
RDP2(Q)J3-4040	130	65	205
0～180℃/0～150℃高温型恒功率电热带			
RDP2(Q)J4-4040	140	205	260
RDP2(Q)J4-6060	115	180	260

注：200℃以上防火型耐高温不锈钢电热带技术参数省去，未列入本表。

三、物料输出系统

物料经过计量、加热即进入长长的输出软管。软管一般使用聚四氟乙烯制成。为方便施工，输出软管的长度一般都比较长，通常每节长度为 6m 或 15m，根据不同应用场合可相互连接、加长，但这应与设备输出能力相匹配，并应考虑物料在管线中的阻力。在输出管线上应缠有加热带，在喷枪前装配温度传感器，它能准确地测量流体温度，反馈至温度控制器，并能及时对温度进行补偿、修正。GUSMER 公司的 H-20/35Pro 还装了 AmoLok 软管加热控制系统，能自动将加热电流恒定在 52A，以保障物料流动顺畅。根据输送物料的物理性质，尤其是黏度、输送数量等工作条件的要求，选择不同的输送泵和输送方式，如输送泵可直接插入料桶中或将输送泵悬挂在墙上等不同的处置方式，见图 12-9。

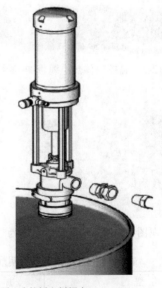

(a) GRACO公司T1和T2输送泵，直接插入料桶中

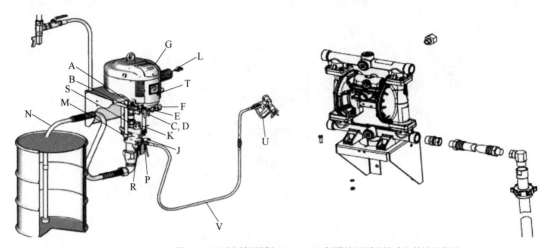

(b) GRACO公司Dura-Flo活塞输送泵和Husky1050隔膜输送泵悬挂式安装输送物料

A—空气入口；B—放空型主控制阀；C—空气泄压阀；D—空气过滤器（未显示）；E—空气压力表；
F—空气调节器调节旋钮；G—Data Trak™；J—流体泄压/清洗阀；K—流体过滤器；L—接地导线；
M—下缸体；N—吸料软管和吸料管；P—流体出口；R—可选的流体出口（第二喷枪）；
S—衬垫螺母；T—除冰控制器；U—喷枪；V—软管

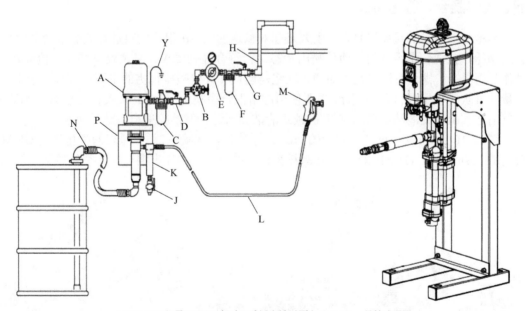

(c) GRACO公司President气动双球活塞输送泵和High-Flo，悬挂式配置

A—活塞输送泵；B—逸出安全阀；C—空气管线油阀；D，G—放水型主空气阀；E—空气表；
F—空气管线过滤器；H—供气管；J—流体排放阀；K—流体过滤器；L—流体供应管；
M—喷枪；N—流体吸入管；P—球轴承；Y—地线

图 12-9

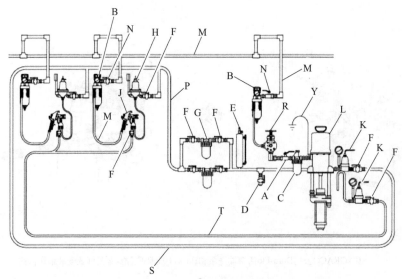

(d) GRACO公司2:1Ratio Monark®输送泵，悬挂式输送，双枪配置

A—吸入型主控制阀；B—空气过滤器/压力表；C—空气管线油壶；D—流体排出阀；E—调压罐；

F—流体节流阀；G—流体过滤器；H—流体压力表；J—空气喷枪；K—返回压力表；L—泵；

M—空气供应管；N—吸入式主空气阀；P—主流体供应管；R—泵逸出阀；

S—流体返回管线；T—第二流体返回管线；Y—地线

图 12-9　GRACO 公司不同的物料输送泵和输送方式

四、物料混合、雾化系统

　　喷枪是喷涂机的重要器具，它主要是起对输送的 A、B 组分物料进行充分混合并喷射出去的功能，其混合是否均匀、液体喷出状态是否符合施工要求、雾化效果好坏、枪体轻重、动作是否灵巧、操作后清洗是否简便，这些是衡量和评价喷枪优劣的主要标准。对于中、大流量的聚氨酯和聚脲材料的喷涂，主要使用冲击混合型喷枪。目前此类喷枪主要有溶剂清洁、空气清洁、机械式清洁、自动空气/机械式清洁和新近开发的喷射自清洁等类型。

　　图 12-10 为 Glas-Mate 公司制造的 Probler 空气清洁式喷枪，类似原理的喷枪还有 GRACO 公司的 Fusion AP、GAP PRO 等。其原料在极小的混合室中冲击混合，无空气接触；根据施

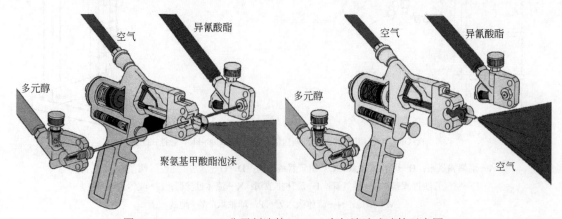

图 12-10　Glas-Mate 公司制造的 Probler 空气清洁式喷枪示意图

工要求和喷涂量，可选择平直形或圆形混合室。GLAS-MATE 公司在此基础上还开发出低压空气助流包容技术，即在喷出物料的周围形成一道"气幕"，有效地降低了发散率，减少了喷出物料的反弹，同时还有利于环境保护。虽然它是针对喷涂玻璃钢设计的，但其原理对聚氨酯、聚脲的喷涂同样有益。

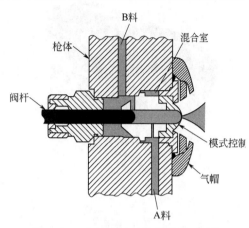

图 12-11 机械自清洁喷枪的基本结构

机械自清洁喷枪的基本结构如图 12-11 所示。当扣动喷枪扳机时，汽缸拉动阀杆，A、B 两组分原料以高温、高压状态，在喷枪前部一个很小的混合室内直接相对冲击混合，瞬间混合均匀并立即由喷枪喷嘴喷出。当松开扳机停止喷涂时，阀杆立即复位进入混合室，将 A、B 组分物料分开，完全隔离，并将残存在混合室内的物料全部推出喷枪，实现机械式清洁动作，避免了使用对环境有害且价格昂贵的清洗溶剂。如 GRACO 公司生产的 FUSION MP，GX-7，GX-7 DI，GX-8 等喷枪都是机械自清洁喷枪。图 12-12 是 GRACO 公司的一种空气自清洁式喷枪结构示意图和外形图。图 12-13 是 GRACO 公司机械自清洗喷枪的结构示意图和外形图。

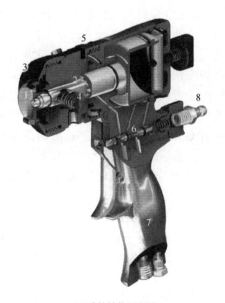

(a) 喷枪结构示意图

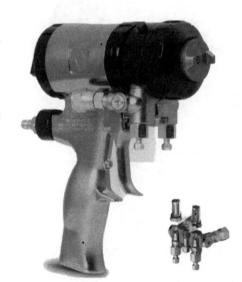

(b) 喷枪外形

图 12-12 GRACO Fusion AP 空气自清洁喷枪

1—气爆式喷嘴（降低材料堆积和喷嘴堵塞现象）；2—旋风式混合室（不锈钢结构）；3—手动紧固前罩（方便清理和维护）；4—耐用的 SST 侧封（不锈钢结构）；5—可快速更换的流体室（方便更换）；6—一体式空气阀（仅需 3 枚 O 形密封圈）；7—人体工程学的手柄（平滑曲线手柄，舒适，减少疲劳）；8—气动喷枪（双通进气，增强了适应性和舒适性）

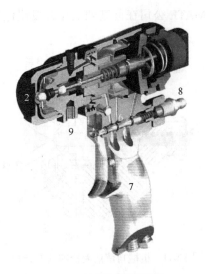

(a) 喷枪结构示意图　　　　　　　　　　(b) 喷枪外形

图 12-13　GRACO Fusion MP 机械自清洁喷枪

1—PolyCarballoy 混合室（超长的使用寿命）；2—CeramTip 喷嘴（长使用寿命）；3—阀杆（一体式）；
4—可调的前置密封件；5—阀杆调节螺丝；6—一体式空气阀（仅需 3 个密封圈）；7—人机工程学的手柄
（平滑曲线，舒适，减少疲劳）；8—气体喷枪（双位进气接口适应性强，舒适性好）；
9—在线流体室（减少磨损）

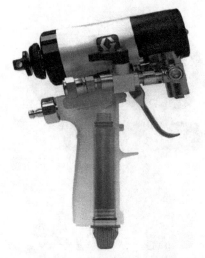

图 12-14　GRACO 公司新推出的 Fusion CS 型喷枪
（手柄内安装有只装 CSL 清洁液，
每只清洁液可喷射 1500 次）

近几年 GRACO 公司开发出新一代 Fusion CS 喷枪，采用了全新的 CS（Clear Shot）喷射自清洁技术，见图 12-14。在枪后部设有流量调节旋钮，可在数秒内快速切换 10 挡不同喷涂流量；在手柄内装配了专门的只装 CSL 清洗液，它是无毒的蓝色液体，在喷枪汽缸内置的专用计量泵的计量下喷射 CSL 清洁液，当 CSL 清洁液穿过混合室时，能快速溶解堆积的化学残留物，确保混合室保持清洁状态以及雾化喷幅和混合比例的稳定。

北京京华派克聚合机械设备公司推出的 PK4 型高压喷枪技术参数如下：最大工作压力 21MPa；空气出口压力 0.5～0.8MPa；工作流量 2～8kg/min；雾化状态为平喷（垂直，水平）；双活塞设计，提供更大动力；特有的鹰嘴式气清枪辅助结构，能在停枪时为喷嘴出料口提供强劲的交汇清枪气流，确保无残料堆积；多型号喷嘴设计，可适应不同流量的需求；喷枪结构紧凑，操作灵活，整枪质量为 1.3kg。

五、清洗系统

在整个喷涂系统中，A、B 组分完全处于独立的隔离状态，它们只有在喷涂时，才能在喷枪的混合室内冲撞混合，经喷嘴喷出。但当停止喷涂操作后，如若不及时予以清洗，它们会迅速固化，堵塞喷枪、喷嘴。因此各类喷枪都具有一定的自清洁功能，在施工过程中，或采用空气方式或采用机械方式将枪体中的残留物及时清理出去。但在如过夜、周末等较长时间停工时，需要完全封闭设备与大气的通道，避免原料组分变质；同时，要将喷枪进行清洗。清洗一般采用专门的便携式清洗罐（图 12-15）。该系统配备有压力调节和快速接头适配器，在溶剂和压力的作用下，对喷枪的混合室、喷嘴等进行清洗，清除残留物料。

图 12-15　喷枪清洗罐

第二节　主要生产厂家和典型设备

用于聚氨酯、聚脲的喷涂设备制造厂家较多，随着应用领域的扩大，开发的不断深入，相关喷涂设备多种多样，既有大面积防水、保温施工的大型喷涂机，也有保温灌注、道路划线喷涂的小型喷涂、灌注机。其驱动形式，可分为气动、液压和电动 3 种方式。生产喷涂装备的国外公司主要有美国固瑞克（GRACO）公司、卡士马（GUSMER）公司、格拉斯（GLAS-CRAFT）公司、卡马（GAMA）公司、凯姆克（CHEMCO）公司，英国兰斯伯格（RANSBURG）公司等。固瑞克公司在 2005 年和 2008 年先后全资收购了卡士马公司和格拉斯公司，成为全球最大的喷涂设备制造商。

1. 美国固瑞克（GRACO）公司

美国 GRACO 公司创建于 1926 年，是一家致力于流体处理、控制的公司，拥有对流体、胶黏材料输送、计量、控制的许多产品，广泛用于商业、工业及车辆润滑等领域。GRACO公司 2003 年推出了 E-XP2 系列喷涂机和 FUSION 系列喷枪。2005 年和 2008 年先后全资收购了卡士马（GUSMER）和格拉斯（GLAS-CRAFT）公司，目前正对流体处理、控制设备的产品进行整合中。生产的 Reactor 品牌的喷涂机有 3 个系列：A 系列是以压缩空气为动力；H 系列为液压驱动；E 系列是由电力驱动。用于聚氨酯、聚脲喷涂的喷枪产品主要有空气式清洗、机械式清洗和喷射自清洗系列（图 12-16）。

GRACO 公司生产的用于聚氨酯、聚脲等聚合物处理的喷涂机，用途广泛，品种系列较多，有表 12-5 中的聚氨酯发泡喷涂机，有表 12-6 用于聚脲喷涂施工的喷涂机，也有高固体分（无溶剂）PU 等重防腐涂料的产品（如 XTREME 系列无气喷涂机）、道路划线用的 Line Lazer 系列喷涂机等。在聚氨酯、聚脲等材料喷涂、灌注施工中，可根据用途、流量的参数选择适当的施工机械（见图 12-17）。

Reactor A-20　　　　　Reactor H-25　　　　　Reactor E-30　　　　　Reactor H-40

Reactor E-XP1　　　　Reactor E-XP2　　　　Reactor H-XP2　　　　Reactor H-XP3

图 12-16　GRACO 公司喷涂机系列

表 12-5　GRACO 公司 REACTOR 喷涂机基本技术参数（发泡系列）

项　目	E-10	A-20	E-20	E-30	H-40
最大流量/（kg/m）	5.4	9	8.1	15.3	20
最高加热温度/℃	71	88	88	88	88
最大输出工作压力/bar	138	138	138	138	138
最长加热软管/m	32	64	64	94	125
加热器参数	2kW/240V	6kW	6kW	10.2kW, 5.3kW	12kW, 15.3kW[3]
电源及加热器参数	16A-230, 1ph	39A-230V, 1-ph 64A-230V, 3-ph 14A-380V, 3-ph[1]	48A-230V, 1-ph 32A-230V, 3-ph 24A-380V, 3-ph	78A-230V, 1-ph 50A-230V, 3-ph 34A-380V, 1-ph[2]	100A-230V, 1-ph
应用		边框接缝，修补，实验室及小型工程	屋顶、管道、储罐等的保温密封、填缝堵漏、灌注和充填		大面积屋顶、墙面的保温大流量工程喷涂施工

① 4 线，供气量 12L/s。

② E-30 可选的第二加热器功率 15.3kW，参数：100A-230V，1-ph；64A-230V，3-ph；35A-380V，3-ph。

③ H-40 可选的第二加热器功率 15.5kW，参数：71A-230V，3-ph；41A-380V，3-ph。第三加热器功率 20.4kW，参数：90A-230V，3-ph；52A-380V，3-ph。

表 12-6 GRACO 公司 Reactor 喷涂机基本技术参数（聚脲喷涂系列）

项 目	E-XP1	E-XP2	H-XP2	H-XP3
最大流量/（L/min）	3.8	6.7	5.7	9.5
最高加热温度/℃	88	88	88	88
最大输出工作压力/bar	172	240	240	240
最长加热软管/m	64	94	94	125
电源及加热器参数	10.2kW 69A-230V，1-ph 43A-230V，3-ph 24A-380V，3-ph	15.3kW 100A-230V，1-ph 62A-230V，3-ph 35A-389V，3-ph	15.3kW 100A-230V，1-ph 62A-230V，3-ph 35A-380V，3-ph	20.4kW 90A-230V，3-ph 52A-380V，3-ph
应用	混凝土，生活用水卡车垫层内衬，船舶和造船，废水处理，辅助防护层，防水材料			

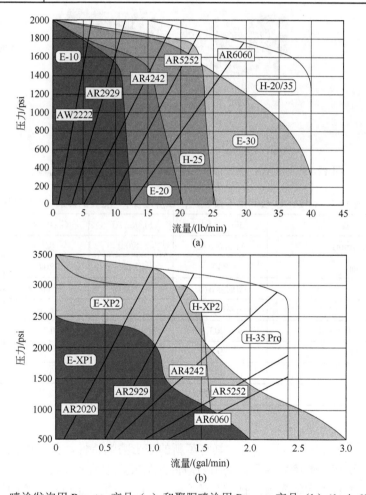

图 12-17 喷涂发泡用 Reactor 产品（a）和聚脲喷涂用 Reactor 产品（b）（1psi=6894.76Pa）

例如 Reactor H-25 和 H-XP2，两款产品相似。H-25 主要进行聚氨酯泡沫喷涂，用于墙体保温、管道、储罐、工厂设备的涂层处理，框条和带材连接；而 H-XP2 主要为聚脲、聚氨酯喷涂设计，多用于混凝土、卡车斗内衬、防水、船舶和造船、废水处理等领域。这两款设备均有对置式计量泵，运行平稳可靠；装有新颖的混合型加热器，加热能力高达 15.3kW，在较高流量下能提高初始加热器效率。它配备了可编程序控制系统，而且还可加装遥控功能，使操作更加方便。

GRACO 最新推出的 E-XP2 系列喷涂机，摒弃了传统喷涂机的液压、气动的驱动方式，采用电动泵取代了液压泵，因此省去了笨重的液压设备，使得体积和质量都大为减少，整机质量为 180kg，仅是 H-20/35 主机的一半，极大地方便了施工的运输和操作；可编程序的控制系统，使得喷涂质量和工作效率提高；另外，它具有远达 91m 的遥控功能，这对大面积、长距离施工者十分便利；该设备采用革新的立式泵设计，其正弦曲线的曲柄能消除传统卧式机泵系统所需的快速转向操作过程，使设备操作更稳定。

图 12-18 为 GRACO 公司用于聚氨酯发泡、聚脲喷涂作业的部分喷枪外形。表 12-7 为 GRACO 公司推出的这些喷枪的基本技术参数。

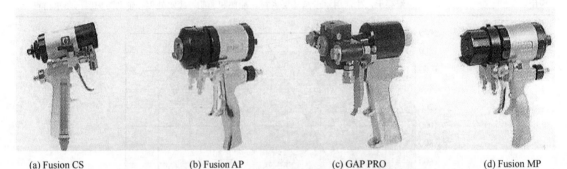

| (a) Fusion CS | (b) Fusion AP | (c) GAP PRO | (d) Fusion MP |

图 12-18　GRACO 公司用于聚氨酯、聚脲喷涂作业的部分喷枪

表 12-7　GRACO 公司用于聚氨酯，聚脲喷涂作业的部分喷枪技术参数

项　目	Fusion CS	Fusion AP	GAP PRO	Fusion MP
最大/最小输出流/(kg/min)	11.3/≤0.45	18/0.9	18/1.4	20.4/0.9
最大流体工作压力/bar	240	240	207	240
清洗方式	喷射自清洗	空气清洗	空气清洗	机械式清洗
质量/ kg	1.2	1.06①	1.06	1.24①
喷枪尺寸 (高×宽×厚)/mm	159×203×84	191×95×79①	178×178×112	191×95×79①
最大进气工作压力/bar	9	9	7-9	9
最高流体温度/℃	93	93	93	93
应用	住宅、屋顶泡沫保温，混凝土、防水材料及其他 PU 泡沫和弹性材料涂层			

① 为自动喷枪。

Fusion AP 喷枪为空气自清洁式，具有革新的扇形喷嘴特性，其气爆式的清洁技术显著降低了材料的堆积和喷嘴堵塞现象；采用内对冲式的旋风混合室，物料混合均匀，喷涂质量好，涂层平滑，没有"指状"或"拖尾"现象；混合室采用 Fusion 的淬硬不锈钢结构，材料和滑动密封，使得维护工作量减少，使用寿命更加长久。

Fusion MP 喷枪为机械式清洗方式，该枪采用先进的 PolyCarballoy 混合室和喷嘴混合效率更高，使用寿命更长（可高于竞争对手产品的 10 倍）；CeramTip 喷嘴的寿命是竞争对手的 4 倍，且易于更换，显著降低了维修成本；更换混合室和喷嘴即可完成从极低的输出、超薄膜厚的喷涂到大流量高功率的施工。

GAP PRO 喷枪为中等压力、空气清洗式喷枪，其进气方式有两种，可以标准的手柄下部进气，也可以选择在枪体后部进气。供气压力 7～9bar(0.7～0.9MPa)；它的混合室内涂覆聚四氟乙烯（Teflon），有利于空气吹洗。主要部件和前端平喷嘴结构，可参看图 12-19。

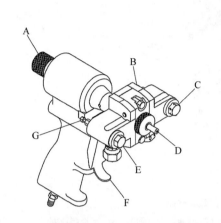 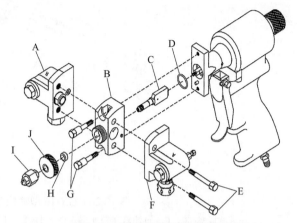

(a) GAP PRO喷枪主要部件(图为圆形喷嘴)

A—安全停止器；B—A 组分手动阀；C—A 组分滤网螺丝；
D—喷嘴；E—R 组分滤网螺丝；F—板机；
G—R 组分手动阀

(b) GAP PRO喷枪前端部件(图示为平喷嘴)

A—R 组分侧块；B—枪块；C—混合室；D—O 形圈；
E—侧块螺钉；F—A 组分侧块；G—枪块螺钉；
H—空气密封圈；I—平喷嘴；J—气帽

图 12-19 GAP PRO 喷枪主要部件和前端平喷嘴结构

GX-16 型喷枪是专门为进行聚氨酯泡沫灌注设计的喷枪（图 12-20）。其高速、高压混合头可进行浇注和喷涂作业，可广泛用于汽车仪表板、车身板、坐垫等灌注，也可以用于冰箱、冰柜、浴缸等制品的喷涂和灌注。物料在喷枪内的流动状态和说明显示在图 12-21 中。

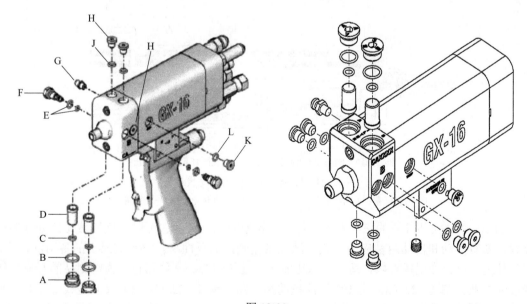

图 12-20

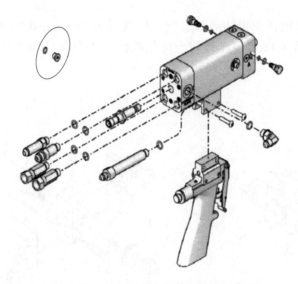

图 12-20　GX-16 型喷枪部分结构示意图

A—过滤器塞；B，C—过滤器塞 O 形圈；D—过滤器；E—管口 O 形圈；F—管口；G—润滑脂口塞；
H—清洗塞；J—清洗塞 O 形圈；K—排泄塞；L—排泄塞 O 形圈

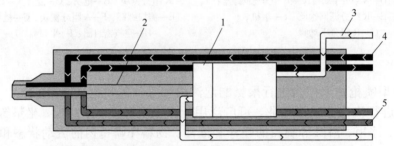

(a) 循环状态：在液压油的推动下，活塞和活塞杆向前运动，A、B物料组分
分别经过活塞杆前部沟槽返回，喷枪处于循环状态

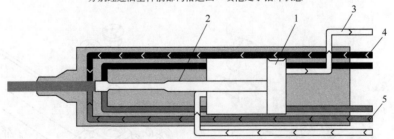

(b) 灌注状态：在液压油的推动作用下，活塞和活塞杆向后运动，打开A、B物料压力管，
同时封闭A、B物料的回流管线，两种物料在压力下混合，吐出

图 12-21　喷枪中流体流动运动状态

1—液压活塞；2—活塞杆；3—液压管；4—A 料进出管；5—B 料进出管

　　GRACO 公司新开发的 EP 灌注枪是一种新型的混合头，它可以精确地按比例处理多种原料，备有手动和自动两种应用模式，灌注量精确，重复性高。它无需昂贵的备用混合头，在设计上，可允许现场维修，适用于家电制造、建筑装饰、文体器材、模塑制品的开模和闭模灌注作业。图 12-22（a）是 EP 灌注枪的结构图。图 12-22（b）和（c）是其工作原理示意的侧视图和俯视图，从图中可以看出，当扣动扳机时，清洁杆缩回，物料撞击通道打开，即可进行物料混合和灌注；当清洁杆伸出时，物料通道关闭，即停止灌注作业。

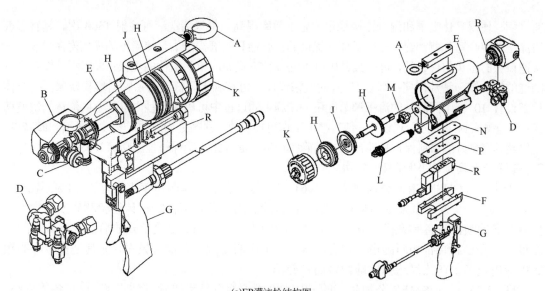

(a)EP灌注枪结构图
A—钓钩座；B—流体壳；C—喷嘴；D—流体导管；E—汽缸，枪体；F—固定件；
G—电器启动手柄；H—双向活塞；J—隔板；K—活塞安全锁；L—滤筒；M—空气过滤器
N—电磁阀垫片；P—电磁阀固定板；R—电磁阀

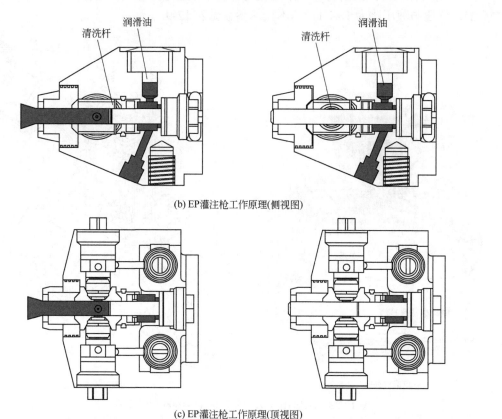

(b) EP灌注枪工作原理(侧视图)

(c) EP灌注枪工作原理(顶视图)

图 12-22 GRACO 公司 EP 灌注枪

　　这几年 GRACO 公司新推出的 Fusion CS 型喷枪（见图 12-14）采用了全新的喷射自清洁（Clear Shot）技术，可减少 75%的空气污染，并能有效地降低喷涂反弹现象；它在手柄内装配了一只专用清洁液（CSL），这种蓝色、无毒的清洁液能很好地溶解在混合室中的残留物，减少枪头的物料堆积，使得雾化喷幅和混合比例稳定，施工效率提高。每只清洗液可注射 1500 次。具有覆镀铬涂层的混合室和侧密封，提供了部件优良的抗腐蚀和抗磨损能力，使喷枪的使用寿命更长；可快速调换的枪头组件设计，可在数秒内以手动旋转方式完成枪头组件的更换；采用不粘性聚合物制造的枪头罩，清洁便捷；"气刀"式的气帽设计，可有利于降低混合后物料堆积现象；在枪体后部设有 10 挡不同流量的流量调节旋钮，在施工的过程中可以在数秒内进行不同流量的快速切换；喷枪侧密封采用拧入式设计，使得维护工作更加快捷，程序更加简便；虽然 O 形密封圈减少，但仍然具有良好的窜料保护功能；保持精确的计量、混合比，确保最佳的喷涂效果和喷涂质量。

2. 美国卡士马（GUSMER）公司

卡士马（GUSMER）公司成立于 1961 年，总部位于新泽西州莱克伍德市（Lakewood, New Jersey），长期从事聚氨酯材料等喷涂设备的制造，具有丰富的设计经验和研发能力，是世界著名的喷涂设备制造商，也是较早进入我国市场的公司，给改革开放后的我国聚氨酯工业推荐了许多新装备和新的设计理念。该公司生产的喷涂设备品种繁多，尤其是在聚脲的领域中应用较多，在此仅选择性地做些简单介绍。

图 12-23 为 GUSMER 公司生产的 FF-1600 型双组分气动喷涂灌注设备，该设备体积小、重量轻、移动方便，主要适用于低流量的喷涂、灌注。其 13cm 的双动式汽缸，通过自激控制，交替地将气体供给汽缸的每一个末端驱动计量泵。额定工作压力范围 3.5～7bar（0.35～0.7MPa），气压与液压比为 16：1，基本技术参数见表 12-9。

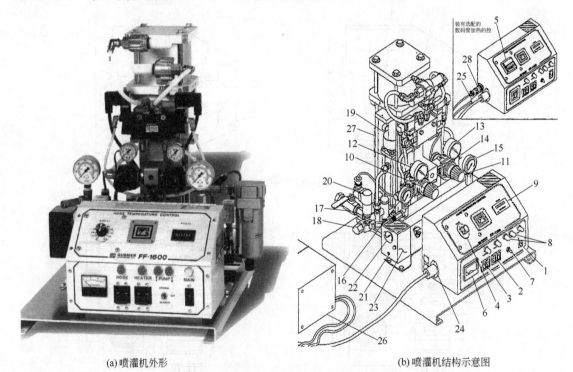

(a) 喷灌机外形　　　　　　　　　　　　(b) 喷灌机结构示意图

图 12-23　GUSMER 公司生产的 FF-1600 型喷灌机

1—总电源开关；2—主加热器断路器；3—管道加热器断路器；4—手动管道加热器电源控制；5—数字管道温度选择器；
6—管道加热电流表；7—计量泵开关；8—泵方向指示灯；9—计数器；10，11—下/上行程气压调节器；
12，13—下/上行程气压表；14—主空气控制器；15，16—树脂/iso 压力表；17，18—A 进料球阀/滤网；
19—A 密封螺母，润滑杯；20—压力限制开关；21，22—主加热器温度控制器/温度表；23—温度限制开关；
24—低电压电源插座；25—TSU 加长硬插座；26—低电压电源；27—气马达换向开关；28—变压器硬插座

GUSMER 公司生产的 HV-20/35 喷涂机采用双向工作液压缸，通过自触发回动系统驱动计量泵进行计量（图 12-24）。计量泵的柱塞杆和缸的内壁均镀有硬铬，以保证长的使用寿命，运行平稳、可靠。泵的过压安全开关通过控制电路，能使计量泵在超过设定压力极限时停止工作。液压动力由电机驱动的固定排量液压泵提供，可通过调节液压泵上的可调补偿器输出不同的压力。装备有可编程序逻辑控制器（PLC），可方便地在操作屏上显示设备的工作状况。该设备结构紧凑，在其下部装有可拆卸的脚轮，方便移动。这种液压垂直驱动的设备，可采用喷涂、灌注、注射等方式，广泛用于保护性涂层、墙壁空腔灌注保温发泡、屋面防水、防渗、地面耐磨涂层、道路划线等。相关技术参数见表 12-8。

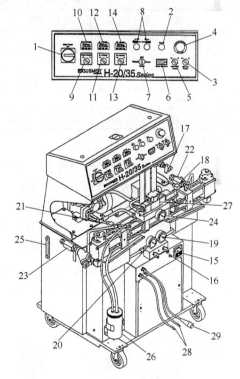

图 12-24 GUSMER 公司生产的 HV-20/35 喷涂机

GUSMER 公司推出的 H-20/35 及 H-20/35 Pro 喷涂机见图 12-25 和图 12-26。它们为对置的柱塞计量泵设计，整体型泵座使其在循环过程中的压力稳定，使用寿命延长，能提供更稳定的喷涂模式和

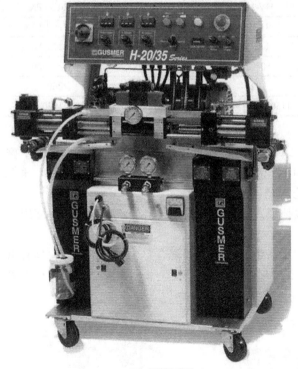

(a) 喷灌机外形   (b) 喷灌机结构示意图

图 12-25 GUSMER 公司生产的 H-20/35 喷涂机

1,2—主电源开关/指示灯；3—电力控制开关；4—紧急制动开关；5—液压马达开关；6—计数器；7—泵模式开关；8—计量泵方向指示灯；9—软管加热器开关；10—软管加热器温度控制器；11,12—iso 主加热器开关/温度控制器；13,14—树脂主加热器开关/温度控制器；15,16—管加热安培计/管加热电力设定；17—液压控制器；18,19—树脂超压安全开关/压力表；20,21—iso 压力表/超压安全开关；22,23—树脂/iso 供料入口球阀；24—液压表；25—液压储罐水平高度表；26—润滑油泵系统；27—液压方向阀；28—软管加热动力导管；29—转换开关装置导线

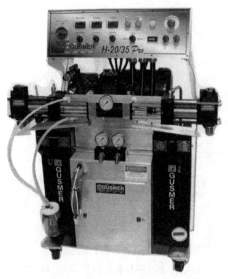

图 12-26　GUSMER H-20/35 Pro 喷涂机

灌注应用的一致性设备，采用正排量、双向工作柱塞泵，具有从 1∶4 至 4∶1 的较宽的比率范围，其镀硬铬的柱塞杆和缸内壁使得计量泵使用寿命长，运行平稳可靠，每个泵的超压安全开关在超过安全压力极限的 2000/3500psi（13.79/24.13MPa）时液压马达会自动停止工作。装配有独特的软管加热和控制系统，加热能力更强，速度更快；数码软管温度控制器通过靠近喷枪加热管内部的温度传感器，对加热进行有效控制。相关技术数据见表 12-8。

GUSMER 公司喷涂机的喷涂枪头在混合室的两侧，以 4～7MPa 的高压将 A、B 组分原料输入至体积仅有 0.0125cm^3 的混合室中，以相对喷射撞击方式完成均匀混合，无需任何机械搅拌装置。这种以高压混合、低压喷出的形式能产生精确可控的喷涂形式，材料浪费少，环境污染小。

表 12-8　GUSMER 公司部分喷涂机技术参数

项　　目	FF-1600	HV-20/35	H-20/35	H -20/35 Pro
最大输出量/（kg/min）	8	11.3/9.1	1～14	17.3/15.4/10.8
最大工作压力/bar	108	138/207	13.78/24.13	138/172/240
黏度/mPa·s	250～1500	250～1500	250～1500	250～1500
设备重量/kg	63	222	311	260
外形尺寸（$H \times W \times D$）/mm	610×660×670	1150×610×910	1190×1020×560	1190×1020×560

注：1bar=0.1MPa。

GUSMER 公司生产的喷枪见图 12-27。早期生产的 D 型喷枪［图 12-27(a)］主要用于聚氨酯泡沫喷涂，最大工作压力为 7MPa，为中小型流量输送（1～7kg/min），很适合在管道、卡车箱体以及狭小、难以施工场所的喷涂，技术参数见表 12-9。

AR 系列喷枪［图 12-27(b)］专为保温体灌注设计，可满足材料低流速需要，主要用于现场灌注、填孔，保温枪头隔离灌注等。

GAP 空气清洁式喷枪［图 12-27(c)］采用压缩空气来清除混合室中的残留物。它具有重量轻、结构紧凑、操作方便的特点。喷枪安装平喷嘴的前部基本组件见图 12-28。更换枪头喷

(a) D 型喷枪

(b) AR-C/D 灌注枪

(c) GAP 空气清洁式喷枪

(d) GX-7 喷枪

(e) GX-8 喷枪

图 12-27　GUSMER 公司生产的喷枪

嘴部件，即可实现圆形、扇形、液流喷射以及灌注等操作，对于黏度大、难以混合的物料还可以在喷枪前部加装静态混合器（图 12-29）。图 12-30 是灌注操作时所用喷枪头的组件安装图。

GUSMER 公司生产的 GX-7 喷枪［图 12-27(d)］为直接对冲式喷枪，使用机械方式清洗。它具有多功能性，只需更换内部部件，即可实现在 2～18kg/min 流量范围内的喷涂和灌注。新设计推出的 GX-7-DI 喷枪，不仅保留了 GX-7 的所有特点，而且其汽缸更小巧，手柄更符合人体工程学，可获得很大范围变化的输送量及更多的功能。GX-7-DI 喷枪的主要部件和中心部件见图 12-31，相关技术参数见表 12-9。

GX-8 喷枪［图 12-27(e)］是专为快速喷涂高性能聚脲、聚氨酯产品设计的小输出量喷枪，它以双组分直接对冲混合，采用机械自清洗方式，可提高雾化效果，减少过度喷涂，节约 50% 或更多原料消耗，同时枪体轻，手感平衡性好，适合对小面积和在难以喷涂的场所施工。技术参数见表 12-9。

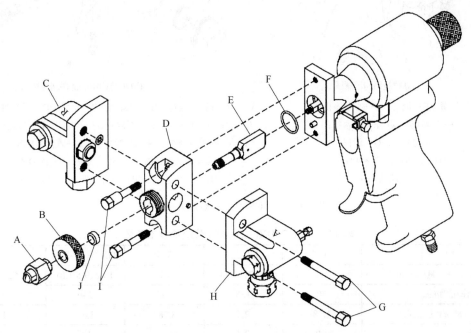

图 12-28　GAP 空气清洁式喷枪部分部件展开图

A—平喷嘴；B—气帽；C—R 组分块；D—枪块；E—混合室；F—O 形圈；G—侧块螺钉；

H—A 组分侧块；I—枪块螺钉；J—空气密封件

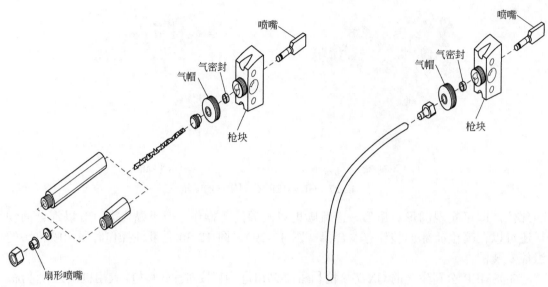

图 12-29　GAP 喷枪静态混合器安装展开图　　　图 12-30　GAP 喷枪灌注组件展开图

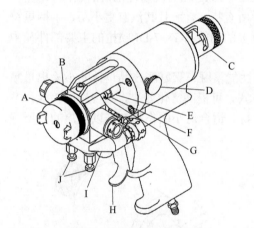

(a) 喷枪结构示意图

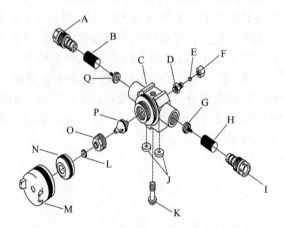

(b) 喷枪的中心部件展开图

A—气帽；B—枪块；C—安全停止器；
D—气帽调节阀；E—活塞杆；
F—锁定螺母；G—阀杆；
H—扳机；I—连接块；
J—手动截止阀

A—R 组分滤网螺钉；B—过滤网；C—枪块；D—后密封套；
E—后密封；F—后密封座组件；G—单向阀；H—过滤网；
I—A 组分过滤网螺钉；J—连接块垫圈；K—连接块安装螺钉；
L—模式控制盘（PCD）；M—气帽；N—PCD 座；
O—混合组件座；P—混合模件；Q—单向阀

图 12-31　GUSMER GX-7-DI 喷枪

表 12-9　GUSMER 公司的部分喷枪技术参数

项　　目	D 型	AR-C/D	GAP	GX-7　(7-DI)	GX-8
最大/最小输出量/(kg/min)	7/1	14/27—3/4	18/1.4	18/2 (9.5/1.8)	1.52/0.38
最大工作压力/bar	70	138	207	240	240
气源(6～8bar)/(L/min)	1.48	2.4	3.78[①]	1.4[①]	1.4[①]
质量/kg	1.0	2.4	1.06	1.5	0.85
外形尺寸($H \times W \times D$)/cm	$20 \times 23 \times 6$	$24 \times 32 \times 8$	$17.8 \times 17.8 \times 11.2$	$23 \times 24 \times 11$	$17.8 \times 19 \times 6.25$

① 气源压力 7～9bar。1bar=0.1MPa。

3. 美国格拉斯（GLAS-CRAFT）公司产品

美国 GLAS-CRAFT 公司也是一家生产喷涂设备的公司，进入我国市场后也有不俗的销售业绩，尤其在环氧树脂处理、玻璃钢类产品的生产加工方面，推出了许多新型设备。该公司在 2008 年被 GRACO 公司以 3500 万美元收购，相关产品并入 GRACO 公司并在逐渐整合中。为表述方便起见，现仍以原公司名义对相关产品进行叙述。

MICROII和 MINI Ⅲ设备（图 12-32）的功能相似，只不过 MICROII喷涂机最大输出量为 3.6kg/min，而 MINI III 的最大输出量要大得多，为 9kg/min。它们都配备有可靠的气净式 Probler 喷枪，此枪配有标准的平喷混合头，无需调节，操作简便；装有两个独立的加热器，以加热 A、B 两种原料，降低它们的黏度；一个气动马达为两个可拆卸的材料泵提供动力，从而获得 11MPa 的混合压力和 1∶1 的混合比例；该设备配有 6m 可保温管线，安装方便，操作简便。它主要用于聚氨酯硬质泡沫体的喷涂、灌注等。相关技术参数见表 12-10。

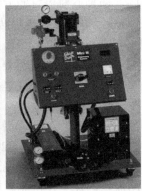

图 12-32 Glas-Craft 公司部分喷涂、灌注机（左起：MICRO Ⅱ；MINI Ⅲ；MX；MH）

MX 喷涂灌注机以气动马达驱动双动式比例泵，具有高温、高压双组分加热器的比例系统；比例泵的输出比例一般为 1∶1，若对比例有特殊要求，MX-VR 型可提供比例从 1∶1 至 2.6∶1 的可调范围；设备结构坚实，设计精密，不仅可用于聚氨酯硬泡的喷涂和灌注，同时也可以用于聚脲、双组分涂料、聚氨酯软质泡沫体的生产。其基本技术参数列于表 12-10 中。

MH 型喷涂灌注机的比例泵动力与以上 3 款不同，它是采用液压方式驱动，安全可靠，能为比例泵提供足够的工作压力，以适应高黏度和难以混合物料的计量输送；高温、高压双组分计量系统，最大输出量达 21kg/min；两个独立的加热器对原料提供精确、高效的加热，而且在系统中物料的温度都会在温度控制器上显示，调节方便；设备配有双组分 Probler 喷枪，既能用于聚氨酯、聚脲等材料的喷涂、灌注，也可以用于聚氨酯泡沫体、弹性体、双组分涂料、高回弹泡沫体的生产。其技术参数见表 12-10。

表 12-10 美国 GLAS-CRAFT 公司部分喷涂灌注机技术参数

项　　目	MICRO Ⅱ	MINI Ⅲ	MX	MH
最大输出量/(kg/min)	3.6	9	9	21
最高温度/℃	60	88	88	88
最大压力/bar	100	100	150/204	204
加热器	2kW，单温度调节，两种组分设置温度相同，LED/按键式控制	6kW，LED/按键式控制，三路温度控制，两组分温度分别控制	8kW，LED/按键式控制，三路温度控制，两组分温度分别控制	14kW，LED/按键式控制，三路温度控制，两组分温度分别控制
加热	高效加热带	缠绕铜加热管	高效加热带	缠绕铜加热管

续表

项 目	MICRO Ⅱ	MINI Ⅲ	MX	MH
加热控制	变阻式转盘控制	固态 LED 控制	固态 LED 控制	固态 LED 控制
管线尺寸/mm	6.4	9.5	6.4	9.5
长度 (标准/最长)/m	6.1/61	15.2/91	10.6/64	15.2/91
Probler 喷枪	平喷 18374-01	圆喷 17254-02	圆喷 17254-01	圆喷 17254-04
电源	15A, 208~240V 单相, 50/60Hz	50A, 208~240V 单相, 50/60Hz	60A, 208~240V 单相, 50/60Hz	63A, 380V 三相, 50/60Hz
气源	481L/min, 6.8bar	934L/min, 6.8bar	1330L/min, 6.8bar	425L/min, 6.8bar

注：所有标准型号均为1∶1定比设备；优选型号可以选配变比系统。

GLAS-CRAFT 公司生产的 Probler 喷枪（图 12-33），在聚氨酯产品加工中也是一种应用广泛的喷枪。它的结构紧凑，重量轻，仅有 1kg；两种原料以对冲方式在混合头内部撞击混合，混合效果好，混合头最大输出量可达 27kg/min，更换混合头和转换器，喷枪可作平喷、圆喷和灌注 3 种工作方式，喷射线型连续、流畅；其单向阀装置可防止物料倒流；气动辅助弹簧可快速切断进入混合头的原料；它的气动式扳机，工作时不需要持续的扣动扳机，可减轻操作人员的劳动强度；导管接头角度适宜，减轻了喷枪负荷，使之操作轻松自如，特别适合建筑物保温层的喷涂和灌注。

GLAS-CRAFT 公司为适应聚脲材料，无溶剂、高黏度聚氨酯涂料等，新开发推出了 LS 型喷枪（图 12-34）。该喷枪的混合区较同类喷枪大 15%，气室大 32%，使得物料混合更加均匀，雾化更加彻底，喷涂质量更好；喷枪可提供圆喷线形和平喷线形，同时还引入了环绕空气助流技术，两种线形均有 360° 环绕空气助流，确保了在低流量施工情况下产生最佳的喷涂效果；LS 喷枪根据不同的喷涂物料黏度，可以用极薄的涂层就可以完全覆盖基材，中、低黏度的物料完全、均匀、连续覆盖基材只需 0.18~0.25mm 厚度；对高黏度物料也仅需要 0.3~0.38mm。喷枪的输出量范围是 0.45~1.8kg/min，显著减少了过喷现象，极大地节省了原料成本；喷枪采用机械清洗方式，取代了气净和溶剂清洗；喷枪的大部分元件采用镀镍或镀钛不锈钢制造，延长了喷枪的使用寿命。该喷枪可与各种喷涂聚脲弹性体的喷涂机配套使用。

图 12-33　GLAS-CRAFT 公司的 Probler 喷枪

图 12-34　GLAS-CRAFT 公司的 LS 喷枪

4. 卡马（GAMA）机械公司产品

GAMA 公司生产的设备主要用于聚氨酯泡沫、聚脲、环氧树脂等材料的喷涂、灌注。

它在我国还设有分公司——卡马机械（南京）有限公司，负责亚洲和我国市场销售及技术服务。该公司生产的 Easy Spray ES-125 型高压喷涂机见图 12-35。

(a) ES-125　　　　　(b) Evolution G-125A　　　　　(c) Evolution G-250H

图 12-35　GAMA 公司生产的部分喷涂灌注机

ES-125 型高压喷涂机主要是为建筑物的聚氨酯保温层的喷涂、灌注施工设计的机型。它采用气动马达为设备提供动力，使得原料输出的最大压力超过 140bar，并配有双路气压调节，可平衡双向工作的压力差；具有复合涂层的比例泵，配合自动对中装置动态纠正活塞的偏心，极大地减少了摩擦，使得使用寿命延长；总功率 6kW 的大功率双路独立的加热器，能适应冬季施工需要；其精确数字温控系统，能有效地抑制施工中的温度波动；由于采用了无密封圈的双独立式、液电分离式加热器设计，不仅提供了传热效率，而且杜绝了原料泄漏；低电压加热软管长度可达 94m，最大加热功率超过 6kW，加热均匀，升温迅速。相关技术参数见表 12-11。

表 12-11　GAMA 公司的喷涂机技术参数表

项　　目	ES-125	G-125A	G-250H
最大输出量/(kg/min)	9	9	14/9
最大输出压力/ bar	140	145	140/240
主加热器功率/ kW	6	10（可选 12）	15（可选 18）
软管加热功率/ kW	3	3	4
电源	22A，3 相 380V，50/60Hz		41A(47.4A)，3 相 380V，50/60Hz
质量/kg	100	125	190/270
外形尺寸 (高 × 宽 × 深)/cm	150 × 52 × 75	105 × 54 × 55	120×90×70

Evolution G-125A 和 G-250H 都是高压喷涂机（图 12-35）。但 G-125A 是采用气动马达提供动力，原料输出最大压力超过 140bar，并配有双路气压调节，可平衡双向工作的压力差；G-250H 为液压驱动的高压喷涂机，双向工作的液压泵通过自触发回动系统驱动水平对置的比例泵，驱动平稳有力。通过调节可调式补偿器可获得不同的液压力，来调节喷涂时的原料混合压力。G-125A 喷涂机采用专利的复合涂料（OAC+PTFE）涂覆的铝缸体比例泵，配合自动对中装置动态纠正活塞的偏心，减少摩擦，延长使用寿命；设备具有 5kW 的大功率加热器，双路独立数字温控系统采用双独立液电分离式加热器设计，每个独立加热器包含 4 个

1.25kW 的加热单元。数字温控系统温度控制精确，具有过热、过压和过流保护，并能有效抑制动态使用时的温度波动。G-250H 喷涂机的主加热系统与 G-125A 相似，只是每个独立的加热器包含 6 个 1.25kW（可选 1.5kW）的加热单元，每边加热总功率为 7.7kW（9kW）。两者加热软管长度最长都可以达到 94m，但最大加热功率有差别：G-125A 为 3kW，G-250H 则为 5kW。两机的电气控制箱面板均设有触摸式开关，通过软件控制各个功能单元及数显仪表，可准确操控，监视设备的工作状态，方便、可靠。相关技术参数见表 12-11。

GAMA 公司推出两款双组分喷枪：MASTER 喷枪和 STAR 喷枪（图 12-36）。MASTER 喷枪是空气自清洗式喷枪，具有双金属结构的长寿命混合室，配备了可互换的不同材质（金属和特氟龙）的混合室边密封，以适应原料、压力和使用寿命的不同要求；喷枪配有多种混合室，既可灌注，也可以进行从圆形到扇形等不同喷涂形状的施工；处理难混合及高黏度原料时，还可以加装静态混合器；该喷枪在原料入口处都设置了过滤器，并配备了外部润滑系统，使得喷枪更容易维护。该喷枪适用于聚氨酯泡沫和聚脲弹性体涂层的喷涂。

图 12-36　GAMA 公司 MASTER 喷枪（左）和 STAR 喷枪（右）

STAR 喷枪为机械清洗式喷枪，它可以根据喷涂、灌注施工方式和不同的输出量选择多种混合室，并可获得不同喷射面的形状；喷枪采用金属阀杆的机械式自清洁方式将残留物料推出喷枪，完全不使用溶剂；使用了可调气量的气帽结构，可在喷面周围形成气障屏蔽，减少物料飞散。该喷枪适用于聚氨酯泡沫的喷涂和灌注。

5. 北京京华派克聚合机械设备有限公司产品

北京京华派克聚合机械设备有限公司（以下简称京华派克公司）是开发、生产、制造、销售聚氨酯硬泡及聚氨酯、聚脲等材料的高压喷涂、灌注加工设备的专业化公司。该公司主要生产以下 3 类聚氨酯加工装备。

喷涂/灌注设备：JHPK-YGAF；JHPK-IIIB；JHPK-IIIB235；F2008A；JHPK-F16；H3500；H30；R2013；A9000。

喷涂/浇注枪：JHPK-GZI；JHPK-PK1；JHPK-PK2；JHPK-PK3；JHPK-PK4；JHPK-PK5；JHPK-PK6；JHPK-PK 7；JHPK-PK8。

输送泵：JHPK-3G51；JHPK-3G63；JHPK -3G76；JHPK-3G76-01；JHPK-4CT；JHPK-6CT。

其部分喷涂灌注设备见图 12-37，相关设备的技术参数列于表 12-12。

表 12-12　北京京华派克聚合机械设备公司部分产品基本技术参数

项　　目	JHPK-IIIB	JHPK-IIIB-235	JHPK-F2008	JHPK-H3500	JHPK-A9000
输出量	8	2-6.8	4-8	2-8	4-8
原料加热器功率/W	2500 × 2	2500 × 2	3000 × 2	9000 × 2	3000 × 2

项　目	JHPK-ⅢB	JHPK-ⅢB-235	JHPK-F2008	JHPK-H3500	JHPK-A9000
管路加热功率/W	2000	2000	3500	3200	3500
单组分原料压/MPa	7.5～9	5～10	5～10	26	11
气源压力/MPa	0.7～1.1	0.5～0.8	0.5～0.8	8～12(液压)	0.7
气源流量/(m³/min)	0.9	0.9	0.9		0.9
电源	7000W，220V，50Hz	7000W，220V，50Hz	9500W，220V，50Hz	21.2kW，380V，50Hz	9.5kW，380V，50Hz

(a) JHPK-ⅢB-235　　(b) JHPK-F2008　　(c) JHPK-H3500　　(d) JHKP-A9000

图 12-37　京华派克聚合机械设备公司生产的部分喷涂灌注机

该公司开发的 JHPK-ⅢB235 型聚氨酯成型系统与其他设备不同之处在于它是可变比例的设备。它采用了一个直径为 125mm 的汽缸作驱动，通过两个联杆带动两个比例泵。在两个联杆上都有刻度定位孔，以便用于加长或缩短比例泵的运动行程，实现材料组分在可调比例范围（1∶1）～（1∶2）之间变化。

JHPK-F16 是京华派克公司推出的液压驱动的高压成型系统设备。其独特的液压平推驱动泵与垂直驱动泵相比，很好地解决了 A、B 两组分材料输送因泵压不平衡造成泵轴倾斜对密封件的磨损问题。全密封浸透式润滑的异氰酸酯输送泵使泵轴与空气隔绝，不会出现遇水结晶，影响输送泵正常工作的情况；超薄扁铜带缠绕的外加热方式，提高了管路的加热效率。原料黏度范围 200～1000mPa·s（操作温度下）；设备输出量 4～8kg/min；加热温度范围 0～60℃；最大液压驱动压力 21MPa；工作液体压力 6～8MPa；设备外形尺寸 1180mm×890mm×1140mm；质量 322kg。

JHPK-F2008 和 JHPK-A9000 喷涂灌注机比其他几款设备配置更先进，加热功率更多，重量更轻，装配有大的脚轮，移动更灵活；配合各种喷枪，提供了更多施工功能的转换，且操作简便；装配有强制导行，自动复位装置，在每个工作日结束后通过操作可使比例泵复位至下止点，延长了原料密封件的使用寿命；变功率温度加热器具有全程控制、防过热等安全措施，使用可靠；该设备广泛用于建筑物外墙、屋顶、冷库、运动场馆的保温施工，汽车、舰船、空调、太阳能热水器等装备的绝热保温处理。

京华派克公司生产的 GZⅠ型喷枪（图 12-38）结构紧凑，重量轻，使用方便，具有以下特点：①导管接头角度合适，减轻了喷枪的负荷，使操作轻松自如；②使用手动开关，可轻松快速开关喷枪，气滑阀可防止扳机被粘住；③单向阀装置可防止 A、B 物料倒流，气辅助弹簧可快速切断入口原料；④高压混合获得最佳混合效果和最大喷涂量；喷射线型连续流畅；⑤清洗采用连续气净，消除喷枪的堵塞现象；⑥全钢混合头，输出量大，能精确控制喷涂位置，减少原料浪费，特别适用于住宅建设墙壁的喷涂施工。

京华派克 JS 型低流量喷枪（图 12-39）具有和 GZ I 型喷枪相同的特点，它采用空气助流技术，混合及雾化效果更佳，特别适用于聚脲等高活性原料的喷涂施工。一般最低输出流量为 0.4～4.8kg/min。近年来，为适应聚脲的喷涂，开发出 PK4 专用喷枪，其技术特点列于图 12-40 中，技术参数如下：最大工作流体压力 21MPa；空气入口压力 0～0.8MPa；工作流量 2～8kg/min；雾化喷型为平喷（垂直，水平）；清洗方式为气辅助机械清洗；整备质量 1.3kg。

图 12-38　GZ I 型喷枪

图 12-39　JS 型低流量喷枪

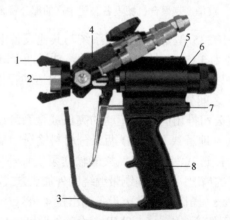

图 12-40　近期推出的聚脲喷涂专用枪 PK4

1—鹰嘴式气清枪辅助结构，在停枪时提供强劲的交汇清枪气流，喷嘴无残留堆料；2—简单的混合芯，鹰嘴组合设计清洗拆卸更加方便，并可随时改变喷涂方向；3—结构紧凑，小巧灵活，整枪重量仅为 1.3kg；4—独有的防护罩，减少清枪频率，从而使枪的使用寿命延长 50%；5—气动和原料部分为分体式设计，不会出现堵塞枪体现象；6—双活塞设计，提供了更大的动力；7—枪击滑杆处设有独特的气弹簧设计；8—专业的涂层保护，更便于清洗，且美观耐用

6. 上海郁慧机电科技有限公司

上海郁慧机电科技公司在多年研制聚氨酯发泡机的基础上成功开发了 YH 系列低、中、高压聚氨酯发泡设备（图 12-41），从个人背负式 YH-500 发泡系统到 YH-5000 变比例发泡系统、YH-6000 及 YH-7000 大流量现场发泡系统，可以满足军事、民用等各种工程的现场施工需要，可进行建筑物、屋面保温的喷涂施工和灌注作业。

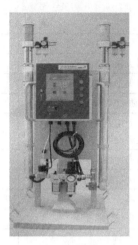

(a) YH-4000　　　　　　　　(b) YH-5000　　　　　　　　(c) YH-6000

图 12-41　上海郁慧机电科技公司部分喷涂、灌注机

7. 北京联成科伟机电设备有限公司

北京联成科伟机电设备有限公司的喷涂、灌注设备有 08F-A1、08F-A2、08F-A3（图 12-42）以及与之配套的喷枪（图 12-43），相应喷涂灌注机的技术参数列于表 12-13。

(a) 08F-A1　　　　　　　　(b) 08F-A2　　　　　　　　(c) 08F-A3

图 12-42　北京联成科伟机电设备公司生产的喷涂灌注机

(a) LD-A型　　　　　(b) LQ-E型　　　　　(c) LQ-F型　　　　　(d) LG-N型

图 12-43　北京联成科伟机电设备公司推出的喷枪

表 12-13　北京联成科伟机电设备公司生产的喷涂灌注机技术参数

项　　目	08F-A1	08F-A2	08F-A3
最大输出量/(kg/min)	6	8	9
最大工作压力/MPa	10	15	20
加热功率/W	2600 × 2	2600 × 2	5200 × 2
气源压力/MPa	0.8	0.8	1.0
气源流量/(m³/min)	1.2	1.2	1.2
最高加热温度/℃	80	80	80
最大料管长度/m	30	60	90
电源	220V，50Hz，4000W/20A	220V，50Hz，4000W/20A	220V，50Hz，12000W/32A
外形尺寸/mm	520 × 500 × 950	520 × 550 × 950	600 × 600 × 1180
质量/kg	90	105	115

　　LD-A 型喷枪是一种机械自清洗式喷枪，它不会因瞬间停气造成泡沫飞溅；具有使用方便、维护成本低的特点。它主要用于聚氨酯硬泡灌注和聚氨酯软泡缓冲包装行业。LQ-E 型、LQ-F 型以及 LG-N 型喷枪具有混合雾化性能好、反应灵敏、操作灵活、体积小、重量轻的特点，主要用于聚氨酯、聚脲喷涂施工。

　　随着节能环保意识的加强和聚氨酯、聚脲的大力推广应用，喷涂、灌注设备的国产化水平有了大幅度提高，生产厂家也在逐渐增加，除以上介绍的厂家外，还有北京金科聚氨酯技术有限公司、北京东盛福田聚氨酯设备有限公司、济南驰达发泡设备有限公司等。

参考文献

[1] 美国固瑞克（GRACO）公司资料.

[2] 美国 IPM 公司资料.

[3] 美国卡士马（GUSMER）公司资料.

[4] 美国格拉斯（GLAS-MATE）公司资料.

[5] 美国卡马（GAMA）公司资料.

[6] 凯姆克公司资料.

[7] 英国兰斯伯格（RANSBURU）公司资料.

[8] 上海宝龙气动泵阀厂资料.

[9] 温州展博机械公司资料.

[10] 北京京华派克聚合机械设备有限公司资料.

[11] 上海郁慧机电科技有限公司资料.

[12] 北京联成科伟机电设备有限公司资料.

[13] 北京金科聚氨酯技术有限公司资料.

[14] 北京东盛福田聚氨酯设备有限公司资料.

[15] 济南驰达发泡设备有限公司资料.

[16] 江阴市辉龙电热电器硬性规定资料.

[17] 济南开启热控自动化科技有限公司资料.

第十三章

混炼型聚氨酯橡胶的生产设备

聚氨酯橡胶与聚氨酯泡沫塑料相比，虽然其化学结构及基本反应相似，但它具有更多的网状交联结构，兼备了橡胶和塑料的一些特性，既有塑料的高强度、高硬度，又有橡胶的高弹性，同时，它还具有十分优异的耐磨性能以及优异的机械强度，耐油、耐低温、耐臭氧等性能，并且其硬度调节范围宽阔，既能合成出硬度低于邵氏 A5 的凝胶，也能生产出硬度邵氏 D85 的高模量、抗冲击的弹性材料。

聚氨酯橡胶按加工形式划分，有混炼型（MPUR）、浇注型（CPUR）、热塑型（TPUR）、喷涂型（SPUR）等。混炼型聚氨酯橡胶可以采用传统橡胶工业的加工设备和加工工艺进行生产。因此，对混炼型聚氨酯橡胶的加工设备仅作简单介绍。

第一节　混炼型聚氨酯橡胶生胶的生产　

混炼型聚氨酯橡胶和一般合成橡胶一样，首先要合成聚氨酯生胶。普通合成橡胶，如顺丁橡胶、氯丁橡胶、丁苯橡胶、丁腈橡胶等，基本是由几种单体原料经聚合反应生成，而聚氨酯橡胶生胶的合成则一般是由低分子聚醇如聚酯多元醇、聚醚多元醇与异氰酸酯按一定化学当量比进行的聚加成反应。当异氰酸酯过量时合成出的生胶的端基为异氰酸酯基，而当聚醇过量时生胶的端基为羟基，前者生胶的储存条件较为严格，后者生胶的储存稳定性较好。

聚氨酯生胶的合成方法有两种：预聚体法和一步法。预聚体法先将聚醇和异氰酸酯反应生成预聚的中间体，然后再加入交联剂进行扩链生成生胶；一步法则是将聚醇、交联剂和有关助剂混合后与异氰酸酯反应生成聚氨酯生胶。一步法的生产又称为连续化生产，其工艺简单，生产成本较低，产品质量稳定，适合现代工业的连续化生产要求，是工业化生产采用的主要方法；预聚体法在工业上尤其适用于小批量、多品种的生产。

经过精确计量的聚醇和异氰酸酯输入至反应釜中，在搅拌下进行聚加成反应，该反应为放热反应，精确的温度控制是生成生胶质量优劣的关键环节，通常温度必须控制在 85℃ 以下，为此，对反应釜的设计、制造或选型，反应釜的传热方式、搅拌形式、温度的监控等就显得十分重要。为避免金属离子对反应体系的影响，合成生胶的反应釜一般采用不锈钢（如SUS304、SUS316 或 SUA321）制造。在合成生胶的反应开始时需要提供一定能量，而在反应开始后又必须能快速移走反应释放的大量热量，因此建议反应釜的釜体高度和内径之比最好大于 1.5：1，呈细高形状，以利于热传导；反应釜应设有夹套，利用蒸汽或加热油进行加热，利用冷却水或冷油进行冷却；也可以采用电加热棒加热、采用冷却水夹套进行冷却等热传导方式，都必须能达到对反应体系温度的快速有效的调控。搅拌可采用推进式搅拌器，以避免在体系中产生死角，出现局部过热现象。合成好的胶状液体放出至不锈钢的浅盘中，然后在加热器中于一定温度下烘制，即可得到聚氨酯生胶。图 13-1 是聚氨酯生胶连续化生产示意图。异氰酸酯和聚酯多元醇在一定的工艺温度下，分别经过过滤器和计量泵送入至混合器中，混合后吐出的物料置于不锈钢料盘中，送入恒温室中熟化，完成生胶合成的基本反应。

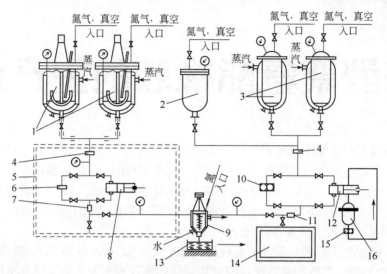

图 13-1　聚氨酯生胶连续化生产流程

1—聚酯计量槽；2—溶剂计量槽；3—异氰酸酯计量槽；4—过滤器；5—保温室；6，10，15—齿轮泵；
7，11—阀；8，12—活塞泵；9—混合器；13—料盘；14—恒温器；16—润滑油釜

采用聚氨酯弹性体浇注机可以使聚氨酯生胶的合成更加简单易行，即利用浇注机的精确计量、连续输送功能，可以将聚醇和相关配合剂与异氰酸酯按比例定量经浇注机混合头输出，直接浇注至环形输送带上的不锈钢浅盘中，经烘道加热成型，脱出后放置在多层式小车上，推入加热的恒温室中，完成残余异氰酸酯的反应，见图 13-2。

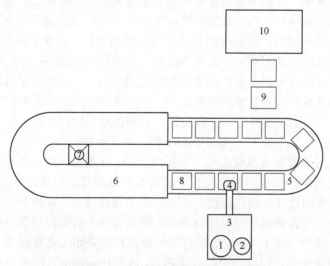

图 13-2　聚氨酯生胶合成的连续化生产

1—聚醇等原料储罐；2—异氰酸酯原料储罐；3—聚氨酯浇注机；4—浇注机混合头；5—环形输送生产线；
6—烘道；7—排风装置；8—不锈钢盘；9—多层式小推车；10—恒温烘房

第二节　生胶的加工设备

聚氨酯生胶可以使用普通合成橡胶的加工设备进行制品生产，如压延、挤出、注射等。其加工工艺虽然有所变化，但加工程序和加工设备都是相同的，即塑炼、混炼、硫化成型、传递模制等。

聚氨酯生胶在储存过程中会出现逐渐变硬的倾向，这是因为残留异氰酸酯基团与水反应产生交联，另外还会因低温出现结晶的缘故。为此，除了要控制生胶储存室的温度、湿度等储存条件外，在加工时还需要首先进行塑炼。所谓塑炼就是通过机械加工的方式，将混炼胶胶料通过在混炼机上的捏合操作，使分子链发生断裂，分子量下降，可塑性提高，胶料由硬变软，有利于混炼加工。为提高橡胶产品性能，需要加入各种配合剂，通过机械捏合作用将各种助剂与生胶均匀地混合，这也就是混炼的目的。

一、开放式炼胶机

聚氨酯生胶的塑炼和混炼均在普通橡胶炼胶机上进行。炼胶机基本分为开放式炼胶机和密闭式炼胶机两类。开放式炼胶机自从 1820 年在橡胶混炼中应用以来，是橡胶工业中使用最早、应用最为普遍的加工设备。它主要由机座、机架、前后两个辊筒、电动机减速机、辊筒的调距调温装置、安全制动、电气控制等系统组成。两个可调节两辊间隙、辊速、温度的平行辊筒以不同辊速相对回转运动，将生胶裹进两辊的间隙中进行剪切、挤压，从辊隙中挤出的胶料因两辊表面温度、运动速度的差异会包覆在一个辊筒上，再次返回至两辊之间，多次反复，完成生胶的混炼过程。

两个辊筒通常是由钒钛合金冷硬铸铁制成的中空辊，表面硬度达 75 RHC，并经过镜面抛光处理，高硬度，高耐磨，高光洁。根据不同用途，有不同辊型，如光面辊、沟纹辊、腰鼓辊等。辊筒内可通入冷水和蒸汽，对辊筒进行冷却和加热。

炼胶操作有一定危险性，对炼胶机的安全装置不可忽视，必须符合国标 GB 20055—2006《开放式炼胶机安全要求》，设备的安全装备包括超负荷停车、超压停车和紧急事故的安全拉杆或按钮等。

开放式炼胶机结构简单，目前在我国仍广泛使用，制造厂家较多，主要集中在山东青岛，江苏苏州、无锡、常州地区，以及浙江、广东等地。图 13-3 为大连通用橡胶机械有限公司和青岛环球集团橡胶机械有限公司生产的开放式炼胶机。常用规格和技术特性可参见表 13-1。

(a) 大连通用橡胶机械有限公司产品　　　　　(b) 青岛环球集团橡胶机械有限公司产品

图 13-3　国产开放式混炼机

表 13-1 开放式炼胶机的规格和技术参数(大连通用橡胶机械有限公司)

型号	辊筒规格/mm			辊筒速度/(m/min)		最大辊距	速比	电机功率/kW	容量/(kg/次)	外形尺寸 (长×宽×高)/mm
	前辊	后辊	工作长度	前辊	后辊					
XK650	650	650	2100	32	34.6	15	1:1.08	110	135~165	6260×2580×2300
XK550	550	550	1500	27.5	33	15	1:1.2	95	50~60	5160×2320×1700
XK450	450	450	1200	30.4	37.1	15	1:1.227	75	50	5830×2200×1930
XK400	400	400	1000	19.24	23.6	10	1:1.227	40	20~25	4660×2400×1680
XK360	360	360	900	16.25	20.3	10	1:1.25	30	20~25	3920×1780×1740
XK160	160	160	320	19.64	24	6	1:1.22	4.2	1~2	1050×920×1280
XK60	60	60	200	2.68	3.62		1:1.35	1.0	0.5	615×400×920

二、密闭式炼胶机

长期以来，开式炼胶机存在着生产效率低、劳动强度大、粉尘污染严重等问题。1916年美国法雷尔-伯瑞基公司（Farrel-Bridge）的本伯里（Banbury）博士研发出密闭式混炼机。该机不用人工不断地对胶料进行打三角包或卷曲操作，只要将胶料和配合剂通过料斗直接加到密闭的密炼室中，在两个带有特殊设计棱角转子相对运动下即可完成对胶料和配合剂的充分捏合与分散。不仅分散效果好，无污染，生产效率高，而且有利于实现橡胶的自动化生产。

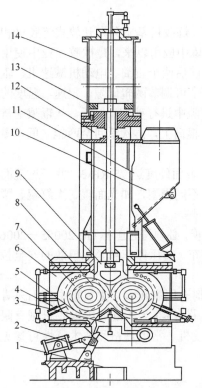

图 13-4 密炼机结构简图
1—机座；2—卸料门锁紧装置；3—卸料装置；4—下部机体；5—下密炼室；6—上部机体；7—上密炼室；8—转子；9—压料装置；10—加料装置；11—翻板门；12—填料箱；13—活塞；14—汽缸

密闭式炼胶机简称密炼机（图 13-4）。目前在橡胶工业中使用的密炼机，按转子形状和功能划分，主要有剪切型转子密炼机、啮合型转子密炼机两大类。前者主要有两棱形转子和四棱转子的本伯里密炼机以及四棱转子 GK 型密炼机；后者主要是以圆筒形转子为代表的密炼机。我国自 1956 年开始仿造本伯里型两棱转子密炼机。1985 年，湖南益阳橡胶机械厂引进并开始生产 GK 型密炼机。国内又陆续引进生产出圆筒形转子密炼机。

本伯里型密炼机的标准型转子为两棱形，每个转子上有一长一短两个螺旋突棱，长的为右旋，螺旋角为 30°；短的螺旋棱为左旋，螺旋角为 45°。两个转子相对运动，将胶料拉入密炼室。四棱形转子则是在转子上各加上一个相同的长棱和短棱，使得胶料更容易进入密炼室，这样，转子每转动一周，胶料会受到两次剪切作用，加强了胶料的翻卷和运动能力，使得混炼效率明显提高。

GK 型密炼机的转子上各有一对主棱和副棱，主棱由一长棱和一短棱构成，长棱左旋 30°，短棱右旋 48°；在长短棱之间有两个直径较低、旋向相反、旋转角为 30°的小棱。这种设计与本伯里型的四棱转子作用不同，在小棱处的胶料基本没有环向剪切作用，由于主、副棱之间以及它们与密炼室内壁之间有不同的径向间隙，故使胶料产生两个流动层次，使得胶料不断地聚集、分流、碾压变形，提高了设备的加工能力。

圆筒形转子密炼机具有啮合型转子，它与剪切形转子的工作原理不同，其混炼作用主要是在两个相互啮合的圆筒状转子间完成的。啮合形转子本体为圆筒状，在它的上面各有一个大的长条状螺旋凸棱和两个小的凸棱，长条状凸棱上窄下宽，螺旋角为52°，分布在转子的整个工作面上，两个转子相互啮合，相向运动，胶料在两个转子啮合下产生剧烈摩擦剪切，同时，在螺旋凸棱的推动下，胶料在密炼室内往复运动叠加，翻转，迅速完成胶料与配合剂的分散、混炼作业。

图 13-5 无锡阳明橡胶机械公司
生产的密炼机

虽然美国、德国、英国等国的公司的设计不同，但从整体结构来看，基本由 6 个部分、5 个系统构成：加料部分、压料部分、混炼部分、卸料部分、传动部分和机座部分；设备装备有加热冷却系统、气压系统、液压系统、润滑系统和电气控制系统（图 13-4）。图 13-5 为无锡阳明橡胶机械有限公司强力加压利拿式密炼机。它们和湖南益阳橡塑集团公司的一些密炼机的技术性能参数择要分别列于表 13-2 和表 13-3 中。

表 13-2　无锡阳明橡胶机械有限公司部分利拿式密炼机主要技术参数

项　　目	Ys-5-3-10/15	Ys-12-20/30	Ys-20-30/40	Ys-35-50/60	Ys-35-50D/60D	Ys-55-75/100/150	Ys-55-75D/100D/150D
容量/L	3	12	20	35	35	55	55
主动力/HP	10/15	20/30	30/40	50/60	50/60	57/100/150	75/100/150
倾转动力/HP	1/4	1	2	3	3	5	5
空压机动力/HP	1	2	3	5	5	7.5	7.5
集尘器动力/HP	—	—	—	1	1	1	1
倾转角度	110	110	110	110	110	110	110
投料位置	前	前	前	前	后	前	后
设备质量/kg	1800	2500	4200	6000	6000	7200	7200
外形尺寸/mm	1960×9720×1820	2200×1350×2150	2500×1480×2500	3100×1790×2710	3100×1790×2710	3420×2140×2800	3420×2140×2800

表 13-3　益阳橡胶塑料机械集团公司部分 N 型密炼机主要技术参数

项　　目	Ck1.5	Ck6.0	Ck110	Ck160	Ck650
密炼机总容量[①]/L	1.5	5.6	99	147	650
转子转速/(r/min)	10~100	10~60	10~60	10~60	4~60
压坨压力/MPa	0.57	0.58	0.58	0.50	0.58
最大生产能力[②]/(t/h)	0.03	1.01	1.7	2.64	11.7
压缩空气消耗量[③]/(m³/h)	3	86	140	288	981
主机冷却水消耗量[④]/(m³/h)	5	20	25	25	66
主电机功率/kW	22	284	520	750	2×1250

续表

项　　目	Ck1.5	Ck6.0	Ck110	Ck160	Ck650
外形尺寸(长×宽×高)[6]/mm	1850×1020×1773	2500×2850×3380	4400×3300×3890	4600×3600×5000	7800×5600×7800
设备质量[6]/t	1.8	9.4	13	18	72

① 设备填充系数 0.75。

② 胶料相对密度为 1.2 时。

③ 压缩空气压力 0.8MPa。

④ 冷却水压力 0.2～0.4MPa，蒸汽压力 0.3MPa。

⑤ 不包括电机。

⑥ 不包括电机和减速机。

第三节　混炼型聚氨酯橡胶制品生产设备

通过调整配方，混炼型聚氨酯橡胶可具备以下的性能：有从邵氏 40A 到邵氏 60D 的很宽的硬度调节范围；优异的机械力学性能；耐油性能优于 NBR；良好的抗气体渗透性能，可与丁腈橡胶相媲美；耐臭氧性能与三元乙丙橡胶相似；MPUR 具有十分优异的低温性能，其脆性温度甚至可达-70°。因此它可以广泛用于制备制鞋业、汽车工业、工程机械等行业中的模压制品。

混炼型聚氨酯橡胶制品可以采用普通橡胶设备和工艺生产，如模压、挤出、注射等。聚氨酯制品的生产主要采用模压成型、注压成型和注射成型方式。

一、模压成型-平板硫化机

模压成型是橡胶加工中最常用的成型方法，即将混炼好的加工成一定形状并称重后的胶料直接放在模具的型腔中，合模后置于平板硫化机上，加热加压，硫化成型。该方法通用性强，使用广泛，所用设备主要是平板硫化机。依机架结构平板硫化机的基本形式有柱式和框式，承载模具的热板可沿着 4 根立柱或框内导轨上下移动，其动力来自设备配置的液压系统，热板的加热一般通过在热板中通入蒸汽实现，现在许多都改为更为简便的电加热方式。平板硫化机基本结构见图 13-6。图 13-7 为两款普通平板硫化机，部分平板硫化机的技术参数列于表 13-4 中。

表 13-4　青岛环球集团橡胶机械有限公司部分平板硫化机技术参数

项　　目	QLB-D/Q（柱）400×400×2(3)	QLB-D/Q（柱）400×400×2B	QLB-D/Q（柱）450×450×2(3)	XLB-D/Q 侧板600×600×2C	XLB-D/Q400×500×2
公称合模力/MN	0.5	0.25	0.5	1.0	1.0
热板规格/mm	400×400	400×400	450×450	600×600	400×500
工作层数	2（3）	2	2（3）	2	2
柱塞行程/mm	250	250	250	320	250
热板单位面积压力/MPa	3.1	1.65	3.1	2.8	6.2
电机功率/kW	1.5	1.5	1.5	2.2	2.2
热板间距/mm	125（75）	125	125（75）	150	125
外形尺寸/mm	1550×750×1500	1350×550×1300	1550×750×1500	1520×720×1520	1420×700×1470
质量/ kg	1300（1400）	800	1300（1400）	2500	2450

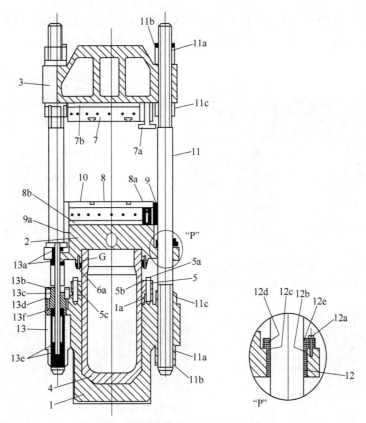

图 13-6　平板硫化机主体结构简图

1—主缸（1a 主缸油封）；2—中座；3—上座；4—活塞；5—法兰（5a—固定螺丝；5b—防尘圈；5c—O 形圈）；6—连接板（6a—固定螺丝）；7—上电热板（7a—固定螺丝；7b—上隔热板）；8—下电热板（8a—固定螺丝和隔热板；8b—下隔热板）；9—滑道（9a—固定螺丝）；10—出入模板；11—立柱（11a—大螺母；11b—放松螺丝；11c—小螺母）；12—轴承座及附件（12a—无油轴承座固定螺丝；12b—无油轴承；12c—无油轴承 C 型扣环；12d—立柱用防尘密封，12e—无油轴承防尘密封）；13—辅助油压缸及附件（13a—子缸与中座固定螺丝；13b—子缸与主缸固定螺丝；13c—子缸防尘密封；13d—子缸法兰密封；13e—子缸活塞密封；13f—子缸放油 O 形圈）

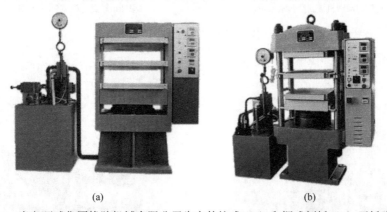

(a)　　　　　　　　　　　　　　　(b)

图 13-7　青岛环球集团橡胶机械有限公司生产的柱式（a）和框式侧板（b）平板硫化机

　　为适应各种制品的生产，在传统平板硫化机的基础上还发展出许多新型的硫化机，如双联或多联型平板硫化机（图 13-8）、带有电脑 PLC 编程监控的平板硫化机（图 13-9）、真空热压硫化机（图 13-10）、需要开启多层模具的多层自动开模的专用硫化机（图 13-11）、橡胶油封真空专用热压成型机（图 13-12）等。引入了模具滑动轨道、自动开模、自动顶出等先进的自动化设计理念，模具装卸自动化的平板硫化机动作分解见图 13-13。

图 13-8　双联和多联型平板硫化机
（青岛环球集团橡胶机械有限公司）

图 13-9　带有 PLC 的平板硫化机
（浙江余姚华城液压机电设备公司）

(a) ZMB-V系列真空热压成型机(单机型)
(上海西玛伟力橡塑机械制造有限公司)

(b) VC系列自动快速真空轨道开模平板硫化机
(深圳市新劲力机械有限公司)

图 13-10　真空热压硫化机

图 13-11　XRV 双层双移双顶热压硫化机
（宁波顺兴开浩精工机械有限公司）

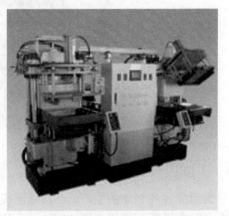

图 13-12　XRK 橡胶油封真空热压硫化机组
（宁波顺兴开浩精工机械有限公司）

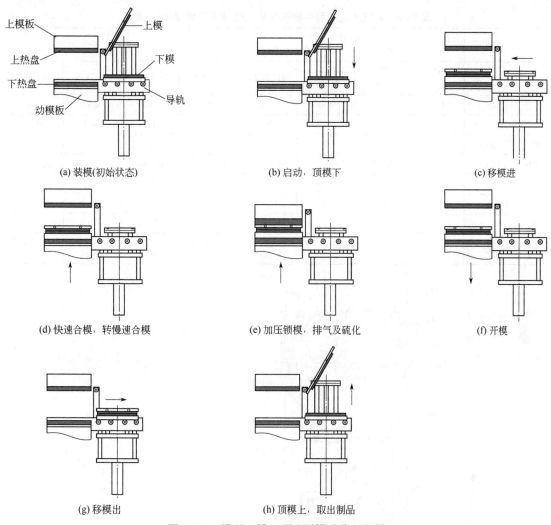

(a) 装模(初始状态)　　　　　(b) 启动，顶模下　　　　　(c) 移模进

(d) 快速合模，转慢速合模　　(e) 加压锁模，排气及硫化　　(f) 开模

(g) 移模出　　　　　　　　　(h) 顶模上，取出制品

图 13-13　模具入模、顶出脱模动作示意图

在表 13-5 和表 13-6 中列出了部分平板硫化机的技术参数。对于许多精细橡胶制品的生产，要求产品性能优异，内部不能有气泡的制品，尤其是密封圈类制品，在硫化时需要在真空状态下进行硫化，以提高产品合格率。对于这类制品的生产，多使用真空热压硫化机。该类硫化机的基本结构见图 13-14，其真空硫化成型操作动作分解见图 13-15。图 13-16 是上海西玛伟力橡塑机械有限公司生产的真空热压硫化机，表 13-7 列出了这部分设备的技术参数。

表 13-5　自动顶出硫化机（宁波顺兴开浩精工机械有限公司）

项　　目	XR100	XR200	XR300	XR400	XR600
锁模力/kN	1000	2000	3000	4000	6000
热板规格/mm	450×450	500×550	600×650	700×800	1000×1200
热板间距/mm	250～350	300～400	300～400	350～450	450～550
电热功率/kW	10	12	13	24	48
电机功率/kW	4	4	5.5	7.5	7.5+5.5
质量/kg	2700	5300	7600	12500	22000
外形尺寸/mm	1600×1800×1800	1700×2000×1700	1900×2200×2000	2100×2500×2300	2600×3400×3100

表 13-6　真空热压成型平板硫化机主要技术参数(部分，摘要)

生产厂商	上海西玛伟力橡塑机械制造公司（部分）			深圳市新劲力机械公司（部分）				
型　号	ZMB-V-150	ZMB-V-250	ZMB-V-350	100TON	200TON	300TON	400TON	500TON
锁模力/t	150	250	350	100	200	300	400	500
主机柱塞直径/mm	300	400	457.2	255	356	450	500	560
最大行程/mm	250	250	250	220	250	250	300	300
热板尺寸/mm	450×480	570×610	700×700	360×400	503×508	600×600	750×750	810×810
电热功率/kW	8.76	18.8	21.9	14.2	25	32	50.8	69.2
主机功率/kW	45	45	45	7.5×2	10×2	10×2	15×2	15×2
质量/kg	—	—		7500	8500	13000	19500	24000
机台尺寸/mm	—	—		2800×2250×2200	3200×2400×2400	3400×2750×2600	3500×2650×2600	3650×2800×2700

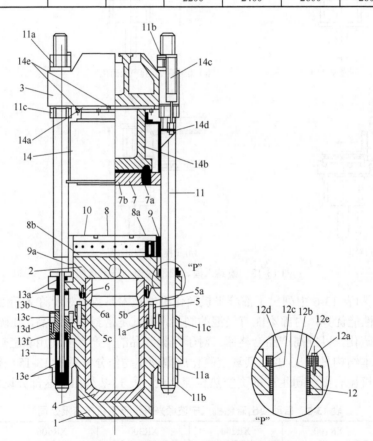

图 13-14　真空硫化机主体结构示意图

1—主缸（1a—油封）；2—中座；3—上座；4—活塞；5—法兰（5a—固定螺丝，5b—防尘圈，5c—法兰放油 O 形密封圈）；6—连接板(6a—固定螺丝)；7—上电热板（7a—固定螺丝，7b—隔热板）；8—下电热板（8a—固定螺丝，8b—隔热板）；9—滑道（9a—固定螺丝）；10—出入模板；11—立柱（11a—螺母，11b—放松螺丝，11c—螺母）；12—轴承座（12a—固定螺丝，12b—轴承，12c—卡环，12d—防尘圈，12e—无油轴承防尘密封）；13—辅助油压缸（13a—中座固定螺丝，13b—主缸固定螺丝，13c—防尘圈，13d、13e—油封，13f—O 形圈）；14—真空罩总成（14a—连接板，14b—联轴心，14c—油压缸，14d—固定座螺丝，14e—连接板螺丝）

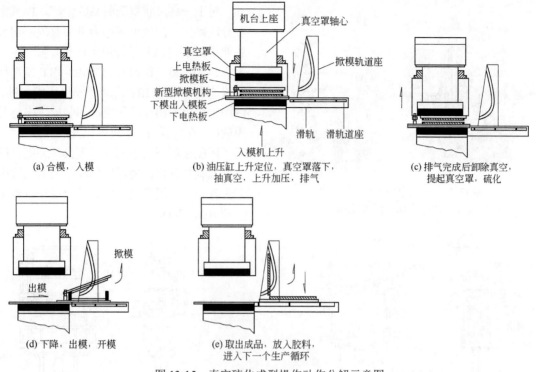

(a) 合模，入模

机台上座　真空罩轴心

真空罩
上电热板
掀模板
新型掀模机构
下模出入模板
下电热板

掀模轨道座

滑轨　滑轨道座

入模机上升

(b) 油压缸上升定位，真空罩落下，抽真空，上升加压，排气

(c) 排气完成后卸除真空，提起真空罩，硫化

掀模

出模

(d) 下降，出模，开模

(e) 取出成品，放入胶料，进入下一个生产循环

图 13-15　真空硫化成型操作动作分解示意图

图 13-16　真空油封专用热压硫化成型机（上海西玛伟力橡塑机械制造有限公司）

表 13-7　真空油封专用热压成型机技术参数表

项　　目	ZMY-V-65-3RT	ZMY-V-80-2RT	ZMY-V-100-2RT	ZMY-V-150-2RT	ZMY-V-250-2RT
锁模力/t	65	80	100	150	250
活塞直径/mm	200	225	225	300	400
热板尺寸($L \times W$)/mm	250×300	250×300	350×400	450×480	570×610
模架板尺寸($L \times W$)/mm	290×320	290×320	390×420	500×520	620×620
热板间距/mm	140	140	140	180	200
活塞行程/mm	60	60	60	120	140
翻板角度/(°)	60	60	60	45	45
真空方式	真空罩式				
使用功率/kW	10.4	10.4	15.11	17.86	29.3
外观尺寸($L \times W \times H$)/mm	1072×1995×2007	1130×1880×1040	1145×2040×2000	1352×2497×1997	1487×3055×2555

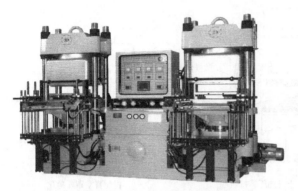

图 13-17 自动分段开模的硫化机
（深圳市新劲力机械有限公司）

对于一些形状复杂制品的生产，模具需要分段操作，深圳市新劲力机械有限公司等企业推出了自动分段开模硫化机，图 13-17 为 VC-50-900（TON）- FTMO-3RT 型高精度快速真空前顶 3RT 自动开模热压成型机，由图中可以看出在硫化机前部装置了多层开模联杆，在开模时，不仅可以开启模具上盖，而且还能逐层开启中间几层模具，并能将硫化好的制品顶出。使得硫化操作的劳动强度大大减轻。多层模具开启、顶出动作过程示意图见图 13-18。

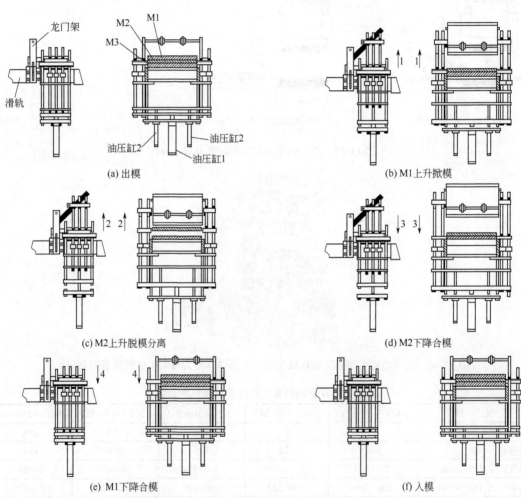

(a) 出模

(b) M1上升掀模

(c) M2上升脱模分离

(d) M2下降合模

(e) M1下降合模

(f) 入模

图 13-18 多层模具开启、顶出动作过程示意图

二、传递成型-注压成型机

橡胶传递成型又称为注压成型，它是将混炼好的胶料先放置在压铸腔中，通过上部柱塞的挤压使胶料通过流道充满模具型腔，硫化成型。在橡胶工业中，主要使用注压成型硫化机

实施传递成型工艺。

注压成型硫化机结构紧凑，自动化程度高，适用性广泛，尤其适合带有金属嵌件制品，大面积、形状复杂或厚壁制品等成型难度较高的制品的生产。注压成型机的基本结构见图 13-19。

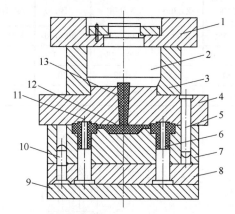

图 13-19　注压成型机的基本结构示意图

1—上模板；2—液压缸柱塞；3—加料腔模；4—流道模板；5—导向柱；6—型芯；7—凹模；
8—型芯固定板；9—下模板；10—导向柱；11—浇口；12—分流道；13—主流道

注压成型机根据注压缸活塞移动方向可分为上挤压固定式和下挤压固定式。我国生产橡胶注压成型机的企业较多，图 13-20 为 3 家企业的部分产品，其技术参数见表 13-8。注压操作动作流程列于图 13-21 中。

(a) 宁波顺兴开浩精工机械有限公司产品　　(b) 余姚华城液压机电有限公司产品　　(c) 宁波千普机械制造有限公司产品

图 13-20　部分注压成型机

表 13-8　部分注压成型机主要技术参数

生产厂家	宁波顺兴开浩精工机械有限公司				余姚华城液压机电有限公司			宁波力威橡机制造有限公司
型　　号	XZ65	XZ100	XZ300	XZ600	XZB630	XZB1600	XZB3500	LWZ-D-400×450/630kN
锁模力/kN	650	1000	3000	6000	630	1600	3500	630
锁模行程/mm	250	250	250	400	330	380	600	250

续表

生产厂家	宁波顺兴开浩精工机械有限公司				余姚华城液压机电有限公司			宁波力威橡机制造有限公司
型 号	XZ65	XZ100	XZ300	XZ600	XZB630	XZB1600	XZB3500	LWZ-D-400×450 /630kN
热板规格/mm	400×400	450×450	600×650	1000×1200	400×400	520×540	700×700	400×450
热板间距/mm	250~350	250~350	300~400	450~550	250~350	200~400	300~550	120~350
注胶压力/MPa	100	100	100	100	90	100	91	110
电机功率/kW	4	5.5	5.5	7.5+5.5	4	4+2.2	7.5+5.5	5.5

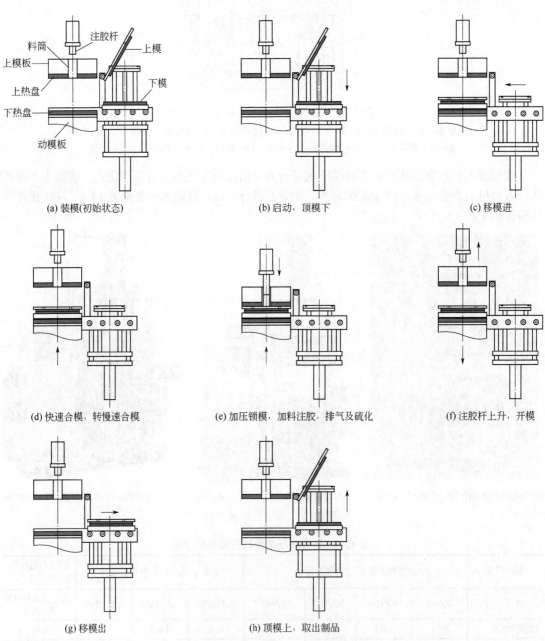

图 13-21　注压操作动作流程示意图

三、注射成型－注射成型机

橡胶的注射成型技术是根据传递压铸原理在 19 世纪末发展起来的。它借助螺杆或活塞的运动产生的推力，将已塑炼、加热好的并处于熔融状态的胶料注射到闭合的模具型腔中，硫化成型。该工艺技术具有工艺简单、硫化周期短、飞边少且产品质量好、合格率高、性能稳定、操作简单、劳动强度低等特点，特别适用于复杂的、精密结构的、难以成型的制品的自动化生产。

该项技术从柱塞式注射逐渐发展成螺杆注射式和利用螺杆塑化、活塞定量注射等许多不同的方式。加料方式也有不同的变化，如顶加料、侧加料、后加料等，见图 13-22 和图 13-23。

该类设备主要由液压系统、温控系统、定量注料系统、脱模系统、自动化操作控制系统等部件组成。在定量注料系统方面有螺杆、活塞等不同的配合形式。

(a) 顶部注压式注射成型机 　(b) 分型线注压式注射成型机 　(c) 顶部注压成型机
（DESMA 966.220-ZO）　　（DESMA 966.220-T）　　（SIGMA 系列）

图 13-22　德国 DESMA 公司生产的橡胶注射成型机

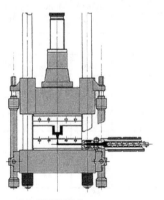
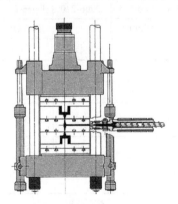
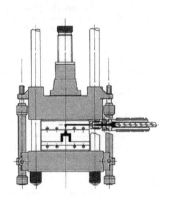

(a) 底部注压式　　　　　(b) 侧部注压式　　　　　(c) 顶部注压式

图 13-23　不同的注射方式示意图

胶料的注压装置大多是由塑化料筒和注压料筒构成，通常采用螺杆进行胶料的预塑炼，以柱塞式装置为计量并将胶料注压至模腔中，形式多样，见图 13-24。德士马（DESMA）公司生产的部分橡胶注射成型机的基本技术参数列于表 13-9。

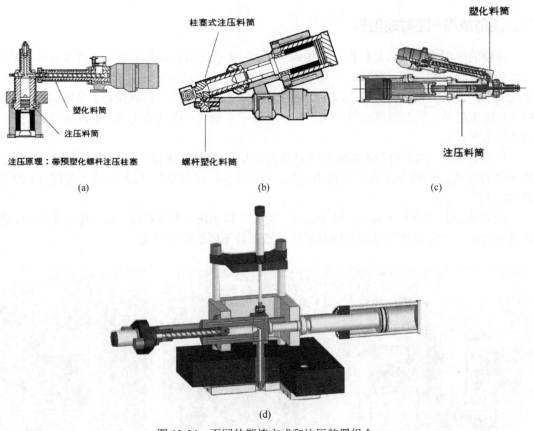

图 13-24　不同的塑炼方式和注压装置组合

表 13-9　DESMA 公司部分橡胶注射成型机技术参数

生产厂家	KLOKENER FERROMATIK DESMA GMBH						无锡德士马注射机械有限公司		
型　号	D966-107	D966-110	D966-115	D966-220	D966-224	D966-232	SIGMA 160	SIGMA 250	SIGMA 400
	ZU/ZO		ZU/ZO/T		ZU/ZO/T				
合模装置									
合模力/kN	1600			2500			1600	2500	4000
开模行程/mm	550	550	550	650	650	650	450	500	600
最小模具高度/mm	162	162	162	202	202	202	100	100	180
板间距离/mm	712	712	712	852	852	852	550	600	780
标准加热棒尺寸/mm	450×510			560×630			450×510	560×630	670×780
注压装置									
注射活塞直径/mm	65	75	65	75	65	75	75/85	85/95	105/115
注射压力/bar	2000	1500	2000	1500	2000	1500	2150	2150	2150
注射量/(cm³/s)	760	1000	1500	2000	2400	3200	1000	2000	4000
螺杆转速/(r/min)	20～180	20～180	20～180	20～180	20～180	20～180	20～175	20～100	20～200

续表

生产厂家	KLOKENER FERROMATIK DESMA GMBH						无锡德士马注射机械有限公司		
型　号	D966-107	D966-110	D966-115	D966-220	D966-224	D966-232	SIGMA 160	SIGMA 250	SIGMA 400
	ZU/ZO		ZU/ZO/T		ZU/ZO/T				
活塞行程/mm	230	230	460	460	730	730	180	290	390
总功率/kW	16.5	16.5	16.5	23.5	23.5	23.5	20	38	56
质量/kg	6200	6200	6200	7580	7580	7580	4400	7400	13900
外形尺寸 (长×宽×高)/mm	2500×1150× 3000	2700×1150× 3000	3200×3600× 7580	3095×1285× 2980	2175×1285× 3400	3165×1380× 3910			

注：型号中的 ZU 表示底部注压式，ZO 表示部注压式，T 表示分型线注压式。

国产橡胶注射成型机在引进、消化吸收的基础上有了较大进步，性能已有大幅度提高，而价格较国外进口产品具有较大优势。图 13-25 为国产的几款橡胶注射成型机，部分设备的技术参数列于表 13-10。橡胶注射机注模结构见图 13-26，其操作程序见图 13-27。

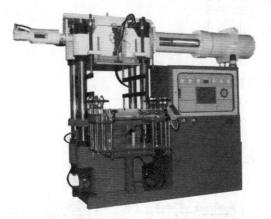

(a) 深圳新劲力机械有限公司生产的橡胶注射机

(b) 宁波顺兴开浩精工机械有限公司生产的橡胶注射机

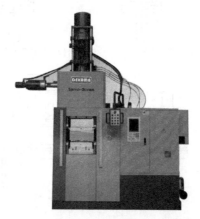

(c) 德科摩橡塑科技(东莞)有限公司生产的橡胶注射成型机

图 13-25　国产的几款橡胶注射成型机

表 13-10　部分国产橡胶注射成型机主要技术参数

生产厂家	宁波顺兴开浩精工机械有限公司			深圳新劲力机械有限公司		
型　号	XS100	XS200	XS300	RH50-200Ton	RH50-300Ton	RH50-400Ton
锁模力/kN	1000	2000	3000	2000	3000	4000
热板规格/mm	430×450	480×550	580×650	503×508	580×600	580×600
热板间距/mm	450～600	450～600	450～600	500	600	600
注胶压力/MPa	170	170	170	—	—	—
设备功率/kW	11+5.5+10	11+5.5+10	11+5.5+10	27	33	33
质量/kg	6200	8800	11000	5700	8800	9300
设备尺寸/mm	1750×1800×3600	1850×2000×4000	2100×2200×4300	3400×2250×2400	3500×2350×2500	3500×2350×2500

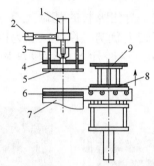

图 13-26　橡胶注射机注模结构简图

1—注射料筒；2—胶料存储筒；3—上模板；4—上部热板；
5—注射板；6—下部热板；7—动模板；8—下模；9—上模

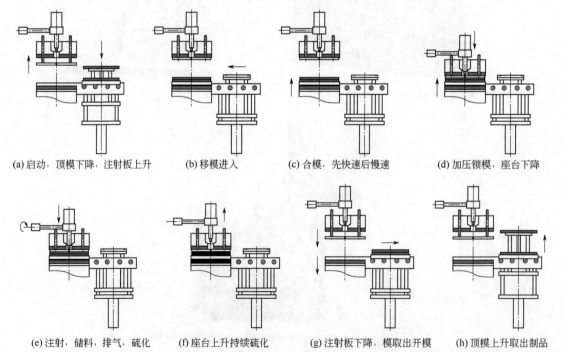

(a) 启动，顶模下降，注射板上升　(b) 移模进入　(c) 合模，先快速后慢速　(d) 加压锁模，座台下降

(e) 注射，储料，排气，硫化　(f) 座台上升持续硫化　(g) 注射板下降，模取出开模　(h) 顶模上升取出制品

图 13-27　橡胶注射机台面运动顺序示意图（摘自宁波顺兴开浩精工机械有限公司资料）

四、硫化设备

橡胶工业传统的硫化设备有所谓机、罐、室、槽，即硫化机、容器式硫化罐、密闭式硫化室和开放式硫化槽四大类。由于聚氨酯橡胶中残存高活性基团较多，虽经硫化机压制，这仅是使其定型而已，其性能并未达到最佳状态，因此，要获得优良性能的产品，对于聚氨酯橡胶的硫化是十分必要的。目前，对聚氨酯橡胶的硫化大多使用的是硫化机和密闭式硫化室。有时，对于如轮胎、大型胶辊等大型制品也可以使用电热式硫化罐。

硫化机具有加热、加压功能，使橡胶快速产生交联、定型。为提高模具利用率，往往只完成定型功能而并未能达到橡胶的正硫化点，一般从硫化机上取出的制品还需要在一定的温度环境下停放一定时间方可进行修整、包装等工序。

目前，我国混炼型聚氨酯制品尚处于初期阶段，产品多数集中在密封、减震、传动等小型制品，其后硫化大多采用硫化室方式。这种硫化室有钢质或砖质并附有良好的保温层，热源提供方式基本有两种：①利用蒸汽管道加热，这多在橡胶厂内，利用场内蒸汽的便利条件，加热成本低廉，但要求硫化室内的蒸汽管道必须严密，不得有任何泄漏，否则会严重影响产品质量；②现在大多在硫化室内部安装远红外加热板或加热棒作为热源，但应注意这些加热元件离开橡胶制品的距离必须大于 200mm，否则会造成制品局部过热。中小型制品大多是排放在专用小车上或其上面的框架上。硫化室内装有温度检测、自动调控及过热预警装置。

橡胶制品工厂的传统硫化方式多半是采用热蒸汽加热。但这种加热方式先将热量辐射到橡胶制品表面，然后再由表及里向内部扩散，由于橡胶热传导性能差，要达到设定的硫化温度所需要的时间很长，而且在制品内部容易产生温差梯度，出现制品硫化时间长、硫化不均匀等现象。20 世纪 70 年代国外开始推广微波硫化新技术。采用微波方式加热，会使橡胶内部分子产生高频振荡，其频率可达 2450MHz，在高达每秒 24.5 亿次的振荡下，能使其分子之间产生相互摩擦，整个制品内外同时产生热能，发热。采用微波硫化不仅硫化速度快、时间短（一般为常规的几十分之一到百分之一），而且产品质量好、污染少、自动化程度高、劳动强度低，但设备成本略高。其生产线更适用于带状、条状胶管等制品的连续化生产。

微波硫化生产线通常由多个设备单元构成，橡胶制品（尤其是带状、条状等制品）在挤出后，由输送带或输送辊送入微波硫化室，完成硫化，也可以从降低生产成本考虑，可再进入二次硫化的热气道，保持一定时间完成硫化工序，经济而快速。过去，这些设备主要是从美国、德国、日本等国引进。现在，我国已有许多生产微波生产线的公司，其除了硫化橡胶外，还广泛用于食品、木材、化工等各个领域产品的烘焙、干燥等工艺。

广州福滔微波设备有限公司生产的 FT-10K 橡胶微波硫化生产线微波硫化段基本技术参数如下：微波频率 2450MHz；微波功率 10kW（可调）；可在 240℃实现自动控制；输送带宽度 230mm；输送速度 1.5～14m/min；输送带配有气动光电纠偏机构以及输送带张紧机构；输送带进口处装有远红外预热灯管（1kW）。

五、橡胶制品修整设备

橡胶制品，尤其是模制产品，一般都需要进行后加工处理。在模制过程中，在模具分模线处会有一层溢流胶边，又称为毛边或飞边，虽然可通过提高压模力或采用高精度的"无胶边模具"予以避免，但因模具制造精度以及模具在使用中的磨损和清洁，大部分制品在模制后都将会出现制品飞边。以往清除橡胶制品飞边是采用人工，使用剪刀、锉刀、刮刀等刀具修边，费工费时且成品率低下。现在胶边的清理主要为机械式清理。所用机械基本有两类：

一类采用冷冻法修边，另一类使用刀具法修边。

冷冻法修边是采用液氮等介质作为冷冻剂并产生生低温环境，使橡胶制品薄的飞边迅速脆化，然后使用耐低温、耐磨的专用磨料进行高速喷射，使它在与这些专门的固体颗粒碰撞的过程中清除飞边，达到在不改变制品形状的情况下完成制品飞边的清除工作。但其制冷剂等成本较高，主要适用于结构相对简单、生产批量较大的制品修整。其喷射抛丸材料为耐低温塑料晶体颗粒，尺寸稳定的圆柱体，耐低温达−190℃，耐磨，抗冲击。根据不同要求可选用不同级别的材料，级别有 0.5mm、0.75mm、1.0mm、1.5mm。

另外由于聚氨酯橡胶的耐低温性能优异，有时飞边即使达到脆性温度，仍不像一般橡胶那样容易清除，但在一些特殊要求的聚氨酯橡胶制品中仍然需要使用冷冻修边机械。表 13-11 中列出了东莞锐美精密机械厂 RM-100L 型低温冷冻修边机的技术参数，以供参考。

表 13-11　东莞锐美精密机械厂 RM-100L 型低温冷冻修边机技术参数

项　　目	参　　数	项　　目	参　　数
冷冻方式	风冷式	额定功率/kW	6
滚筒尺寸/mm	$\phi 3 \sim 6$	叶片最大转速/(r/min)	7200
制冷温度/℃	−135	滚筒容量/L	100
电源	380V，50Hz，3 相	额定制冷量/kW	1
设备质量/kg	1000kg	液氮消耗量（−45℃，叶轮转速 6000r/min）/kg	1.81
有效容量/ L	30	设备尺寸($L \times W \times H$)/mm	1255×1340×2100
有效载荷/ kg	60		

使用机械刀具修整橡胶制品是目前最常用的方法。它由夹具或真空吸盘、刀具、刀架、主轴传动系统、可编程序控制系统等部件组成。设备简单实用，自动化程度高，修整效率高，其单刀、双刀、三刀装置以及这些刀具位置可以是垂直、平行及 0°～90°角度的任意配置，尤其适用于高精度、多唇口密封制品的修整。图 13-28 是台湾东毓油压机械股份有限公司生产的橡胶制品毛边修整机。

(a) 真空式皮碗修整机　　(b) 轮转式油封修整机　　(c) 夹头式油封修整机

图 13-28　台湾东毓油压机械股份有限公司生产的毛边修整机

图 13-28（a）为真空式皮碗修整机。可分为单刀、双刀、三刀组合，对制品的平面、内外径斜角加工一次性完成。加工制品外径范围，该机有两种机型：16～120mm；120～200mm。每分钟加工量为 15～25 只。图 13-28（b）为轮转式油封修整机。内外径修整一次完成，加工范围：16～95mm。每分钟加工量 15～20 只。图 13-28（c）为夹头式油封修整机。适用于带有金属骨架的油封制品，加工范围：10～200mm。每分钟加工量：15～25 只。

部分国产橡胶修整机主要技术参数列于表 13-12。

表 13-12 部分国产橡胶修边机主要技术参数

生产厂家	切削速度 /（r/min）	切削范围 ϕ/mm	切削角度 /(°)	刀具规格 /mm	生产速度 /（只/min）	电机功率 /kW	设备质量 /kg	外观尺寸 /mm
江都天源试验机械有限公司	1050/1700/2500	10～200	0～90	2×5×100[①]	15～20	0.55	180	750×750×1750
深圳易扬机械厂	0～3000[②]	5～200	20～70（0～90）[③]	3×3×60	≥25	0.37	200	1030×800×1520

① 刀具材质为高速钢或碳化钨。

② 主轴转速 0～3000r/min。主轴精度：径向跳动<0.01mm；端面跳动<0.02mm。

③ 切削角度：油封为 20°～70°，皮碗为 0°～90°。

参考文献

[1] 徐培林，张淑琴. 聚氨酯材料手册：第二版. 北京：化学工业出版社，2011.

[2] 山西省化工研究所. 聚氨酯弹性体手册. 北京：化学工业出版社，2001.

[3] 张玉龙，孙敏. 橡胶品种与性能手册. 北京：化学工业出版社，2007.

[4] 大连通用橡胶机械有限公司资料.

[5] 青岛环球集团橡胶机械有限公司资料.

[6] 湖南橡胶塑料机械集团有限公司资料.

[7] 无锡阳明橡胶机械有限公司资料.

[8] 浙江余姚华城液压机械设备有限公司资料.

[9] 台湾东毓油压机械股份有限公司资料.

[10] 宁波兴顺开浩精工机械有限公司资料.

[11] 德国德斯马（DESMA）公司资料.

[12] 上海西玛伟力橡胶塑料机械制造有限公司资料.

[13] 深圳市新劲力机械有限公司资料.

[14] 宁波力威橡胶机械制造有限公司资料.

[15] 德科摩橡塑科技（东莞）有限公司资料.

[16] 宁波千普机械制造有限公司资料.

第十四章

浇注型聚氨酯弹性体生产设备

第一节 概述

浇注型聚氨酯弹性体简称 CPUE（Casting PU Elastomers），有时又简称 CPUR（Casting PU Rubbers），在本章中主要是指内部无泡的聚氨酯弹性材料。

目前，浇注型聚氨酯弹性体的生产方法主要有两种：一步法和两步法(又称为预聚体法)。采用预聚体法是首先使用过量的异氰酸酯和端羟基聚醇进行反应，生产出带有端基为—NCO 基团、分子量不大的低聚物中间体，即预聚体。然后，预聚体再和低分子量的胺类或醇类扩链剂混合反应，并在整个体系仍处于液体状态下浇注至模具中，加热反应，定型，熟化，制得固态弹性制品。

预聚体法的合成过程是将扩链反应和成胶的扩链、交联反应分两步进行，制备程序清晰，反应平稳，能较好地实现分子排列和化学结构设计意图，产品性能优越，是目前 CPUR 中最常用的方法（图 14-1）。一步法则是将异氰酸酯、端羟基聚醇与低分子量扩链剂等基础原料放在一起反应，工艺简单，能耗低，生产速度快，主要多用于硬度较低的制品的生产，其基本工艺如图 14-2 所示。

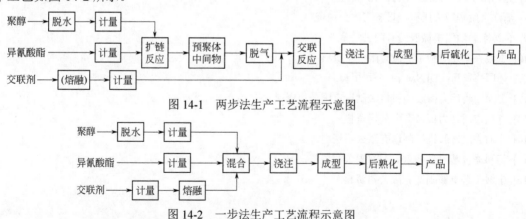

图 14-1　两步法生产工艺流程示意图

图 14-2　一步法生产工艺流程示意图

第二节 聚醇脱水设备

根据聚氨酯的基本反应原理得知，异氰酸酯具有重叠双键的—N═C═O 基团，其化学性质极其活泼，它能与水，甚至潮湿空气中的微量水分，都可以发生反应生产胺，进而生产脲，并产生二氧化碳气体。因此，在聚氨酯泡沫制品的生产中，水可以作为发泡剂使用。但在生产无泡的聚氨酯弹性体时，水却是应该尽量避免的，它会在密实的橡胶弹性体中产生影响性能的气泡（1g 水反应将会产生 $1200mL\ CO_2$）。同时，分子量很低的水会消耗等物质的量的异氰酸酯，在使用 TDI 时 1g 水将消耗 9.67g TDI，在使用 MDI 时 1g 水将消耗 13.9g MDI。由此可见，在反应体系中，微量的水不仅影响产品性能，而且会消耗大量昂贵的异氰酸酯，使生产成本增加。因此，在预聚体的合成中，应首先对聚醇进行脱水处理。

聚醇，尤其是聚酯多元醇，主要是由低分子二元醇与二元酸进行缩聚反应后生产的产物，其反应本身将必然生成低分子量的水，为有利于反应进行，在反应过程中将不断地将水从系统中抽出来，但到反应后期，生成物的分子链逐渐加长，系统黏度越来越大，水的排除也将会越来越困难，另外，聚醇原料不当包装、储运等因素，也会增加聚醇的水分含量。因此，在聚醇原料中都会有少量水分存在。在使用前都需要进行脱水处理。 根据不同的聚醇原料以及对它们应用的要求，其脱水工艺条件，如脱水温度、时间、真空度等也各不相同，但脱水效率要高、不影响原料质量是该工艺要求的共同特点。

聚醇的脱水装置基本可分为间歇式和连续式两大类。间歇式脱水装置比较简单，一般由普通缩聚反应釜、回流冷凝器、计量罐真空系统、加热冷却系统和控制系统等构成，见图14-3。该图为间歇式聚酯合成工艺流程图，若去掉醇类高位槽，也可作为间歇式聚醇脱水装置。反应釜为夹套式设计，为方便加热和冷却控制，在夹套中通入冷却水；反应釜下部装配有电加热器（通常为 4 只，两组）。

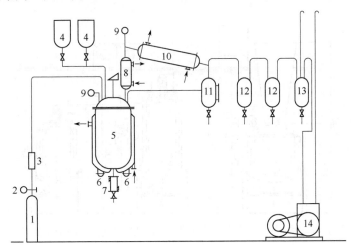

图 14-3　聚酯合成及聚酯脱水装置工艺流程简图

1—氮气钢瓶；2—压力表；3—流量计；4—低分子醇高位槽；5—聚酯合成釜（脱水釜）；

6—电加热器；7—放料冷却器；8—回流冷凝器；9—温度计；10—冷凝器；

11—油水分离器；12—吸收罐；13—缓冲罐；14—真空泵

为提高设备使用率，防止高温放料发生氧化造成聚醇颜色加深，可在放料管线上加装一个冷却器。聚醇脱水工艺比较简单，将聚醇加至反应釜中，搅拌，加热，并抽真空即可。通常采用低速搅拌，真空度应小于 60mmHg(1mmHg=133.322Pa)，加热温度在 120～140℃，连续减压处理时间 3～4h 左右。该种脱水方式加热时间长，脱水效率低，聚醇在长时间加热情况下容易发生酯交换等反应，对聚醇质量有一定影响。但该法操作工艺简单，设备投资小，主要适用于小型企业及多品种原料处理。

对于大中型企业或预聚体专业生产厂，聚醇的脱水处理多采用连续式脱水处理装置。

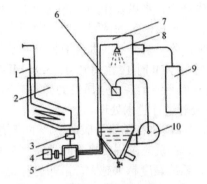

图 14-4 是聚醇连续喷雾脱水装置示意图。物料经加热熔融、过滤后，用泵连续输送至脱水釜的喷嘴中，并经过喷嘴形成细小液滴降落，在其降落的过程中被上升的热空气加热，从而将其中的微量水分夹带排出。

图 14-5 是山西化工研究所由德国 DESMA 公司引进的聚酯多元醇连续脱水装置。固体聚酯多元醇直接加至熔融釜的大料斗中，在料斗下部装有电控网状加热板，聚酯熔融后流至釜中，并在釜中于搅拌下被加热至脱水工艺所要求的温度，然后由自动控制的输送泵将物料送至降膜脱水釜高速旋转的转盘中。该转盘由 3 层网板组成，其网板由内向外网孔越来越小，物料经离心作用，穿过多层网板小孔后形成十分细小的液滴，并被均匀地分布在脱水釜上部的内壁上向下流动并形成

图 14-4　聚醇的连续喷雾脱水装置
（德国 Nubilosa 公司）
1—加热导管；2—熔融罐；3—过滤器；
4—电动机；5—输送泵；6—空气过滤器；
7—喷雾罐；8—喷嘴；9—热空气输送系统；
10—送风机

很薄的液膜，薄薄的液膜在向下流动的过程中，在加热和真空的双重作用下完成聚酯多元醇的脱水。

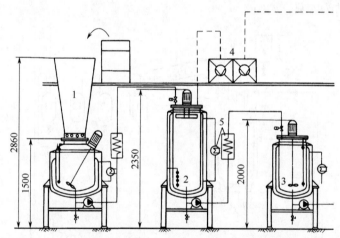

图 14-5　生产的聚酯多元醇连续降膜脱水装置（德国 DESMA 公司）
1—聚酯熔融釜；2—降膜脱水釜；3—中间储存釜；
4—真空系统；5—热交换器

聚酯熔融釜、薄膜脱水釜和中间储存釜三者之间均设有自动联动控制系统、温度控制系统，在脱水釜上部设有管线与真空系统相连，而在其内部配置有多个高精度液位传感器。物料从上部形成薄膜到中部最高液位传感器之间的距离，即为降膜脱水工作区域。当液位超过最高液位传感器，降膜距离已不能满足脱水工艺要求时，控制系统会指令熔融釜的物料输送泵停止工作，同时脱水釜下部的输送泵工作，将已脱好水的聚酯输送至中间储存釜；而当脱水釜液位下降时，自动控制系统就会指令输送泵往脱水釜中加入聚酯。通过输送泵的计量、降膜高度的设定、脱水釜温度和真空度的调节配合，可以完成聚酯多元醇高脱水率的连续化操作。该种连续降膜脱水工艺的工作效率高，脱水效果好，聚

醇原料受热时间短，不会对聚醇原料的品质产生任何影响，是目前较先进的聚醇连续脱水装备。如果对室温下为液体的聚醚多元醇进行脱水作业则更为简单，只需将带熔融料斗的熔融釜改为普通加热釜即可。降膜脱水设备在我国也有许多厂家生产，但在配置精度、生产效率、系统控制等方面还有一定的改进空间。目前，在聚氨酯行业中，尤其是在非涂料产品生产中，大多数企业仍然采用间歇式多元醇脱水装置。图 14-6 显示的是温州飞龙机电设备工程有限公司生产的普通的间歇式聚酯脱水系统。上部为两个相互独立的脱水釜，共用一个真空系统和一个由热油箱和冷油箱组成的加热系统及集中控制柜。基本技术参数列于表 14-1。

图 14-6 温州飞龙公司生产的
聚酯脱水系统

表 14-1 温州飞龙机电设备工程有限公司聚酯脱水设备技术参数

型 号	脱气罐温度/℃	功率/kW	脱气罐容积/L	热油罐容积/L	冷油罐容积/L	循环油泵（B-16型）功率/kW	真空缓冲罐容积/L	搅拌功率(60r/min)/kW	真空泵型号/功率/kW
TS-N-50	<140	9	50	300	300	1.1	30	0.55/60	2×4A/0.55
TS-N-100	<140	9	100	300	300	1.1	30	0.55/60	2×8A/1.1
TS-N-200	<140	9	200	300	300	1.1	30	0.75/60	2×15A/2.2

第三节 预聚体合成设备

脱水后的聚醇与过量的二异氰酸酯进行亲核加成反应即可生产预聚体。虽然这一过程只有一步，但在合成的过程中仍有其自身特点。

（1）选料精细，计量精确。众所周知，多种二异氰酸酯与品种繁多的聚醇可以构成上百个预聚体配方，在实际工作中需要根据市场需求和产品应用要求确定合成原料的种类、分子量等参数。要根据设计的—NCO 含量进行投料量计算，并精确称量实施。稍有偏差，就会严重影响预聚体预先设计的指标。

（2）在一般情况下，虽然二异氰酸酯和聚醇反应是放热反应，但初期反应较慢，需要加热，给体系提供一定的启动能量。

（3）在反应大量进行时，反应激烈，放热加剧，此时要求设备要及时移出大量的反应热，以避免产生不必要的副反应。因此，要求反应设备既要能良好地加热，又必须具有十分高效的冷却体系。

在规模经济和专业化生产观念越来越突出的今天，国外预聚体已作为一种产品由专业化工厂进行大规模生产，以其大批量、高品质、多品种、低成本等优势赢得聚氨酯制品生产厂家的欢迎。美国莫贝化学公司（Mobay Chem. Co.）采用连续法工业化生产预聚体，其典型生产流程如图 14-7 所示。

大规模生产装置尤其适用于聚氨酯泡沫制品组合料的生产，当然，对于 CPUR 预聚体的生产，只要在原料体系上稍做一些改动即可采用这种工艺生产。图 14-8 为德国德士马（DESMA）公司 CPUR 连续化生产流程，它显示了从聚醇脱水、预聚体合成以及预聚体工作釜和交联剂工作釜到浇注机前的设备配置。

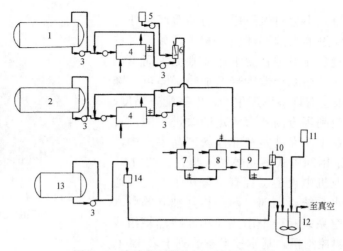

图 14-7　连续发预聚体加工流程示意图

1—聚醇储罐；2—异氰酸酯储罐；3—计量泵；4—热交换器；5—阻聚剂储罐；6—预混合器；

7—混合加热釜；8—混合反应釜；9—混合冷却釜；10—黏度计；11—聚硅氧烷储罐；

12—预聚体储罐；13—发泡剂储罐；14—计量站

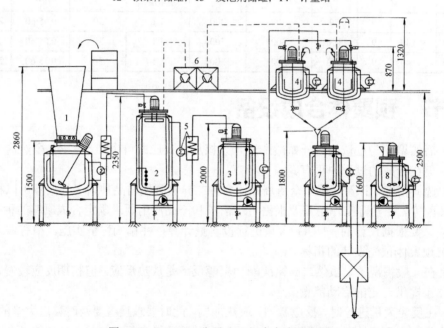

图 14-8　DESMA 公司 CPUR 生产流程简图

1—聚酯熔融釜；2—降膜脱水釜；3—中间储存釜；4—预聚体合成釜；5—热交换器；

6—真空系统；7—预聚体工作储罐；8—交联剂工作储罐

　　间歇式生产聚氨酯预聚体的设备相对要简单得多。这类生产设备不仅在中小型企业被大量采用，就连大型预聚体专业厂也离不开间歇式生产设备。它们不仅结构简单、设备投资小，更重要的是在市场变化的情况下，能及时调整配方、工艺，能适应多品种、小批量产品的变化需求，适应性强。德国亨内基（Hennecke）公司的间歇式预聚体生产设备就是这类设备的代表（图 14-9）。它是由两套相同的连在一起的设备组成，可同时制备两种不同的预聚体；为适应生产需要，它还配有多个不锈钢提桶，以方便对残留物料的清理。设备基本结构可参看图 14-10。

图 14-9　德国亨内基公司生产的预聚体生产装备

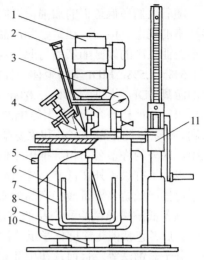

图 14-10　亨内基公司预聚体生产装备结构简图

1—电机；2—温度计；3—真空表；4—加料口；

5—蒸汽入口；6—搅拌器；7—料桶；8—夹套；

9—衬套；10—冷凝水出口；11—开启釜盖用螺杆机

　　我国许多聚氨酯设备制造公司在吸收国外设备特点的基础上推出了各有特色的间歇式预聚体生产设备，其典型是温州飞龙机电设备工程有限公司在学习、吸收德国亨内基公司技术基础上研发、生产出小型、间歇式预聚体合成釜（图 14-11），同时还设计了中型预聚体生产系统（图 14-12）。该装置的预聚体合成釜为夹套结构，这样有利于对反应釜内物料进行加热或冷却；外部配置一个热油箱和一个冷油箱，内置油泵，可强制为反应釜夹套提供传热介质。前者采用电加热器加热；后者使用列管冷凝器，采用冷水进行冷却，两个油箱可通过管道、阀门相互连接。系统装配有真空系统，可以对物料进行脱水、脱气处理。根据聚醇与异氰酸酯反应急剧放热、容易产生副反应的特点，预聚体合成反应釜的长径比例最好大于 1.6，这样会更有利于加热和冷却。

图 14-11　间歇式预聚体合成装置

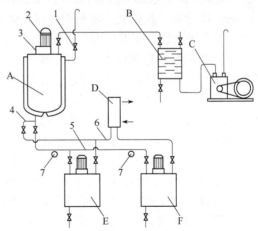

图 14-12　间歇式预聚体合成系统

1—放空阀；2—电机；3—减速机；4—放油管线；

5—循环进油管线；6—循环回油管线；7—压力表；

A—反应釜；B—真空缓冲罐；C—真空泵；

D—列管冷凝器；E—热油箱；F—冷油箱

随着人们环保意识的加强，人们对异氰酸酯产品的生产、存储、运输、使用等都做了许多严格的规定。例如，在聚氨酯产品中游离 TDI 质量分数必须小于 0.5%，但是我国大多数中小企业生产的聚氨酯产品与此规定均有很大差距。普通 TDI 基预聚体游离 TDI 质量分数为 0.5%～1.5%；MDI 基预聚体中异氰酸酯单体含量高达 10% 左右，在聚氨酯涂料制品中残存的游离 TDI 含量为 2.2%～5.0%，甚至可能更高。因此，在限制"游离异氰酸酯"的法规和要求日益严格的今天，对聚氨酯产品中游离异氰酸酯含量降低的研究是近几十年来的热门课题。在聚氨酯预聚体产品和聚氨酯中间产品的合成中，以及在聚氨酯预聚体等产品生产行业中，国外的许多公司相继推出了低游离异氰酸酯预聚体产品。为了我国大气环境的保护，同时也为了打破国外在低游离异氰酸酯产品上的垄断局面，我国许多研究单位和生产企业开展了对生产低游离异氰酸酯产品的研究和探索。

制备低游离异氰酸酯产品的方法基本有改进合成工艺的直接合成法和诸多后处理工艺方法。后者包括催化深度化学反应法、分子筛吸附法、共沸蒸馏法、薄膜蒸馏法、溶剂萃取法、分子蒸馏法等。目前，在工业化方面比较活跃的是最后 3 种。

薄膜蒸发法在上一节已有阐述，利用类似聚醇脱水的原理和设备可以制备低游离异氰酸酯产品。这也是目前国外许多公司常用的办法。

溶剂萃取法国内也有许多单位进行过探索。选择适当的溶剂，如汽油、石油醚、环己烷等烷烃混合物作为萃取剂，加热使之沸腾，经冷凝后从萃取釜下部的鼓泡装置中喷出，与预聚体混合，萃取游离的异氰酸酯单体后上升，当萃取釜内的萃取液上升至一定高度时即可从釜中流出。这种方法也可以采用连续操作。另外还有超临界萃取技术的探索。

在薄膜蒸发技术的基础上，20 世纪 30～40 年代，国外开始进行分子蒸馏工艺技术的研发，到 60 年代末已开始工业化，分子蒸馏又称为短程蒸馏，它比降膜蒸发更加先进。降膜蒸馏是依靠不同物质间的沸点差原理，而分子蒸馏则是利用不同分子具有不同自由程的差异进行液体混合物的分离。其基本原理如图 14-13 所示。在聚氨酯 CASE（coating, adihesive, sealant, elastomer，即涂料，胶黏剂，密封剂，弹性体）产品中，大分子聚氨酯预聚体的自由程较小，而异氰酸酯单体的自由程则较大。它们的混合液在加热板面上向下流动的过程中，大分子的预聚体和小分子的单体都会从液体膜表面逸出，但小分子逸出的距离比大分子长得多。如果在超过大分子自由程并小于小分子自由程的距离处设置一块冷凝板，那么，小分子的异氰酸酯单体会凝聚在冷凝板上，而大分子的预聚体会返回加热的液

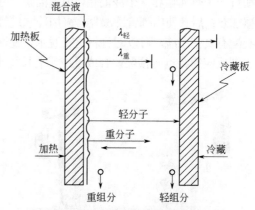

图 14-13　分子蒸馏原理示意图
（λ 为轻、重分子平均自由程）

膜中，分别收集热板和冷板流下的液体即可达到大分子和小分子液体分离的目的。根据这种原理，出现有静止式、降膜式、刮膜式、离心式等不同的分子蒸馏设计方案。图 14-14～图 14-16 分别是美国 POPE 科学公司、江苏迈克化工机械有限公司和德国 VTA（瑞达）公司的分子蒸馏示意图和设备。

这种新型的分离设备，我国许多企业已有生产。北京化工大学在 1992 年创建了北京新特科技有限公司，开展了分子蒸馏装置的研发，在许多技术领域中推广这种新工艺、新装备，在聚氨酯涂料原料环保性能的提升中也展示了广阔的应用前景。华南理工大学化工与能源学院在自

行设计的 MD-S80 内冷式薄膜蒸发器上对 TDI-TMP 预聚体中游离 TDI 进行了脱除工作，取得了成功。该工作使用两个内径为 150mm、长约 500mm 的内冷式薄膜蒸发器（即分子蒸馏器），整套设备由加料系统、蒸发系统、真空系统和加热冷却系统等组成，见图 14-17。

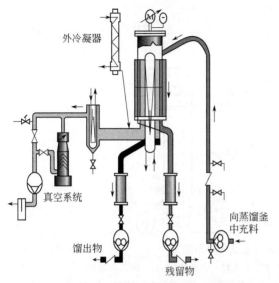

图 14-14　POPE 公司分子蒸馏装置示意图

图 14-15　江苏迈克化工机械公司刮板式薄膜蒸发器

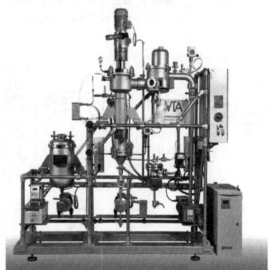

图 14-16　德国 VTA 公司分子蒸馏装置

　　100℃ TDI-TMP 聚氨酯预聚体以 12g/min 的速度进入蒸发器，在刮板速度 180r/min 下使预聚体沿罐壁形成薄膜，一级蒸发温度为 140℃，蒸发真空度为 400Pa，二级蒸发温度为 160℃，蒸发真空度为 40Pa。收集两级分离后的蒸余物与醋酸丁酯混合，制成固含量 75% 的固化剂成品。游离 TDI 含量 0.41%，—NCO 含量 13.2%，满足国家标准 GB 18581—2001 的要求。我国许多单位都开展了这方面工作。山东淄博正大节能新材料有限公司也开展了分子蒸馏的探索工作，其分子蒸馏器蒸发内径 500mm，滑动刮板式物料分配方式，热板面积 2m²，冷凝板面积 3m²，设备高度 3500mm。使用这种设备进行年产 500t 低游离 TDI 单体 PTMEG-TDI 系聚氨酯预聚体的工业化合成，通过了省级鉴定。其基本工艺流程见图 14-18。

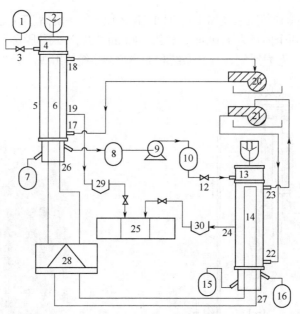

图 14-17　两段内冷式薄膜蒸发器系统

1,10—高位槽；2,11—刮板电机；3,12—进料口阀门；4,13—分配盘；5,31—薄膜蒸发器；
6,14—内冷凝柱；7,15—蒸出物接收器；8,16—蒸余物接收器；9—齿轮泵；17,22—导热
油进口；18,23—导热油出口；19,24—真空管道接口；20,21—恒温热油；
25—真空泵组；26,27—冷却水循环管道；28—冷水机；29,30—冷阱

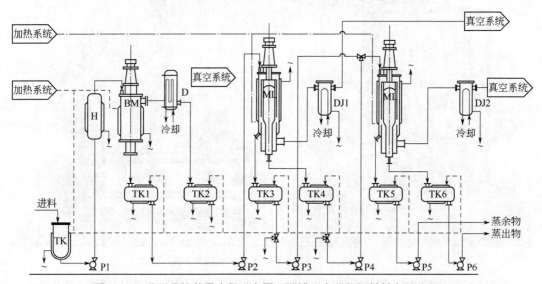

图 14-18　分子蒸馏装置流程示意图（淄博正大节能新材料有限公司）

H—预热器；BM—薄膜蒸发器；D，DJ1，DJ2—冷阱；ML—分子蒸馏器；P1—进料泵；P2～P6—输送泵；
TK—物料泵；TK1，TK3，TK5—蒸余物接收器；TK2，TK4，TK6—蒸出物接收器

第四节　聚氨酯弹性体浇注机

　　预聚体和扩链剂混合的成胶过程，可以采用手工和机械两种方式。在批量少时，多采用手工方式；处理批量大或难处理的物料时，则应使用专业机械生产。

　　众所周知，预聚体和扩链剂反应是放热反应，能使其分子链成倍地快速增加，在很短的时间内会使整个反应体系从液体状态迅速转变成固体状态。在 CPUR 生产中，有一个特有的专业术语——Pot Life，直译为釜中寿命，也可称为浇注适用期，即预聚体和扩链剂混合好直到物料不能自然流动的时间。浇注适用期的长短取决于预聚体和扩链剂的品种、数量、活性基团、混合温度等因素，通常该适用期低于 15min，有的则低于 3min。为能在这极短且有效的时间内完成浇注作业，一般需要采用专业的聚氨酯弹性体浇注机。

　　我国在浇注型聚氨酯弹性体早期发展中，成胶过程主要是手工方式。为探索 CPUR 工业化生产方式，山西省化工研究所在 1982 年率先由日本东邦机械株式会社引进了 EA-201 型聚氨酯弹性体浇注机，获得了良好的示范效应和经济效应。此后，南京、沈阳、保定等地的有关单位相继引进了这类设备，随着我国改革开放的深入，国外更加先进的弹性体浇注机也被大量引进，同时，在引进、消化吸收的基础上，国内许多公司也在积极研发，相继推出许多国产的弹性体浇注机，凭借质优、价廉的优势在国内市场已逐渐取代了进口。目前，在国内众多的聚氨酯制品生产企业所用的浇注机，国外的生产公司有日本东邦机械工业株式会社、法国博雷公司、德国亨内基公司、美国埃伯雷公司等；国内的生产公司则更多，但多集中在江浙、华南和河北等地。下面对有关产品酌情作简单介绍。

一、国外典型产品

1. 日本东邦机械工业株式会社产品

　　日本东邦机械株式会社生产的聚氨酯弹性体浇注机由储罐系统、计量泵及混合头、油加热及循环保温系统、真空系统、溶剂清洗系统、控制系统等部件组成（图 14-19）。

　　设备型号不同，浇注机的工作储罐容积不同，基本分为预聚体储罐和交联剂储罐。储罐均为不锈钢材质，采用电加热方式直接加热储罐夹套内的加热油，给储罐加热。为确保物料在计量、输送过程中黏度不出现变化，设备装配有 A、B 热油循环泵各一台，为计量泵和输送管线提供必要的温度保障。标准混合头带有凸齿圆锥形搅拌转子，由交流电机驱动 V 型皮带和塔轮，带动搅拌转子以 3000r/min、4000r/min、5000r/min 的速度转动。设备配有高精度齿轮计量泵。两组分

图 14-19　东邦机械 EA-430 型聚氨酯弹性体浇注机

计量比例则通过计量泵转速的调节来实现。控制系统控制整个设备的正常操作，浇注动作完成后，控制清洗溶剂喷出、压缩空气吹出等动作。设备的基本流程图显示在图 14-20。东邦机械工业株式会社生产的 EA 系列弹性体浇注机共有 7 个型号，基本规格列于表 14-2 中。

表 14-2　东邦机械 EA 系列基本规格参数

项　　目	EA-201	EA-205	EA-210	EA-230	EA-250	EA-2120	EA-310
组分数量	2	2	2	2	2	2×2	2
注入量/(L/min)	0.4～1.0	2.0～5.0	4.0～10.0	10.0～30.0	20.0～50.0	40.0～120.0	4.0～10.0
原料罐/(L/只)	50×1，20×1	100×1，50×1	200×1，50×1	300×1，50×1	300×1，100×1	400×2，120×1	100×2，50×1
电力/kW	15	20	30	50	60	100	50

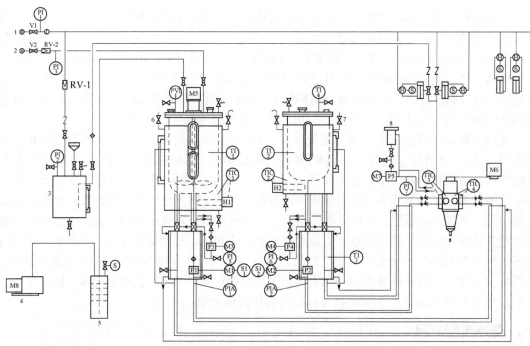

图 14-20　日本东邦工艺株式会社 EA-201 型聚氨酯浇注机工艺流程示意图

H1，H2—加热器；M1～M7—电动机；P1～P6—计量泵；PI 1～PI 7—压力表；PIA 1，PIA 2—压力警报器；

PVI—压力计；RV-1，RV-2—减压阀；S—电键开关；SI 1，SI 2—测速计；TI 1，TI 2—温度指示器；

TIC 1～TIC 4—温度指示控制器；V1，V2—阀门

2. 德国亨内基（Hennecke）公司产品

德国 Hennecke 公司在聚氨酯弹性体浇注机的研发上不断创新，推出了许多型号的弹性体浇注机。如早期的 SK/ZG 系列（图 14-21）以及现在更为先进的 ELASTOLINE 系列（图 14-22），其技术参数列于表 14-3 和表 14-4 中。

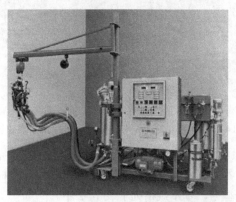

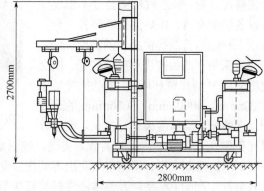

图 14-21　Hennecke 公司早期的 SK/ZG 系列聚氨酯弹性体浇注机

表 14-3　Hennecke 公司 SK/ZG 系列聚氨酯弹性体浇注机技术参数

型　　号	出量范围 /(g/min)	交联剂 A /%	交联剂 B /%	预聚体釜容量 /L	交联剂釜容量[①] /L	交联剂釜容量 /L
SK 1	110～1100	1.5～7.5	3～15	20	15	20
SK 3	300～3000	1.6～9.5	4～23.5	60	15	20

续表

型 号	出量范围 /(g/min)	交联剂 A /%	交联剂 B /%	预聚体釜容量 /L	交联剂釜容量[①] /L	交联剂釜容量 /L
SK 10	1000~10000	1.5~8.0	3.5~19.5	60	15	20
ZG 3	300~3000	6.5~30	—	20	—	20
ZG 8	800~8000	6.5~30	—	60	—	20

① 此交联剂釜是不加热的。

图 14-22 Hennecke 公司 ELASTOLINE 系列聚氨酯弹性体浇注机

表 14-4 **Hennecke 公司 ELASTOLINE 系列聚氨酯弹性体浇注机技术参数**

型 号	组分安 全压力 /bar	最大组 分数量	最大 出量 /kg	工作釜最大 加工温度 /℃	加工时黏度[①] /mPa·s	工作釜容积 /L	外形尺寸（L×W×H） /mm	异氰酸酯 体系
ELASTOLINE-F	60	8	30	130	5~1300	30/60/320/500	1600×2430×2990	TDI，MDI
ELASTOLINE-V	60	8	30	160	5~600	10/20/50/80	1600×1900×2120	NDI

① 计量泵规格为 0.3~6.0 时的黏度；在计量泵规格为 12~50 时，加工温度下的黏度为 100~2000mPa·s。

　　Hennecke 公司的 ELASTOLINE 系列浇注机对预聚体的适应性强，能制备 TDI-MOCA 体系、MDI-BDO 或 HQEE 体系，而 ELASTOLINE-V 系列则是专门为加工 NDI 体系预聚体而设计的。它们不仅可以生产固体弹性体，也可以生产微孔弹性体；设备可使用的原料组分最多高达 8 个，即 4 个主要组分和 4 个添加剂组分；对于高达 10∶1 的极端混合比，高精度齿轮计量泵也能精确完成计量功能；由不锈钢制造的混合室和搅拌器设计，对于即使是难以混合的原料也能提供良好的混合质量，其注射、回流均采用高效液压阀控制，高度同步；设备装有 Windows@ CE 的 Wintronic 控制系统的 SIMATIC PLC 程序控制器，并有 15in 触摸屏，操作方便、精确，实现人机对话功能，能对加工过程各种工艺参数进行快速设置、调节和处理。

3. 法国博雷（Baule）公司产品

　　法国 Baule 公司是专门致力于聚氨酯弹性体生产技术研发的专业化公司，不仅生产各种预聚体等原料，而且也专业设计、制造聚氨酯弹性体浇注机。为适应市场需要，该公司将弹性体浇注机分为 3 类：康派型（Compact）、万能型（Universal）和精英型（Advanced）。见图 14-23。

康派型为经济型浇注机［图 14-23（a）］，适用于 2～3 种原料组分，流量范围 1～10kg/min。原料釜的材质均为不锈钢，并配备有电加热系统和各自循环系统。两组分机型，釜的容量为 50～300L，溶剂釜容量为 9L；三组分机型，工作釜的容量分别为 200L、200L 和 100L。额定流量为 1～10kg/min。预聚体釜加热温度设定最高温度为 100℃，胺类扩链剂釜的最高温度设定为 130℃。溶剂和压缩空气吹洗系统为可调节的自动控制。如需添加颜色，可装备颜料加入机构，并可将颜料直接注入至混合头中。

(a) 康派型（Compact）弹性体浇注机

(b) 万能型（Universal）弹性体浇注机

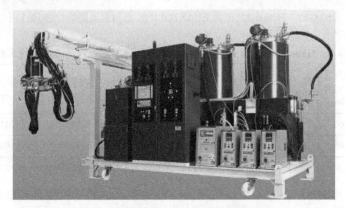
(c) 精英型（Advanced）弹性体浇注机

图 14-23　法国 Baule 公司的弹性体浇注机

万能型浇注机［图 14-23（b）］具有多种可选方案，灵活性强，能适应各种聚氨酯制品的生产。配置 2～3 个组分，压力釜的容量为 50L、100L、200L、300L 和 400L，交联剂釜的标准加热温度为 100℃，胺类交联剂的加热温度最高可达 130℃。混合搅拌速度可调范围为 600～6000r/min，流量范围为 0.1～30kg/min。

精英型浇注机［图 14-23（c）］是最新机型，具有调控装备先进、高性能、多功能的特点。可以适应 2～6 个原料组分的加工，压力釜的容积最大可达 2000L，工作流量最大可达 500kg/min，整机功率约为 20kW。

该公司弹性体浇注机的预聚体和交联剂工作釜都有独立的加热系统，与其他公司设备的加热方式有所不同，它是将工作釜和计量泵放置在加热炉装置中，采用电加热的空气循环进行加热、保温和调控（图 14-24）。浇注机的混合头、针型阀以及压力补偿器均由混合头侧部的加热柱予以加热，它们由独立的温控器进行精密调控，基本结构见图 14-25。

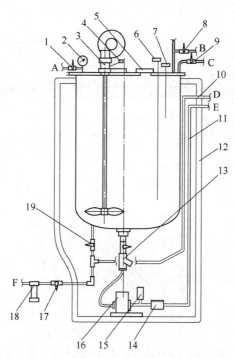

图 14-24　博雷公司 UM3E 型工作釜结构示意图

1—干燥空气或氮气阀；2—压力、真空表；3—搅拌器；4—视镜；5—填料口盖；6，7—最低液位和最高液位感应器；
8—真空阀；9—填料阀；10—循环管线；11—浇注管线；12—保温箱体；13—过滤器；14—压力补偿装置；
15—压力调节器；16—计量泵；17—卸料阀；18—自动加料阀；19—循环阀；A—干燥空气或氮气接口；
B—真空接口，放空；C—加料接口；D—循环管线接口；E—浇注管线接口；F—原料接口

设备配备有色浆或其他助剂添加系统，小型的色浆罐等配置在混合头附近，通过各自独立的计量泵直接将色浆等输送至混合头。现在很多聚氨酯浇注机都将色浆以及微量的催化剂等助剂容器和精密的微型计量泵配置在混合头的悬臂架上，简练，方便，实用。

4. 美国埃伯雷（AMPLAN）公司产品

该公司的此类设备主要由计量、混合机，两组分原料罐，连续薄膜脱气罐，固体交联剂熔融装置，溶剂罐，电气调节、操作、控制系统等单元部件组成。该类机械的核心设备是计量、混合机，它的计量方式并不是采用与其他公司一样的齿轮泵，而是使用了成本较低的柱塞泵，调节方便，计量精度高，能产生较高的注射背压，其计量比例的调节使用了楔形板式调节器，见图 14-26。

从图中可以看出，左边为可连续减压的交联剂工作罐，下边是带有精密计量活塞的辅助性机械供料泵和带有止回阀的柱塞计量泵，右边是预聚体工作罐、供料泵和柱塞计量泵。计量精度为±0.25%。中间上部是用于驱动楔形板的可调速气缸。气缸活塞向下运动，即可推动计量泵柱塞进行物料注射。楔形板两侧的斜度可以分别进行调整，从而达到调节两边组分比例的目的。楔形板下降的距离决定了两个组分输出的量，这可以通过侧边的限位开关的位置确定。输出的两组分物料进入混合头，经高速混合后吐出。设备最大吐出量为 7kg/min（小型机）和 22kg/min（大型机），在混合头上设有计量检测口，可分别检测两个组分的输出量；此外，在混合头上还有用于输送清洁处理的溶剂连接管路。

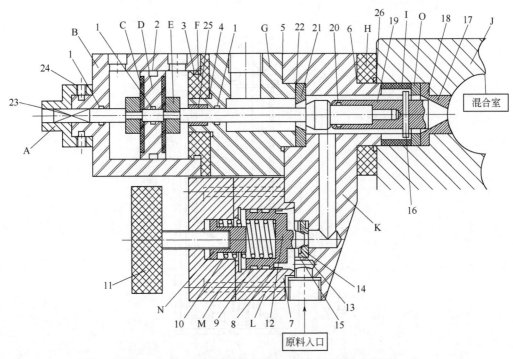

图 14-25 混合头局部（循环阀和压力调节器）示意图

1～7，14，18，20，22，26—O 形圈；8—气密性垫；9—导向装置；10—弹簧；11—调节轮；12—压力调节阀；
13—压力调节阀座；15—弹簧环圈；16—锁紧螺母销钉；17—浇注座；19—浇注阀；21—循环座；23—循环阀；
24—屏蔽螺钉；25—导向环；A—调节部件；B—液压缸；C—阻尼环；D—活塞；E—屏蔽环；F—液压缸的保温环；
G—循环体；H—浇注体的保温环；I—保温环；J—中心件；K—浇注体；
L—压力调节器液压缸；M—上盖；N—按钮；O—止推垫圈

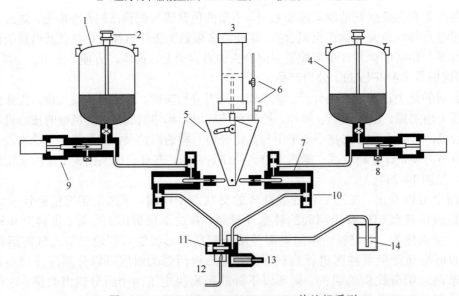

图 14-26 FLYING WEDGE@ CTVM 浇注机系列

1—固化剂釜；2—搅拌器；3—可调速驱动汽缸；4—树脂釜；5—调节固化剂计量；6—调节注射量；7—树脂计量；
8—清洗通道；9—精确控制供料泵汽缸；10—同步流量控制阀；11—混合室注射阀；
12—固化剂比例检测口； 13—混合室出口；14—溶剂清洗

在处理固体交联剂 MOCA 原料时，有害粉尘飞扬；暴露式加热产生有害气体飘散，造成环境污染并危及人体健康等问题。美国 AMPLAN 公司专门设计制造了固体 MOCA 抽取、熔融的一系列处理装备（图 14-27），并与其公司生产的聚氨酯弹性体浇注设备配套。

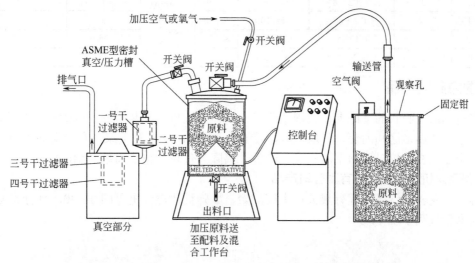

图 14-27 美国 AMPLAN 公司交联剂 MOCA 的处理系统示意图

我国在浇注聚氨酯弹性体的生产中，尤其是一些中小型企业对 MOCA 的熔融处理方式重视不够，经常存在长期暴露在大气中反复加热，熔融温度控制不严，甚至出现过热现象等，不仅影响了产品性能及外观，而且对操作人员的健康也会造成一定损伤。建议使用专用 MOCA 熔融设备。图 14-28 为无锡市巍栋生化设备制造有限公司生产的 MOCA 熔融炉，去熔融部有上下两个部分，上部为固体粉料熔融区，下部为熔融液体保温区。两部分均有独立的温度控制和调节系统。安装方便，操作简单。

图 14-28 MOCA 熔融设炉

5. 奥地利 EMC 公司产品

奥地利 EMC（Engineering Machines Chemicals）公司生产多种型号的浇注机，既可以进行普通制品的生产，也可以进行大型胶辊的浇注。设备结构配置合理，紧凑，适应性强。在此仅列出 DG103、DG105、DG200 3 款浇注机（图 14-29），部分浇注机技术参数列于表 14-5。

(a) DG103   (b) DG105   (c) DG200

图 14-29 奥地利 POLYTEC EMC 公司生产的浇注机

表 14-5 奥地利 POLYTEC EMC 公司 PUR 浇注机技术参数

型　号	组分数	吐出量/(kg/min)	料罐容积/L	温度/℃	配备动力	消耗动力/kW	配备空气压力/bar
DG103	2 或 3	0.002～15	16～60	＜130	3×400V +N+E 50Hz	1	6
DG105	2	0.002～8	16～60	＜130		1	6
DG132/133	2 或 3	0.1～6	34～100	＜150		20	6
DG153	2 或 3	6/12/18	60～300	＜150		35	7
DG200	2 至多组分	0.002～100	34～1500	＜150		25	6

二、国内典型产品

在引进消化吸收的基础上，我国聚氨酯弹性体浇注机，尤其是低压机的制造发展迅速。主要集中在江浙地区和河北、广东等地。近年来，相继出现了几十家具有一定规模的浇注设备制造企业。在此仅以温州市的飞龙、泽程、嘉隆为代表，作一简单介绍。

1. 温州飞龙机电设备工程有限公司产品

温州飞龙机电设备工程有限公司生产的聚氨酯弹性体浇注机见图 14-30。部分聚氨酯浇注机技术参数列于表 14-6 中。

(a) CPU20F-S 系列　　　　　　　　(b) CPU20F-D 系列

图 14-30 温州飞龙机电设备工程有限公司部分聚氨酯弹性体浇注机

表 14-6 温州飞龙机电设备工程有限公司部分聚氨酯弹性体浇注机系列主要技术参数

系　列	CPU20F-S			CPU20F(S)					CPU20F-D
型　号	S1	S2	S3	-I	-II	-III	-IV	-V	
吐出量/(g/min)	200～800	1000～3000	2000～5000	200～800	1000～3000	2000～5000	3000～8000	5000～15000	＜100000
A 罐容量/L	100	150	200	120	150	200	220	280	800
B 罐容积/L	30	30	30	30	30	30	30	40	180
搅拌速度/(r/min)	4000～5000			4000～5000					4000～5000
总功率/kW	26	30	30	26.5	30.5	30.5	32.5	46.5	46
混合头伸出距离[①]/mm	800			800					800
外形尺寸/m	1.75×2.6×2.4	1.75×2.6×2.6	1.85×2.6×2.6	1.75×2.6×2.4	1.75×2.6×2.6	1.85×2.6×2.6	1.85×2.6×2.6	2.2×3.0×2.8	2.25×3.1×3.45
质量/kg	1200	1500	1600	1200	1500	1700	1800	2000	
用途	适用 TDI，NDI 多种体系的配方试验机型			主要用于以 MOCA 等为交联剂的 CPUR 制品生产					

续表

系　列	CPU20F-S			CPU20F(S)					CPU20F-D
型　号	S1	S2	S3	-I	-II	-III	-IV	-V	
使用条件									
组分名称	TDI 预聚体/MOCA/BDO /NDI 预聚体			TDI 预聚体/MOCA/色浆					TDI 预聚体/MOCA
配比	100/8～16/2～10/30～50			100/8～16 /0.1～1.0					100/8-16
温度/℃	25～100 /110～125 /45/30～50			60～100/80～125/常温					60～100/80～125
黏度 /mPa·s	＜2000/20-500 /30/100～300			500～2000/＜500/50～2000					500～2000/ ＜500

系　列	CPU30F(S)					CPU20FM(S)				
型　号	-I	-II	-III	-IV	-V	-I	-II	-III	-IV	-V
吐出量 /(g/min)	200～800	1000～3000	2000～5000	3000～8000	5000～15000	240～900	900～3000	1800～5400	3000～9000	6000～15000
A 罐容量/L	120	150	200	220	280	100	150	180	220	280
B 罐容积/L	30	30	30	30	40	80	120	150	200	220
搅拌速度 /(r/min)	4000～5000					4000～5000				
总功率/kW	38	40	42	45	48	11.5	15	17	17	19
混合头伸出距 离①/mm	800					800				
外形尺寸/m	1.75× 2.6×2.4	2.0×3.3× 2.5	2.1×3.4× 2.6	2.15× 3.4×2.6	2.2×3.5× 2.7					
质量/kg	1700	2000	2300	2700	3000	1000	1200	1400	1400	1600
用途	生产以 MOCA 或 BDO 等为交联剂的 CPUR 制品生产，并可直接加入色浆					用于 MDI 型预聚体的 CPUR 制品生产，可直接加入色浆				
使用条件										
组分名称	TDI 预聚体/MOCA/BDO/色浆					多元醇/改性 MDI /色浆				
混合比	100/8～16 /2～7/0.1～1					100/22～105/0.1～1.0				
温度/℃	60～100/80～125/60～90/常温					40～70/40～70 /常温				
黏度/mPa·s	500～2000 /＜500 /＜200/50～2000					＜5000/＜300/50～2000				

① 混合头距地高度 1200mm。

2. 温州市嘉隆聚氨酯设备厂产品

温州市嘉隆聚氨酯设备厂生产的聚氨酯弹性体浇注机见图 14-31。部分浇注机技术参数列于表 14-7。

表 14-7　温州市嘉隆聚氨酯设备厂聚氨酯弹性体浇注机系列部分技术参数

系　列	CPU301	CPU305（高温型）		CPU205		CPU305（低温型）			
型　号	中温	−2	−4	−3	−5	−1	−2	−3	−4
吐出量 /(g/min)	200～900	1000～3000	3000～8000	2000～5000	5000～15000	1000～2000	2000～4000	4000～6000	5000～8000
A1 罐容量/L	20	160	220	160	360	80	80	80	80
A2 罐容量/L	15	160	220			80	80	80	80

续表

系　　列	CPU301	CPU305（高温型）		CPU205		CPU305（低温型）			
型　号	中温	−2	−4	−3	−5	−1	−2	−3	−4
B罐容量/L	20	30	30	30	30				
溶剂罐容量/L	10	20	20			30	30	30	30
真空泵	2×Z-4，0.55	2×15A旋片式，Y1000L 1-4-2.2kW							
功率/kW	26	40	42	28	30	18	19	20	20
外形尺寸/m	2.7×1.2×1.8	3.36×1.75×1.7	3.36×1.75×1.7	3.08×1.45×2.515	3.08×1.85×3.0				
质量/kg	800	1800	2200	1600	2000	1700	1700	1700	2000
使用条件	A/B=1:1；高温。A/B=100:(8～20)，吐出量150～600	预聚体/MOCA混合比=100:(8～20)。温度：80/120℃黏度500～2000/50(max)mPa·s		混合比：预聚体/MOCA=100:(8～20)。温度80/120℃，黏度500～2000/50(max)mPa·s		主要用于以1,4-BDO为交联剂的CPUR制品的生产。混合比：A聚酯或聚醚多元醇/预聚体/BDO=100:100:(8～20)。温度均<60℃			

(a) CPU305（高温型）

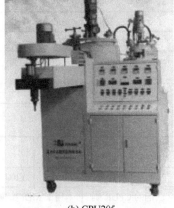
(b) CPU205

(c) CPU305 低温系列

图14-31　温州市嘉隆聚氨酯设备厂生产的聚氨酯弹性体浇注机

3. 温州市泽程机电设备有限公司产品

温州市泽程机电设备有限公司生产的聚氨酯弹性体浇注机见图14-32，相关部分浇注机技术参数列于表14-8中。

(a) CPU20J-G

(b) CPU20J-G 电加热系列

(c) CPU30J-G

图14-32　温州市泽程机电设备公司聚氨酯弹性体浇注机

表 14-8 温州市泽程机电设备公司聚氨酯弹性体浇注机技术参数

系　列	CPU20J-G				CPU30J-G				
型　号	-I	-II	-III	-IV	-I	-II	-III	-IV	-V
吐出量/(g/min)	250-800	1000-3500	2000-5000	3000-8000	250-800	1000-3500	2000-5000	3000-8000	5000-15000
A 罐容积/L	120	160	160	220	120	160	160	220	360
B 罐容积/L	30	30	30	30	30	30	30	30	100
清洗罐容积/L	20	20	20	20	20	20	20	20	20
搅拌速度/(r/min)	4000～5000				4000～5000				
浇注头伸出距离距地高度/mm	500/1200	800/1200	800/1200	900/1300	500/1200	800/1200	800/1200	900/1300	1000/1300
外形尺寸/m	1.6×1.8×2.4	1.7×2.5×2.5		1.8×2.6×2.8					
质量/kg	1200	1200		1500	1200	1200	1500	1600	1800

我国生产聚氨酯弹性体设备的厂家很多，因篇幅所限，在此不再一一列出。

第五节　离心成型设备

在浇注型聚氨酯片材制品生产中，离心成型机是高效生产的关键设备之一。其工作原理是将混合好的液体物料直接注入至垂直或水平的模具中，利用其高速旋转将物料均匀分布，并在外部提供热量的情况下完成片状或带状定型，经过后期熟化后形成片状或带状制品。聚氨酯齿形带和聚氨酯中型片材大多采用这种方法生产。

聚氨酯中型薄片胶板材的工业化生产是采用浇注离心成型的典型事例。图 14-33 是山西省化工研究院在 1986 年由德国 Hennecke 公司引进的卧式离心成型机。该机主要由无级调速电机、传动皮带、主驱动轴、离心转鼓、加热器、控制仪表等组成。

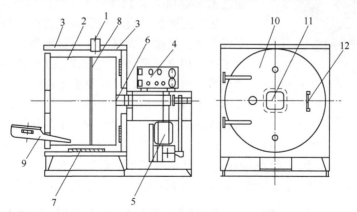

图 14-33　Hennecke 公司卧式离心成型机示意图

1—排气孔；2—离心转鼓；3—离心室及保温层；4—控制仪表；5—无级调速电机；6—主驱动轴；
7—加热器；8—可调式挡圈；9—加料斗；10—离心室门；11—观察孔；12—门把手

该设备的离心转鼓由优质不锈钢制成，内表面极其光滑，表面光洁度达 10 级（$Ra0.2$），转鼓直径 1000mm，净深 1000mm，转鼓的径向误差小于 0.1mm。转鼓转速可调，最高为 400r/min，要求调速平缓。内设一个可移动的挡圈，以调节浇注片材制品的宽度。为确保大深度、大直径圆筒在高速旋转过程中不出现颤动，主驱动轴和转鼓装配后必须作动平衡试验和处理。整个设备必须牢固地安装在水平的基座地面上，转鼓外侧配有电加热装置以及转速、温度监测传感器，它们都将反馈至控制仪表箱上，并能根据设定的转速和温度等参数进行自动调节。该设备可生产厚度1～6mm、宽度1000mm、长度约3100mm的聚氨酯弹性体片材。片材经过后硫化后，可根据需要，使用裁割机械将其裁割成一定规格的条、片制品。

目前我国也可以生产这类设备，部分产品技术参数列于表14-9中。

表14-9 国产聚氨酯弹性体离心成型机主要技术参数表

项 目	温州飞龙机电设备工程有限公司					温州泽程机电设备有限公司	佛山怡邦精密精品厂	
设备型号	LX-500	LX-1000	LX-1300	LX-1410	LX-1410		YB-301	YB-303
滚筒内径和径深/mm	ϕ500×420	ϕ1000×650	ϕ1300×1020	ϕ1410×800	ϕ1410×825	ϕ(150～1000)×(300～580)	ϕ(150～452)×(530～580)	ϕ1300×250
片材尺寸/mm	1500×429	3000×650	4000×1020	4400×800	4400×825	(450～3000)×(300～580)	(460～1360)×530	4080×250
滚筒转速/(r/min)	300～1200	200～800	200～800	200～800	200～800	0～1600	0～1600	0～700
滚筒转动功率/kW	5.5	7.5	7.5	7.5	7.5	5.5	5.5	5.5
加热功率/kW	9	9	13.5	13.5	13.5	9	9	9
外形尺寸/mm	1400×2300×1700	1400×2250×1940	1700×3420×2085	1800×3320×2115	1800×3300×2115		1727×736×1178	1500×1600×1500
设备质量/kg	1500	2000	3500	3800	3900	依产品要求而定	依产品要求而定	

图14-34 聚氨酯弹性体片材切割机

为配合聚氨酯弹性体片材的切割，可配置专门的片材切割设备，如广州市思源数控设备有限公司生产的 SY-F 精密裁切机、温州飞龙机电设备工程有限公司生产的 CPU-QG 系列切割机，后者是专门为切割聚氨酯弹性体片材开发的加工机械（图14-34）。切割机的技术参数列于表14-10。

聚氨酯弹性体离心成型方式可以是卧式，也可以采用立式方式。浇注型聚氨酯橡胶齿形带等带状制品的生产，大多是采用立式离心成型方式。由于这类制品的横断面都比较薄，两面形状、尺寸要求比较严格，而且其内部含有许多纤维骨架，使用一般加工方法难度较大，而采用立式离心浇注则可比较方便地制备出品质优良的带状产品。

由于齿形带类产品的特殊性，通常模具是由内、外、上、下多部分组成。一般内模要铣出楞齿，使用缠绕机，根据要求，按设定间距缠绕各种不同的纤维线，然后再将模具组合起来，装配在离心转盘上，进行离心浇注操作（图14-35）。

表14-10 温州飞龙机电设备工程有限公司 CPU-QG 系列切割机技术参数

型 号	CPU-QG-500	CPU-QG-1000	CPU-QG-1300	CPU-QG-1410
圆筒外径及长度/mm	ϕ500×600	ϕ1000×600	ϕ1300×600	ϕ1410×600
圆筒转速/(r/min)	32	16	16	16
切割线速度/(m/min)	50	50	50	50
转动功率/kW	0.75	1.5	2.2	2.2
外形尺寸/mm	1800×1200×1200	1800×1200×1200	1800×1200×1200	1800×1200×1200
质量/kg	450	700	700	700

从上图中看出这种离心浇注可以采用从上部离心浇注和从下部离心浇注的两种方式，浇注时，物料在导流板和旋转离心力的作用下强制进入狭窄的模腔中，即可达到充分注满模腔、驱赶气泡的目的，制备出齿形完整的带状制品。该类制品的离心成型生产，一般呈筒状，脱模，熟化后，再根据要求切割成一定宽度的成品。

应该指出的是，这类离心成型工艺，高速旋转能产生很高的离心力，模具必须和旋转轴同

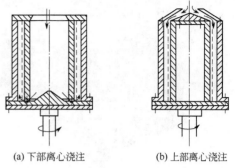

(a) 下部离心浇注　　(b) 上部离心浇注

图 14-35　齿形带的立式离心成型示意图

心，并要做十分牢固的连接处理，设备装备好后要做动平衡试验，避免出现摆动、颤动等不良现象。同时，离心模具装置外侧应装配防护挡板。

第六节　旋转浇注设备

聚氨酯旋转浇注成型主要适宜制备管状衬里、包覆胶辊以及球类中空类制品等。它们的生产都是通过专用加工设备实现的。以往浇注型聚氨酯胶辊的制备都是将处理好的辊芯装配至专门制作的模具中，再进行浇注操作。模具通常是根据胶辊规格专门设计制造，多种规格的胶辊就必须预先制造多种模具；尤其是大型胶辊的包覆，其模具大多采用钢质材料，不仅制造周期长，而且费用高。在整个胶辊生产中，模具的制造费用几乎占到整个生产成本的五分之一到四分之一。针对这些问题，在高反应活性原料研发的基础上，德国 Hennecke 公司于 20 世纪 80 年代，在快速成型基础原料体系研究的基础上推出了不使用模具即可进行聚氨酯包覆的胶辊旋转浇注包覆技术。经过几十年的发展，该项技术和工艺装备已日趋完善。图 14-36 为该类设备工作的基本原理示意图。

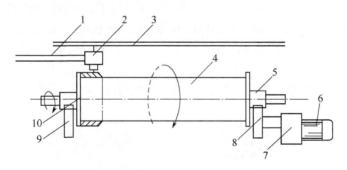

图 14-36　胶辊的旋转浇注成型

1—原料管线；2—混合头；3—导轨；4—胶辊轴芯；5—胶辊轴头；6—电机；
7—调速及传动机构；8—主动轮；9—从动轮；10—挡板

实际上，聚氨酯胶辊旋转包覆设备是普通车床和浇注机结合、创新的结晶。使用车床的旋转功能使辊芯旋转，利用车床丝杆运动驱动浇注机混合头左右移动，从而使混合头既具有对聚氨酯原料进行计量、输送功能，又能在旋转的辊芯上进行物料的混合、分配作业。聚氨酯旋转浇注设备在不断改进中逐步完善、发展，图 14-37～图 14-39 是国外一些公司的旋转浇注设备。

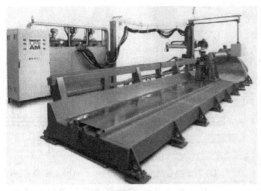

图 14-37　意大利 TECHNO PU MA 公司
生产的聚氨酯胶辊旋转浇注设备

图 14-38　奥地利 POLYTEC EMC
公司生产的胶辊包覆设备

下面以法国博雷（BAULE）公司生产的旋转浇注设备为例进行简单阐述。法国博雷公司的这

图 14-39　法国博雷公司浇注设备

类设备基本由三大单元组成：三组分专用浇注机、旋转浇注专用控制单元和整机控制系统。其专用浇注机配备有 3 个 150L 的不锈钢原料罐，分别储存预聚体和两种扩链剂，预聚体储罐还配备了真空脱泡系统；原料计量采用高精度计量泵，它由一个闭环伺服电机和转速控制系统组成，并配备特制的压力控制系统，以保障在浇注中操作参数变化不会对回路压力产生影响，确保原料计量的高精度，设备的重复性精度不低于 0.5%。原料经混合头的气动阀同步进入带有冷却

系统的混合室，它们在搅拌器转子高速运转的作用下均匀混合，混合头被固定在车床上方的行走丝杆上，经 5m 长的物料输送管与主机相连；设备的加热系统由恒温箱、物料输送管和混合头 3 个独立的加热和温控系统组成。旋转浇注专用控制单元选用了高可靠性 PC 机，可适时控制车床主轴转速和混合头行进速度；采用了 Windows 操作系统，不仅可在系统中储存 20 个可变参数的浇注配方，还可以在操作过程中瞬间改变流量配备、车床主轴转速、混合头前进速度等浇注参数。整机控制系统由一个 PC 机运行的适时工艺控制软件、一个多路高速数模转换器和一个操作者控制器组成。如有必要，还可以配备一个浇注混合头定位机械臂。无模聚氨酯胶辊浇注可见图 14-40。

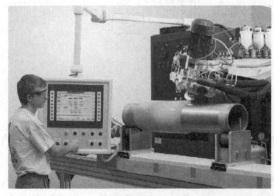

(a) 法国博雷公司

(b) 意大利 TECHNO PU MA 公司

图 14-40　聚氨酯胶辊旋转浇注成型操作

对于旋转浇注来讲，在设备上，必须具备模具旋转和浇注混合头平稳移动的条件；在原料体系上，必须具备高活性，混合吐出后能在常温下快速固化成型，目前主要采用的是 MDI 预聚体体系。改变交联剂品种和比例，可制备出不同硬度的弹性体。其工作温度为 45℃，虽然原料凝胶时间约为 5s，但必须要在 100℃下熟化 16h，然后在 20℃以上的室温条件下进行 7 天的后熟化过程。

2003 年 8 月我国上海宝松集团首先引进德国聚氨酯旋转包覆技术和设备（型号 EP-300），并于 2004 年 1 月 8 日在新成立的上海宝松喷镀电器设备有限公司竣工投产。此后，我国多家企业或从国外引进或选用国内制造的相应设备，开始采用无模浇注聚氨酯胶辊技术，使我国聚氨酯胶辊类产品在生产工艺上有了较大的提升，在生产成本上有较大降低，在产品质量上有较大提高。

在旋转浇注中，如果将可移动的混合头置于钢管等内部，则可以进行钢管等设备的聚氨酯内衬工艺操作。从拜耳公司资料的图上（图 14-41）可清楚地看出钢筒状设备放置在小的托轮上，其中一个是由电机带动的主动轮，可通过调速电机的传动操控设备筒体的旋转。筒体内可装配可供浇注混合头平稳移动的齿条或螺杆等装置，即可实现钢管或筒状的聚氨酯内衬处理。若将模具放置在类似陀螺的全方位转动的设备中，则可制备球状等中空类制品。

图 14-41　旋转浇注管状设备聚氨酯内衬

第七节　加热成型装备

加热是聚氨酯成型过程中必不可少的阶段。在生产实践中，根据制品的加工工艺、生产特点、性能要求等条件，设计、装配了不同形式的加热装备和设施，如配备在生产线上的烘道，浇注过程的加热平台，模具预热、制品熟化成型的烘箱，烘房等。

对于中小型制品模具的预热和制品的加热定型处理，一般可采用普通工业烘箱。烘箱通常由箱体、鼓风机、风道、加加热元件、温控仪表系统等组成。鼓风机将风经风道吹向加热元件后，进入烘箱工作室并经循环加热至设定温度。室内配置有隔板，有的可根据情况配有轨道和电动或手动输送小车。烘箱的控制仪表是烘箱的关键部件，配备有高精度温度测量传感器、控温仪，具备加热温度设定、定时、功率自动调节、过热报警保护等功能，LED 数字显示直观醒目，温度控制精确可靠。

对于小型制品或筛板类制品可使用加热平台或转台。图 14-42（a）和（b）显示的是德国 Hennecke 公司浇注加热平台和加热转台，（c）为奥地利 POLYTEC EMC 公司生产的 PUR 浇注加热平台。

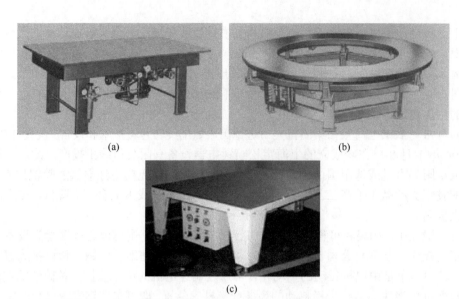

图 14-42　聚氨酯制品胶辊操作加热平台

　　加热转台主要用于小型制品的加热定型，还可以在它的上面加装小型烘道，配备小型浇注机，即可构成小型制品（如溜冰鞋轮、密封制品等）的生产线。后者的加热平台可以在其上面进行模具组装，加热定型，尤其适用于筛板等大型制品的生产。该平台下部装有加热油箱、热油循环泵、温度设定、调节控制的仪表，在其平整的工作平台内部铺设有均匀的管道，以使台面温度可以均匀地达到 130℃ 以上，而且在 1m×2m 的台面温度误差小于 1℃。加热操作平台的基本结构见图 14-43。这类加工设备在我国许多企业都有使用，国内多数聚氨酯加工设备企业也都能制造，图 14-44 和表 14-11 是温州飞龙机电设备工程有限公司生产的加热操作平台和相关的技术参数。

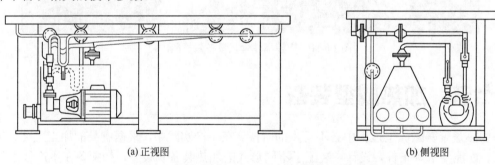

(a)正视图　　　　　　　　　　　　　　　　(b)侧视图

图 14-43　德国 Hennecke 公司生产的加热浇注平台

表 14-11　温州飞龙机电设备工程公司部分加热操作平台技术参数表

项　　目	PL1000	PL1200	PL1600	PL1800	PL2000
平板表面温度/℃	120～160				
加热功率/kW	2×3	2×4.5	3×4.5	3×4.5	4.×45
加热油箱容积/L	100	120	180	200	220
加热油箱尺寸/mm	500×500	500×600	600×580	600×700	700×580
平板尺寸/mm	1000×1000	1200×1000	1600×1200	1800×1200	2000×1200
循环油泵型号	B25	B32	B50	B63	B80
导热油用量/L	150	180	250	300	400

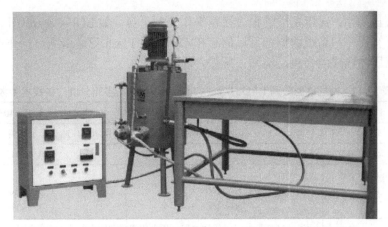

图 14-44 温州飞龙机电设备工程有限公司生产的加热操作平台

对于大型制品的加热定型多采用专门设计制造的加热装备，如硫化罐、地坑式加热室、卧式加热成型室等。对于制品的后熟化则大多采用专门建造的烘房，经济而实用。

第八节 特种制品的生产装备

此处的特种制品主要是指密封条的浇注和电器元件的灌封等小型、精细部件。这类制品生产在原料体系上和在性能要求上都有一些特点。例如电器元件的灌封，要求原料混合后流动性要好，并应在室温或低温下快速固化成型；而密封条的现场浇注，则要求原料的反应活性高，成型速度快，其原料中往往添加了触变剂、催化剂等助剂，通常它们的体系黏度一般都较大。因此所采用的加工设备也与传统设备有一点差异。

德国胜德（Sonderhoff Gmbh）公司提供多款设备，用于聚氨酯、聚硅氧烷、环氧树脂等材料的密封成型、发泡、胶黏等。典型的加工设备有 DM302/303 和 DM402/403（图 14-45），其技术参数列于表 14-12 中。

图 14-44 德国胜德公司生产的双组分和多组分浇注机（MD402/403）

该类设备除了一般构成浇注机的部件外，更值得指出的是其高技术的操控系统，如专利的空气结晶测量装置 IBM-2，其可调的质量测量系统、流量控制系统和压力控制回流阀技术结合在一起，使输送的原料组分质量精准且恒定不变；防滴落 DVS-3 的混合室能获得十分精密结合的密封尺寸；选用先进的集成视窗操作控制平台，如 EDF-Control Ⅱ，实现良好的人机对话，所有程序和系统数据都可以储存在 Compact Flash 记忆卡上，操作更加方便。装配有专利的高压冲洗式混合头，清洁，环保，高效。

表 14-12 德国胜德公司 DM302/303 和 DM402/403 双/多组分浇注机技术参数

项　　目	DM302/303	DM402/403
驱动技术	速控伺服齿轮马达，带有速度指示器，通过显示屏调整	
计量泵/混合头驱动功率/kW	0.55/0.95	0.94/1.13
驱动转速/（r/min） 　发泡密封材料 　混合头	15～260 200～4000	1～250 1～6000
气动系统	由过滤减压器、微米级注油器、压力监视器和阀岛的维护单元组成，可控制气动负载	
混合比	（100∶1）～（1∶100）	（100∶1）～（1∶100）
输出量/（g/s）	0.1～100	0.05～100
加工黏度范围/mPa·s	1～2000000	1～2000000

带高压水冲洗系统的双/三组分混合头可装配在 DM302 或 DM402 型浇注机上，用于全自动化生产线上。它的搅拌器由调速电机控制，特殊设计的搅拌头有利于低黏度到高黏度原料的均匀混合，搅拌器转速可在 200～6000r/min 范围内调节，混合头吐出量为 0.05～100g/s；混合比例范围广，可从 100∶1 至 1∶100 之间进行调节；通过轴向可移动的驱动轴控制的 Stop-Drop DVS-3 喷嘴紧锁系统，具有防滴落、免维护的特点；采用传感器气动及流体力学原理调控的精密循环阀可以使原料始终保持良好的循环待用状态；混合头采用高压针孔喷射阀，可以对混合室进行高压水冲洗，再用鼓风式针孔喷射阀进行空气喷射，干燥混合头；为适应不同的加工条件，高压水冲洗系统的混合头有

图 14-46 MK600 高压水冲洗式双/三组分混合头

MK600、MK625 和 MK650 3 种型号，MK600 适用于中等和大的吐出量，MK625 适用于小的吐出量，MK650 适用于极微量吐出的场合。图 14-46 为 MK600 高压水冲洗的双/三组分混合头。

另外，该公司还开发有使用溶剂清洗的、动态混合的混合头和采用静态混合管混合的混合头（图 14-47）。

动态式混合头采用填料密封式针孔喷射阀，浇注完成后，可使用溶剂进行清洗并使用高压空气喷射进行干燥；混合头的搅拌转速可在 200～2700r/min 范围内调节，操作压力约 50bar/组分，混合比可在（100∶10）～（10∶100）范围内调节；吐出量为 1～100g/s。它有两种型号：MK50 适用于小到中等流量；MK100 适用于大的吐出量。静态混合头也有两种型号：MK20 适用于小到中等吐出量；MK21 适用于大的吐出量场合。它们采用静态混合管进行混合，混合比例从 100∶1 到 1∶100 可调，吐出量 1～50g/s，操作压力约 150bar/组分。

(a) MK50/MK100 型　　　　　　　(b) MK50 型动态混合头　　　　　　(c) MK20 型静态混合头

图 14-47　德国胜德公司生产的动态混合头和静态混合头

　　德国蓝浦（RAMPF Giessharze GmbH & Co. KG）也是这类设备的生产商。生产的各种计量浇注设备，主要用于在设备元件上制造动态或静态密封，电器元件的真空浇注灌封、粘接等。该公司生产的浇注设备大多与机器人相配合，并置于相对较小的、可密闭的空间中，进行精密的真空作业，制备高精度聚氨酯浇注产品。部分产品展示于图 14-48。在图 14-49 中展示了 DC-VAC 真空浇注机装置细部。部分设备的技术参数列于表 14-13。

　　从图中可以看出，DC-CNC 等设备是将原料罐，计量、输送等部件配置在浇注室外，工件的灌注、密封条的浇注等作业都是在小的浇注室中进行的。控制采用西门子（SIEMENS）Sinumerik NC-控制器，能快速简便地调控设备的压力、原料罐液位、温度、吐出量、机器人的运动等工作参数。

图 14-48　德国 RAMPF 公司生产的
DC-CNC 型真空浇注设备

(a)　　　　　　　　　　　　　　　　　　(b)

图 14-49　德国 RAMPF 公司 DC-VAC 系列真空浇注设备（a）和浇注头细部（b）

表 14-13　　RAMPF 公司部分浇注设备技术参数

型　　号	DC-CNC	DC-CNC1150	DC-VAC	DC-RS250
流量，混合比，组分，黏度		根据配备的混合系统而定		
最大运动速度/(m/min)		X=60，Y=60，Z=40	X=Y=Z=24	①
最大加速度/(m/s²)	10		②	
重现性/mm	<0.10	<0.1	<0.1	
控制器	SIEMENS Sinumerik810D /840D	SIEMENS Sinumerik 840D	SIEMENS 带 OP08 Sinumerik810D	SIEMENS TP700 PLC
电力供应	400V，16～32A，50Hz（60Hz）	400V，16～32A，50Hz(60Hz)	3×400V，50Hz，32A	3×400V，50Hz，16A
消耗功率/kW	5.5～12	5.5～12	15	
提供压缩空气 (流量 800L/min) /bar③	>5	>5	>5	>5
压缩空气消耗/(L/min)	5～20	5～20	5～20	5～20
质量/kg	约850	1600	1200	900
工作面积 X，Y，Z/mm	800，400，200	1150，1000，300	320，320，50（室内）	2000，600，2080

①　机器人型号：KUKA AGILUS KR10 控制器 KR C4。　最大工件尺寸 250mm×200mm×100mm。质量 3kg。

②　工作室抽空时间：约 15s(在 100mbar)。

③　1bar=0.1MPa。

　　这类设备的各种部件都十分精密，由于它的吐出量很小且十分精确，除了要求整机的自动化程度要求高、它的计量装置计量得要非常准确外，对于物料混合、分配的混合头，也必须精密、小巧（图 14-50）。混合头的基本技术参数列于表 14-14 中。部分混合头的质量及基本装配尺寸见图 14-51 中。该公司 M-KDS 混合头是活塞式浇注体系，专门用于微量物料的混合、浇注。其 M-KDS 微量活塞浇注系统见图 14-52。

(a) MS-C 系列

(b) MS 系列

(c) MK 系列

图 14-50　德国 RAMPF 公司混合头系列

表 14-14　RAMPF 公司几种混合头基本性能

项　　目	MS-C 76	MS-C100	MK-107	MK-108/111
吐出量/(g/s)	0.3～2.5	2～120	2～20	0.01～3
组分数	2～3	2～3	2	2
黏度适用范围/mPa·s	50～200000	50～200000		
基本配置		组分阀 2～3 个，一个溶剂清洗阀，一个压缩空气吹洗阀		

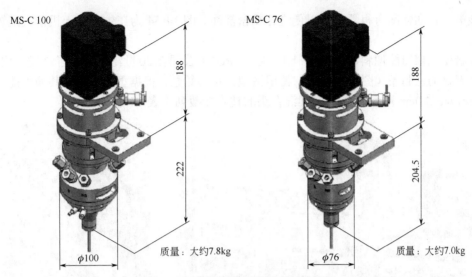

图 14-51　混合头质量及装配尺寸简图

从图中可以看出，组分由液压计量缸初步计量后经输入阀进入原料计量腔，然后在计量阀打开后被推进至混合室中，在伺服电机的控制下混合并吐出。图 14-53 为 KDP 系列活塞浇注头，它们的技术参数列于表 14-15。

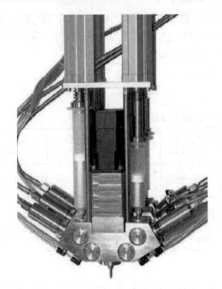

图 14-52　M-KDS 微量活塞浇注系统

图 14-53　KDP 系列活塞浇注头

表 14-15　KDP 浇注体系基本技术参数

型　号	E-KDP 63	E-KDP 160	E-KDP 250	H-KDP 34	H-KDP 250
最大浇注体积/cm³	63	160	250	34	250
精密度/mm³	5	13	20	5	16
最大分配率/(mm³/s)	20	50	80	5	20
黏度范围/mPa·s	20～200000				
最大压力/bar	400	150	100	400	150
质量/kg	20	22	23	17	24

　　该类设备通常配有机器人，以便进行精密浇注。图 14-54 为在生产线上机器人配置的一种形式。

　　在触变性聚氨酯原料研发的基础上，瑞士 SPUHL 公司在 20 世纪就推出了这类结构机械，来生产聚氨酯密封条（图 14-55）。它使用微型计量齿轮泵，根据型号不同，其输出能力分别为 $1.2cm^3/r$、$3.0cm^3/r$、$6.0cm^3/r$。其混合头的技术参数列于表 14-16。

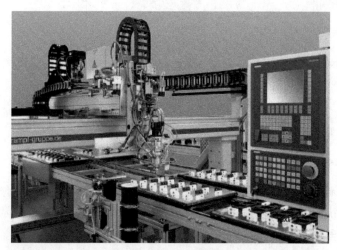

图 14-54　由机器人操作的混合头进行微量密封条的浇注操作
最大运动速度：X，$Y=60m/min$；$Z=24m/min$。重现性＜0.15mm(ISO 9283)。
CN 控制器：SIEMENS Sinumerik 840D SL。提供电力：400V/16～32A/50Hz(60Hz)。
动力消耗：5.5～12kW。提供压缩空气＞5bar（最大流量 800L/min）。
压缩空气消耗：5～20L/min

图 14-55　瑞士 SPUHL 公司生产的浇注机用于密封条的浇注作业

表 14-16　瑞士 SPUHL 公司生产的部分 PU 浇注机性能参数

型　号	吐出量 /(g/s)	混合比	活塞泵行程 /mm	活塞速度 /(mm/s)	搅拌速度 /(r/min)	动力 /kW	空气消耗 (6bar)/(m³/h)	外形尺寸 /mm	质量 /kg
MD-10T	9.3～15	(10：1)～(1：10)	0～60	5～20	3000～8000	0.6	1	1315×800×1345	225
MD-100	10～120	(45：100)～(100：45)	0～72	5020	3000～8000	1.2	2	1550×926×1345	250
MD-600	1～45	可调	①		3000～8000	1.2	2	1550×925×1345	350

① 齿轮计量泵输出能力：$1.2cm^3/r$、$3.0cm^3/r$、$6.0cm^3/r$。

　　法国赛克曼（SECMER）公司（2003 年已被 BAULE 公司收购）生产的两款浇注机，其吐出量范围很大，在小流量情况下可以进行电器等设备的灌注、浇注、涂覆等精密作业。图 14-56 为其中两款微型浇注设备——MULTICAST 和 DOSAMIX(桌面微型浇注设备)。两款浇注设备的技术参数列于表 14-17。

表 14-17　SEGMER 公司浇注机基本技术参数

型　　号	组分数	吐出量 /(kg/min)	A、B、C 釜容积 /L	最大黏度 /mPa·s	设备尺寸/mm	质量/kg
MULTICAST	2～4	0.005～300	50/30/9	60000	1300×1000×1900	400
DOSAMIX	2	5g/min～500	9/9/9	60000	900×1300×1100	115

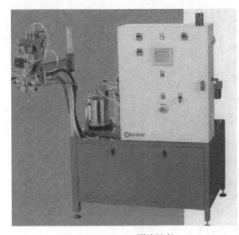

(a) MULTICAST 型浇注机　　　　　　　　(b) DOSAMIX 型浇注机

图 14-56　SEGMER 公司的浇注机

其中 DOSAMIX 型浇注机是比较特殊的机型，它是"桌面式"的低压浇注机，其安装和操作都非常方便，尤其适用于产品试制或实验室装备。生产这类设备的公司还有奥地利 POLYTEC EMC 公司，它们生产的 DG10、DG105、DG107 等浇注设备也是"桌面式"低压浇注机和小型浇注机（图 14-57），其基本技术参数列于表 14-18。

(a) DG10　　　　　　　　　(b) DG107　　　　　　　　(c) 双组分浇注发泡设备

图 14-57　奥地利 POLYTEC EMC 公司生产的小型浇注机

表 14-18　奥地利 POLYTEC EMC 公司生产的小型浇注机技术参数

型号	吐出量/(kg/min)	原料罐/L	温度	动力配备	动力消耗/kW	配备空气/bar
DG10	>1L/min	2	室温	230V/50Hz	0.5	6
DG107	0.002~5	2~60	室温	3×400V/50Hz	1	6

这类设备是将聚氨酯两组分进行计量、混合，并直接浇注在平板工件、工件凹槽或各种异形模具中，形成 PU 弹性体或泡沫体密封条。这种连续性生产的密封条无明显接点，不仅平滑规整，而且能与工件直接黏合在一起，表现出良好的密封、绝缘、防水、防尘性能。目前，凭借其防潮、减震、隔音功效，这类密封条的应用领域逐渐扩大，市场前景广阔。对于这类生产设备，我国也有许多公司制造生产，如台湾裕发科技股份有限公司、温州飞龙机电设备工程有限公司、温州泽程机电设备有限公司等，有关产品见图 14-58～图 14-60，相关的技术参数列于表 14-19 和表 14-20。

图 14-58　台湾裕发科技股份有限公司生产的浇注机

型号：PU-2061。最大流量：7g/s。最大混合比（I：P）：1：10。单一原料桶容积：60L。

最大工件尺寸：2500mm×1500mm。总消耗功率：12.45kW。设备质量：2000kg

图 14-59　温州飞龙机电设备工程有限公司全自动数控三维异形条浇注机

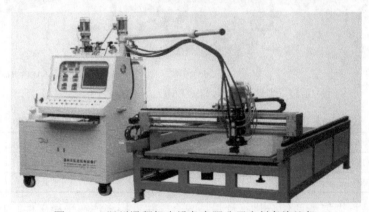

图 14-60　温州泽程机电设备有限公司密封条浇注机

表 14-19　温州飞龙机电设备工程有限公司全自动数控三维异形条浇注机主要技术参数

型　号	吐出量 /(g/s)	混合比	混合物料黏度 (25℃)/mPa·s	浇注工件尺寸 (横向)/mm	浇注工件尺寸 (纵向)/mm	浇注头上下 最大行程 /mm	工作台移动 速度 /(m/mim)
PU20F-AR1 （平板型）	2～5	100：(20～32)	1500～30000	2200	1200	200	8～30
PU20F-AR2 （槽型）	3～8	100：(20～32)	1000～1500	2200	1200	200	8～30

表 14-20 温州泽程机电设备有限公司密封条浇注设备

项 目	PU20J-1QR	PU20J-2QR	PU20J-3QR
总吐出量/(g/s)	0.3～4	2～8	6～18
混合比		3∶1	
AB 料罐容积/L	25/25	25/25	30/30
方形工件最大尺寸/mm	300×300	300×300	500×500
圆形工件最大尺寸/mm	300	300	500
矩形工件最大尺寸/mm	1000×500	1500×1000	2500×1500
移动速度/(m/min)	0～30	0～30	0～30
总功率/kW	5	6	7

参考文献

[1] 德国 BAYER 公司资料.

[2] 德国 Hennecke 公司资料.

[3] 德国 DESMA 公司资料.

[4] 美国莫贝化学（Mobay Chem.）公司资料.

[5] 日本东邦机械工业株式会社资料.

[6] 瑞士 SPUHL 公司资料.

[7] 法国博雷（Baule）公司资料.

[8] 美国 AMPLAN 公司资料.

[9] 奥地利 POLYTEC EMC 公司资料.

[10] 意大利 TECHNO PU. MA 公司资料.

[11] 德国胜德（SONDERHOFF）公司资料.

[12] 德国蓝浦（RAMPF）公司资料.

[13] 法国赛克曼（SECMER）公司资料.

[14] 温州飞龙机电设备工程有限公司资料.

[15] 温州嘉隆聚氨酯设备厂资料.

[16] 温州泽程机电设备有限公司资料.

[17] 无锡市巍东生化设备制造有限公司资料.

[18] 台湾裕发科技股份有限公司资料.

[19] 佛山怡邦精密精品厂资料.

[20] 上海宝松喷镀电器设备有限公司资料.

[21] 广州思源数控设备有限公司资料.

[22] 陈晓锐，黄宏，殷代武，等. 低游离 TDI 含量的聚氨酯预聚体制备研究. 广东化工，2007，34，(6)：38-41.

[23] 皮丕辉，杨卓如，马四朋. 刮板薄膜蒸发器的特点和应用. 现代化工，2001，21(3)：41-46.

[24] 易玉华，陈万滨. PTMG2000-TDI 低游离聚氨酯预聚体的制备与性能. 中国聚氨酯工业协会弹性体专业委员会 2009 年年会论文集. 南昌：2009. 178-185.

[25] 张世磊，易玉华. 低游离聚氨酯预聚体的加工，性能及应用. 陕西科技大学学报，2011，29(2)：77-81.

[26] 杨村. 分子蒸馏技术及其在聚氨酯工业等领域中的应用. 中国聚氨酯工业协会第十七次年会论文集. 上海：2014. 417-440.

第十五章

热塑型聚氨酯生产及加工设备

第一节 热塑型 PU 生产设备

1965 年美国 SHELL 化学公司首先开发出一种名为 "Kraton" 的新材料，它是苯乙烯-丁二烯的嵌段共聚物。该材料在室温下具有橡胶状的高弹性，同时又具有良好的可塑加工性，从此在材料合成和应用领域中出现了一种介于塑料和橡胶之间的新材料品种，其独特的性能和加工方式受到了工业界的广泛关注。

德国 Bayer 公司在研发 Vulkollan 的基础上开发了热塑性聚氨酯(TPU)，而美国 Goodrich 化学公司则首先推出了工业化商品——Estane VC。由于其优异的性能，以及可采用传统塑料加工的生产方式，很快成为聚氨酯弹性体中发展最快的一个新秀。以反应程序划分，TPU 的工业化生产主要采用一步法和两步法（又称为预聚体法）。前者是将所有原料一起加入进行反应，其生产效率高，但反应激烈，控制难度大，容易产生副反应；后者生产工艺较长，能量消耗较大，但其副反应少，产品质量容易控制，产品品质较好。若按反应体系划分，可有本体熔融反应体系和溶液反应体系之分。溶液反应体系由于化学反应平稳，无局部过热现象，生成的线性分子产物分布好，分子量高，生产过程容易控制，但生产过程较长，能量消耗较大；本体熔融是目前生产 TPU 的主要方式。在生产方式上，主要有连续法和间歇法。间歇法生产效率低，重现性差，目前主要用于小批量、多品种的研制生产；本体熔融反应的连续生产是目前工业生产的主要方式。TPU 的加工主要有固体形态和液体形态两大类。

一、液体 TPU 的生产

溶液反应体系是将反应物料置于极性或非极性溶剂介质中进行反应，虽然这类反应平稳，易于控制，但溶剂消耗量大，污染性强，对生产环境防护要求高，生产成本较高，目前主要应用于 TPU 溶液类产品（如 TPU 胶乳、TPU 胶黏剂、TPU 流延膜、TPU 弹性纤维等产品）的生产。其工业生产的基本流程可参见图 15-1。

将聚酯或聚醚多元醇、异氰酸酯和低分子二醇、扩链剂和极性或非极性溶剂加至反应釜 1 中，在惰性气体的保护下于 80~100℃下反应 20~30min，然后将物料输送至反应釜 4 中，补充溶剂或热水，在剧烈搅拌下使生成的 TPU 呈絮凝状分离，经洗涤釜 5 洗去残留物料和溶剂后，于离心机 6 中将粉末状的 TPU 分离出来，在热风烘箱中干燥后即可获得粉末状 TPU 产品。也可预留或补充部分溶剂，做成一定固含量的 TPU 溶液产品。

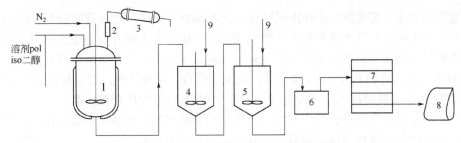

图 15-1　溶液反应生产 TPU 的流程简图

1，4—反应釜；2—回流冷凝器；3—卧式冷凝器；5—洗涤釜；6—离心机；

7—干燥箱；8—TPU 成品；9—溶剂或热水

液体 TPU 主要用于油墨、液体胶黏剂、密封胶、灌封剂、制造织物涂层和聚氨酯人造革等。

二、间歇法生产 TPU

最初 TPU 的生产是采用间歇方式，它是将聚醇原料预先加热成液体，然后加到反应釜中，加入扩链剂，混合均匀后，在剧烈搅拌下加入已加热成液体状的 MDI。此时反应激烈，混合物料黏度及温度急剧上升。在物料搅拌均匀的基础上，根据物料的流动状态，适时停止搅拌，快速放料，将混合好的物料均匀地摊铺在涂有脱模剂并预先加热的料盘中。由于该反应放热十分剧烈，体系黏度上升迅速，为方便操作，放至料盘中的物料应控制在 30%～40% 的反应程度。为此，放入料盘中的物料必须迅速放入恒温烘箱中，使之反应完全。最后经冷却后，将物料进行切片或粉碎制成 TPU 粒料。

该生产方法的反应热排出困难，反应程度的控制难度大，因此，此法仅适用于投资小、产量低或 TDI 基、反应速度较慢的体系以及实验室配方研究和品种开发等。

三、传输带式连续化生产线

为适应 TPU 的大规模生产，在间歇法的基础上开发出传输带式的连续化生产线（图 15-2）。这一过程经历了多种发展模式。

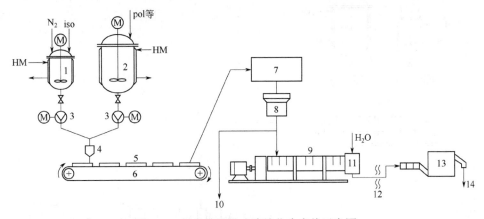

图 15-2　料盘输送带式连续化生产线示意图

1—iso 熔融釜；2—pol 熔融混合釜；3—计量泵；4—混合头；5—料盘；6—输送带；7—热熟化室；8—冷却粉碎机；

9—挤出机；10—片状 TPU 产品；11—切粒机；12—冷却器；13—干燥机；14—粒状 TPU 产品

异氰酸酯在干燥氮气保护下在熔融釜 1 中被加热熔融，在熔融混合釜 2 中加入聚醇，加热熔融后，加入液体扩链剂和其他助剂并搅拌均匀，物料经计量泵 3 精确计量后输送至高速搅拌的混合头 4 中，连续混合并吐出至输送带上的料盘中，料盘已涂覆脱模剂并经过预热处理。此时物料在料盘中仍然进行着激烈的反应，直至输送带末端方能完成大部分反应。已固化的胶片被送至热熟化室 7 中进行加热处理，使其反应完全。经冷却粉碎机 8 处理后可获得片状 TPU 产品；也可将片状 TPU 加至挤出机 9 中捏合，熔融挤出，经造粒机 11，切成规格均匀的 TPU 颗粒，再经冷却、干燥处理后制成一定规格的 TPU 颗粒产品。

由于大部分反应需要在料盘中进行，产品质量难以控制，产品质量稳定性差，在以后的改进过程中采用挤出机代替机械混合头以及双螺杆反应挤出机的使用，使得 TPU 真正进入连续化的工业生产阶段（图 15-3，图 15-4）。

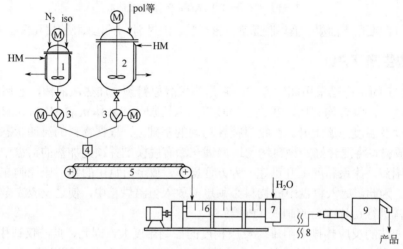

图 15-3　改进型输送带式生产线

1—iso 熔融釜；2—pol 熔融混合釜；3—计量泵；4—混合头；5—输送带；6—双螺杆挤出机；
7—切粒机；8—冷却系统；9—干燥机

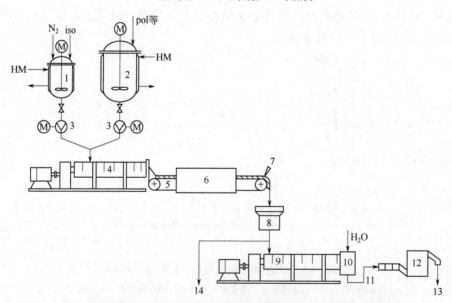

图 15-4　使用双螺杆反应挤出机的改进型输送带式 TPU 生产线

1—iso 熔融釜；2—pol 熔融混合釜；3—计量泵；4—双螺杆反应挤出机；5—输送带；6—烘道；7—刮刀；
8—切片机；9—挤出机；10—切粒机；11—冷却系统；12—干燥机；13—粒状产品；14—片状产品

目前，典型的输送带式 TPU 连续化生产线如图 15-5 所示。

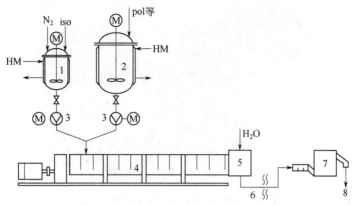

图 15-5　双螺杆挤出机连续化生产 TPU 示意图

1—iso 熔融釜；2—pol 熔融混合釜；3—计量泵；4—双螺杆挤出反应器；5—造粒机；
6—冷却系统；　7—干燥机；8—粒状 TPU 产品

四、浇注机–双螺杆反应挤出机式连续化生产线

在 TPU 连续化生产线上，采用多组分浇注机用于原料计量、混合、浇注，采用双螺杆反应挤出机作为完成后续反应设备，结合水下切粒机、干燥机即可构成高质量、高产量的 TPU 连续化生产线。这种先进的组合方式是目前最为完美的生产线，当今许多现代化 TPU 生产厂，如苏州奥斯汀新材料有限公司等单位，大多选用了这种先进的组合生产线。生产线流程简图见图 15-6。

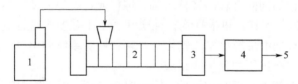

图 15-6　浇注机-双螺杆反应挤出机组合的 TPU 生产线

1—多组分浇注机；2—双螺杆反应挤出机；3—切粒机；4—干燥机；5—TPU 产品

该生产线生产流程简洁流畅，自动化程度高，生产效率高，产品质量好。

第二节　多组分浇注机

现代连续化生产线上选用的浇注机可以是普通的多组分浇注机，也有专为 TPU 生产而设计的三组分或四组分浇注机，如德国亨内基（Hennecke）、法国博雷（Baule）、意大利特诺（Tecno Elastomeri）（图 15-7）等公司的相关产品，也可以选用价格相对便宜的国产品牌，如温州飞龙、温州泽程、温州嘉隆、台湾绿的、浙江恒惠等公司的产品。为适应 TPU 的大规模工业化生产，大宗聚醇、异氰酸酯主要物料和扩链剂以及其他助剂等原料对温度、水分含量以及组分配比等都有十分严格的要求，因此必须配有两套工作罐系统，以便分别进行相关原料预热、脱气等准备和计量工作之用；设备的温度、压力等加工参数控制必须精密、严谨，计量精确、稳定；物料混合效率高。

图 15-7　意大利特诺弹性体科技公司（Tecno Elastomeri）生产的浇注机

第三节　双螺杆反应挤出机 ‹‹‹

　　双螺杆挤出机自 20 世纪 30 年代后期研发出来后，在近一个世纪应用的过程中，经过不断改进和完善，在工作原理研究、机型设计配置、应用领域的扩展等方面都有了很大发展。在实现物料输送、混合、塑化、剪切、脱挥等功能外，双螺杆挤出机的物料在输送过程中的反应功能的开发以及在 TPU 生产中的应用，极大地促进了 TPU 生产的工业化进程。

　　用于 TPU 生产的双螺杆挤出机通常为同向平行旋转啮合式双螺杆挤出机。它主要由驱动和加工及控制系统三大部分组成。其中驱动部分主要由变频调速电动机和传动箱构成；加工部分主要由两根平行的同向旋转的螺杆芯轴、螺杆元件、筒体及加热元件等组成，螺杆和机筒采用"积木模块式"设计，可根据物料性质和加工工艺要求进行调整、组合；加热一般采用铸铝加热圈，冷却采用带换热器的软化水水箱；控制系统由电气、液压、气动等各种仪表、元件，过流保护，挤出压力保护等组成。

　　两根螺杆由不同形状不同直径的螺棱、螺槽组合构成，由于同向旋转双螺杆在啮合处的速度相反，一根螺杆要将物料拉入啮合间隙，另一根螺杆要将物料推出螺杆间隙，结果使物料从一根螺杆转到另一根螺杆，呈现"∞"型前进，有利于物料的充分混合和均化。由于啮合区的间隙很小，啮合区螺棱和螺槽的速度相反且剪切速度高，可产生良好的自清洁作用，即能刮去黏附在螺杆上的任何积料，能使全部物料在较短的停留时间内充分混合、反应。

　　为适应 TPU 的工业化连续生产，双螺杆反应挤出机的螺杆公称直径一般较大，多在 60mm 以上，且螺杆的长径比都比较大，螺杆转速也较高。图 15-8 为几款国产的双螺杆挤出机，部分产品的技术参数见表 15-1～表 15-3。

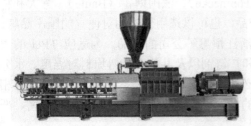

(a) 南京西杰橡塑机械设备有限公司 UW 系列双螺杆挤出机

(b) 南京杰恩特机电有限公司 SHJ 系列双螺杆挤出机

(c) 石家庄威士达双螺杆挤出机设备有限公司 TE 系列双螺杆挤出机

图 15-8　几款国产的双螺杆挤出机

表 15-1　南京诚盟机械有限公司 THJ 系列双螺杆挤出机基本技术参数

项　　目	THJ-52B	THJ-65B	THJ-75B	THJ-95B	THJ-110B	THJ-133B
机筒内径/mm	51	62	72	92	110	133
长径比(L/D)	32～68	32～68	32～68	32～68	32～52	32～52
螺杆转速/(r/min)	600～1000	500～1000	500～1000	500～800	400～600	400～500
最大扭矩/N·m	2×875	2×1766	2×1387	2×5730	2×11937	2×14921
电机功率/kW	110～132	185～250	250～400	600～1050	1000～1250	1250～2000
生产能力/(kg/h)	250～400	600～1000	800～1500	2000～3000	2200～3500	3000～4500

表 15-2　南京杰恩特机电有限公司 SHJ 系列双螺杆挤出机基本技术参数

项　　目	SHJ-20	SHJ-50A	SHJ-63A	SHJ-72A	SHJ-72B	SHJ-92B	SHJ-133
螺杆直径/mm	21.7	50.5	62.4	71.7	71.7	92.4	133
螺槽深度/mm	3.85	9	9	12.6	12.6	15.5	23.5
长径比(L/D)	32～40	32～52	32～52	32～52	32～52	32～52	32～48
螺杆转速/(r/min)	600	500	500	500	600	600	400
电机功率/kW	3	45	75	110	132	540	600
生产能力/(kg/h)	2～10	80～150	150～300	300～50062.4	350～600	750～1300	1300～2000

表 15-3　石家庄威士达双螺杆挤出机设备有限公司 TE 系列部分双螺杆挤出机基本技术参数

型　　号	TE-36	THE-36	TE-50	THE-50	TE-65	THE-65	TE-75	THE-75
螺杆直径/mm	35.6	35.6	50.5	50.5	62.4	62.4	71	71
长径比(L/D)	32～56	32～56	32～56	32～56	32～65	32～65	32～56	32～56
螺杆转速/(r/min)	600	600～800	400～500	600	400～500	600	500	600
电机功率/kW	11～22	22～37	30～45	45～75	45～75	55～110	90～132	132～200
生产能力/（kg/h）	20～70	60～120	80～200	200～350	200～350	300～650	300～600	500～1000

第四节　水下切粒系统及干燥机

　　以往热塑性聚合物的造粒，多采用热熔挤出，条料水浴冷却固化，然后切断造粒的所谓冷切方法，这类方法存在生产流程较长、生产效率较低、适用范围较窄等缺点。目前，在TPU 生产中，多采用先进的高温水下切粒系统。该切粒机直接连接至双螺杆挤出机的末端，并通入冷水，其切刀装置与模板相连，TPU 热熔挤出后即刻被切割成粒，冷水不仅可将切下的颗粒带走，同时还能冷却切刀装置，配合机头的隔热装置，使水下切粒过程处于良好的热平衡状态。这种水下切粒系统，聚合物直接在热熔状态下造粒，由于树脂和冷却水之间表面张力的缘故，生产的树脂颗粒呈现半圆形或椭圆形。这类设备具有占地面积小、流程全封闭、无粉尘、生产效率高等优点。水下切粒机见图 15-9。

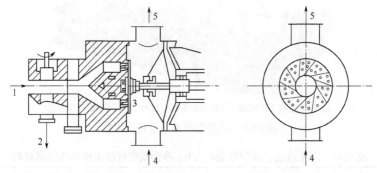

图 15-9　水下切粒机示意图

1—熔融树脂进口；2—初期树脂出口；3—切粒口；4—冷却水入口；5—胶粒及冷却水出口

国外生产水下切粒系统的著名公司有德国的凯恩伯格（KREYERBORG）的 BKG 切粒系统公司、W&P 公司，奥地利的埃康（ECON）公司，美国的恩泰克（ENTEK）公司等。图 15-10 是奥地利 ECON 公司水下切粒系统，该系统基本生产能力列于表 15-4 中。

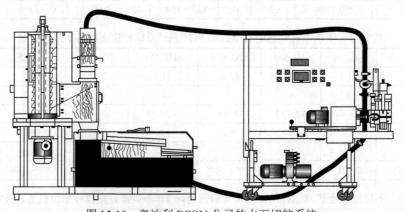

图 15-10　奥地利 ECON 公司的水下切粒系统

表 15-4　德奥地利 ECON 公司水下切粒设备基本生产能力

型　号	EUP 100	EUP 200	EUP 400	EUP 600	EUP 1500	EUP 3000	EUP 6000
产能/(kg/h)	5～120	100～500	300～600	400～1000	800～1800	1600～3200	3000～6500

高温水下切粒系统大体由切割系统（由熔体阀、切粒机、切割室、脱水机、干燥机等组成），切割工艺水系统（由切割水储罐、切割水输送泵、粉尘过滤器、板式换热器、输送管线等组成），整机运作控制系统（由电气控制柜、操作台等组成）等 3 部分组成。

从图 15-10 可以看出右边的切粒机可与螺杆挤出机相连，切下的聚合物粒子被由下至上的工艺水输送至左边的脱水机中，经过双滤网过滤，工艺水循环再用，过滤出的聚合物粒子经大块料捕捉器筛除结块的粒料后进入干燥机的旋转盘，利用浆片的离心作用将粒子抛向滤网甩干，进行干燥处理。

切粒机的关键部件是切刀和模板，十多把切刀装配在切刀盘上，模板采用高耐磨金属制成，通常采用热油循环方式加热，环状模板上开有数百个出口孔，模板和切刀呈紧密接触，从而将聚合物熔体直接刮削下来，其粒子呈现为圆球状，美观、整齐。根据工艺要求，模板必须处于 250～300℃高温状态以确保聚合物呈熔融态顺利地从出口孔挤出，而切粒室中的工艺水则通常控制在 50～80℃，水和熔体间的温度差高达 200～250℃，随着产能的提升，喷嘴和模板间的接触面积越大，则传递的热量越多。为有效解决因模板和工艺水温差过大而造成熔体冻结和空洞的问题，防止熔体在模板出口孔处凝固，德国 ECON 公司将模板固定在热绝缘支撑体上，开发出独特的模板热绝缘专利技术，节能效果处于世界先进水平。

德国凯恩伯格集团的 BKG 公司（Bruckmann& Kreyenborg Granuliertechnik GmbH）是致力于各种塑料、橡胶等材料进行水下切割造粒设备研发和制造的专业化公司。其生产的水下切粒范围设备能适用于包括 TPU、TPE 等在内的各种塑料材料。生产能力包括从实验线（Labline 100）的 2～80kg/h 到工业生产线最高的 35000kg/h。BKG 公司的水下切粒系统包括启动阀、旁路管、带有切粒室和模板的切粒机以及软化水系统等，见图 15-11。

(a) 启动阀　　　　　(b) 旁路管系统　　　　　(c) 切粒机

(d) 切割刀盘　　　　　(e) 模板　　　　　(f) 软化工艺水系统

(g) MASTER300/2000 干燥机系统　　(h) 干燥机内部，产能高达 20000kg/h 的干燥系统　　(i) OPTI-LINE 水下切粒系统

图 15-11　BKG 公司水下切粒系统

　　德国 BKG 公司水下切粒系统的气动阀包括加热室和液压驱动的活塞，后者可将聚合物熔体进行切换、分流，或流向地板或流向切粒室。围绕切粒室的旁路管道内的工艺水，在 SPS 程序控制器的指令下，通过旁路管道和两个双向阀及三向阀精确控制工艺水的进入，以防止聚合物熔体产生"冻结"或切下的颗粒产生"凝聚"。切粒机在充满工艺水的切粒室中切割聚合物熔体流，由于熔体和水两者间存在很大的温度差，切下的熔滴将即刻固化，并由工艺水带入旁路管道进入干燥系统。在干燥器中，分离出水的聚合物粒子，利用离心作用和热空气加热脱除粒子中的水分，完成聚合物颗粒的干燥处理。工艺水需采用脱除盐分的软化水，筛除聚合物颗粒的工艺水经热交换器的温度调节，由水泵进行封闭式的循环运行。德国凯恩伯格集团还开发了专业的红外加热干燥器（图 15-12）。其外部转鼓设有螺旋槽，在其中部水平配置红外热辐射模板。物料连续、定量进入转鼓的螺旋槽，在转动速度 1～5r/min 作用下均匀分布在干燥器中，模板表面覆有一层特殊功能的陶瓷屏蔽层，辐射的红外线短波会直接使物体内部加热，散发的湿气会通过排气管抽出，物料颗粒干燥速度快。表 15-5 和表 15-6 分别为该集团生产的部分水下切粒机的技术参数和模块化配置。

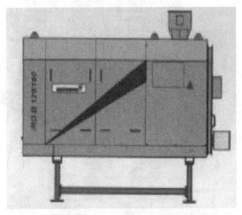
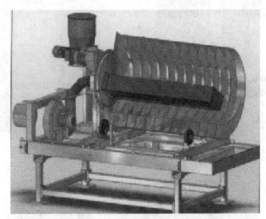

(a) 外形图　　　　　　　　　　　　　　(b) 内部结构

图 15-12　德国凯恩伯格集团的红外加热干燥器示意图 (B 型，产能约 70～1200kg/h)

表 15-5　德国凯恩伯格集团生产的部分切粒机技术参数

项　　　目	A30	A30/Compact 75	A2000/Compact 120	AH2000	AH 4000/AH D 190	AH D250	AH D300	AH D500
最大产能/(kg/h)	80	500	2500	2500	7500	15000	20000	35000
马达功率/kW	1	4.4	6.2	5.5	15	37	45	90
转速/(r/min)	500～5000	500～5000	500～3600	500～3600	500～2500	500～2000	300～1500	300～1000
模板加热方式	电动/油压/蒸汽							

表 15-6　模块设计水下切粒系统类型配置

项　目	MASTER			COMB-LINE		OPTI-LINE				
	300	1000	2000	-1	-2	-1	-2	-3	-4	-5
产能/(kg/h)	2～500	300～1200	1200～2000	500～1200	1200～2000	500～1200	1200～2000	2500～5000	5000～7500	7500～15000
干燥机类型	TVE1001ED	TVE1001ED	TVE2000	TVE1001ED	TVE2000	TVE2004SR	TVE2004SR	TVE6002SR	TVE6002SR	TVE12000SR
电机功率/kW	4	4	4	4	4	5.5	5.5	7.5	7.5	11

续表

项　目	MASTER			COMB-LINE		OPTI-LINE				
	300	1000	2000	-1	-2	-1	-2	-3	-4	-5
水罐容积/L	200	350	350	500	700	500	700	1000	1000	2000
加热功率/kW	9	2×9	2×9	24	40	24	40	80	80	120
体积流量/(m³/h)	15	25	35	30	40	30	40	60	80	120
曲面螺杆	—	—	—	BS700	BS700	BS700	BS700	BS1000	BS1000	BS1200
螺杆马达/kW				4	4	4	4	5.5	5.5	11

　　以往，我国在塑料材料造粒方面主要采用的是拉条固化后进行冷切的方法。近几十年来，在吸收国外先进设备经验的基础上，我国在这方面有了长足的进步，许多生产厂家相继推出了水下切粒设备。例如无锡华辰机电工业有限公司（图15-13，表15-7）、南京希杰橡塑机械设备有限公司（图15-14，表15-8）、南京科锐挤出机械有限公司（图15-15，表15-9），南京翰易机械电子有限公司、广东恒通工业设备有限公司等。

(a) 设备外形

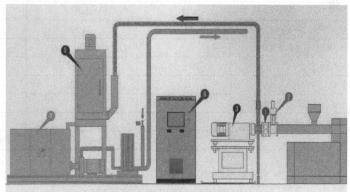

(b) 流程简图

图15-13　无锡华辰机电工业有限公司水下切料设备

1—熔体泵和换网器；2—DV开车阀；3—水下切粒机；4—工艺水系统；5—颗粒干燥机；6—控制系统

表15-7　无锡华辰机电工业有限公司水下切粒设备技术参数

项　目	SFC-100U	SFC-200U	SFC-500U	SFC-800U	SFC-1500U
dv 阀型号	DV30	DV30	DV35	DV40	DV60
切粒机型号	WU1	WU2	WU5	WU8	WU15
产能/(kg/h)	50～150	150～300	100～600	150～850	200～2200
模孔直径/mm	0.2～3.2	0.2～3.2	0.2～3.2	0.2～3.2	0.2～3.2
总功率/kw	6.48	8.65	12.5	14.5	20.5
工艺水用量/(m³/h)	5～8	5～8	15	20	30
水泵功率/kw	27	27	36	43	46
颗粒干燥机	TDG10	TDG10	TDG50	TDG50	TDG100
干燥机电机/kw	3	3	4	4	5.5

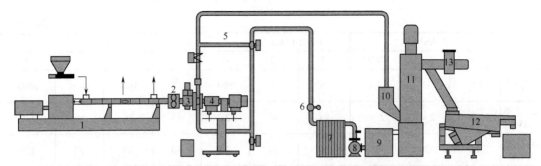

图 15-14　南京希杰橡塑机械设备有限公司水下切粒系统流程简图

1—挤出机；2—不停机换网器；3—熔体转向阀；4—切粒机；5—循环管；6—流量计；7—换热器；
8—水泵；9—水箱；10—分离器；11—脱水机；12—振动筛；13—风机

表 15-8　南京希杰橡塑机械设备有限公司水下切粒系统技术参数

项　　目	UW-100	UW-500	UW-1000	UW-2000
产能/(kg/h)	10～120	100～600	600～1600	1200～3200
模孔直径/mm	0.6～4.0	0.6～4.0	0.6～4.0	0.6～4.0
切刀调节方式	手动	机械或气动/液压	机械或气动/液压	机械或气动/液压
切粒机转速/(r/min)	300～3000	300～3000	300～3000	300～3000
模具加热功率/kW	3	6.4	8.4	导热油
脱水机转速/(r/min)	1400	1400	1400	1400
水箱加热功率/kW	5	15	30	40
循环水温度/°C	20～90	20～90	20～90	20～90
振动筛电机功率/kW	0.2	0.2×2	0.2×2	0.4×2
脱水机电机功率/kW	2.2	4	4	7.5
质量/kg	150	450	650	800
外观尺寸/mm	2200×650×1650	4500×1200×1800	4500×1200×1800	5500×1800×1900

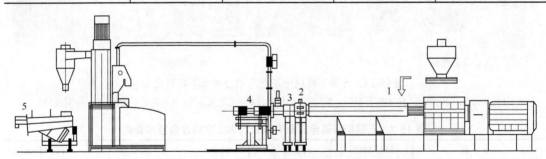

图 15-15　南京科锐挤出机械有限公司水下切粒生产线流程简图

1—双螺杆挤出机；2—液压换网（选配）；3—熔体泵（选配）；4—水下切粒系统；5—振动筛

表 15-9　南京科锐挤出机械有限公司水下切粒设备基本技术参数

型　　号	UW-10	UW-30	UW-50	UW-80	UW-200	UW-500	UW-1000
产能/(kg/h)	1～150	100～400	200～600	400～1000	1000～3000	2000～5000	4000～10000
驱动电机/kW	2.2	4	5.5	7.5	11	15	18.5
模板孔数	4～15	10～20	15～30	24～48	40～80	60～150	120～360
机头加热功率/kW	8	8	12	12	15 或导热油	导热油	导热油
水泵功率/kW	2.2	4	4	5.5	5.5	7.5	11
调刀结构	手动	手动/气动	手动/气动	手动/气动	手动/液压	手动/液压	手动/液压

第五节 注射加工设备

TPU 可以使用普通热塑性塑料制品生产的注射机械。但针对 TPU 的特性，在对于加工 TPU 的设备有一些特殊要求，特别是针对 TPU 的加工温度波动范围特别窄的特点，要求注塑机必须具备精确的温度控制和调节系统，否则会因温度过高而产生物料分解，制品出现气泡；或因温度过低造成熔融不充分、流动性差、制品出现各种缺陷等问题。

一、原料的预处理

TPU 原料颗粒应在不破坏包装的情况下，储存在温度较低的干燥场所，一般正规生产的 TPU 原料颗粒的储存期为 6 个月。但是，大多数塑料粒子，包括 TPU 颗粒，在普通包装、运输、储存的过程中都会吸收一些水分，为确保注射生产的顺利进行，避免制品出现质量问题，TPU 颗粒原料在生产前必须进行预干燥处理。根据 BAYER 公司的相关资料，TPU 原料（Desmopan）中允许水分残留的含湿质量百分比（注塑成型）为 0.02%。虽然有些塑料颗粒可以采用"排气螺杆"除湿，但这种方式并不能适用于 TPU 颗粒原料的除湿。推荐处理要求如下。

① 干燥温度　60～110℃（根据材料硬度、类型而定。一般聚醚型 TPU 的吸湿速度大于聚酯型 TPU；低硬度品种应在较低的温度下，较长的干燥时间；高硬度品种应在较高的温度下，进行较短时间的干燥处理）。

② 使用循环空气干燥器（50%新鲜空气）干燥时间　1～3h。

③ 使用新鲜空气干燥器（高速干燥器）干燥时间　1～3h。

④ 使用除湿干燥器干燥时间　1～3h。

在实际生产中，TPU 原料颗粒都必须进行干燥预处理，为确保生产的正常进行，产品质量优良，不仅 TPU 原料颗粒要预干燥，同时需要在加工中添加的各种助剂也都要进行预干燥处理。

在小批量生产时，原材料的预干燥处理可以使用热空气循环的普通鼓风干燥箱或真空干燥箱，一般物料要分散均匀地摊铺在不锈钢盘中，堆积厚度应小于 30mm。在大规模生产中，原材料的干燥处理通常采用大型的、专业化的干燥设备。这些设备已在简单的鼓风干燥器基础上开发出许多新技术，如蜂窝转轮，低露点干燥，分子筛吸附，干燥、输送、储存等功能一体化的新工艺和新技术。生产此类设备的国外著名的公司有德国凯恩伯格集团、摩丹卡勒多尼（MOTANCOLORTRONIC）塑料机械有限公司、沃耐尔考赫（WernerKoch）公司、美国康耐尔（CONAIR）公司、意大利百旺（Piovan）公司等，有关产品见图 15-16。

(a) 德国摩丹卡勒多尼公司生产的除湿干燥机系列

图 15-16

(b) 德国沃耐尔考赫公司模块组合式干燥设备   (c) 意大利百旺公司模块组合式干燥设备

图 15-16   国外干燥设备典型产品

由图 15-16 可以看出国外除湿干燥设备已趋于模块化设计，并可根据实际工作需要进行组合配置，以达到多功能化、节能化、智能化，使操作更加简便，工作更加稳定可靠。

普通鼓风干燥箱一般是由角钢、冷轧钢板、不锈钢拉丝板等构成骨架，在工作室的两侧或顶部装配有远红外加热器元件，外壳与工作室之间充填保温绝热材料，使用涡轮风叶鼓风；干燥箱都采用了智能化数显温控系统，具有自动调温、控温、时间设定、报警、超温保护等功能；坚固耐用，价格低廉，是小型 TPU 制品生产厂常用的干燥设备。国内生产的塑料除湿干燥设备的生产厂家很多，除了普通鼓风干燥箱外，在吸收消化国外先进技术的基础上研发推出了许多较好的除湿干燥设备，如东莞市美得机械设备有限公司、张家港市二轻机械设备有限公司、江苏吴江峻环机械设备有限公司等均生产此类设备，见图 15-17 和表 15-10～表 15-12。

(a) 鼓风干燥箱（江苏吴江峻环机械设备有限公司）   (b) MTAD-300 型除湿干燥机（东莞市美得机械设备有限公司）

图 15-17   国产的各种干燥设备

表 15-10   江苏吴江峻环机械设备有限公司生产的鼓风干燥箱技术参数

型　　号	电加热功率/kW	工作温度/℃	灵敏度/℃	风机功率/W	工作室尺寸/mm
RCL-1	9		±1	370×1	100×80×80
RCL-2	12		±1	370×1	100×100×100
RCL-3	15	室温～300	±1	370×1	120×120×100
RCL-4	21		±2	370×2	150×120×100
RCL-5	27		±2	750×2	150×150×120
RCL-6	30		±2	750×3	150×150×150

该鼓风干燥箱采用低露点除湿干燥方式，利用对水有极高吸附作用的分子筛进行除湿，降低空气露点，并使热风进入料斗，这样，不仅能使物料表面的水分快速蒸发，而且还能除去颗粒内部的水分，可以在物料性质不变的情况下达到快速干燥、降低物料含湿量的目的。设备采用 PLC 控制系统，运行平稳可靠。

张家港市二轻机械有限公司的干燥机与东莞市美得机械设备有限公司的原理类似，采用了从瑞典进口的 Proflute 转轮以及吸湿材料，其露点稳定，在外接冷却水的情况下露点可达到−60～−50℃。其技术参数见表 15-11。

表 15-11　张家港市二轻机械有限公司的干燥机技术参数

型　　号	有效容积/ L	装料量/kg	干燥风机/kW	再生风机/kW	干燥加热/kW	再生加热/kW
CSG-40	40	25	0.75	0.05	2.6	2.6
CSG-80	80	50	1.1	0.37	3.9	3.9
CSG-125	125	75	1.1	0.37	4.8	3.9
CSG-160	160	100	1.5	0.37	6	6
CSG-250	250	150	2.2	0.37	9	6
CSG-315	315	200	3	0.37	15	7.5
CSG-500	500	300	4	0.37	18	7.5
CSG-800	800	500	5.5	1.1	24	12
CSG-1250	1250	800	7.5	1.1	30	15
CSG-1600	1600	1000	7.5	1.5	36	18
CSG-2000	2000	1250	7.5	1.5	36	18
CSG-2200	2200	1400	11	2.2	48	21

东莞市美得机械设备有限公司生产多款除湿干燥机，MTAD 系列干燥机需与普通型热风干燥机一起使用，也可采用三机一体型除湿干燥机。该机采用 PID 微电脑控制系统、瑞典进口蜂窝转轮、德国合资的高压风机、高效翅片型回风冷却器等关键部件。其除湿效果可达−40℃以下的露点，在 80～110℃的温度下 4h 左右可使 TPU 原料颗粒的含水率下降至 0.02%。其技术参数见表 15-12。

表 15-12　东莞市美得机械设备有限公司 MTAD 系列 TPU 鞋材专用除湿干燥机技术参数

项　　目	MTAD 50	MTAD 80	MTAD 120	MTAD 150	MTAD 200
干燥风量/(m³/h)	50	80	120	150	200
干燥电热功率/kW	3.9	6	6	7.2	12
干燥风车功率/kW	0.4	0.75	1.5	1.5	1.5
再生风车功率/kW	0.2	0.2	0.2	0.4	0.4
再生电热功率/kW	3	3.5	3.5	4	5.4
进出口管径/in	2	2	2	2.5	2.5
电源	\multicolumn 3 相，380V，50Hz				
外形尺寸(H×W×D)/mm	1000×450×700	1230×480×730	1230×480×730	1680×600×110	1680×600×1100
质量/kg	80	120	140	215	225

注：1in=0.0254m。

二、模具准备

制造 TPU 制品的模具的材质一般选用钢或合金钢，有时也可以选用铝合金材料。模具内腔表面要求一般表面即可，如精车平面高低偏差在 35μm。模腔表面不推荐镀铬。实践证明，这样处理的模具不容易进行脱模作业，尤其是对柔软级 TPU 产品。

针对 TPU 材料注射模具特性，在模具设计时要特别注意。

在制备 TPU 注塑制品时，其模具的浇口通常都比较大，浇口形状既可以是锥形、环形，也可以是薄膜形（图 15-18）。在采用圆状浇口时，其直径不能超过制品的最大壁厚，同时，它的直径要与喷嘴直径相匹配，并要略大于喷嘴直径 0.5mm 为宜，它的位置也应尽量设置在制品最大壁厚区域。圆锥形浇口的角度要大于 6°，同时圆锥体要尽可能短一些，以确保获得适当的注塑压力，避免出现凹痕。虽然浇口的形状各种各样，但都必须根据实际情况和经验而定。通常是依照制品的厚度确定。例如，制品厚度小于 4mm 时，注射口面积应在 $1mm^2$，凸缘长度 1mm；制品厚度 4～8mm 时，注射口面积应为 $1.4mm^2$，凸缘长度为制品壁厚的一半；制品厚度大于 8mm 时，注射口面积在 $2.0～2.7mm^2$，凸缘长度为制品壁厚的一半。

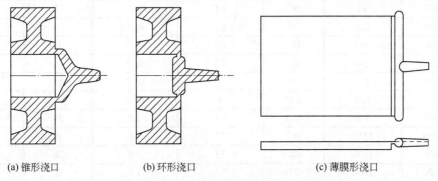

(a) 锥形浇口　　　　　　(b) 环形浇口　　　　　　(c) 薄膜形浇口

图 15-18　TPU 注塑制品模具浇口形状

注塑流道采用大口径、圆形截面流道，以避免产生局部剪切现象，并能获得较大的充模压力，确保物料完全充满模腔。采用圆截面流道，可以获得最佳流动速度。对于多制品模具，其流道要合理安排、平衡配置，以便使每个模腔都能获得较大的注射力，每个制品都能饱满、完整。设计原则可参看图 15-19。

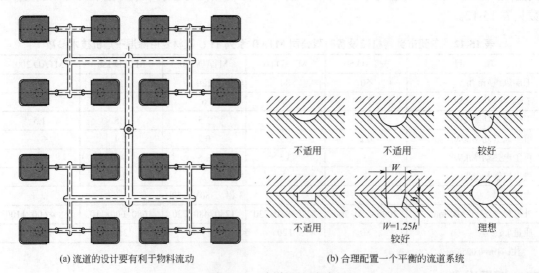

(a) 流道的设计要有利于物料流动　　　　　(b) 合理配置一个平衡的流道系统

图 15-19　流道设计原则

在 TPU 的注塑过程中，模具必须考虑排气口的设计。当熔融物料进入模腔时，封闭在模腔中的空气应通过排气口顺利地排出，以防止压缩空气造成烧焦的痕迹。一般排气口槽的深度为 0.02～0.05mm, 最好设计在分型面、顶出件或嵌件等部位。为使 TPU 制品容易脱模, 其顶出机构通常要比普通硬质热塑性塑料制品大 2～3 倍, 顶出件最好为面积较大的金属板或采用气压方式脱模。对硬度较低的 TPU 制品, 脱模时应使制品有足够的冷却时间, 以免产生脱模变形。虽然低硬度 TPU 制品有较好的弹性, 可以允许较大的强制性脱模, 但强制变形不得超过 5%。在热塑性注塑过程中, 物料从熔融体变成固体时都会产生收缩。而收缩现象分为模塑过程中的收缩和制品脱模后的后收缩。体现在制品上的收缩实际上是制品的热收缩率和固化收缩的综合。因此, 笼统地说一个制品的收缩率大小是不准确的。影响收缩的因素很多, 既有零件设计、浇口设计、制品壁厚等因素, 同时也有熔融温度、注塑压力、保压时间、模具温度等工艺条件的因素。通常, TPU 制品的硬度越大, 其收缩率越大。在设计中, TPU 制品的收缩率一般应在 1.0%～1.8% 的范围之间。而准确的收缩率则应通过制品试制的实际情况和工作经验而定。对于添加有玻璃纤维的增强型 TPU 制品, 经验告诉人们: 沿物料流动方向的收缩率一般为 0.05%～0.2%; 与流动的垂直方向其收缩率要大一些, 一般为 0.1%～0.5%。

与普通热塑性制品一样, 模具温度对 TPU 制品的质量具有决定性的影响, 尤其会对制品的内应力、尺寸公差、重量、外观收缩、翘曲等造成影响。因此, 注塑模具必须有良好的温度控制系统。根据 TPU 的等级、模具材质和温度控制类型, 模具温度变化的范围通常为 15～70℃。模具温度稍高一点, 可以改善物料的流动性, 但会使模具冷却时间延长, 生产效率降低; 模具温度低一点, 会降低制品在模具中的收缩, 但会增加制品脱模后的收缩率。为了使模具快速达到工艺要求的温度并实现可靠稳定的温度控制, 必须使用具有充分加热和冷却能力的模具温控设备。

三、模具温度调控机

控制模具温度基本有 3 个途径: 控制流体温度、直接控制模具温度和联合控制。前者比较简单, 即使用热传导能力好的流体作为热传递介质, 这是目前大多数模温机采用的方法; 直接控制模具温度, 需要在模具的适当位置设置温度传感器等, 一般只有在对模具温度要求特别高时使用。

模具温度调控机通常简称模温机。它是由水(油)箱、液位控制系统、加热和冷却系统、液体传输系统、温度传感器、操作调控系统、介质主入口等部件组成。水(油)箱内装配有加热器和冷却器, 液体传输系统中的泵把传热介质输送至模具预埋的传热管道中, 并再返回水箱; 温度传感器测量流体温度, 并将数据传输至中心控制器; 如果模具温度超过设定值, 控制器会发出打开电磁阀的指令, 接通进水管进行冷却; 若模具温度低于设定值, 控制器会发出打开加热器的指令, 对传热介质进行加热。

根据使用传热流体的不同, 模温机主要分为水式模温机和油式模温机。前者最大出口温度在 90℃ 左右; 后者最高工作温度大于 200℃。在通常情况下, 带有开口水箱的模温机适用于水或油, 最大出口温度在 90～150℃。此外还有高压(高温)强制流道的模温机。传热效率更高。

生产模具控温设备的厂家很多, 通常为水冷式。图 15-20 为意大利百旺集团生产的模具温度控制机的一个系列, 其技术参数见表 15-13。

图 15-21 为台湾玉鼎电机实业有限公司、深圳川本斯特制冷设备有限公司、无锡久阳机械设备有限公司、无锡奥德机械有限公司推出的模具温度控制器系列。台湾玉鼎电机实业有限公司的模温机采用两段式加热结构设计, 可根据模具温度和设定温度, 及时进行动态调控; 加之配备的 PID 微电脑的运作, 能十分精确地控制模具温度, 最高温度达 120℃。该机加热快速, 调温精确, 并配有各种安全保护装置, 如无熔丝开关, 以及温度异常、输送泵过载、缺水缺油

等自动报警和自动停机功能，确保操作安全。这些设备的技术参数见表 15-14～表 15-16。

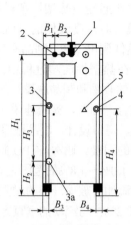

(a) 外形　　　　　　　　　　　　　　　　(b) 后视图

图 15-20　意大利百旺集团生产的模具温度控制机

1—工艺水接口；2—工艺水出口；3—自然冷却的冷凝水入口；3a—无自然冷却的冷凝水入口；
4—冷凝水出口；5—供应水汽接口 1/2″

表 15-13　意大利百旺集团生产的模温机技术性能参数

项　目	DT 091H	DT 161H	DT 221H	DT 381H
冷却能力/kcal	8.256	14.448	19.522	33.368
消耗动力/kW	2.5	3.3	4.5	7.1
温度调节范围/℃	−5/+90	−5/+90	−5/+90	−5/+90
加热能力/kW	6	12	12	12
最大消耗动力 (带中压泵)/kW	9.5	19.2	21.4	28.3
最大电流负荷 (带中压泵)/A	19.3	31.4	17.3	47.1
最大消耗动力 (带高压泵)/kW	10.7	20.95	23.15	29.35
最大电流负荷 (带高压泵)/A	19.6	33.8	37.3	48.9
中压电动泵/(m³/h)			3.0～9.6	4.8～15
高压电动泵/(m³/h)			2.4～9.0	3.6～12.6
质量 (带中压泵)/kg	160	235	245	320
质量 (带高压泵)/kg	165	240	250	330
外形尺寸(L×B×H)/mm	947×510×1295			

注：1kcal=4.18kJ。

(a) 台湾玉鼎电机实业有限公司水式模温机　　　　(b) 深圳川本斯特制冷设备有限公司水式模温机

(c) 无锡久阳机械设备有限公司冷热一体机　　　(d) 无锡奥德机械有限公司油式模温机

图 15-21　国产模具温度控制机

表 15-14　台湾玉鼎电机实业有限公司水式模温机技术参数

项　　　目	KC-56L	KC-110L	KC-216L	KC-326L	KC-539L	KC-745L	KC-1060L	KC-539L-S
温度使用范围/℃	+10～+120							
电源/V	3 相，220～415							
温控仪表	PID 微电脑触摸屏							
传热介质	冷冻水							
电热/HP	5×1	10（5×12）	16（8×2）	24（12×2）	36（12×3）	39（13×3）	52（13×4）	156（26×6）
输送泵电力/kW	0.37	0.75	1.5	2.25	4	5.6	7.5	4×6
输送泵最大流量 /(L/min)	60	150	250	350	550	750	880	550×6
输送泵最大压力 /(kgf/cm²)	3～5							
冷却水压/(kgf/cm²)	2 以上							
冷却能量(50Hz) /(kcal/h)	3000	5000	8000	12000	22500	26000	3000	91500
冷却方式	直接冷却							
模具出入口/in	1	1	1～1/2	1/2	2	2	2～1/2	2～1/2
冷却水出口/in	1/2	3/4	1	1	1～1/2	1～1/2	2	2～1/2
空气进口/mm	8							
外观尺寸①/cm	98×38×68	98×38×68	88×45×90		124×55×105			168×105×175
质量/kg	80	85	100	125	150	200	250	650

① 外观尺寸为钣金尺寸，不含水管。

注：1kgf/cm²=98.0665kPa，1 kcal=4.18kJ，1in=0.0254m。下同。

表 15-15　深圳川本斯特制冷设备有限公司部分水式模温机技术参数

项　　　目	普　通　型			高温高压型		
	CBE-03WS	CBE-06WS	CBE-09WS	CBE-06WH	CBE-09WH	CBE-12WH
传热介质	水					
温度范围/℃	30～100			30～180		
加热能力/kW	3	6	9	6	9	12
功率/kW	0.37	0.37	0.37	0.75	0.75	0.75
最大压力/(kgf/cm²)	2.5	2.5	3	4.5	5	5
最大流量/(L/min)	50	50	50	50	100	100

续表

项　目	普　通　型			高温高压型		
	CBE-03WS	CBE-06WS	CBE-09WS	CBE-06WH	CBE-09WH	CBE-12WH
冷却方式	直接冷却					
回水管径/in	1/2×2	1/2×2	1/2×2	1/2×2	3/4×2	3/4×2
冷却水管径/in						
传热介质储量/L	8	10	10	8	10	10
外观尺寸/mm	690×368×620					
质量/kg	45	50	60	62	63	67
电源	3 相，380V，50Hz					

表 15-16　无锡奥德机械有限公司部分油式模温机技术参数

型　号	AOS-05(A)	AOS-10(A)	AOS-20	AOS-30	AOS-50	AOSD-10
温控范围 /℃	25～180					
温控精度	PID±1℃					
电源	AC3，380V，50Hz+E(5M)					
传热介质	导热油					
冷却方式	间接冷却					
加热能力/kW	6	9	9	18	24	9+9
最大电力消耗/kW	7	10	11	20.25	27.75	20
输送泵马力/kW	0.5	1	2	3	5	1+1
输送泵工作流量/(L/min)	35	55	95	190	240	55+55
储油量/L	8	8	8	30	40	18
冷却水配管尺寸/in	1/2					
循环油配管尺寸/in	3/8×2	3/8×4	3/8×4	1/2×4	3/4×4	(3/8×4)×2
外形尺寸/mm	630×325×745			1000×420×1100	1150×500×1250	630×600×745
质量/kg	66	75	80	90	160	110

四、注塑成型机

注塑成型机又称注塑机或注射机。它是利用热塑性塑料或热固性塑料的物料性质，使用螺杆或柱塞的推力将其熔融、塑化，并在熔融态时以高压方式将它们快速注入至闭合好的模腔中，经过固化定型后得到制品。当物料从料斗加入后，在螺杆的作用下沿螺槽向前运动，同时在料筒外部加热器的作用下熔融。物料在加热和螺杆剪切的双重作用下熔融、塑化和均化，并将其堆放在螺杆前部，然后在注射油缸活塞的推力下将熔融物料通过喷嘴注射至模具的模腔中，物料经过保压、冷却、固化定型后取出，得注塑制成品。

根据塑化方式，注塑机基本可分为螺杆式和活塞式两种。后者由于塑化效果差、注射压力下降等问题，已逐渐趋于淘汰。根据注射和锁模机构排列方式，注塑机又可分为立式、卧式和角式 3 种，见图 15-22。

一般卧式注塑机设备占地面积都比较大。但是，螺杆能很好地驱动物料翻转，产生较大的剪切应力，塑化效果好；注射速度快；注射机构和锁模机构处在与地面平行的同一水平轴线上，且重心位置较低，操作、检修、维护保养都比较方便；制品顶出后可以自动脱落，很容易实现自动化；原料适应性强。因此，目前大多数注塑机都采用卧式的螺杆塑化方式。立式注塑机注射机构和锁模机构处在同一垂直中心线上，模具安装、开启方便，表面向上，嵌件容易摆放定位；但其加料位置较高，另外它制造大件制品困难，仅适用制造 $60cm^3$ 以下的制品。角式注塑机的注射机构与模具合模机构呈垂直配置，其应用介于立式和卧式之间，适用于加侧部开设浇口、非对称几何形状制品的注塑加工。卧式注塑机基本结构见图 15-23。

(a) 立式注塑机　　　　　　　(b) 卧式注塑机　　　　　　　(c) 角式注塑机

图 15-22　不同形式的注塑机

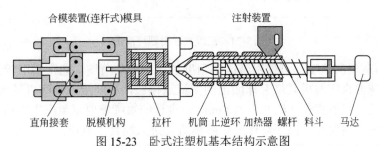

图 15-23　卧式注塑机基本结构示意图

由上图可以看出：卧式注塑机的组成部分有注射系统、合模闭锁系统、液压系统、加热冷却系统、润滑系统、电气控制系统、安全监测系统等。

注射系统是该设备最重要的部件之一，它有螺杆注射、活塞注射和螺杆预塑化活塞注射3 种方式，但目前广泛使用的是螺杆注射式。其作用是在一个工作循环中，于一定时间内将一定数量物料完成熔融、塑化，并将它们快速注射至模具中，并经保压、冷却定型。该系统主要由塑化装置（加料装置、机筒、螺杆、过胶装置、喷嘴等）和动力传动装置（注射油缸、注射座移动油缸、螺杆驱动装置）两大部分组成。

合模系统的作用是保障模具的闭合、开启以及顶出制品。模具闭合时，要产生较大的锁模力，防止物料外溢产生废品。该系统主要由合模机构、模具调整机构、顶出机构、合模油缸、安全保护机构等部分组成。

液压系统一般由为设备提供动力的油泵，电机的液压元件以及控制、调节液压油流量和压力的各种元器件组成。设备模具系统的闭合、开启等动作都需要通过液压来完成。电器控制系统主要由各种电气元器件、仪器仪表、传感器等组成。安全监测系统主要由安全门、安全挡板、液压安全阀、限位开关光电检测元件等组成。它们与电气控制系统等一起对整个设备的运行动作进行调节和控制，实现机电一体化的联锁控制和保护。设备的加热系统主要用于注塑机料筒外部加热套及注射喷嘴的加热；冷却系统是用于冷却油温，以保障设备液压工作正常；在料斗附近的冷却装置，确保物料不会过早熔融而堵塞料口。

在塑料加工行业，注塑成型机应用十分普遍，其品种型号繁多。对于 TPU 制品的注塑加工，注塑成型机应能满足以下条件。

① 料筒要使用耐磨合金材料的内衬并要有良好的传热能力。一般讲，料筒是长径比很大的筒体，有很大的强度和刚度，其内部安装保持与筒体适当间隙的螺杆，外部安装加热器和热电偶。筒体具有足够的热容量、温度稳定性，能承受大的复合应力和热应力。尾部具有非对称结构的进料口。筒体前部设有结构精细的喷嘴，用于物料注射过程的调温、保压、断料。

② 三段注射型螺杆（图 15-24）采用高铬合金、渗氮铬钢及钨铬钴合金硬化或渗氮等表面处理，精密、坚硬、光洁、耐磨，其螺杆的长径比（L/D）应大于 15：1，一般要在（18：1）～（24：1）的范围内。螺杆的压缩比应小于4:1，通常应在（2：1）～（2.5：1）范围内。

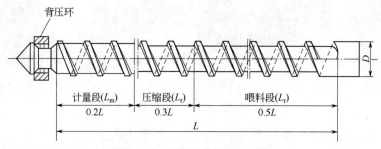

图 15-24　三段式注射螺杆简图

③ 精细而适用的喷嘴。可使用带倒锥角度的自由流动喷嘴，通常采用较为普遍的直通式喷嘴，喷嘴球面直接与模具浇套球面上的主流道接触，相匹配。喷嘴直径应大于 4mm，应该略小于模具主流道直径（约 0.5～1.0mm）。设计的喷嘴槽要避免产生物料死角，防止物料堆积和热降解。注射时，高压熔体经过喷嘴直接进入模具主流道。

④ 合适的注塑机的注射量范围。这里有两个变量基础，即首先确定注塑制品质量，然后选定直径范围内的螺杆，以确保计量行程在 $1D～3D$ 之间；相反，已确定直径的螺杆仅可用于生产注射量在特定范围内的产品，见图 15-25。

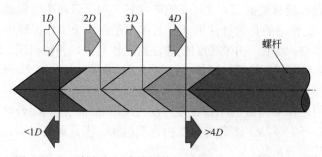

图 15-25　注射螺杆要有合适的计量行程（D 为螺杆直径）

1 倍到 3 倍螺杆直径为最佳范围，3 倍到 4 倍螺杆直径仅在特殊情况下使用；1 倍螺杆直径以下和 4 倍螺杆直径以上，将不推荐使用。

⑤ 足够的锁模力及装卸尺寸。锁模力是指注塑机在模具闭合后对模具施加的最大夹持力，以防止高压、高速熔融物料进入模腔产生大的涨模力撑开模具，产生较大飞边现象。即锁模必须大于涨模力。

$$F=KPA$$

其中，F 为锁模力，t；K 为安全系数，通常取 1～1.2；P 为模腔内压力，kPa；A 为制品外形在模具分型面上的投影面积，cm^2。

模腔内压力 P 的计算比较困难，它与注射压力、熔体黏度、塑化工艺条件、制品的形状、模具结构、冷却定型温度等有关。在这里，取模腔内的平均压力，即模具内腔的总压力与制品所有投影至模板上的承压表面面积总和的比值来进行计算。根据拜耳公司实际经验，生产 TPU 注塑制品时，其平均模腔内压力为 300～700bar（30～70MPa）。注意，在加工流动性较好的品级时要选择压力的上限，这样才能获得较大的合模力，以防止出现飞边。制品在模具中的投影面积（以开口锥形圆盘制品为例）见图 15-26。

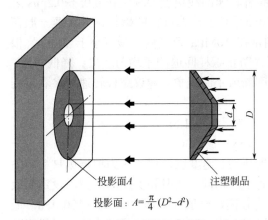

投影面 A

注塑制品

投影面：$A = \dfrac{\pi}{4}(D^2 - d^2)$

图 15-26 制品在模具中的投影面积示意图

根据制品形状、尺寸不同，需要不同模具，这些模具的尺寸大小必须与选择的注塑机锁模基板相匹配。即模具的宽度或高度要小，或者其至少一边要小于设备大柱内径；模具的宽度和高度要在模板尺寸范围内，以便模具的安装、定位；模具厚度也要在模板要求范围内，并要留有足够的开模行程，以便制品能顺利地取出。

五、加工工艺条件

（1）温度 TPU 加工的温度可分为熔体温度和模具温度两部分。TPU 物料加至料筒，在料筒中前进的过程中，由于料筒外部加热器和物料剪切、摩擦作用，从固体逐渐变成黏流态，且熔体温度需要控制在 180～245℃之间。为此，注塑机料筒可分为 4～6 段加热区。使用料筒外部各段独立的加热器，在 TPU 实际注射加工过程中，必须严格控制料筒每段温度。温度过高，会使制品产生收缩，出现气泡的缺陷；温度过低，则会出现物料塑化不良。喷嘴温度一般要略低于料筒的最高温度，以防止产生流延现象，但要注意，其温度也不能太低，否则会造成熔体过早凝结而堵塞喷嘴，影响产品质量和生产的正常进行。注塑机各段温度梯度分布如图 15-27 所示。不同硬度等级 TPU 的熔融温度范围列于表 15-17。

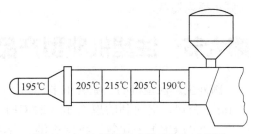

图 15-27 注塑机温度梯度分布示意图

表 15-17 不同硬度等级 TPU 的熔融温度范围

TPU 硬度等级（邵氏 A/D）	75～90A/28～40D	90～95A/40～52D	>95A/>55D
熔融温度范围/℃	180～210	190～225	210～245

注射制品的质量具有极大影响。在一般情况下，生产 TPU 的模具温度控制在 20～50℃之间，这主要取决于 PU 等级的结晶状态、制品结构、尺寸，以及注射压力和保压压力大小、时间长短等。通常，薄壁制品可依靠模具的自然冷却；但对厚壁制品和循环周期短的制品生产，则需要对模具进行强制冷却、控温。同时为避免温度出现"锯齿"形波动，建议使用专业的模具温度控制器。

（2）螺杆转速 在注射加工中，TPU 对螺杆的剪切应力十分敏感。螺杆转速影响物料在螺杆中的输送和塑化热历程以及剪切效应，因此它是影响塑化能力、塑化质量和成型周期等因素的重要参数。随着螺杆转速的提高，其剪切作用加强，增加了熔体温度均匀性，塑化能力提高，但螺杆转速过快将会使塑化质量下降。螺杆转速的线速度要控制在 0.05~0.2m/s 之间，在任何情况下螺杆的线速度都不能超过 0.3m/s。对于较大直径的螺杆，其转速一般在20~40r/min。螺杆背压可确保熔体塑化均匀，通常在 10MPa 范围内，最好小于 2MPa。根据经验，增加背压，可以提供熔体的均匀性，可以防止螺杆回退的不均匀现象；降低背压，会使塑化计量的时间过长，甚至会造成熔体输送间断或中断现象。建议螺杆转速可参看下列数据。

| 螺杆直径（D）/mm | 30 | 50 | 70 | 120 |
| 螺杆转速/（r/min） | 120 | 80 | 65 | 30 |

（3）注射压力、速度及保压压力　TPU 的注射压力、速度以及保压压力根据原材料的品质，如熔融温度、黏度、产品的形状大小等因素而不尽相同。注射和保压的压力由设定的液压压力控制。高硬度、大型制品的注射和保压压力较高，一般注射压力为 80~100MPa；低硬度、小型制品则使用 6~10MPa 注射压力就可以了。注射速度要与制品的大小、形状相匹配，通常以较快为好，但在注射开始阶段可稍微降低一点注射速度，采用渐变注射办法可避免浇口附近出现冷料斑、暗影点、分层等表面缺陷。在整个注射过程中，要确保注射压力平稳，且不能低于设定值。保压的目的是用于补偿制品在模腔中冷却过程中发生的体积收缩，以确保制品表面不会有任何缩痕。保压的压力应高于注射压力，且高出一半为宜。

（4）时间　模时间、保压时间、闭模冷却时间、开模脱出制品时间和循环工作前的准备时间等各种时间的总和即为注射操作的循环时间。对于一般 TPU 制品，注射时间约为 2~5s，保压时间应保持到浇口凝结为止，这样可避免在解除压力时发生熔体回流现象。通常保压时间应该是注射时间的 10~60 倍。总的来讲，软质制品的注射循环时间要稍长一些，硬质制品则可适当短些。

第六节　注塑机典型产品

国外生产注塑机的企业有很多，如德国德马格（DEMAG）公司、克劳斯玛菲（Krauss-Maffei）公司、奥地利的恩格尔（ENGEL）公司、日本的住友（SUMITOMO）公司、沙迪克（SODICK）公司等。我国香港、台湾以及内地，尤其是广东珠江三角洲和浙江宁波等地也生产许多性能优秀的注塑机械，相关的企业有仁兴注塑机有限公司、大同机械东华注塑机有限公司、震雄集团、东莞富强鑫塑胶机械制造有限公司、宁波海天塑机集团有限公司、东莞德科摩华大机械有限公司、博创机械股份有限公司、力劲科技集团有限公司等。

1. 德国德马格（DEMAG）公司产品

德马格（DEMAG）塑料集团公司生产的注塑机以高质量为塑料行业所青睐，2008 年该集团的注塑机业务被日本住友重机收购，后者是电动注塑机的开发领导者，对注塑机进行统一、整合。该公司在德国、日本、中国共有 5 个生产基地，相继推出 3 个注塑机体系：全电动型（Int Elect）、电液混合型（EI-Exis）和液压驱动型（Systec）（图 15-28）。目前，我国主要使用的是传统的液压驱动型注塑机，为适应我国用户需要，该公司在浙江宁波生产厂组装生产锁模力 50~350t 的液压注塑机。部分液压型注塑机技术参数见表 15-18。

为适应用户对液压型注塑机（Systec C）的使用，该机型专门设计了 4 级不同集合功能的模块集成系统，如灵活的功能组合包，注射装置、螺杆和驱动系统的模块化选择，电动螺杆驱动系统的选择以及集成的外围设备的选择等，以满足客户对设备的更新、升级。作为 Systec C 标准版机型，具有强劲且低噪声的液压系统，配备有四回路冷却水流量控制器；电子变量泵的注射速度控制功能；独立的模具和液压油冷却水连接；可实现所有移动动作的闭环控制以及全部工艺参数的监控和数据采集。为满足设备的升级、更新，在标准版的基础上相继推出了专门定制的升级版的机型：智能型（Systec C Smart）、高效型（Systec C Performance）和精英型（Systec C Elite）。

(a) 全电动型　　　　　　　(b) 电液混合型　　　　　　　(c) 液压驱动型

图 15-28　SUMITOMO-DEMAG 公司注塑机系列产品

表 15-18　SUMITOMO-DEMAG 公司液压型（Systec）系列部分注塑机技术参数

项　目	Systec-160/520c		Systec-710/580c		Systec-280/630c	Systec-420/820c	Systec-500/920c
	-310	-600	-840	-1450	-2300	-3300	-6400
国际标准尺寸/mm	1600～310	1600～600	2100～840	2100～1450	2800～2300	4200～3300	5000～6400
合模力/kN	1760		2310		2800	4200	5000
最大开模行程/mm	500		575		675	770	850
最大模板尺寸/mm	770×770		860×860		930×930	1200×1200	1300×1300
拉杆间距/mm	520×520		580×580		630×630	820×820	920×920
顶出行程/mm	160		180		200	230	260
螺杆直径/mm	35	45	50	60	70	80	110
长径比	20	20	20	20	20	20	20
注射压力/kN	2024	1914	1946	1905	1877	1855	1413
最大注射量/g	153	294	402	695	1103	1619	4108
最大注射速率/(cm³/s)	587	970	1001	1272	1462	1608	2281
最大螺杆行程/mm	175	203	225	270	315	354	457
加热段数量/段	4	4	5	5	5	6	6
料筒加热功率/kW	9.4	11.3	14.8	23	27	30.6	59
电气总功率/kW	53/61/61	53/61/61	77/84/84	91/98/98	111/119/119	162/182/182	224/239/239
设备重量/kg	6800	6900	9600	10300	13300	23700	25800
外形尺寸/mm	5.3×1.6×2.1	5.3×1.6×2.1	6.0×1.7×2.1	6.5×1.7×2.1	7.0×2.0×2.1	8.0×2.2×2.5	9.2×2.3×2.5

注：1. Systec 系列在每个系列下都有 3～4 个型号，在每个型号下 3～4 个不同的牌号。在此，不一一列出。

　　2. 注射速率是在设有储能器的情况下。

智能型（Systec C Smart）注塑机在设备动力部分装配了动力强劲的变量泵；配有电子式高动态敏感性的敏感阀，确保顶出和喷嘴间动作的同步；配备高速和精密定位的顶出系统，能在开模的同时进行前顶和回退动作，可极大地缩短操作的循环时间。

高效型（Systec C Performance）注塑机配有双泵系统。双变量泵的双回路液压系统也可单独工作,保证设备的主动作和辅动作能平行独立完成,能极大地提高工作效率。同时也为喷嘴和顶出的同步动作、顶出动作的柔性控制配有一个控制阀。可以按照需要设置压力-流量曲线,可以根据实际需要提供动力,能有效地减少能源和冷却水的消耗。

精英型(Systec C Elite)注塑机配有强劲的双回路液压系统、双变量泵和控制阀,确保顶出和终止动作的同步进行。另外,设备还配备高响应性的伺服阀来动态控制注射压力和保压压力,从而使注射过程中前端流速保持充分稳定,尤其是在有壁厚变化而产生流速改变的地方。

2. 奥地利恩格尔(ENGEL)公司产品

恩格尔(ENGEL)公司全球塑料注塑机的主要生产商。有 3 产品系列:VICTORY 无拉杆系列、DUO 大型二板型系列和 2007 年推出的 E-MAX 全电动系列(图 15-29)。注塑机的合模力从 28t 到 5500t。

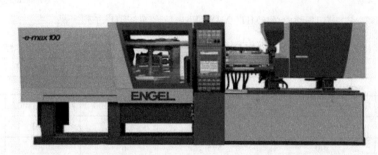

图 15-29 奥地利恩格尔(ENGEL)公司 E-MAX 型注塑机

3. 德国克劳斯马菲(Krauss-Maffei)公司产品

Krauss-Maffei 公司在注塑机产品领域相继推出了 AX、CX、EX、GX、MX 等多个系列的产品(图 15-30)。在设备元器件组合、模块化的基础上,能给用户提供广泛的选择自由,如选择液压、混合或者是全自动的螺杆驱动方式;在设备中引入工业机器人;为适应包装、医疗器具制品的生产,将模具装配在标准达到 ISO5,即 CLASS100 的无尘无菌洁净室中;以及独特的转台技术,将混炼挤出,注塑成型,甚至将聚氨酯 RIM 加工工艺组合在一套设备中等新技术。

(a) CX 混合型注塑机(配有高洁净室及全自动注射装置)　　(b) GX 系列产品组合

图 15-30 德国 Krauss-Maffei 公司生产的注塑机

CX系列注塑机具有灵活性高、生产效率高、生产成本低的特点，合模力范围在35～650t。设备采用创新的双模板技术。在200多种合模装置和注塑装置模块的基础上，给用户留出了量身定制的极大空间。在2009年德国FAKUMA橡胶塑料工业技术展览会上，该公司展出了一款CX160-750注塑机，它可提供注塑、挤出和反应注射成型3能力为一体的独特技术。注射成型的产品由装配IR160F/K工业机器人从模具中取出，并立即使用高压反应成型工艺生产出PUR密封垫产品，生产过程全自动化，不仅节省了生产空间，而且还实现了更高的生产效率。

EX系列注塑机是全电动型设备，采用了Z型屈肘合模装置，能有效地提高合模精确度，减少注射循环时间，从而获得高的注射速率和高的生产效率。其合模力范围为50～240t。

MX系列注塑机是先进的大型注塑机的代表，它采用该公司双模板技术，在同类设备中其运行速度最快。合模力范围800～4000t。为适应我国汽车工业发展需要，2012年，在我国浙江海盐，将它们生产挤出机的工厂进行大规模扩建，并开始生产MX系列注塑机。

4. 东华机械有限公司产品

东华机械有限公司主要生产全自动电脑注塑机及其附属设备，继推出Se伺服节能系列、F2V变量泵系列、J两板系列、Zeus全电动系列等90多个品种。东华机械有限公司以专业生产特大型注塑机而著称，是我国目前最大的塑料机械生产基地之一。有关产品见图15-31。

(a) 205Ge型注塑机　　　　　　　　　　(b) 90-750Se伺服节能注塑机

图15-31　东华机械有限公司生产的部分注塑机

5. 力劲科技集团有限公司产品

力劲科技集团有限公司是我国五大注塑机制造商之一。在注塑机领域，该公司先后推出了POTENZA系列、EFFECTA系列、EFFORT-Ⅱ系列、FORZA系列和SP系列注塑机。有关产品及其技术参数见图15-32和表15-19。

 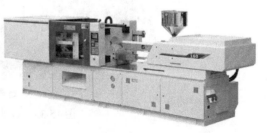

(a) POTENZA系列　　　　　　　　　　(b) EFFECTA系列

图15-32　力劲科技集团有限公司生产的注塑机

表 15-19　力劲科技集团有限公司部分注塑机技术参数

系　列	POTENZA		EFFECTA		EFFORT-II		FORZA	
型　号	PT80	PT850	PT30	PT250	PT80	PT350	PT1000	PT3000
注射量/g	140	3395	45	682	144.5	1278	4538	19142
螺杆直径/mm	35	100	24	60	35	72	11o	175
注射压力/MPa	176	185	185	180	143	194	177	161
注射速率/（mL/s）	119	884	57	238	147	366	1240	1824
长径比 L/D	20	21	22	20	—	—		
螺杆行程/mm	160	475	110	265	—	—	525	875
螺杆转速/（r/min）	283	175	262	165	259	183	181	89
塑化能力/（kg/h）	54.6	550	14	161	50	307	690	1806
锁模力/kN	800	8500	300	2500	800	3500	10000	30000
模板尺寸/mm	530×533	1540×1480	407×393	870×850	580×530	1120×1060	1800×1700	2550×2450
开模行程/mm	280	1105	180	510	150	250	1750	2700
系统压力/MPa	17.5	17.5	14.5	17.5	—	—	—	—
加热功率/kW	5.2	40	7.5	13.14	5.23	17.4	53	123
设备尺寸/m	3.8×1.0×1.5	11×2.5×2.2	3.2×1.0×1.8	6.1×1.4×2.2	3.9×1.1×2	7.2×1.8×2.4	—	—

注：在每个系列中都有多个型号，而每个型号下根据螺杆直径等又分为多个产品，此表仅选其中部分进行介绍，参数项目也进行了节选。

6. 震雄集团产品

震雄集团是全球注塑机销售量最大的生产商之一，其旗下主要有捷霸（JETMASTER）、易霸（EASYMASTER）、超霸（SUPERMASTER）等注塑机品牌（图 15-33）。

(a) 捷霸系列注塑机（C²-SVP/2）

(b) 易霸系列注塑机（SVP/2）

(c) 超霸系列注塑机

图 15-33　震雄集团生产的注塑机

捷霸第二代伺服驱动注塑机（268～568t）系列配置高效伺服电机油泵系统，具有环保节能（比传统液压系统节电省水高达 80%）、高回应速度（反应速度是传统变量泵的 2 倍以上）、高重复精度（高达 0.5%）等优点；配有高性能精密滤油装置，油污控制达到美国 NAS8 级以下；整机采用动态噪声控制优化设计，小机噪声小于 76dB，远低于世界标准。

易霸第二代伺服驱动注塑机（80～560t）系列配置高效伺服电机油泵系统，使用德国高效齿轮泵，实现节能环保、高回应速度、高重复精度、可靠耐用及低噪声的优点。采用大直径，镀硬铬表面的锁模导柱；模板机铰采用高强度球墨铸件，坚固耐用；采用 Ai-02 智能联网计算机控制器，具有极高的稳定性和可靠性。

超霸伺服驱动二板大型注塑机系列（1250～6500t）具有开模行程特长、容模量特大（比一般三板设计大 50%）的优点，特别适用于大型家电、汽车部件等大型及深腔制品的生产；专利导柱及液压连接设计，模具受力平均，延长模具使用寿命；专利的高速自动调模功能和最高可达 750mm/s 的急速移模设计，8s 内可完成一次最大行程的开、锁模循环，极大地缩短生产周期，提高生产效率；统一的螺杆长径比达到最理想的 22∶1，提高了塑化稳定性。

震雄集团注塑机产品很多，表 15-20 为部分捷霸和易霸系列的产品技术性能参数。

表 15-20　震雄集团部分捷霸、易霸系列注塑机技术性能参数

项　　目	JM268C²-SVP/2	JM408C²-SVP/2	JM568C²-SVP/2	EM80-SVP/2	EM180-SVP/2	EM320-SVP/2
注塑容量/cm³	777	1542	2164	163	488	1128
注塑量/g	715	1402	1990	150	449	1038
螺杆直/mm	60	75	83	36	52	67
射胶压力/(kgf/cm²)①	1723	1765	1734	1561	1663	1785
螺杆长径比	21	21	21	19.6	19.8	21
熔胶能/(g/s)	43.2	68.6	92.4	41.6	92.6	210
射胶速率/(g/s)	233	330	419	81	182	288
螺杆行程/mm	275	345	400	160	230	320
螺杆转速/(r/min)	180	150	165	170	145	165
锁模力/t	265	408	568	80	180	320
开模行程/mm	530	670	835	320	460	600
导柱内距/mm	580×580	730×730	855×855	355×300	505×500	660×660
模板距离/mm	1130	1420	1685	640	960	1260
系统压力/MPa	17.8	17.8	17.8	148	178	178
油泵电机功率/MPa	25	35	45	9	18	32
电热量/kW	18.3	21.6	30	6.5	9.8	20
料筒加热区/段	5	5	5	3	4	5
设备尺寸/m	6.4×1.6×2.3	7.7×1.7×2.5	8.6×2.0×2.3	4.3×1.2×1.8	5.6×1.3×2.1	6.7×1.6×2.3
设备质量/t	7.2	12.6	17.9	2.6	4.9	9.6

① 1kgf/cm²=98.0665kPa。

7. 宁波海天塑机集团有限公司产品

宁波海天塑机集团有限公司 2012 年成为全球注塑机产量最大的制造企业，生产有天润（ME）、天锐（VE）、天隆（MA）、天虹（JU）、天翔（SA）、天骏（UR）、天剑（PL）、天合（IA）、天意（CH）等系列的产品，锁模力从 60t 到 6000t，注射量从 50g 到 51400g。天隆、天虹和天锐系列注塑机见图 15-34。

(a) 天隆（MA）Ⅱ系列注塑机

(b) 天虹（JU）Ⅱ系列注塑机

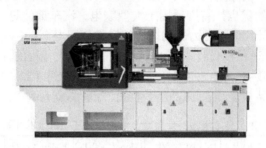

(c) 天锐（VE）系列注塑机

图 15-34　宁波海天塑机集团有限公司生产的注塑机

　　天锐系列注塑机是海天下属的子公司——长飞亚集团自主研发的全电动注塑机，产品定位于医疗等高精密注塑产品，采用高品质的零部件，设计具有高包容性、高标准、高稳定性、高生产效率和高环保性的特点，锁模力从 400t 至 4199t。其主要优点：精密，高速，快捷，高速注射，开合模动作同步，降低产品内应力，减少成型形变，高响应伺服驱动系统，各种动作反应迅速；节能效率明显，与液压注塑机相比节能率可达 20%～70%；坚固耐用，使用寿命长；监控系统采用奥地利 SIGMATECH 最新的控制技术，更准确，更可靠；模块化设计，为客户提供了更多选择空间。

　　表 15-21 选择该公司天翔（SA）系列中的部分产品的技术参数加以介绍。

表 15-21　海天公司部分天翔（SA）系列注塑机技术参数

项　目	SA600/100U	SA1600/540U	SA3800/2250U	SA7000/5000U
螺杆直径/mm	26	45	70	90
螺杆长径比 (L/D)	20.3	20	20	22
注射容量/cm³	53	320	1239	2863
注射质量/g	48	291	1127	2605
注射压力/MPa	191	169	182	177
螺杆转速/(r/min)	0～290	0～205	0～220	0～140
锁模力/kN	600	1600	3800	7000
移模行程/mm	270	430	700	970
拉杆内距/mm	310×310	470×470	730×730	960×940
最大模具厚度/mm	330	520	730	940
最小模具厚度/mm	120	180	280	400
顶出行程/mm	70	140	180	260
顶出力/kN	22	33	110	186
顶出杆数量	1	5	13	21

续表

项 目	SA600/100U	SA1600/540U	SA3800/2250U	SA7000/5000U
最大油泵压力/MPa	16	16	16	16
油泵电机功率/kW	11	15	45	30+37
热电功率/kW	4.55	9.75	24.85	51.55
设备尺寸/m	3.76×1.13×1.76	5.02×1.36×1.96	7.36×1.96×2.15	9.82×2.39×2.7
设备质量/t	2.3	5.3	15	32

在选定设备时，还要注意根据加工原料体系选择螺杆类型。对于加工 TPU 制品，应选择适用于弹性体的螺杆，海天公司适用于加工弹性体的螺杆类型序号为 7 号。

第七节 挤出加工设备

TPU 和普通热塑性塑料一样，也可以采用挤出方式加工成型。根据加工产品的不同，挤出加工形式也是多种多样的。如管件、型材的螺杆挤出加工；片材的挤出流延加工；TPU 薄膜的挤出吹塑加工等。挤出设备有螺杆式挤出机和柱塞式挤出机。后者主要用于高黏度物料，间歇性生产。螺杆式挤出机是目前主要使用的、可连续化生产的挤出设备。螺杆挤出机可分为单螺杆挤出机和双螺杆挤出机。前者是最基本的挤出设备，也是我国大量使用的挤出设备。双螺杆挤出机是后来发展起来的成型设备，在有些产品的加工中已开始逐渐取代单螺杆挤出机。

与 TPU 注塑成型一样，原料中的水分对产品有很大影响，在一定程度上水分的影响要比注塑加工更为敏感。因此，在挤出加工前必须要进行原料的预干燥处理，使其水分降低至 0.02% 以下。干燥处理也包括各种配合剂。干燥条件与 TPU 硬度有关，硬度越大，干燥条件越苛刻。基本干燥条件如下：

TPU 硬度	干燥时间/h	热风干燥温度/℃	除湿干燥温度/℃
70A～90A	2～3	100～110	80～90
40D～74D	2～3	100～120	90～120

一、单螺杆挤出机

与其他热塑性塑料相比，TPU 的黏度高，熔融温度范围较窄，对温度十分敏感，在达到特定温度时材料的黏度会急剧下降。因此，在挤出加工时对温度控制的精确度比普通热塑性塑料窄得多。一般要求，挤出温度偏差必须在±2℃范围之内，加工温度控制在 170～220℃（图 15-35）。单螺杆挤出机基本构成见图 15-36。

由图 15-36 可以看出，单螺杆挤出机基本由挤压系统、传动系统、加热冷却系统和控制系统组成。挤压系统是挤出机的核心部件，它由螺杆和机筒构成。物料加入后，在机筒设定温度控制下，随着螺杆运动，挤压，熔融塑化成均匀的熔体，并在这一过程中建立的压力下被螺杆连续地定压、定量、定温挤出设备机头。

挤出机的挤压系统由料筒、螺杆、机头、口模等部件构成。针对 TPU 黏度大、对温度敏感的特点，加工 TPU 的单螺杆挤出机可选用三段式挤出机。由料斗进入的物料，在进料段向前运动并被压实，在前进的过程中达到其熔点，逐渐开始熔融。在压缩段，螺槽体积逐渐变小，对物料呈压缩态，逐渐变成黏流态。在计量段，螺槽体积最小且不变，物料在此有较长的均化时间，以减少温度、压力、流量的波动。通常进料段为 0.3D，压缩段为 0.4D，计量段为 0.3D。螺杆的设计要尽量避免螺杆与料筒间的剧烈摩擦而产生过热，使物料发生降解，影响产品性能。螺杆与料筒间的间隙以 0.1～0.2mm 为宜。根据螺杆直径，螺杆的转速应设定在 30～50r/min。螺杆的长径比（*L/D*）一般在 20～30 之间，螺距与螺杆直径等长，螺杆压缩比为 2.5～3.5，螺纹深度最好选用较浅些的为佳。最好不要使用高压缩比的短螺杆。机头和口模处于挤出机的前部，它们能使熔融物料获得必要的挤出压力，使熔体从螺旋运动改变成直线运动，并均匀平稳地输送至模具中。其基本结构如图 15-37 所示。模头应具有渐变的横截面，并要完全避免死角，以便获得稳定的流量和低的剪切应力。在生产管材、异型材类产品时，要选择长度为喷嘴 2～4 倍的较长一些的模头。口模的形状要根据制品形状分为片材口模、棒材口模、异型材口模、管材口模等。由于 TPU 材料具有较高的熔融黏度，TPU 成型最好采用直头式口模。根据螺杆的尺寸和口模的类型，建议使用隔板和滤网，隔板空洞的直径约为 1.5～5mm，Bayer 公司建议使用 400 目-900 目-900 目-400 目 4 片滤网，可获得最佳效果。在生产薄膜类制品时，滤网还可细一些。

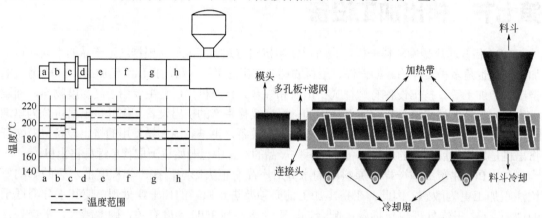

图 15-35　单螺杆挤出机温度控制简图　　　　图 15-36　单螺杆挤出机结构示意简图

a，b，c—机头段；d—过渡段；e，f，g，h—加热、压缩段

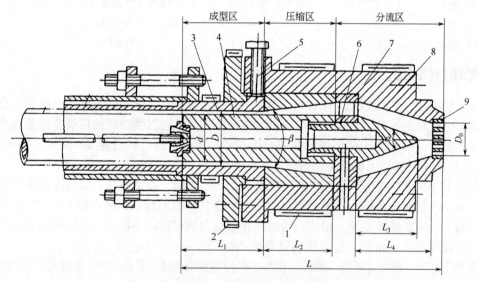

图 15-37　挤出机的机头和口模

1，2—加热圈；3—口模；4—芯棒；5—调节螺钉；6—分流器；7—分流四支架；8—机头体；9—过滤板

（L_1—成型区长度；L_2—压缩区长度；L_3—分流锥长度；L_4—分流区长度；L—机头和口模长度）

　　以电动机为主的传动系统是挤出机的重要部件，其作用是驱动螺杆，为螺杆提供必要的转速和扭矩，完成挤出过程。现在主要采用变频调速电机。螺杆驱动电机的功率比一般树脂

高 1.5 倍左右。

　　加热和冷却系统是通过对料筒或螺杆进行加热和冷却，以确保挤出过程在工艺要求的温度范围内进行。主要是在机筒外配置多组加热器和冷却装置。并配有多个温度测量传感器，在整机控制系统的调控下对料筒各段进行严格的调控。目前，加热器大多采用电感式或电阻式电加热器。为保障料筒各段温度，以及避免加料口处物料过早出现熔融现象，在料筒各段和加料口处配置有冷却装置。在加料口处的冷却大多采用水冷方式，冷却效果好。在料筒外部配置的冷却系统有风冷和水冷两种，前者冷却效果柔和、平稳，多用于中小型设备，对于大型机多采用经过软化处理的水冷方式。生产 TPU 制品时，建议的挤出成型温度条件如表 15-22 所示。

表 15-22　建议的挤出加工温度条件（摘自上海联景聚氨酯工业有限公司资料）

硬度（邵氏 A）	进料段/℃	压缩段/℃	计量段/℃	模头/℃	螺杆转速/(r/min)	滤网/目数
65A	140～150	145～160	150～170	155～175	30～50	80/100/120/80
80A	160～170	165～175	165～180	170～185	30～40	80/100/120/80
90A	165～175	170～185	175～190	180～195	30～40	80/100/120/80
98A	170～185	180～190	185～195	190～205	30～40	80/100/120/80

　　控制系统主要由各种电器、仪表等组成，它显示、监测、调控整个设备的运行状态，如螺杆的转速、料筒中各段的温度、压力等，确保设备正常运行。

　　图 15-38 为部分挤出机产品，其技术参数见表 15-23。

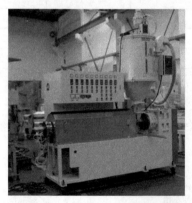

(a) 上海宝碟塑料成套设备有限公司单螺杆系列挤出机　　　　(b) 上海通冷挤出机有限公司 SJ45-26FB 系列挤出机

(c) 南京杰恩特机电公司 SJ 系列单螺杆系列挤出机

图 15-38　各种单螺杆挤出机

表 15-23　部分单螺杆挤出机技术参数

型　　号	螺杆直径/mm	长径比 L/D	驱动功率/kW	加热功率/kW	螺杆转速/(r/min)	产能/(kg/h)
上海宝碟塑料成套设备有限公司（标准型）						
SJ30	30	22～23	2.2～7.5		50～120	8～16
SJ45	45	25～32	7.5～15		50～120	25～45
SJ50	50	25～32	11～18.5		50～120	35～60
SJ100	100	25～32	45～110		50～120	95～240
SJ180	180	25～32	110～220		50～120	280～800
上海宝碟塑料成套设备有限公司（高效型）						
SJT65	65	30～33	45～75		120～150	150～210
SJT75	75	30～33	110～132		120～150	350～400
SJT150	150	30～33	450		100	1350
上海通冷挤出机有限公司						
SJ20-26	20	26	3	1.5	10～90	4
SJ 30-25	30	25	5.5	4.8	10～90	1.5～15
SJ 45-25	45	25	7.5	7.5	10～90	4～38
SJ 45-26	45	26	7.5	7.5	10～90	4～38
南京杰恩特机电有限公司						
SJ0	30	25～28	5.5		150	15
SJ65	65	25～38	30		120	90
SJ120	120	7～38	45～220		90	320～500
SJ200	200	7～30	75～450		90	600～1000

二、TPU 管材生产线

　　TPU 气压软管是工业气动元件的重要部件。其生产线由挤出机、冷却定型、牵引、卷取、在线监测等单元组成，见图 15-39。

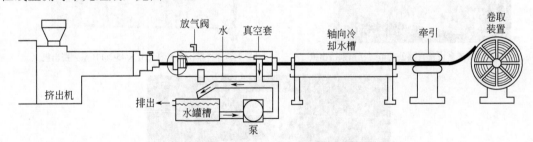

图 15-39　管材挤出生产线的标准配置

　　生产不同产品，挤出机的机头有相应的变化。根据原料品种、品质及工艺条件，挤出机机头有直流式、结构复杂的直角式、旁流式，对于 TPU 类高分子材料制品的生产主要采用直流式机头。图 15-40 是典型的连续管材的直流式机头结构。过滤网是由多层叠加在一起的，滤网由 30～120 目的不锈钢网组成，并由多孔板支撑，其作用是滤除熔体中的杂质，在增加物料流动阻力的同时起到提供混合、进一步塑化的目的。多孔板是在厚度为螺杆直径 1/5～1/3 的圆板上，在圆板上开出多个 3～6mm 的圆孔，内疏外密。机头分流器是像鱼雷状的圆柱体，它由支撑架安装在机头的轴线上，它会使熔体分流成圆筒状。分流器中心设有通道并与冷却定径模具连通，以便通入压缩空气。

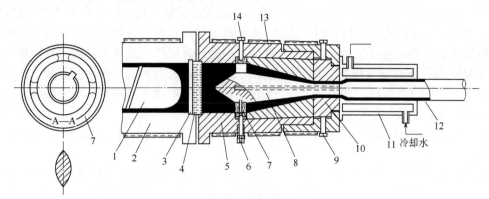

图 15-40　圆管挤出机机头结构示意图

1—螺杆；2—料筒；3—过滤网；4—多孔板；5—机头；6—压缩空气进口；7—芯模支架；8—芯棒；
9—定心螺钉；10—模口外环；11—定径套；12—挤出物；13—加热器；14—定芯螺丝

　　由挤出机出来的熔体经过过滤器、多孔板、分流器，被分流器支架分割成多股后汇合，进入芯模和口模间的通道，被连续挤出，形成圆筒状管坯，在定型模和冷却装置的作用下冷却成型。冷却装置主要采用水冷，而定型则有内部压缩空气定径和和外部真空定径两种方式（图 15-41）。TPU 气压软管无需定型模，直接经冷却定型，牵引，卷取。

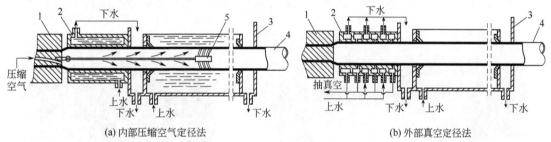

(a) 内部压缩空气定径法　　　　　　　　　　　(b) 外部真空定径法

图 15-41　管材定型方式

1—口模；2—外径模；3—定型模；4—挤出管材；5—内定径装置

　　上海宝碟塑料成套设备有限公司的 TPU 气压软管挤出生产线，其 SXJ 系列挤出机使用日本挤出工艺优化设计的螺杆，高压容积式管材模头，采用外部真空定径法生产 TPU 气动管。它将真空与水冷系统分别控制，通过多级水路平衡控制系统和真空系统的调控使生产中的真空、水流平稳，卷取机采用专用力矩电机，卷取张力恒定，使得生产的软管无张力变形。在生产线上，配备了美国 BITA 双向高速扫描激光测径系统，在线测定软管产品的直径、椭圆度等数据，能与牵引机形成闭环控制系统，在线自动调整产品尺寸波动。牵引机驱动采用上下直连伺服电机，可提供精确稳定的牵引动作。相关挤出机设备技术参数见表 15-24。

表 15-24　上海宝碟塑料成套设备有限公司部分挤出机技术参数

型　号	加工管径围/mm	螺杆直径/mm	螺杆长径比	主电机功率/kW	生产能力/(kg/h)
SXG-45	2.5～8.0	45	28～30	15	18～26
SXG-50	3.5～12.0	50	28～30	18.5	28～40
SXG-65	5.0～16.0	65	28～30	30/37	55～70
SXG-75	6.0～20.0	75	28～30	37/45	60～80

对于高承压的 TPU 管，可以在 TPU 内编衬纤维材料。这种产品的生产，除了需要纤维缠绕机，还需要两台挤出机。例如，广东佛山市南海远锦塑料机械厂生产的 TPU 包纱软管挤出生产线，它由内管挤出机（SJ55-28）、内管挤出模头、内管真空直径定型水槽、皮带式牵引机等组成，并在连续生产出 TPU 内管同时由纤维缠绕机高速缠绕纤维，并由第二台挤出机（SJ55-28，配有包覆模头）将纤维包覆在 TPU 中，经喷淋式冷却水槽定型、皮带式牵引机、全自动双位卷取机，即可生产 TPU 包纱软管。生产线的挤出机采用变频调速电机、高精度温控仪，整机工作稳定，纤维缠绕机采用美国技术，不断线，不飞纱，运行平稳无振动，运行速度达 10m/min。产品最大直径可达 90mm，软管精度达 ±0.08mm，生产能力为 60kg/h。

德科摩橡塑科技（东莞）有限公司（以下简称德科摩公司）是致力橡胶注射成型和塑料挤出生产线制造的专业化公司。其生产的塑料管材挤出生产线很有代表性，见图 15-42。

(a) 生产线

(b) DKM 系列单螺杆挤出机

(c) 机头

图 15-42　德科摩公司生产的塑料管材挤出生产线

从图 15-42（a）可以清晰地看出，这种生产厚壁塑料硬管的整体生产线由挤出机、专用模头、定径机、喷淋冷却箱、牵引机和切割机组成，其部分设备组件显示在图 15-42（b）和（c）中。

德科摩挤出机设计的屏蔽式螺杆能适应多种高分子原料和制品的生产，标准直径有 6 种：45，70，80，100，120，150。有效长度 30D、33D。动力传动系统强劲有力，有效地保障了稳定的挤出量和优异的产品质量。设备采用 DKM 篮式模头和篮式螺旋复合模头，配合真空定型装置，保障了生产的高产量、产品的高质量。生产线采用先进的 B&R-PCC 或 SIEMENS 模块化控制系统，能有效地对整体生产线实施全线自动化调控和数据采集。该公司 DKM 单螺杆挤出机系列技术参数列于表 15-25。

优化设计的定径箱采用快速真空控制系统确保真空度稳定，双回路供水系统配有防止堵塞喷嘴的独立的过滤元件，使制品在高效喷雾和稳定真空情况下获得均匀冷却定型（见图 15-43）。部分真空定径机和喷淋冷却箱技术参数见表 15-26 和表 15-27。

表 15-25 德科摩公司 DKM 系列单螺杆挤出机系列技术参数

型 号	驱动功率 /kW	驱动速度 /(r/min)	螺杆直径 /mm	长径比 L/D	最大螺杆转速 /(r/min)	加热冷却段数	机筒加热功率 /kW	连接体热功率 /kW	HDPE 产能 /(kg/h)
DMK-E145/30A	45	1500	45	30	300	4	10	1.7	175～200
DMK-E160/33A	75	1500	60	33	220	4	12	1.75	280
DMK-E120/33(36A)	90(123)	1500	70	33(36)	180	4	18	1.75	360(450)
DMK-E180/33(36A)	110(160)	1500	80	33(36)	160	4	21.2	1.8	480(600)
DMK-E1100/33(36A)	200(250)	1500	100	33(36)	132	5	28	2.1	750(900)
DMK-E1120/33(36A)	315(355)	1500	120	33(36)	120	6	38	2.8	1100(1350)
DMK-E1150/33A	450	1500	150	33	95	6	42	4	1500

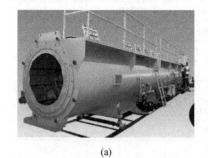

(a)　　　　　　　　　　　　　　　(b)

图 15-43 德科摩公司厚壁塑料管生产线上的真空定径机（a）和喷淋冷却箱（b）

表 15-26 德科摩公司部分真空定径机技术参数

项 目	DMK-EDJ63	DMK-EDJ250	DMK-EDJ450	DMK-EDJ850	DMK-EDJ1600
管径范围/mm	10～63	50～250	160～450	280～800	710～1600
水泵功率/kW	7.5	2×5.5	5.5+7.5	3×7.5	2×7.5+4×5.5
真空泵/kW	3	2×3	3+4	3×4	2×5+4×4
箱体长度/mm	9000/6000	9000/600	9000/600	12000/60	12000/6000

表 15-27 德科摩公司部分喷淋冷却箱技术参数

项 目	ELQ63	ELQ250	ELQ450	ELQ800	ELQ1600
水泵功率/kW	5.5	5.5	7.5	2×5.5	2×7.5
冷却箱长度/mm	6000	6000	6000	6000	6000

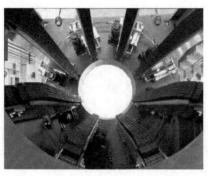

(a) 牵引机　　　　　　　　　　　　(b) 切割机

图 15-44 德科摩公司厚壁塑料管生产线上的设备

根据不同管径管件牵引的需要，牵引机配置了 2、4、6、8、10、12 条不等的履带用于夹持已定型的管件运动，履带是由高摩擦系数的橡胶块构成，并由伺服电机精密同步驱动，上履带采用气缸柔性夹紧，能自动适应管材规格变化并与管材保持良好的接触压力，下履带根据管材规格自动调整至所需牵引管径位置。切割机采用液压浮动方式进刀，切断与倒角同步完成，切口平滑美观。牵引机和切割机见图 15-44，部分型号的技术参数见表 15-28。

表 15-28　德科摩公司部分牵引机和切割机技术参数

牵引机参数				
型　　号	DKM-EQY63	DKM-EQY250	DKM-EQY450	DKM-EQY800	DKM-EQY1600
牵引管径/mm	10～63	50～250	160～450	280～800	710～1600
履带数量	2	4	4	8	12
接触长度/mm	1200	1500	2300	2350	2350
牵引力/N	1000	2000	3000	6000	8000
牵引速度/(m/min)	0.6～3.0	0.2～10	0.1～5	0.05～2.5	0.05～1.0
切割机参数				
型　　号	DKM-EJX63	DKM-EJX250	DKM-EJX450	DKM-EJX800	DKM-EJX1200
最大管径/mm	63	250	450	800	1200
最小管径/mm	10	50	160	280	500
切割功率/kW	0.4	1.5	3	3	3
切割速度/(m/min)	30	10	5	2.5	1
切割厚度/mm	15	30	45	70	70

三、挤出吹塑薄膜生产设备

热塑性塑料的板、片和膜制品是按厚度分类的，通常，厚度大于 2mm 的称为板材，厚度在 0.25～2mm 的为片材，厚度小于 0.25mm 的称为薄膜。TPU 薄膜以其优异的机械性能、良好的生物性、环境友好性等突出的特性，可以广泛用于医疗卫生、特种织物面料、国防用品、武器和民用制品包装等领域。薄膜的生产基本有挤出吹塑、T 型机头挤出、挤出流延、挤出涂覆、双向拉伸等方法。其中以挤出吹塑生产方法应用最为广泛，简述如下。

挤出吹塑根据挤出后物料运动方向可分为平挤平吹、平挤上吹和平挤下吹 3 种。

平挤平吹法，采用卧式挤出机，膜管处在机头的水平中心线上（图 15-45），膜管牵引容易，操作方便，辅机设备结构简单，但薄膜厚度均匀度较差，另外设备占地面积较大。一般只用于小口径膜管的生产中。

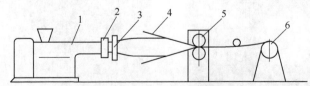

图 15-45　平挤平吹法示意简图

1—挤出机；2—机头；3—风环；4—夹板；5—牵引机；6—卷取机

平挤上吹法是目前应用最多的生产方式（见图 5-46），挤出机使用直角机头，出料方向和挤出方向垂直，物料水平挤出，然后被向上牵引，压缩空气从坯料下部向上输入，吹塑成型。在向上牵引的过程中，上部冷却的管料连带着下部尚未定型的管坯，牵引稳定，可以得到厚度范围和宽度范围较大的薄膜。设备占地面积小，但需要较高的厂房空间。

平挤下吹法（图 15-47）使用直角机头，物料挤出后向下牵引，管坯依靠自重下垂而被牵引，而热气流向上吹塑。虽然膜管牵引比较容易，但也容易出现膜管拉断现象。不适宜生产厚度较小的薄膜。另外，挤出主机安装在高位平台上，维护、检修也不太方便。

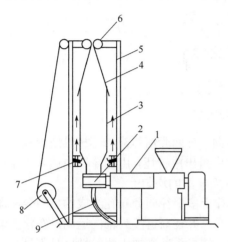

图 15-46　平挤上吹法示意图

1—挤出机；2—机头；3—膜管；4—夹板；5—牵引架；
6—牵引辊；7，9—风环；8—卷取辊

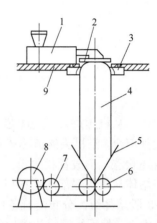

图 15-47　平挤下吹法示意图

1—挤出机；2—机头；3—风环；4—膜管；5—夹板；
6—牵引辊；7—导向辊；8—卷取机；9—高位平台

用于吹塑挤出机的机头有直通式和直角式。直通式机头适用于黏度特别大，对热特敏感物料的加工；直角式机头有利于口模唇部各点的均匀流动，吹塑过程中波动小，薄膜厚度均匀，故为生产者广泛采用。直角式机头可分为芯棒型、螺旋型、旋转型和十字架型以及共挤出复合机头等形式，见图 15-48。

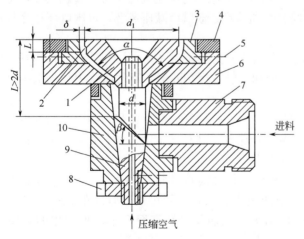

(a)芯棒式机头示意图

1—芯棒；2—缓冲槽；3—口模；4—压环；5—调节螺钉；
6—上机头体；7—机颈；8—紧固螺母；9—芯棒轴；10—下机头体

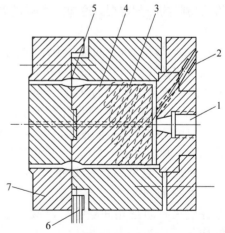

(b)螺旋型机头示意图

1—进料口；2—通气孔；3—芯棒；4—流道；
5—缓冲槽；6—调节螺钉；7—口模

图 15-48

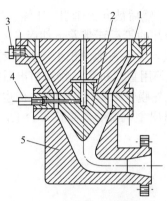

(c)十字架型机头示意图
1—口模；2—分流器；3—调节螺钉；4—压缩空气进入口；5—机头体

图 15-48　直角式机头形式

挤出熔体从机颈进入，到达芯棒轴后进行 90°转向，分两股熔体流沿芯棒轴线流动，并在末端尖处汇合，沿机头流道芯棒和口环之间的环隙中挤出成管坯，由芯棒轴中通入的压缩空气将管坯吹涨，形成管状薄膜。调节螺钉可调节管坯厚薄的均匀性。

挤出熔体从机头底部的进料口进入，通过螺旋芯棒上多个径向分布孔组成的星型分配器形成 2～8 股熔体流，分布沿着各自的螺旋槽旋转上升，并逐渐过渡为轴向运动，在定型前的流道处汇合，然后经过缓冲槽均匀地从定型段挤出。该机头适宜加工流动性好且不易热降解的物料。

由挤出机进入的熔体转向后，经分流器分流，进入芯模和口模间的空隙，在压缩空气的作用下吹涨成管坯。该机头物料流动均匀，不易发生偏中现象，但产品易出现熔接痕线，另外机头内存料较多，不适宜加工热敏型塑料。

挤出的管坯在牵引装置的作用下被提升，并在上升的过程中逐渐被冷却装置定型，再经导向辊、碾平辊、卷取等装置，制成一定厚度、宽度的薄膜产品。

薄膜的冷却是由风机送出的冷风气流，定压、定速、定量地吹拂在薄膜管坯表面，完成管状薄膜的冷却定型。冷却定型装置主要有普通风环、双风口减压风环、负压风环和冷却水环等。

普通风环由水下两部分组成，侧面有 3 个切线方向进入的进风口，中间有迷宫式的风道，出风口与轴线呈 45°～60°分布。风环大小应和膜管直径相匹配，通常风管内径为机头直径的 1.5～2.5 倍。其结构见图 15-49 （a）。

双风口减压风环内部设有上下两个风口和减压室，独立送风，独立调节，结构见图 15-49（b）。上风口风速比下风口风速大，气动强制冷却并能带动下风口气流上升的作用。调节风口，可启动调节减压室的真空度，控制吹塑薄膜的厚度。

负压效应风环是在普通风环上部增加了一个由软质薄膜和顶盖板组成的真空负压室，见图 15-49 （c），气流沿管坯上升，形成负压室，阻尼孔可调节管坯的直径，当管坯直径变大时阻尼孔间隙缩小，减压室内压增大，从而使管坯直径变小，使吹出的薄膜厚度均匀。

成型好的管状薄膜被恒定速度的牵引辊夹持向上，在人字板的作用下展平后，进入牵引辊间隙被压扁，最后成为连续的双层薄膜，再由卷取辊卷取。导辊式人字板角度大致为 40°排列，基本形式见图 15-50。

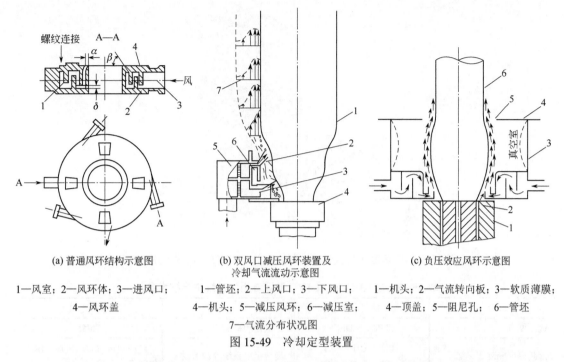

(a) 普通风环结构示意图

1—风室；2—风环体；3—进风口；
4—风环盖

(b) 双风口减压风环装置及
冷却气流流动示意图

1—管坯；2—上风口；3—下风口；
4—机头；5—减压风环；6—减压室；
7—气流分布状况图

(c) 负压效应风环示意图

1—机头；2—气流转向板；3—软质薄膜；
4—顶盖；5—阻尼孔；6—管坯

图 15-49　冷却定型装置

上部的牵引辊由钢质主动辊和橡胶质从动辊组成，它们以恒定速度夹持薄膜，一方面防止管状薄膜中的空气逃逸，以保障一定的吹涨比，同时

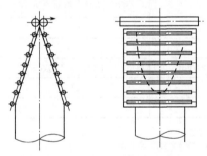

图 15-50　导辊式人字板的基本形式

牵引薄膜进入卷取设备。主动辊的牵引速度要与熔体挤出速度(即牵引比)匹配，要根据物料品质而确定。牵引比大，薄膜拉伸大，纵向强度增加，但牵引比过大会造成薄膜厚度不均现象，有时会出现薄膜断裂，一般牵引比为 4～6。薄膜在牵引辊后要经过导向辊和展平辊等一系列辊装置才能进入卷取装置，这是为了防止薄膜粘连，并使其充分冷却，消除薄膜的后收缩。因此，在牵引装置和卷取装置之间要保持一定的距离，期间要配置多组导向辊和展平辊，必要时还要加设张力辊，以使得薄膜卷取平整、无应力。为消除薄膜的静电，有时还要配置电晕处理装置。

卷取装置通常由卷取轴、卷取轴驱动电机、薄膜输送导辊等部件组成。由于 TPU 熔体强度很低，且具有很高的弹性和柔软性，因此 TPU 的吹塑难度极大，为此在生产 TPU 薄膜吹塑生产中大多数是采用以 PE 或 PET 为衬膜进行共挤出。过去，我国主要使用引进的国外生产线，如德国莱芬豪舍（Reifenhauser）公司的生产线等。现在，我国也在消化吸收的基础上推出了自己的薄膜吹塑生产线。其中，尤以广东金明精机股份有限公司为代表。该公司是从事薄膜吹塑、薄膜流延、中空吹塑成型等生产线的设计、研发、制造一体化的专业塑料机械制造商，2007 年推出了 TPU/PE 双层共挤出薄膜生产机组，见图 15-51。

广东金明精机股份有限公司的 M2B-1700QA TPU 薄膜专用生产线主要技术参数见表 15-29。

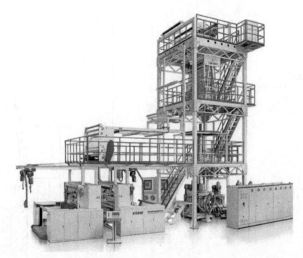

图 15-51　广东金明精机股份有限公司的 M2B TPU 薄膜专用生产线

表 15-29　M2B-1700QA TPU 薄膜专用生产线主要技术参数

项　目	参　数	项　目	参　数
适用原料	TPU，LDPE	主电机功率/kW	75/55
薄膜厚度/mm	TPU　0.015～0.1 LDPE　0.01～0.03	旋转牵引系统冷却形式	精密双风口负压风环，IBC膜泡内冷系统
薄膜最大直径/mm	1600	牵引形式	水平式±360°旋转牵引系统
生产能力/(kg/h)	250	牵引速度/(m/min)	60
层数	2	总功率/kW	270
螺杆直径/ mm	75	外形尺寸($L×W×H$)/m	14.5×7.5×10.6
螺杆长径比	30∶1	质量/t	22
螺杆最大转速/(r/min)	70～120		

参考文献

[1] 德国拜耳材料科技（Bayer Material Science）公司资料.

[2] 德国巴斯夫（BASF）公司资料.

[3] 德国莱芬豪舍（Reifenhauser）公司资料.

[4] 德国凯恩伯格（BKG）公司资料.

[5] 德国摩丹卡勒多尼(MOTANCOLORONIC)公司资料.

[6] 德国沃耐尔考赫（Wernerkoch）公司资料.

[7] 亨内基（Hennecke）公司资料.

[8] 德马格（DEMAG）塑料机头公司资料.

[9] 克劳斯马菲（Krauss-Maffei）公司资料.

[10] 法国博雷（BAULE）公司资料.

[11] 地利埃康（ECON）公司资料.

[12] 奥地利恩格尔（ENGEL）公司资料.

[13] 意大利特诺（TECNOELASTOMERI）公司资料.

[14] 日本住友（SURNITOMO）公司资料.

[15] 美国艾泰克（ENTEK）公司资料.

[16] 徐培林，张淑琴. 聚氨酯材料手册. 北京: 化学工业出版社, 2002.

[17] 山西省化工研究所. 聚氨酯弹性体手册. 北京: 化学工业出版社, 2001.

[18] 吴京，等. 热塑性聚合物的反应挤出与双螺杆挤出机. 塑料，2003，（1）：31-38.

[19] 张平亮. 双螺杆挤出机的进展及其应用. 工程塑料，2005，（5）：56-59.

[20] 石家庄威士达挤出机有限公司资料.

[21] 南京希杰橡胶塑料机械设备有限公司资料.

[22] 南京杰恩特机电有限公司资料.

[23] 南京科锐挤出机械有限公司资料.

[24] 广东恒通工业设备有限公司资料.

[25] 东莞市聚诚机械有限公司资料.

[26] 南京翰易机械电子有限公司资料.

[27] 东莞市美得机械设备有限公司资料.

[28] 台湾玉鼎电机实业有限公司资料.

[29] 东华机械集团公司资料.

[30] 烟台万华集团公司北京研究院资料.

[31] 宁波海天塑机集团公司资料.

[32] 德科摩橡塑科技（东莞）有限公司资料.

[33] 上海联景聚氨酯工业有限公司资料.

[34] 苏州沃斯汀新材料有限公司资料.

[35] 上海宝碟塑料成套设备有限公司资料.

[36] 上海通冷挤出机有限公司资料.

[37] 佛山南海远锦塑料机械厂资料.

[38] 广东金明精机股份有限公司资料.

[39] 无锡华辰机电工业有限公司资料.

[40] 意大利百旺（PIOVAN）公司资料.

[41] 江苏吴江峻环机械设备有限公司资料.

[42] 张家港市二轻机械有限公司资料.

[43] 深圳川本斯特制冷设备有限公司资料.

[44] 无锡久阳机械设备有限公司资料.

[45] 无锡奥德机械有限公司资料.

[46] 震雄集团公司资料.

[47] 力劲科技集团公司资料.

[48] 台湾高鼎化学工业有限公司资料.

第十六章

聚氨酯回收再利用设备

第一节 概述

当今聚氨酯工业发展十分迅速，据统计全球聚氨酯产品的消费量基本是每 10 年翻一番。聚氨酯的各类产品早已广泛应用在国民经济建设和人们生活中的各个领域，它们在生产过程中和消费使用后都会出现大量废料。在人们环保意识日益加强、环保法规日益严格、可持续发展意识日益提高的今天，这些废料必须进行有效的回收和充分的再利用，这不仅是防止污染和保护环境的要求，同时也是降低生产成本、提高物质有效利用率的需要。

虽然聚氨酯产品形式多种多样，但究其原料来讲主要是有机异氰酸酯、含端羟基和端氨基的多元醇、多元胺、低分子醇、胺类化合物以及加工所需的各种配合剂和有机溶剂等。在生产的过程中也会因反应历程或工艺条件的差异、产品的收率、利用率的不同，会产生一定比例的废液、废料和废边角。在各种聚氨酯制品中，聚氨酯泡沫类产品的产量和消费量最大。由于生产方式不同，产生的边角废料有较大差异。以常规软质块状泡沫体的连续化生产为例，它会因形成拱形上表面而产生大约 15%的边角废料；若采用 Draka-Detzetakis 法的平顶发泡工艺生产，可使边角废料量控制在 12%左右；而采用先进的 FOAMAX 工艺，则可使边角废料率下降至 8%以下。聚氨酯硬泡的产生，一般也会产生 10%~15%的废泡，虽然模制生产，定量物料注入至模具中进行发泡，但也会产生一定量的废料。聚氨酯产品在使用一定年限后，也会因性能下降而报废。这些都需要进行回收处理。

聚氨酯产品回收再利用的主要途径如下：

（1）能量回收　焚烧。

（2）物理型回收

① 作为填料利用：黏合成型、热压黏合、挤出成型。

② TPU 废料的再利用。

（3）化学型回收

① 醇解　生成多元醇混合物。

② 水解　生成多元醇和多元胺。

③ 碱解　生成多元醇和多元胺。

④ 胺解　生成多元醇、多元胺和脲。

⑤ 热解　生成气态、液态混合物（燃料）。

第二节　能量回收

研究发现：含有大量 C—C 键的聚氨酯材料在一定热源和氧存在的条件下燃烧，可以产生大量热能，其热量介于聚烯烃和 PVC 之间，约为 7000kcal/kg（1kcal=4.1868kJ）。因此，将 PU 废料作为固体燃料焚烧是原始的能量回收方式。但是，对 PU 燃烧会造成严重的二次污染，因为在获取燃烧能量的同时常常会产生一氧化碳、二氧化碳、氧化氮、氯化氢等对环境十分有害的气体，并会产生恶臭、高烟密度、高刺鼻性烟尘。虽然有些文献也提出了一些提高燃烧效率、减少污染的措施，如旋转燃烧室、沸腾床燃烧室等，但目前这些办法在技术上、经济上都还有许多问题有待解决。将 PU 废料进行焚烧是一种无奈的过渡办法，现已淘汰。

第三节　物理处理和回收

一、掩埋法

掩埋处理是处理垃圾最原始的方法。它是使用土壤掩埋的方式，使垃圾的有机、无机物质在一定温度、一定湿度的土壤中经过一定时间，会使垃圾降解而逐渐转化变成无害物。然而大量研究表明，许多高分子聚合物的废弃物分解时间很长，并在分解的过程中还会产生二次污染，其中就包括聚氨酯制品的废弃物。

二、物理回收法

在聚氨酯产品回收再利用中，物理回收法是目前使用最多的一类方法。该类方法首先是将 PU 软泡、半硬泡、硬泡等生产中产生的边角废料以及废旧的 PU 泡沫等材料进行清洗、粉碎、切割，制成小尺寸的颗粒，以便进一步加工。

通常对于硬质聚氨酯泡沫体等材料比较容易进行粉碎，使用普通塑料粉碎机即可制备粒度小于 1mm 的颗粒；而对于柔韧的聚氨酯泡沫体或弹性体的粉碎，则比较困难。针对不同的物体和要求，需要采用不同的方法。如使用滚刀切割、销钉撕扯、低温研磨或其他特殊方法，如掺入少量聚醚多元醇混合后进行湿粉碎和研磨处理，制成一定规格形状的颗粒或粉末。用于聚氨酯泡沫体粉碎的部分粉碎机见图 16-1。

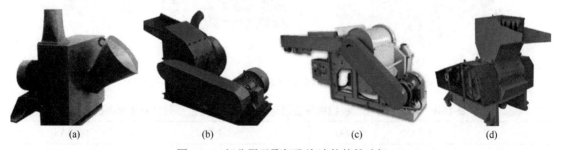

图 16-1　部分用于聚氨酯泡沫体的粉碎机

（a）镇江奥凯聚氨酯机械有限公司产品；（b）山东宁津县朝晖海绵机械加工中心产品；
（c）北京东方新世纪聚氨酯海绵有限公司产品；（d）东莞市伊瑞斯机械制造有限公司产品

镇江奥凯聚氨酯机械有限公司采用安装许多尖锐小钉的飞轮高速旋转，将泡沫体撕碎，通过手轮调节出料口尺寸并控制粉碎泡沫体的尺寸。该设备结构简单；分布在飞轮上的销钉，选用优质钢材并经过特殊加工处理，经久耐用；操作方便；粉碎效率高。该机型号为 PSS-Ⅱ，工作效率 100kg/h，设备功率 11kW，设备质量 500kg，设备尺寸（$L×W×H$）1600mm×800mm×1300mm。

山东宁津朝晖海绵机械加工中心的海绵粉碎机，将泡沫下脚料通过不同孔径的网片粉碎成大小不同的颗粒。该机有 A、B 两个型号，处理量分别为 200～400kg/h 和 400～600kg/h，功率分别为 22kW 和 30kW。

北京东方新世纪聚氨酯海绵有限公司泡沫体粉碎机与东莞市恒生机械制造有限公司的 FSFS-22 型泡沫头粉碎机外观相同。粉碎速度 50～300kg/h；粉碎最小粒度 3～20mm；料斗 3 件，8mm，18mm，30mm；风机 1 件，4kW；设备总功率 27.5kW；设备质量 1000kg；外形尺寸（$L×W×H$）2930mm×1100mm×1070mm。

东莞市伊瑞斯机械制造有限公司生产的 ERS-CO3 型破碎机，采用四排固定刀和三排旋转刀机械材料的破碎。刀具和轴承均采用进口材料，坚固耐用，破碎力强，不仅适用于海绵边角料，还可用于各种大型塑胶制品、块料、管材以及碎布、纱头等材料的粉碎。其生产能力 500～1200kg/h；进料口尺寸 550 mm×300mm；切割刀回转直径 380mm；筛网尺寸 8～40mm；设备外形尺寸 1600mm×1300mm×1700mm。

图 16-2 是台北荣全化工机械有限公司生产的几款粉碎机设备，相关技术参数列于表 16-1 和表 16-2 中。

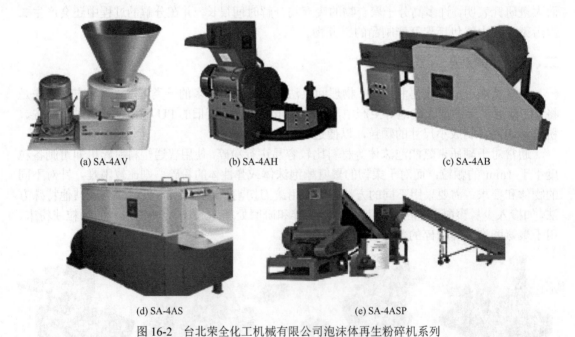

(a) SA-4AV　　　　(b) SA-4AH　　　　(c) SA-4AB

(d) SA-4AS　　　　(e) SA-4ASP

图 16-2　台北荣全化工机械有限公司泡沫体再生粉碎机系列

表 16-1　台北荣全化工机械有限公司泡沫体再生粉碎机系列部分技术参数

项　　目	SA-4AV	SA-4AH	SA-4AB	SA-4AS
功能	泡沫碎块	泡沫碎块	粉碎各种废料	切割成一定规格细条状
生产能力/(kg/h)	150～250	200～300	1000（泡沫密度 20～25kg/cm³）	150～250

续表

项　　目	SA-4AV	SA-4AH	SA-4AB	SA-4AS
功率/kW	15	26.3	27	22.5
内尺寸/mm		510×286	喂料带宽 1220mm	喂料带宽度 500mm
固定刀具		4	可调 4 种工作速度	切割宽度 8mm
旋转刀具		3		切割长度 6～60mm
旋转直径/mm		380		切割厚度≤60mm

表 16-2　台北荣全化工机械有限公司 SA-4ASP 泡沫体再生粉碎机组技术参数[①]

1.SA-4ASP30 大功率粉碎机					
充填内尺寸/mm	614×1020	充填输送带尺寸($L×W$)/mm	4000×1000	充填马达/kW	1.5
特点	双轴多个旋转刀具	切割器数量/副	34	切割器彼此距离/mm	30
2.SA-4AH60 碾碎机					
充填内尺寸/mm	1000×450	充填输送带尺寸($L×W$)/mm	5000×800	充填马达/kW	1.5
固定刀具数量/副	8	旋转刀具数量/副	6	旋转直径/mm	500
功率/kW	45	机组生产能力/(kg/h)	800～1000		

① 该机组由 SA-4ASP30 和 SA-4AH60 组成，能将高密度泡沫粉碎成小碎片。

1.　黏合成型

填料黏合成型是目前聚氨酯回收再利用中采用最广、技术条件最为成熟的方法。通常在粉碎成 3～6mm、干净的泡沫颗粒中喷洒黏合剂。黏合剂多为反应型、单组分湿固化的多苯基多亚甲基多异氰酸酯类材料。加入量约为粉碎颗粒的 5%～10%，一边进行喷洒一边进行搅拌，务必使其混合均匀，然后将它们放入成型的容器中，在加热加压的情况下成型、熟化。根据不同的压缩比等工艺条件，可以制成不同密度的再生海绵制品。这些制品，尤其是聚氨酯泡沫体生产工厂利用新生产中产生的边角废料制备的再生海绵体，具有高的回弹性、减震性，经过裁割、再加工，可以造成不同厚度的片材、型材，可广泛应用于制鞋、家具、地毯、体育器材及隔声材料等领域。

Greiner Schaumstoffechnik 公司和 Hennecke 公司联合推出了 RemoTec（Rebond Moulding Technology）工艺，该工艺是将生产聚氨酯软泡时热熟化、冷熟化泡沫修整或切割下来的废料经过粉碎机粉碎成细小的颗粒，然后将这些废料颗粒送至一个带有搅拌的混合桶中，加入聚氨酯料，混合均匀后，倒入配置在移动输送系统的模具中进行成型，制成再生制品。我国的许多聚氨酯回收企业都采用这种工艺，其基本工艺流程如图 16-3 所示。

粉碎机主要使用齿刀或齿辊的相对不等速运动，将聚氨酯泡沫废料撕碎成 3～30mm 的均匀碎片。根据粉碎机类型及型号不同，其处理量通常为 100～500kg/h。处理好的泡沫体使用真空方式吸入中间储罐中备用。该容器通常为圆筒

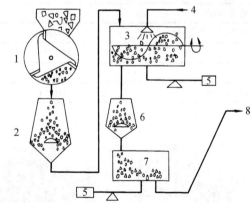

图 16-3　废料粉碎黏合利用流程示意图
（摘自 Hennecke 公司资料）

1—旋刀粉碎机；2—废料储罐；3—搅拌容器；
4—黏合剂输入喷洒系统；5—计量器；
6—储存釜；7—计量釜；8—输送至模制成型转台

状，装备有能使泡沫体上下翻动、左右运动的高效搅拌翅，容器上部装配有多个喷头，可定量地喷入含有各种助剂的多元醇组分和异氰酸酯组分，容器并装有减压管线，使用时将定量的泡沫体真空吸送入混合容器中。在泡沫体被搅拌、翻动的过程中，喷入定量的多元醇和异氰酸酯组分或聚氨酯黏合剂，混合好的泡沫体经计量后，立即输送至模压生产线，加压成型，生成再生海绵制品。国产的一些再生海绵设备及其技术参数见表16-3～表16-5以及图16-4和图16-5。

表16-3　再生海绵发泡机参数（宁津县朝晖海绵机械加工中心）

类　　型	方形再生海绵发泡机		圆形再生海绵发泡机	
型　　号	ZSFF-A	ZSFF-B	ZSYP-A	ZSYP-B
再生海绵尺寸/mm	1600×2100	1900×2300	ϕ200	ϕ1800
搅拌速度/(r/min)	40±3			
设备功率/kW	11.5	19	23	26
设备尺寸($L×W×H$)/mm	6500×4500×4700	6800×4800×4700	6500×4500×500	
典型用途	沙发，椅子，体育器材		鞋材，地毯	

表16-4　东莞市伊瑞斯机械制造有限公司生产系列再生海绵设备技术参数

项　　目	ERS-R01	ERS-R02	ERS-R03	ERS-R04
搅拌箱容积/m³	10	10	12	
搅拌速度/(r/min)	40			
设备功率/kW	15	16.5	16.5	29.7
模具尺寸($L×W×H$)/mm	2050×1050×1000	2050×1550×1850	2050×1550×1850	ϕ1600×4500
设备尺寸/mm	6000×3600×4500	6000×3600×4500	6000×3600×4800	6000×3600×5500

表16-5　台北荣全化工机械公司再生海绵生产线技术参数

项　　目	参　　数	项　　目	参　　数
搅拌罐体积/m³	7	液压压力/(kgf/cm²)	5000
化学品釜体积/L	100	风压/(kgf/cm²)	6
水釜体积/L	100	模具箱体尺寸($L×W×H$)/mm	1900×1000×1000
化学品计量泵马达	1/2HP	生产速度/[块/(8h·2模具)]	8～10
水泵动力	1/4HP×1	循环时间/min	50
混合马达	5HP×1	占地面积/mm	6300×2700×4550
液压马达	3HP×1		

注：1kgf/cm²=98.0665kPa。

(a) ERS-R01再生绵机　　(b) ERS-R02再生绵机　　(c) ERS-R03再生绵机　　(d) ERS-R04高密度圆泡再生绵机
　　　　　　　　　　　　　（带蒸汽）　　　　　　　（带蒸汽）　　　　　　　（带蒸汽）

图16-4　东莞市伊瑞斯机械制造有限公司生产的系列再生海绵设备

|(a) 镇江奥凯聚氨酯机械|(b) 河北兴业再生海绵机械制造|(c) 台北荣全化工机械|
|有限公司产品|有限公司产品|有限公司产品|

图 16-5　泡沫体再生机组

利用聚氨酯废料的碎片进行黏合压制，可以生产出诸如汽车头枕、扶手、弹性地砖、建筑物的隔热隔音材料等再生制品。它们可有效降低生产成本，并能为市场提供保温、隔热、隔音、缓冲、减震等性能良好的再生产品。粉碎的废旧聚氨酯颗粒还可以作为填料添加至水泥砂浆中，作为优秀的建筑材料骨料。

镇江奥凯聚氨酯机械公司生产的泡沫体再生机组由泡沫粉碎机和泡沫再生机配套构成。废弃的泡沫体或其边角废料在装有尖钉飞轮的高速旋转作用下被撕碎成细小的块状，然后加入黏合剂、溶剂等进行搅拌。将拌合均匀的泡沫碎料由设备底部的活门放入成型熟化箱中，在高压压板的作用下将其压制成一定尺寸的再生泡沫体产品，基本尺寸为 1820mm×1210mm×500mm。设备搅拌桶容量 40kg；套箱容量约 120kg（三次压制）；功率 5kW；设计生产能力 63t/a；设备外形尺寸（$L×W×H$）4112 mm×3740 mm×4065mm；质量 3200kg。

河北兴业再生海绵机械制造公司生产多种再生海绵生产线，图 16-5（b）为 MJ-2 系列。其搅拌容量为 5～10L；搅拌速度 33～48r/min；液压功率 200～6000MPa；电机功率 8～65kW。

聚氨酯泡沫体废料，除了以生产中产生边角废料为主的软质泡沫体以外，还有就是以保温板和以白色家电为主的硬质聚氨酯泡沫体。江博新、薛红伟在中国聚氨酯工业协会第十三次年会上发表了使用聚氨酯硬质泡沫体废料进行再生板材的研究成果，他们利用冰箱、冰柜拆解下来的聚氨酯硬泡，经粉碎后，在搅拌过程中喷洒聚氨酯黏合剂和少量的水，混合均匀后放入模具，加热至 120～220℃，并在 0.5～5MPa 压力下加压成型，经熟化制成板材。这种注射板材可以作为屋面、墙体等保温材料。

在吸收国外先进技术的基础上，台州奇艺环保设备科技有限公司推出了废旧冰箱拆解生产线，见图 16-6。该生产线由预处理系统（包括拆解工作台、制冷剂回收装置、人工辅助拆解压缩机、分拣易拆塑料件）、粉碎系统（包括各种输送机、粉碎设备）、整体解离系统（独创的物料高效粉碎和聚氨酯泡沫体分离的一体化设备，实现聚氨酯泡沫体的分拣）、分离装置（包括磁选机等设备，用于分拣铁、铜、锡、铝以及塑料）、泡沫减容系统（将聚氨酯泡沫体进行粉碎，打包输送，以便进行下一步处理）、安全系统、尾气处理系统以及控制系统等组成。该生产线有 3 种型号，基本参数列于表 16-6 中。

天津理工大学胡彪、李健在对年处理量 10 万台废旧 R11 冰箱作无害化处理项目的研究中，提出了一种基于国情的废旧冰箱资源再利用和无害化处理的方法（图 16-7）。该工艺将拆解出来的聚氨酯硬泡使用刷式粉碎机进行封闭粉碎，将收集的挥发出来的发泡剂混合气体进行压缩、分离。粉碎后的聚氨酯颗粒可以采用黏合、热压等方法进行再生利用。

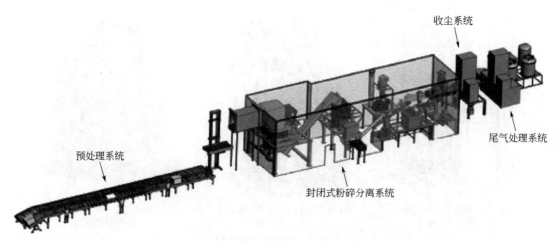

图 16-6　浙江台州奇艺环保设备科技有限公司生产的废旧冰箱拆解生产线

表 16-6　废旧冰箱拆解生产线技术参数

项　　目	RF-Ⅰ	RF-Ⅱ	RF-Ⅲ
处理能力/(台/H)	10～12	25～40	40～60
设备能耗/kW	120	260	500
电源	AC380V，50Hz		
占地面积/m²	200	320	500
操作人员	5	6	8
回收效率	聚氨酯泡沫体积收集率＞90%；钢铁质量收集率98%；有色金属质量收集率≥95%；塑料质量回收率≥95%		

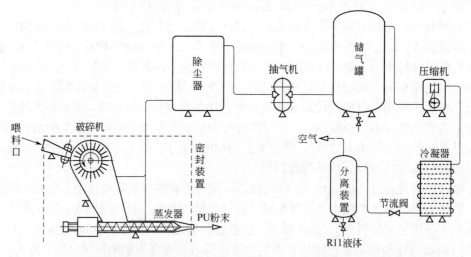

图 16-7　R11 发泡聚氨酯泡沫体在封闭状态下粉碎，并将挥发的混合气进行压缩分离处理

　　把聚氨酯废料粉碎成细小的颗粒或微小的粉末，可以直接作为填料进行再加工，制造再生的聚氨酯泡沫体或其他制品。这种方法涉及微小粉末的制备、与多元醇的混合、输送、计量以及浇注等过程，与普通黏合加压成型相比一般需要较多的工序和设备投资。德国拜耳（Bayer）公司资料显示，基本采用四步工序：第一步，将生产中产生的泡沫体废料和废弃的沙发坐垫等软质或半硬质聚氨酯模塑制品进行分类、清理、去除污垢，并分拣出其他饰面织物、嵌件等。第二步，将泡沫废料投入双辊粉碎机，通过双辊的不等速的相对旋转，彼此的

辊距使材料在两辊窄缝中受到剪切作用而被粉碎成细小的颗粒，根据需要，经过筛分和多次反复操作，可以获得直径在 0.1～0.2mm 的聚氨酯粉末，然后把它们输送至料仓中储存。第三步，将符合细度要求、洁净、干燥的聚氨酯粉末添加到多元醇组分中，使其充分浸润，混合均匀，然后作为多元醇的一个组分。根据制品性能要求，一般粉末的添加量为 20%～30%。第四步，将含有再生粉末的多元醇组分和异氰酸酯组分按一定比例进行计量、混合、浇注、模制，即可制得性能良好的聚氨酯再生制品，其废料回收的聚氨酯粉末被均匀地嵌入泡沫的微孔结构中，成为聚合物结构的一部分。整个过程见图 16-8。

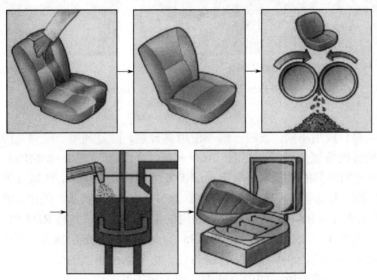

图 16-8　聚氨酯废料粉末作为多元醇填料，直接再生

由 Metzeler Schaum 公司、Bayer 公司和 Hennecke 公司共同开发的 Grind Flex 技术是这种聚氨酯粉末注射的一个实例。该回收系统可将粉碎的 300kg 聚氨酯粉末添加到多元醇组分中，然后再与异氰酸酯混合、反应、模制成再生的聚氨酯制品。该技术的基本流程如图 16-9 所示，相关设备部件可见图 16-10。

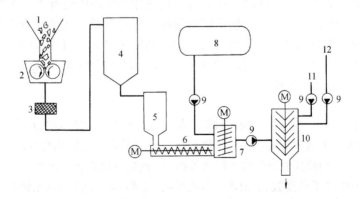

图 16-9　废料粉碎成粉末后掺入至多元醇中进行循环再利用

1—料斗；2—辊式粉碎机；3—筛网；4—储罐；5—计量罐；6—螺旋喂料机；7—预混合器
8—多元醇储罐；9—输送泵，计量泵；10—混合器；11—异氰酸酯供料管；12—各种配合剂供料管

(a) 废旧聚氨酯泡沫粉碎装置　　　　　　　　(b) 双辊研磨粉碎机

图 16-10　Grind Flex 技术设备（图片摘自 Hennecke 公司资料）

2. 热压成型

热压成型与黏合成型不同，该法一般不使用黏合剂，而是利用一些聚氨酯废料的热软化可塑性，将已粉碎的聚氨酯颗粒在高温（100～200℃）、高压（30～80MPa）及高剪切力的共同作用下，使它们内部的氨基甲酸酯键和脲键发生某些化学反应，生成新的化学键或形成新的氢键，在压制下使聚氨酯颗粒重新粘接在一起，生产再生制品。例如，德国拜耳公司在20 世纪 90 年代开发了 RIM-PU 制品回收再利用的工艺。它是首先将 RIM-PU 制品粉碎成细小的颗粒，然后在 180～185℃的高温和 35MPa 的高压下进行热压成型。利用这种工艺，不使用任何黏合剂和添加剂，即可再生制备出热稳定性与新品相当的新的汽车部件，应用在对机械性能要求不太严格的场所（如电池外壳、挡泥板等）。

对于这方面的再利用研究工作，我国的科技工作者也进行了许多有益的探索。钟世云等针对上海吉翔汽车车顶饰件公司在汽车车顶的生产中产生的边角废料，开展了聚氨酯泡沫废料制造板材的实验研究。在生产中，由多层材料复合的冲压边废料，不仅包括聚氨酯泡沫体，同时还包括玻璃纤维、饰面布料等。汽车顶层饰件有 9 层，最中间为聚氨酯泡沫体（重量约占 30.5%），两边依次是聚烯烃黏合剂（占 26.7%）、玻璃纤维（占 28.5%）、饰面织物（占 14.3%）。以上统称复合废料。同时，在聚氨酯泡沫体的生产中还有"馒头"状弧形上顶工艺废料，称为泡沫废料。将它们分别用塑料粉碎机进行粉碎。按照复合废料∶泡沫废料为3∶2 的质量比机械混合后加至模具中，在一定的温度（150℃）和压力(7.5MPa)下，根据配比和工艺条件的变化，可以生产出再生板材或型材，其密度为 1.0～1.6g/cm³，弯曲强度 15～23MPa，吸水率为 0.2%～2.0%。

3. 挤出成型

一般的聚氨酯废料，大多是热固性材料。挤出成型就是采用热力学方法让聚氨酯的大分子结构产生局部降解，生成中等长度的分子链结构，使其具有一定的热塑性，将这些废料的聚氨酯粉末与热塑性聚氨酯或其他热塑性塑料进行掺混，然后可以进行挤出再加工。例如 EPDM（三元乙丙橡胶）、NBR（丁腈橡胶）、SBS（苯乙烯-丁二烯-苯乙烯嵌段共聚物）、TPE（热塑性弹性体）等材料。首先，将废料聚氨酯颗粒按一定比例混合，使用挤出机造粒。然后，可以采用热塑性塑料的一般加工设备和方法进行注射、挤出、压延等操作，也可以获得再生聚氨酯制品。文献指出，在高温作用下聚氨酯分子中的氢键被破坏，此时掺入的其他热塑性颗粒在高温下也会成为熔体，它们彼此混合，以"互穿网络"（IPN）方式彼此缠绕，成型后可以生产性能良好的再生产品。文献同时指出，NBR 与聚氨酯的相容性最好，而使用 SBS 则成本最低。

第四节　聚氨酯废料的化学回收方法

聚氨酯材料是由多元醇、异氰酸酯等为主要原料，经逐步亲核加成等反应在一定工艺条件下合成的，这些反应是可逆性反应，在某些特定的条件下也可以逐步降解，生成单体多元醇、异氰酸酯、胺等化学品。

聚氨酯废料的化学回收方法基本有 6 种，反应如下。

醇解法：PU+HO—R—OH $\longrightarrow$ 多元醇混合物

水解法：PU+水 $\longrightarrow$ 多元醇+多元胺

碱解法：PU+NaOH $\longrightarrow$ 醇+胺+碳酸钠

氨解法：PU+NH$_3$ $\longrightarrow$ 多元醇+胺+脲

热解法：PU+高温+高压 $\longrightarrow$ 气态和液态馏分混合物

加氢裂解法：PU+H$_2$ $\longrightarrow$ 油+热解气体

在以上 6 种化学回收方法中，研究最多的是醇解法，工艺技术最为成熟，并已投入工业化生产。

一、醇解法

1. 醇解法的化学原理

醇解法技术成熟，适用范围广，既可用于聚氨酯软质泡沫体的分解，也可用于聚氨酯硬泡及其他聚氨酯材料的化学分解，且生产工艺比较简单，是目前广泛推广使用的化学回收法。

醇解法的基本原理是利用烷基二醇为分解剂，在一定的工艺条件下使聚氨酯高聚物产生化学断链，分解。虽然其断链历程比较复杂，分解原理也存在一些争论，但就其断链的主要反应大致有以下几种。

（1）氨基甲酸酯基团的酯交换分解。聚氨酯材料中的氨基甲酸酯键在醇解剂和催化剂的作用下极易受到—OH 的攻击产生断链，在与低分子烷基二醇进行的酯交换中氨基甲酸酯基团被低分子醇取代，并生成分子量相对较高的多元醇：

$$\text{\textasciitilde R'NHCOOR''}+\text{HO\textasciitilde R'''\textasciitilde OH}\rightarrow\text{\textasciitilde R'NHCOO\textasciitilde R'''\textasciitilde OH}+\text{\textasciitilde R''OH}$$

（2）脲键基团的分解。在聚氨酯泡沫体中，除了有氨基甲酸酯基团外，还有其他基团，如水参与反应生成的脲基，存在于聚氨酯高聚物中的这些基团也将会被醇解，生成多元醇和多元胺：

$$\text{\textasciitilde R'NHCONHR''}+\text{HO\textasciitilde R'''\textasciitilde OH}\rightarrow\text{\textasciitilde R'NHCOO\textasciitilde R'''\textasciitilde OH}+\text{\textasciitilde R''NH}_2$$

（3）异氰脲酸酯基团的分解。在聚氨酯硬质泡沫体废料的处理方面，尤其是近几年发展起来的 PIR（聚异氰脲酸酯）类材料，这种耐热性较好的异氰脲酸酯基团也可以在一定条件下被醇解发生断链，产生相应的端羟基化合物和苯胺：

2. 醇解法的种类

为了提高醇解反应速度，降低反应温度，缩短反应时间，减少醇解剂的用量，在醇解反应中经常加入助醇解剂，也称为改性醇解剂。根据醇解剂和改性醇解剂的配合，基本可分为二醇法、醇胺法、醇涂法（亦称醇碱金属氢氧化物法）、醇-磷酸酯法。4 种方法的比较见表 16-7。

表 16-7　醇解剂、助醇解剂对醇解工艺的影响

工艺条件	二醇法	醇胺法	醇涂法	醇-磷酸酯法
醇解剂	$C_2 \sim C_6$ 的二元醇	$C_2 \sim C_6$ 的二元醇（90%～100%）	羟值 56～1800 的多元醇与胺化合物并用	分子量 400～3000 的聚丙二醇醚
助醇解剂	叔胺	$C_4 \sim C_8$ 二烷基醇胺（0～10%）	碱金属氢氧化物	卤化磷酸酯
分解泡沫体倍数	0.3～1.0	0.3～1.0	30～50	0.3～1.0
分解温度/℃	150～200	175～250	60～160	170～250
分解时间/h	4～8	3～15	1～5	3～5
回收产品	多胺，多元醇	多元醇	多胺，多元醇	多元醇，磷酸铵
再利用方法	与多元醇混合使用	在聚醚多元醇掺入20%～40%后混合使用	可直接用于发泡	可直接用于发泡

醇解法可适用于各种聚氨酯废料的化学回收，醇解反应条件温和，反应可在常温、中压的条件下完成。其关键之一是选择适当的醇解剂和助醇解剂，常用的醇解剂有乙二醇、丙二醇、丁二醇、二乙二醇等；常用的助醇解剂大多为碱金属或碱土金属的氢氧化物、碱土金属的钛酸盐类化合物等。醇解后的产物为成分比较复杂的混合物，静置后可分层。下层为杂质层，主要有含脲基、未断链的氨基甲酸酯基的混合物等。上层主要有再生的端羟基的多元醇、过量的醇解剂以及多元胺等。醇解产物的提纯多采用减压蒸馏等办法进行。根据醇解方法和再生产品用途，可以作为制造聚氨酯的基础原料，单独或掺合使用，也可以作为反应组分直接使用。利用醇解法进行聚氨酯废料的回收在国内外已获得广泛工业化生产（图 16-11）。

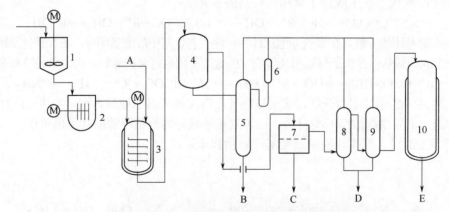

图 16-11　废料聚氨酯材料的醇解工艺示意图

1—洗涤釜；2—粉碎机；3—醇解釜；4—分层罐；5—蒸馏塔；6—冷凝器；7—过滤器；

8，9—萃取釜；10—薄膜蒸发器；A—醇解剂，催化剂等；B—胺与多元醇混合物；

C—过滤出的固体杂质等；D—胺类混合物；E—再生聚醚多元醇

　　进行聚氨酯废料醇解时，首先要将聚氨酯废料进行清洗和破碎等原料预处理，然后加至醇解釜中，加入一定量的醇解剂和助醇解剂混合（其量占废料质量的15%～100%）。醇解反应在180～250℃下回流反应3～10h完成醇解反应。其反应温度越高，时间越长，醇解得越彻底，在一般情况下最佳醇解反应在180～200℃下进行2～5h即可。醇解反应产物要在分层釜中静置一段时间，使其分层。上层为分子量较高的多元醇等，经过过滤除去固体杂质后进行多元醇的提纯。下层可通过减压蒸馏等方法将其进行分离。对于上层多元醇混合物的提纯开发出多种萃取工艺，如添加有机二羧酸及其酸酐、异氰酸酯、某些氧化物、脲等，以除去副产物胺、脲等，然后经过蒸馏即可获得再生的高纯度多元醇产物。下层为含有脲、胺、氨基甲酸酯及其他低分子化合物的混合物，可以采用烷氧基化反应等方法除去胺后，再进行蒸馏提纯。根据再生产品的性能要求，这些再生的化学物质，有的可直接使用，有的可与新鲜的、同规格的多元醇掺合使用，最高掺合量可达60%，而且最终产品性能和新鲜多元醇制得的产品基本相当。下层液体经过蒸馏等工序，可获得胺类等混合物，它们也可以再用于聚氨酯产品的制备中。回收多元醇的成套设备见图16-12和图16-13。

图16-12　德国 H&S 设备技术公司（H&S Anlagentechnik GmbH）
聚氨酯软泡醇解回收多元醇成套设备
1—反应釜；2—活化釜；3—聚氨酯废料喂料装置；4—冷却釜；5—热交换器；6—过滤系统

　　该系统反应釜容积从1L至5L。整个系统全自动化，容易操作。对于聚氨酯软泡废料主要是连续生产的工业化块泡，泡沫体废料还需要按原始基础配方进行分类，需要清除纸张、金属和其他聚合物，并制备成清洁碎片。软泡碎片投料量约为42%。聚醚多元醇投料量约占44%（羟值36～56mgKOH/g，黏度600～3000mPa·s，水分含量<0.2%）；加入12%的二元羧酸和2%的催化剂。再生的、用于普通泡沫的聚醚多元醇指标为：羟值48mgKOH/g±4mgKOH/g；酸值<1.1mgKOH/g；黏度4000～7500mPa·s。使用大于20%的再生聚醚，经与新鲜聚醚混合后生产的床垫等家具垫材，其物理性能和机械性能没有任何变化。

　　该系统主要用于聚氨酯硬泡废料的醇解并回收聚醚多元醇。该系统原料来自 PUR 和 PIR

的工业绝热板材、片材等，含有的纸张、铝合金、玻璃纤维等杂质要控制在一定的可接受范围内。硬泡废料投料量约为 44%，醇解剂二乙二醇加入量 50%，催化剂和其他助剂约占 6%。经过系统再生产生的多元醇基本指标：羟值 450～600mgKOH/g，酸值 5～20mgKOH/g，胺值 20～40mgKOH/g，黏度（25℃）2000～8000mPa·s。这种再生聚醚多元醇（25%）和 75% 新鲜聚醚多元醇掺合同样可以制备性能优良的绝热板材。

图 16-13　德国 H&S 设备技术公司（H&S Anlagentechnik GmbH）聚氨酯硬泡醇解回收多元醇成套设备
1—反应釜；2—聚氨酯硬泡废料喂料系统；3—冷却釜；4—热交换器；5—过滤系统

二、水解法

众所周知，聚氨酯材料耐热水的性能较差，尤其是以聚酯多元醇为基础的聚氨酯产品，在高温的热水中很容易产生分子链的断裂。针对这种特点，在聚氨酯废品回收再利用方面开发出水解法。聚氨酯废品可以利用蒸汽一定的温度、压力，加速聚氨酯分子链的裂解，再生出醇和胺的混合物：

$$\text{\~\~\~NHCOOR} + H_2O \longrightarrow \text{\~\~\~} NH_2 + ROH + CO_2$$

利用蒸汽气流将分解产生的二氧化碳和胺带出，经冷凝后，可回收胺类化合物，而醇类混合物则从裂解器的下部收集。该法水解工艺条件并不苛刻（一般水解温度为 250～350℃，水解压力为 50～150MPa），水解的主要产物是二醇和胺类化合物，回收率也较高。该法比热解法优越。

有文献推荐了一种用于废旧聚氨酯泡沫体连续水解的回收工艺。该工艺首先将废旧的聚氨酯泡沫体进行洗涤，清除灰尘、杂物等，经过破碎后投入双螺杆挤出机。聚氨酯泡沫体在双螺杆挤出机中进行塑化作用的同时，还要在前进的过程中与加入的水掺混，形成浆料。它们在高温和高剪切力的作用下，边混合边分解。这样，双螺杆挤出机既是制浆混炼装备，又是水解反应器。根据工艺要求，实施分段加热，温度控制，最高加热温度为 300℃，制浆和水解反应时间约需要 5～30min。通过控制螺杆转速、各段加热温度、加入水量及反应时间等工艺参数，即可调节反应程度。水解产物主要是醇和胺。混合物经过分离、蒸馏等方法，即可获得再生的产物，工艺流程见图 16-14。

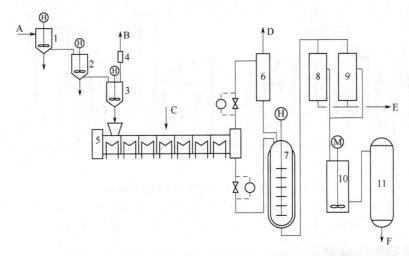

图 16-14　使用双螺杆挤出机进行聚氨酯废料的水解法回收工艺流程示意图

1，2，3—废旧泡沫体洗涤、粉碎等前处理装备；4—废气处理罐；5—双螺杆挤出机；6—回流罐；
7—水解反应釜；8，9—静置釜；10—萃取釜；11—蒸馏釜；A—聚氨酯废料；B，D—废气；
C—水；E—胺等；F—多元醇

三、碱解法和氨解法

使用氢氧化钠为分解剂回收聚醚多元醇和二元芳胺的方法，被称为碱解法，其主要分解反应如下。

氨基甲酸酯基团的分解：

$$\sim\!\!\sim\!\!RNHCOOR'\!\!\sim\!\!\sim \rightleftharpoons \sim\!\!\sim RNCO +\sim\!\!\sim R'OH$$

脲基的分解：

$$\sim\!\!\sim\!\!RNHCONHR'\!\!\sim\!\!\sim \rightleftharpoons \sim\!\!\sim RNCO +\sim\!\!\sim R'NH_2$$

异氰酸酯的碱分解：

$$R\!\!-\!\!NCO + 2NaOH \rightarrow R\!\!-\!\!NH_2 + Na_2CO_3$$

从以上的分解反应可以看出，分解产物主要是醇、胺和碳酸钠等，分解反应及生成物相对较为简单。将粉碎的聚氨酯泡沫体加至分解反应釜中，加入氢氧化钠分解剂，以聚醚多元醇为溶剂，在搅拌下加热至 160℃，即开始进行碱分解反应，连续搅拌，保温 4h，即可获得碱解产物。该分解产物首先在加热和减压的条件下进行蒸馏，可以获得高纯度（＞98.5%）二胺化合物，它们可以直接作为光气化反应的原料，用于异氰酸酯的生产；蒸馏残渣则可采用有机溶剂进行萃取，然后经过水洗、脱色、过滤等工艺程序，获得的聚醚多元醇可以直接用于聚氨酯泡沫体的制备。该方法回收的产物纯度和收率较高，一般 1000kg 软泡废料可以回收 550～560kg 聚醚多元醇和 220～230kg 甲苯二胺。虽然使用回收聚醚多元醇生产的聚氨酯泡沫体性能较低，但能在废物利用、降低生产成本方面体现出很好的社会效益和经济效益。碱解法工艺流程见图 16-15。

在临界状态下，聚氨酯的脲基和氨基甲酸酯基团会产生裂解，生成多元醇、脲和胺。但这种氨解法目前尚处于实验室阶段，在工业技术方面还有待进一步研究和开发。

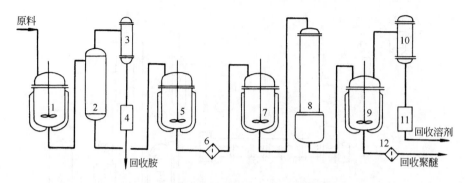

图 16-15　聚氨酯废料碱解法工艺流程示意图

1—碱分解釜；2—蒸馏釜；3—冷凝器；4—胺回收罐；5—溶剂混合釜；6—过滤器；7—水洗釜；
8—精馏塔；9—溶剂脱除釜；10—冷凝器；11—溶剂回收罐；12—过滤器

四、热解法和加氢裂解法

该法的基本原理是利用聚氨酯分子中的氨基甲酸酯基团和脲基基团在高温下产生热解的可逆性反应：

$$\sim\!\!\sim\!\!NHCOO\!\!\sim\!\!\sim \rightleftharpoons \sim\!\!\sim\!NCO +\sim\!\!\sim\!OH$$

$$\sim\!\!\sim\!\!NHCONH\!\!\sim\!\!\sim \rightleftharpoons \sim\!\!\sim\!NCO +\sim\!\!\sim\!NH_2$$

将废旧的聚氨酯材料置于惰性气体或氧化气氛中，在 200～200℃的高温环境下进行裂解，控制裂解温度，截取相应的馏分。如在 200～300℃下裂解，可获得相应等量的多元醇和异氰酸酯；而在 700～800℃的高温下裂解，则可获得油、焦炭和热解气体。在工艺中，热解温度和氧浓度对产物收率有很大影响，通常，当热解温度在 400℃，氧浓度在 21%以上时，多元醇回收率约为 50%～55%。该法回收的产物成分比较复杂，分离难度大，只有经过深度裂解过程的产物才能作为燃料使用。从环保和经济角度考虑，这两种方法目前尚存在诸多技术和经济问题需要进一步解决。

参考文献

[1] 中山斯瑞德环保设备科技有限公司资料.

[2] 浙江台州奇艺环保设备科技有限公司资料.

[3] 镇江奥凯聚氨酯机械有限公司资料.

[4] 山东宁津县朝晖海绵机械加工中心资料.

[5] 北京东方新世纪聚氨酯海绵有限公司资料.

[6] 东莞市伊瑞斯机械制造有限公司资料.

[7] 东莞市恒生机械制造有限公司资料.

[8] 刘益军. 聚氨酯废旧料的物理回收工艺. 再生资源研究，2000，(2)：30-31.

[9] 锺世云，郦迪方，王公善. 利用聚氨酯泡沫复合废料制造板材的实验研究. 建筑材料学报，2002，5(2)：195-197.

[10] 胡彪，李健. R11 发泡的聚氨酯硬泡废弃物环保处理工艺. 中国资源综合利用，2007，(6)：17-21.

[11] 江博新，薛红伟. 硬质聚氨酯泡沫废料再生板材的技术研究. 中国聚氨酯工业协会第十三次年会论文集. 上海：2006：215-218.

[12] 张玉龙等. 废旧塑料回收制备与配方. 北京：化学工业出版社，2008.

[13] Bayer 公司资料.

[14] Hennecke 公司资料.

[15] 鹿桂芳，丁彦滨，赵春山，崔德生. 国内外化学法回收废旧聚氨酯研究进展. 化学工程师，2004，2(10)：45-48，51.

[16] 胡朝辉，王小妹，许玉良. 醇解废旧聚氨酯回收多元醇研究进展. 聚氨酯工业，2008，23(4)：9-11.

[17] 徐培林，张淑琴. 聚氨酯材料手册：第二版. 北京：化学工业出版社，2011.

[18] 德国 H&S Anlagentechnik GmbH 公司资料.

[19] 河北兴业再生海绵机械制造有限公司资料.

部分聚氨酯设备生产企业名录

北京

北京东盛福田聚氨酯设备制造有限公司
地址：北京市大兴区义和庄北路锦华路 1 号
电话：010-61213776　传真：61216946
主要产品：聚氨酯设备

北京格兰力士机电技术有限责任公司
地址：北京市门头沟区石龙工业区雅安路 7 号
网址：www.gelanlishi.com
电话：010-60804830　传真：010-60804830
主要产品：计量泵

北京京华派克聚合机械设备有限公司
地址：北京市大兴区北藏建材工业区
网址：www.jhpk.net
电话：010-60270603　传真：60270601
主要产品：PU、PUA 高压喷涂机

北京金科聚氨酯技术有限责任公司
地址：北京市西城区西便门外大街 10 号 18-133 号
电话：010-51575252
主要产品：聚氨酯喷涂设备

北京惠佳思特聚氨酯科技有限公司
地址：北京市朝阳区东三环北路国际港 C 座 2105
网址：www.enviland.com.cn
电话：010-84470087　传真：84470272
主要产品：聚氨酯，聚脲喷涂灌注机（美国 gusmer
公司代理）

北京科拉斯化工技术有限公司
地址：北京朝阳区来广营西路 5 号森根国际社区
3D
电话：010-84908900-849　传真：84900900
主要产品：PU、PUA 喷涂设备

北京朗拓机电设备有限公司
地址：北京朝阳区八里庄西里商务 61 号楼 1507 室
电话：010-85865041　传真：87702718
主要产品：聚氨酯机械设备

北京联成科伟机电设备有限公司
地址：北京光机电一体化产业基地
电话：010-68465507　传真：81503655
主要产品：PU 喷涂发泡设备

北京瑞科（GRACO）喷涂测控技术有限公司
地址：北京市建国门外高碑店北路甲 5 号
电话：010-85773201　传真：85773198
主要产品：喷涂设备

北京深思融信科技有限公司
地址：北京市朝阳区东三环北霄云路 28 号华园饭店
A 座 2307 室
网址：www.synpolymer.com
电话：010-64651825　传真：8451 6151-13
主要产品：代理卡士马喷涂设备

北京天元科汇自动化设备研发公司
地址：北京市丰台区大红门五里店六和庄 1 号
电话：010-86880223　传真：87883946
主要产品：PU 板材生产设备

北京星和重工设备技术有限公司
地址：北京经济技术开发区西环南路 18 号 A 座
508 室
电话：010-51570266　传真：51570197
主要产品：PU 夹芯板材生产线

兴信喷涂机电设备（北京）有限公司
地址：北京市朝阳区朝阳北路五里桥 1 号中弘国际
商务花园 7 楼 1 层

电话：010-59621008 传真：59621119

主要产品：聚氨酯喷涂设备

北京市通州永利刀具有限公司

地址：北京市通州区梨园小街

网址：www.yldj.com

电话：010-60527712 传真：60527690

主要产品：海绵切割机

北京泽尼机电技术开发有限公司

地址：北京市海淀区北四环中路健翔园 4 号楼 1408 室

电话：010-62323290 传真：62323290

主要产品：计量泵

上海

博伊默（上海）机械贸易有限公司

地址：上海市闵行区莘建东路 58 弄 2 号 2714 室

电话：021-22816421 传真：34130660

主要产品：聚氨酯切割设备

上海大昌机器厂

地址：上海市浦东川北公路小营房车站东首

电话：021-68900365/58592721

主要产品：聚氨酯水平/垂直连续发泡机

上海大唐盛隆科技有限公司

地址：上海市浦东新区林鸣路 271-6 号

电话：021-68308818 传真：68302073

主要产品：聚氨酯复合板连续生产线

上海峰晟机械设备有限公司

地址：上海市文定路 219 号泰德花苑星座 23G

电话：021-64286996 传真：64286998

主要产品：滤清器浇注机，注胶机

上海海绩机械设备制造有限公司

地址：上海市大叶公路 6999 号

网址：www.shanghaihai.com

电话：021-57586744 传真：57586144

主要产品：海绵机械

上海胡殷科技服务有限公司

地址：上海市中山西路 1410 弄 3 号 301 室

电话：021-62191024 传真：52570093

主要产品：溢流式平顶发泡机

上海华特汽车配件有限公司

地址：上海嘉定区安亭镇米泉南路 618 号

电话：021-69573759

主要产品：聚氨酯高压发泡生产线

上海宽河塑料制品有限公司

地址：上海新松北路 1234 号 A 座 501 室

电话：021-67825061 传真：67825062

主要产品：高压发泡机，混合头

上海临港液压泵制造有限公司

地址：上海市南汇区泥城镇公平路 302 号

电话：021-58076009 传真：58076077

主要产品：轴向变量柱塞泵

上海茗棠实业发展有限公司

地址：上海闵行区虹井路 618 弄 107 号 101 室

电话：021-64020612 传真：64022652

主要产品：高压喷涂设备

上海念麟机电设备有限公司

地址：上海浦东川沙王桥路 999 号 1005 栋

网址：www.ktr.com

电话：021-5838 1800 传真：5838 1900

主要产品：联轴器

上海磐新机械设备有限公司

地址：上海市天钥桥路 859 号

电话：021-54251017

主要产品：齿轮泵

上海浦东联邦五金厂

电话：021-58978431

主要产品：海绵平切机，立切机

上海世鹏聚氨酯科技发展有限公司

地址：上海市长寿路 433 弄锦海大厦 1 号 7A 座

电话：021-62763001 传真：62762315

主要产品：聚氨酯，聚脲喷涂设备（GRACO）

上海双宙机械设备有限公司

地址：上海市普陀区柳园路 258 号

网址：www.shuangzhou.com

电话：021-56504141 传真：66552225

主要产品：齿轮泵，高精密熔融纺丝计量泵

上海通机设备工程有限公司

地址：上海市石门二路 333 号恒安大厦 16E 座

电话：021-62534263 传真：62677615

主要产品：自清洁过滤器

瓦格纳喷涂设备（上海）有限公司

地址：上海江场西路 395 号 4F

电话：021-66521858

主要产品：喷涂设备

上海信浩机电设备技术有限公司

地址：上海市澳门路 249 号 301 室/工厂宝山区南蕴

藻支路 1589 弄 90 号

网址：www.set-sh.com

电话：021-61079745，61070245

主要产品："H"型高压发泡机

上海信茂国际贸易有限公司

地址：上海市外高桥保税区飞拉路 55 号生产楼一层 B2

电话：021-58666616　传真：58666618

主要产品：聚脲喷涂设备（GUSMER）

上海郁慧机电科技有限公司

地址：上海市奉贤区西渡鸿程路 1 号

网址：www.yu-hui.net

电话：021-57159085　传真：57159085

主要产品：聚氨酯现场发泡，喷涂设备体系

上海永明机械制造有限公司

地址：上海市松江区车亭公路 138 号（上海莘莘学子创业园内回业路 425 号）

网址：www.shbcm.com

电话：021-57604761

主要产品：各种泡沫夹芯板材生产线及配套

上海中吉机械制造有限公司

地址：上海市青浦区新丹路 368 号

网址：www.zhongji.com

电话：021-52303505　传真：52303508

主要产品：聚氨酯，酚醛等保温板生产线

天津

天津市北辰聚氨酯制品厂

地址：天津市北辰区刘家码头

电话：022-26956670

主要产品：聚氨酯低压灌装机

天津市贝斯特聚氨酯机械有限公司

地址：天津津南区辛庄镇上汀村 4 区 2 排 4 号

电话：022-88289498

主要产品：HS 系列高压发泡机

天津市东方旭迪聚氨酯设备有限公司

地址：天津市静海县经济开发区

网址：www.tjdfxd.com

电话：022-68650088　传真：68651566

主要产品：高压发泡机，低压浇注机

重庆

重庆市江南机械制造有限公司

地址：重庆市南岸区大石坝 20 号

电话：023-62515474

主要产品：机械设备

重庆希普瑞机电工程有限公司

地址：重庆市石桥铺科园 1 路 210 号 D 座 5-8

电话：023-68694454　传真：68624814

主要产品：聚氨酯发泡，喷涂，涂料设备

河北

石家庄奥斯特聚氨酯有限公司

地址：石家庄 107 国道正定收费站南

电话：0311-88719190

主要产品：PU、海绵生产线

石家庄金海德聚氨酯有限公司

地址：石家庄市鹿泉世纪工业园上庄镇振岗路西

电话：0311-87985170　传真：87985176

主要产品：发泡机，混合头

石家庄晓进机械制造有限公司

地址：石家庄中山东路 640-2

电话：0311-85087188　传真：85087288

石家庄市中和聚氨酯机械厂

地址：石家庄市鹿泉高新技术开发区云开路 55 号

电话：0311-2196118，2227121

主要产品：低压发泡机，切割机，粘贴机

河北恒盛泵业股份有限公司（原泊头齿轮泵总厂）

地址：泊头市河东北街 61 号

电话：0317-8223055　传真：8282746

主要产品：齿轮泵

河北海兴县兴业再生海绵机械设备厂

地址：河北省河间市束城工业园区

电话：0317-6676060

主要产品：再生海绵设备

河北海兴宏伟再生海绵设备厂

地址：河北海兴县中心广场西

电话：0317-6622508

主要产品：海绵粉碎机等

河北省奥乐事业有限公司

地址：河北省邯郸市魏县城南工业区

电话：0310-3530367　传真：3530877

主要产品：变压发泡设备；发泡机组

河北恒鑫海绵机械公司

地址：河北省邯郸市复兴路 10 号

电话：0310-2915389

主要产品：发泡机，切割机等

河北邯郸市吉尔吉聚氨酯机械有限公司
地址：邯郸市中华北大街 355 号
电话：0310-7200069 传真：7200860
主要产品：连续发泡机组，海绵处理机

大城昆仑聚氨酯保温防腐设备厂
地址：河北省大城县里坦镇工业区
网址：www.kljaz.com
电话：0316-5705777 传真：5710577
主要产品：PU 浇注机，喷涂机

河北极泰聚氨酯设备有限公司
地址：河北省大城县留各庄
电话：0316-5789766 传真：5789766
主要产品：发泡机，喷涂机

河北廊坊香河县巨龙泡沫机械有限公司
地址：河北省香河县钳屯乡池屯
网址：www.xhpmjx.com
电话：0316-8416963 传真：8416325，8336315
主要产品：PU 发泡机组

大城县利德聚氨酯发泡设备厂
地址：河北省大城县广安乡王范村
电话：0316-5950681 传真：5951385
主要产品：浇注机，喷涂机

大成利华聚氨酯保温材料厂
地址：河北省廊坊市大城县西青洲工业区
电话：0316-5952258 传真：5950397
主要产品：PU 浇注机，喷涂机

大城县全兴聚氨酯发泡设备厂
地址：河北省大城县权村镇
电话：0316-5799628
主要产品：发泡机，喷涂机

廊坊顺达聚氨酯发泡设备厂
地址：河北省大城县广安乡李庄子路东
电话：0316-5951015
主要产品：高低压发泡机，喷涂机

河北顺杰发泡设备厂
地址：河北省廊坊市大城县留各庄镇北头工业区
电话：0316-5956071 传真：5958091
主要产品：PU 高压发泡机，灌装机

河北沃斯克聚氨酯喷涂设备厂
地址：河北省大城县城西王屯工业区
电话：0316-5887509
主要产品：聚氨酯设备

河北大城旭通聚氨酯设备有限公司
地址：河北省大城县权村镇东汪
电话：0316-5785799
主要产品：发泡机，喷涂机

大城县东汪永恒聚氨酯设备厂
地址：河北省大城县权村镇东汪 11 号
电话：0316-5785799
主要产品：PU 发泡机，喷涂机

河北新兴远宏上聚氨酯设备有限公司
地址：河北省大城县广安开发区
电话：0316-5950781 传真：5511606
主要产品：聚氨酯浇注机

河北大城县新兴伟业防腐保温工程有限公司
地址：河北省大城县广安开发区
网址：www.lfxinxing.com.cn
电话：0316-5950851
主要产品：高低压发泡机，浇注机

秦皇岛市广源聚氨酯机械研究所
地址：河北省秦皇岛市北戴河前韩家林
电话：0335-6046363 传真：6046039
主要产品：垂直/水平连续发泡机，切割机等

河北东方昊天聚氨酯成套设备厂
地址：河北省辛集市绿洲小区 2 号楼 3 单元 401 室
电话：0311-89151888 传真：83295928
主要产品：聚氨酯发泡设备

辽宁

沈阳松北机电设备厂
地址：沈阳市皇姑区梅江西街 24 号
电话：024-89341685
主要产品：聚氨酯发泡机

沈新聚氨酯制品有限公司
地址：沈阳市东陵区桃仙镇古台南屯志英行鞋业工业区
电话：024-23790057 传真：23791069
主要产品：代理 CRACO，GUSMER，美国杰士喷涂机，短切机，PU 喷涂，灌注设备

沈阳卡马维斯科技有限公司
地址：沈阳市于洪区沈新公路 102 国道大工业园沙岭收费站附近
电话：0512-66023415
网址：www.gamapur.com
主要产品：喷涂机

大连华工创新科技有限公司

地址：大连市甘井子区姚北路 1 号

电话：0411-39525021　传真：39525009

网址：www.hgcx.cn

主要产品：密封条浇注设备

吉林

吉林兴信喷涂设备有限公司

地址：吉林长春市蒲阳街 1688 号长融大厦 801 室

电话：0431-86210229　传真：85889104

主要产品：聚氨酯发泡设备

黑龙江

黑龙江聚通科技发展有限公司

地址：黑龙江省哈尔滨南岗区一曼街副 2 号 525 室

电话：0451-55179631

主要产品：高压喷涂机

江苏

卡马机械（南京）有限公司

地址：南京市江宁区开源路 299 号

电话：025-57928777　传真：57928798

主要产品：喷涂机械

南京橡塑机械有限公司

地址：南京市龙蟠中路 458 号

电话：025-84587186　传真：84593710

主要产品：橡塑机械设备

常州良腾聚氨酯有限公司

地址：常州市青龙乡三里庵工业园

网址：www.ltpu.com

电话：0519-85355827　传真：88225150

主要产品：发泡机，气动模架，海绵坐垫圆盘生产线

常州市天创智能化技术有限公司

地址：常州市钟楼区关河西路 31 号三楼/高新技术开发区岷江路 29 号

电话：0519-6637030

主要产品：发泡机电脑控制器等

常州新创自动化技术有限公司

地址：常州市新北区天目山路 173 号

网址：www.czxinchuang.com

电话：0519-85106552

主要产品：自动化控制设备和仪表

常州市协成聚氨酯机械厂

地址：常州市长焦路 10 号

网址：www.xcpu.cn

电话：0519-5350786

主要产品：聚氨酯发泡设备

江阴市文明体育塑胶有限公司

地址：江阴市长泾镇西街

电话：0510-86309002　传真：86317887

主要产品：塑胶机械

江苏锋菱超硬工具有限公司

地址：江阴市徐霞客镇璜塘中路 128 号

网址：www.funlin.com

电话：0510-86815157　传真：8680 9575

主要产品：金刚石带锯

南通恒康数控机械有限公司（南通恒康海绵制品有限公司）

地址：南通如皋市丁堰镇皋南路 969 号

电话：0513-88568658　传真：88532599

网址：www.hkfoam.com

主要产品：聚氨酯泡沫数控震动刀异型切割机

南通牧野机械有限公司

地址：江苏省如皋市丁堰镇丁新路 168 号

网址：www.jsrgmy.com

电话：0513-88562022　传真：88561011

主要产品：聚氨酯泡沫切割机械

代尔蒙特（苏州）刀具有限公司

地址：苏州市相城区渭塘镇区阳澄湖畔

电话：0512-69188393　传真：66187551

苏州恒威海绵机械有限公司

地址：苏州市相城区太平工业园聚金路

电话：0512-65996881　传真：65996880

主要产品：海绵切割机械

苏州新昊聚氨酯设备有限公司

地址：苏州市光福镇工业园北区（富达工业区 16 栋）

电话：0512-88166682　传真：88166672

主要产品：高、低压 PU 灌注机和配套设备

锡山飞龙化轻机械厂

地址：无锡市南泉镇兴隆街 29 号

电话：0510-85922842　传真：85952978

主要产品：高速分散机，砂磨机

无锡化友机械有限公司

地址：无锡市南泉南湖北路 18 号

网址：www.huayoujx.com

电话：0510-85956978　传真：85959978

主要产品：反应釜灌装机，水性 PU 设备等

无锡双叶机械有限公司
地址：无锡北外顾山镇北
电话：0510-86351508 传真：86351030
无锡市巍栋生化设备制造有限公司
地址：无锡市滨湖区滨湖镇
电话：0510-85950767 传真：85954153
主要产品：MOCA 熔融设备
无锡市威华机械有限公司
地址：无锡市盛岸西路 305 号若冰桥西
网址：www.wxweihua.com.cn
电话：0510-83207527 传真：83712221
主要产品：彩钢聚氨酯复合板生产线
无锡市现代化机制造有限公司
地址：无锡市滨湖区南泉镇安南路 50 号
网址：www.jsxdhj.cn
电话：0510-85952328 传真：85959328
主要产品：反应釜等装备
无锡市永达化工装备有限公司
地址：无锡市滨湖区雪浪镇进溪桥横山路
网址：www.wxldhg.com
电话：0510-85186867 传真：85183739
主要产品：加热反应釜，列管冷凝器等
无锡永昕佳机械设备有限公司（原无锡市长安永佳聚氨酯设备厂）
地址：无锡市长安镇
网址：www.cayj.com
电话：0510-83766095
主要产品：低压发泡灌注机等设备
无锡市裕达轻工机械厂
地址：无锡市锡山区东亭春星工业区 11 号
网址：www.yudajixie.com
电话：0510-88700553 传真：88203899
主要产品：聚氨酯高压发泡机，发泡生产线切割机
江苏邗江北海绵机械厂
地址：扬州市邗江区瓜洲镇
电话：0514-87501221
主要产品：PU 发泡机，切割机械
扬州市邗江长江海绵机械厂
地址：扬州市邗江区瓜洲镇渡口
电话：0514-87501530
主要产品：海绵切割机
扬州富达海绵机械厂
地址：扬州市瓜洲镇华兴路 1 号

电话：0514-7506953 传真：7504178
扬州市恒盛海绵机械厂
地址：扬州市瓜洲镇建华村
电话：0514-87511465 传真：67514888
主要产品：立式发泡机，切割机械
扬州市润扬海绵机械有限公司
地址：扬州市经济开发区运西南路 2 号
网址：www.purunyang.com
电话：0514-7515668 传真：7503871
主要产品：低压发泡机 切割机械等
江苏扬州市旺达刀锯有限公司
地址：扬州市运河南路 36 号
网址：www.wdsaw.com
电话：0514-7254450 传真：8365560
主要产品：PU 海绵带刀
扬州市鑫达刀具有限公司
地址：扬州市杭集工业园
电话：0514-87493369
主要产品：海绵带刀
扬州市邗江新科海绵机械厂
地址：扬州市邗江瓜洲镇复兴路
电话：0514-87505796
主要产品：发泡机械，平切机
江苏宜兴市东邦机械有限公司
地址：宜兴市化学工业园
电话：0510-87868998 传真：87868918
主要产品：离心机，涂料机械
张家港二轻机械有限公司
地址：张家港三兴镇白熊路 66 号
电话：0512-58570270 传真：58574703
主要产品：模具温控器，冷水机
张家港力勤机械有限公司
地址：张家港市锦丰镇三兴经济开发区
网址：www.china-zsim.com.cn
电话：0512-58578986 传真：58535299
主要产品：高压发泡机 夹心板材生产线等
镇江奥力聚氨酯机械有限公司/镇江京绿聚氨酯工业有限公司
地址：镇江市林隐路 19 号
电话：0511-84428940 传真：84439432
网址：www.zjaoli.com
主要产品：发泡机、灌注机/泡沫板材生产线等

镇江市奥威聚氨酯机械有限公司
地址：镇江市长岗
电话：0511-5375258
主要产品：聚氨酯发泡机

镇江仁和聚氨酯机械厂
地址：镇江市七里甸御桥工业区
电话：0511-88882450　传真：84452470
主要产品：弹性体浇注机，低压灌装机

镇江云德机器有限公司
地址：镇江市瑞泰新城 23 栋 601 室
电话：0511-88824842　传真：88885589
主要产品：平顶式连续发泡机组

镇江新区大陆汇达机械厂
地址：镇江市大港吉祥苑 1 号 407 室
电话：0511-83176597
主要产品：高低压发泡机、浇注机

浙江

杭州创捷涂装设备有限公司
地址：杭州市体育场路 379 号 506~508 室
电话：0571-85060879　传真：0571-85173314
主要产品：无气喷涂机等

浙江恒惠机械制造有限公司（原武义恒惠聚氨酯设备厂）
地址：浙江武义经济技术开发区月季路 8 号
电话：0579-87616561　传真：87616563
网址：www.zjenhui.com
主要产品：聚氨酯高压发泡机，弹性体浇注机

武义绿得聚氨酯设备有限公司
地址：浙江武义履坦岗头工业区中路
电话：0579-87928828　传真：87928829
主要产品：低压发泡机

余姚冠腾机械有限公司
地址：余姚市永丰村横堰东路 38 号
网址：www.yyguanteng.com
电话：0574-62536122　传真：22661078
主要产品：聚氨酯专用冷水机

余姚市恒鑫塑料机械设备厂
浙江省余姚市舜水北路 141 号
电话：0574-62665987
主要产品：发泡机，聚氨酯模具加温机

余姚市威龙聚氨酯有限公司
地址：浙江省余姚市马渚镇北西路 24 号

网址：www.weilongasia.com
电话：0574-62452231　传真：62452237
主要产品：高压发泡机，环戊烷高压发泡机

浙江奕龙聚氨酯设备厂
地址：浙江省上虞市奕市城东开发区
电话：0575-82188388　传真：82187738
主要产品：聚氨酯发泡设备

浙江鼎盛聚氨酯设备有限公司
浙江省上虞市经济开发区花园中路 16
网址：www.ziyilong.com
电话：0575-8218838　传真：82187738
主要产品：聚氨酯弹性体浇注机，发泡机

诸暨和创磁电科技有限公司
地址：诸暨市城西开发区文种路 15 号
电话：0757-87979812　传真：87979815
网址：www.hiestmagnet.cn
主要产品：永磁联轴器

路桥丰隆聚氨酯设备厂
地址：台州市路桥区螺洋街道枧头林村
电话：0576-82354490　传真：82354590
主要产品：高低压聚氨酯发泡机

温州市大菱机械制造有限公司
温州工业园区凤起路 3 号
电话：0577-86657286，86657287　传真：88621719
主要产品：PU 高低压灌注机，鞋底生产线等

温州飞龙聚氨酯设备工程有限公司
地址：温州市车站大道诚信商厦 2 栋 502 室
网址：www.pumcn.com
电话：0577-86052501　传真：86052502
主要产品：发泡机，浇注机，鞋底成型机等

浙江海峰制鞋设备有限公司/海峰聚氨酯成套设备有限公司
地址：温州市鹿城区炬光园炬诚路 1 号
电话：0577-89615588　传真：89615588
网址：www.chinahaifeng.com
主要产品：PU 发泡机，浇注机，鞋底成型机生产线

温州市华敏聚氨酯设备机械厂
地址：温州市瓯海梅屿工业区
电话：0577-86100666　传真：86100999
主要产品：PU 发泡机，海绵切割机等

温州嘉隆聚氨酯设备厂
地址：温州市龙湾区蒲州镇蒲东后路 7 号
网址：www.chinayuanhe.com

电话：0577-86527951   传真：86527952

主要产品：PU 发泡机，PUE 浇注机，鞋底生产线等

温州市向阳聚氨酯设备厂

地址：温州市打绳巷 88 号

网址：www.wzpu.com

电话：0577-88183520   传真：88183246

主要产品：PU 低压发泡机，喷涂机载模生产线等

温州市泽程机电设备有限公司

地址：温州工业园区镇江路 15 号

网址：www.julongpu.com

电话：577-86588066   传真：86588055

主要产品：PUF，PUE 浇注机，发泡机等

乐清市安庆聚氨酯设备有限公司

地址：乐清市宁康西路 116 号

电话：0577-62523685   传真：62523137

主要产品：高压喷涂灌注机发泡机

乐清市长城聚氨酯发泡设备厂

地址：浙江乐清市南大街 177 号

电话：0577-62520176   传真：0577-62531842

主要产品：PU 灌注发泡机，喷涂发泡机

乐清市金星聚氨酯发泡设备厂

地址：乐清市乐成镇南大街鲤鱼巷 2 号

电话：0577-62524761

主要产品：喷涂机灌注机

乐清市乐成聚氨酯设备厂

地址：乐清市宋湖工业开发区聚源东路 7 号

电话：0577-62531778

主要产品：PU 高低压发泡机等

乐清市侨凯聚氨酯发泡设备厂

地址：乐清市乐成镇南大街鲤鱼巷 3 号

电话：0577-62520154   传真：62562328

主要产品：发泡设备

乐清市天龙聚氨酯设备厂

地址：乐清市乐成镇西新路 301 号

网址：www.tlpu.com

电话：0577-61529188   传真：0577-62525918

主要产品：硬泡灌注机，喷涂机，聚氨酯高压发泡机，计量泵等

瑞安市飞达制鞋设备厂

地址：浙江省瑞安市温瑞公路 508 号

电话：0577-5170179   传真：5170888

主要产品：鞋底发泡成型机

瑞安市宏建机械有限公司

地址：浙江瑞安市瑞平南路 64 号

电话：0577-65561968   传真：65561918

主要产品：聚氨酯彩钢板连续发泡设备

浙江领新聚氨酯有限公司

地址：浙江省瑞安市塘下罗凤工业区罗二路 8 号

网址：www.lxpu.net

电话：0577-65336533   传真：65336599

主要产品：聚氨酯加工机械，生产线

安徽

中国杨子集团设备磨具制造有限公司

地址：安徽省滁州扬子工业区

网址：www.yzem.com

电话：0550-3166905   传真：3161338

主要产品：冰箱门体等发泡生产线，模具

福建

福建万利达聚氨酯机械设备厂

地址：福建省晋江市罗山镇拥军路菜市场 3 楼

电话：0595-68517832

主要产品：PU 发泡机械

厦门高特高新材料有限公司

地址：厦门集美北部工业区莲塘路 99 号

网址：www.goot.com.cn

电话：0592-6688802，6686688-800

主要产品：PU/PF 铝箔复合板材生产线，合成枕木生产线

厦门凯平化工有限公司

地址：厦门市厦禾路 820 号帝豪大厦 2504 室

电话：0592-2967688   传真：2962771

主要产品：脱模剂喷涂设备

江西

江西南昌易斯特聚氨酯设备制造有限公司

地址：江西南昌国家高新技术产业开发区艾湖工业区

电话：0791-8164389   传真：0791-8164291

主要产品：PUE 浇注机，组合式多用途 PU 发泡机

山东

济南驰达聚氨酯发泡设备有限公司

地址：济南市趵突泉北门西临

电话：0531-89065689   传真：86100620

主要产品：聚氨酯设备

济南亚大自动化设备公司

地址：济南市荷花路苏家工业园

电话：0531-82176072
主要产品：聚氨酯发泡机械

朝辉聚氨酯（海绵）机械有限公司
地址：山东省宁津县刘振雷工业园
网址：www.sdhmjx.com
电话：0534-7073986　传真：0534-5237418
主要产品：海绵再生发泡机，平切机

山东兴业再生海绵机械制造有限公司
地址：山东省庆云县崔口工业技术开发区 158 号
电话：0534-3731889　传真：3731889
网址：www.xypum.com
主要产品：再生海绵装备

临清创新保温建材设备厂
地址：山东省临清市老赵庄工业园
电话：0635-2360222　传真：2420222
主要产品：低压发泡机，喷涂机

青岛德利源塑料机械厂
地址：青岛胶州市胶北工业园
电话：0532-93240958　传真：83243858
主要产品：挤出及发泡设备

青岛新美海绵有限公司
地址：青岛市城阳区城西工业园
电话：0532-87755602　传真：87760210
主要产品：海绵机械

青岛亿双林聚氨酯设备有限公司/青岛宝龙聚氨酯设备有限公司/宝龙聚氨酯保温防腐设备公司
地址：胶州北关工业园辽宁道/胶州市阜安第二工业园
电话：0532-88276166，83228684　传真：88276167
网址：www.baolongpu.com
主要产品：聚氨酯发泡机，弹性体浇注机，喷涂机

乳山市创新设备厂
地址：乳山市下初镇驻地
电话：0631-6668678　传真：6440718
主要产品：聚氨酯喷涂及设备

乳山市华明聚氨酯有限公司
地址：乳山市青山路南首
电话：0631-6615656
主要产品：聚氨酯喷涂及设备

烟台市芝罘振兴聚氨酯材料厂
地址：烟台市芝罘区卧龙经济区象山路 10 号
网址：www.zxpu.com
电话：0535-6019634　传真：6014319
主要产品：聚氨酯硬泡喷涂灌注机

蓬莱市海星聚氨酯科技有限公司
地址：蓬莱市北关路 159 号（动配厂院内）
网址：www.hxjaz.cn
电话：0535-5662868　传真：2701819
主要产品：高压浇注机，喷涂机等配件

蓬莱市经纬聚氨酯设备有限公司
地址：蓬莱市武霖村西关路 120 号
电话：0535-5648235　传真：5648235
主要产品：聚氨酯设备

蓬莱市科龙聚氨酯设备有限公司
地址：蓬莱市钟楼南路 286 号
网址：www.kelongpu.com
电话：0535-5656924　传真：5644289
主要产品：高压发泡机

蓬莱强兴聚氨酯机业有限公司
地址：蓬莱市南王工业园
网址：www.0535pu.cn
电话：0535-5956099　传真：5616606
主要产品：PU 高低压发泡机，备件等

河南

许昌施普雷特机电设备有限公司
地址：河南省许昌市经济技术开发区瑞祥路西段
电话：0374-2772791　传真：3212299

湖北

武汉中轻机械有限公司（原武汉轻工机械厂）
地址：武汉经济技术开发区枫树二路 21 号
电话：027-84951286　传真：027-84951268
网址：www.cwlm.com.cn
主要产品：高低压发泡机，聚氨酯制品生产线

武汉正为机械有限公司
地址：武汉市经济开发区常福新城工业园
网址：www.whzwm.com
电话：027-84950180　传真：84950181
主要产品：PU 外墙保温复合板材生产线

湖南

湘潭方棱设备制造有限公司
地址：湘潭市韶山西路迎宾村 1 栋 6 号门
网址：www.fangleng.com
电话：0732-8220745　传真：8223777
主要产品：聚氨酯发泡生产线设备

湘潭精正设备制造有限公司
地址：湘潭市雨湖区南岭路 6 号

网址：www.jzsb.com

电话：0731-58613888 传真：52338587

主要产品：高、低压发泡机，预混站及生产线

广东

广州科拉斯化工科技有限公司

地址：广州越秀区东风东路 699 号 2001 室

电话：020-62823040 传真：62823046

主要产品：喷涂设备

广州市科斯玛聚氨酯机械制造有限公司

地址：广州市荔湾区芳村龙溪海龙街三十亩工业区 395 号

电话：020-85832667 传真：020-62742309

主要产品：聚氨酯发泡设备

广州市番禺区惠拓泡沫机械设备厂

地址：广州市番禺区市桥镇西环路沙头第一工业区 9 号

电话：020-22869305 传真：020-22869306

主要产品：泡沫切割设备

广州腾骏控制设备有限公司

地址：广州市芳村大道西育才街 7 号

网址：www.gztjkz.com

电话：020-22074327

主要产品：聚氨酯发泡设备

东莞市艾立克机械制造有限公司

地址：东莞市万江区大汾社区杜上工业区大汾工业中心路

电话：0769-23179463 传真：23179438

网址：www.elitecoremachine.com

主要产品：发泡机和泡沫切割设备

东莞市安富塑料机械厂

地址：东莞市大朗镇

网址：www.an-fu.com

电话：0769-83119907 传真：81291123

主要产品：PU 流延膜设备

东莞市长盛刀具有限公司

地址：东莞市万江区小亨建设路

电话：0769-22719860-9862 传真：22274999

主要产品：泡沫切割刀具

东莞市东城晶瑞机械贸易部

地址：东莞市东城区温塘皂二村石羊街 31 号

电话：0769-22634809 传真：22634813

主要产品：发泡设备

东莞市东友机械设备厂

地址：东莞市东城同沙科技园

电话：0769-22768411 传真：22668407

主要产品：发泡机

东莞市东兴五金刀具厂

地址：东莞市万江区拔蛟窝工业楼 1-3 号

网址：www.dgdx.com.cn

电话：0769-22173226 传真：22183426

主要产品：环形带刀，带锯等刀具

东莞市汉威机械有限公司

地址：东莞市万江区简沙洲龙通路创业工业园

网址：www.hanweimachine.com

电话：0769-22787988 传真：22787168

主要产品：连续发泡生产线，切割机，再生机

东莞市恒惠聚氨酯设备厂

地址：东莞市东城区峡口榴花西街三巷 3 号

电话：0769-86743695 传真：23168135

主要产品：高低压发泡机

东莞市恒生机械制造有限公司

地址：东莞市万江小亭社区恒生工业园

网址：www.henshengpu.com

电话：0769-88064442 传真：22709945

主要产品：连续发泡生产线，切割机，再生机

东莞市华工机器企业有限公司/华工机器科技企业有限公司

地址：东莞市厚街镇涌口区南社村

电话：0769-85914737 传真：85922535

主要产品：低压 PU 发泡机，喷涂机等

东莞市佳力塑料实业有限公司

地址：东莞市石排横山石排镇宝潭工业区

电话：0769-86520205 传真：86529205

主要产品：聚氨酯低压发泡机，发泡生产线

东莞市金山机械制造有限公司

地址：东莞市万江区严屋工业区创新路宏达路

网址：www.kingsung.com

电话：0769-22171561 传真：22773515

主要产品：高、低压灌注机和生产线

东莞市骏颖机械制造厂

地址：东莞市万江区黄粘洲工业区

电话：0769-22778978 传真：22776978

主要产品：聚氨酯机械

东莞市康泰科技设备有限公司

地址：东莞市东城区温塘中路池下工业区二路 12 号

电话：0769-22789631　传真：22769632

主要产品：聚氨酯发泡机

东莞市绿的机械设备厂

地址：东莞市东城区温塘皂二村

网址：www.gnosis.com.tw

电话：0769-22634809　传真：22634813

主要产品：PU 鞋底灌装机，发泡设备等

东莞市强辉发泡机械科技有限公司

地址：东莞市高埗镇高龙路低涌第二工业区祁屋洲
三号

电话：0769-81302245　传真：81302246

网址：www.qh-jx.com

主要产品：发泡机械及生产线

东莞市萨浦刀锯有限公司

地址：东莞市望牛墩镇汽车站后

电话：0769-88416688　传真：88416088

主要产品：刀锯

东莞神鹰机械设备厂

地址：东莞市大岭山镇杨屋第三工业区

电话：0769-23901226　传真：85602360

主要产品：高压发泡机

东莞市黄江田丰橡塑电子材料厂

地址：东莞市黄江镇田心村工业区

网址：www.foampu.com

电话：0769-83623234　传真：83623394

主要产品：高、低压发泡机

东莞市万通机械厂

地址：东莞市万江区汾溪路 131-133 号

网址：www.wan-tong.com

电话：0769-22271442　传真：22282199

主要产品：聚氨酯箱式发泡机，切割机，黏合机

东莞市万江东兴五金刀具厂

地址：东莞市万江区拔蛟窝工业楼 1-3 号

网址：www.dgdx.com.cn

电话：0769-22173226

主要产品：海绵切割刀具系列

东莞伊瑞斯机械制造有限公司

地址：东莞市石排镇田寮工业区

网址：www.ersmachine.com

电话：0769-81828468　传真：81828380

主要产品：箱式发泡机，切割机，海绵再生机，连
续发泡生产线

东莞市裕隆机械制造有限公司

地址：东莞市万江区汾溪路大汾工业区

网址：www.u-long.com.cn

电话：13802379579　传真：0769-23171182

主要产品：聚氨酯海绵机械设备

东莞市震丰机械制造厂

地址：东莞市茶山镇塘角村对塘工业区

电话：0768-86175808　传真：86175837

主要产品：聚氨酯发泡机，裁切机

佛山川龙印刷涂装机械厂

地址：佛山市南海区里水镇河村滨江东路 10 号

电话：0757-85661557　传真：85609158

佛山市博亿聚氨酯液压机械有限公司

地址：佛山南海罗村泰兴数码针织城南区 2 路 5-1

电话：0757-82821800　传真：82824170

佛山市温宝泡沫科技有限公司

地址：佛山市顺德区北滘镇莘庄工业区

电话：0757-26669489　传真：26669486

佛山市南海区沙头英明方元海绵机械厂

地址：佛山市南海区沙头镇

电话：0757-86902538　传真：86900138

佛山广玮聚氨酯有限公司

地址：佛山市顺德区勒流镇富安工业城 18 号

电话：0757-25520250　传真：25520257

主要产品：喷涂设备

佛山市绿德聚氨酯机械厂

地址：佛山市南海区盐步河西新桂工业区

网址：www.guolipu.com

电话：0757-88562217　传真：88562219

主要产品：聚氨酯设备

佛山市方圆泡绵机械厂

地址：佛山市南海区沙头镇英明村

网址：www.fy86.com

电话：0757-86900138，86902538

主要产品：聚氨酯平顶连续发泡机，切割机

惠州市和成设备有限公司

地址：惠州市惠阳区秋长镇蒋田工业区 G 栋

电话：0752-3766358　传真：3766357

主要产品：聚氨酯发泡机

嘉德海绵制品（惠州）有限公司

地址：惠州市惠阳区新墟塘下高屋村

电话：0752-3597616　传真：3597618

主要产品：聚氨酯海绵设备

江门市嘉力发泡设备有限公司
地址：广东省江门市蓬江区东风乡工业区 20 号
电话：0750-3229561　传真：3229562
主要产品：聚氨酯喷涂设备

台山市宏盛自动化机械有限公司
地址：广东省台山市台城高新路 16 号 F 栋
网址：www.maxtech-auto.com
电话：0750-5602778　传真：5602768
主要产品：聚氨酯海绵切割机械

深圳市安格斯有限公司
地址：深圳坂田岗头村利民路 23 号
电话：0755-89582316　传真：89582855
主要产品：聚氨酯硬泡设备

扬宇富机械制造（深圳）有限公司
地址：深圳市龙华新区观澜镇牛湖村宝湖工业区
电话：0755-27975666　传真：27875079
网址：www.szyang-yu.com
主要产品：发泡机和切割机械等设备

高浮工业设备工程有限公司
地址：深圳市宝安区松岗街道下碑工业区
电话：0755-21570508　传真：27139997
主要产品：发泡灌注机

深圳市合升聚氨酯喷注厂
地址：深圳市南山区蛇口湾厦路 2 号
电话：0755-26814258　传真：26814258

深圳市龙岗区晶城机械设备厂/深圳晶城机械设计厂
地址：深圳市龙岗区龙岗新生路 243 号
电话：0755-84865765
主要产品：聚氨酯设备

深圳马隆机电有限公司
地址：深圳市南山区创业路西海湾花园 7 栋 8A
电话：0755-26091628　传真：26091628
主要产品：聚氨酯发泡设备

迈科能海绵设备深圳有限公司
地址：深圳市龙岗区龙岗镇利工业区
电话：0755-84638401　传真：84638620
主要产品：聚氨酯海绵设备

深圳奇龙海绵自控设备机械厂
地址：深圳市龙岗区龙岗镇富利工业区
电话：0577-84638401　传真：84638620
主要产品：发泡机，切割机等

深圳市锐扬海绵机械有限公司
地址：深圳市平湖镇辅城坳工业区

电话：0755-29736016　传真：81471022
主要产品：聚氨酯发泡设备

深圳市沙湾盛记海绵设备厂
地址：深圳市龙岗区沙湾吉厦村裕昌路 3 号
电话：0755-28740319
主要产品：聚氨酯海绵加工设备

深圳兴华聚氨酯机械厂
地址：深圳市宝安区松岗镇
电话：0755-27429890　传真：27429891
主要产品：聚氨酯加工机械

中山新隆机械设备有限公司
地址：广东省中山市黄圃镇马新工业区六横路
网址：www.shinnon.cn
电话：0760-23302996　传真：23302999
主要产品：聚氨酯发泡机及周边设备

四川

成都东日机械有限公司
地址：成都市天府新区西航港经开区腾飞 9 路
网址：www.drjx.cn
电话：028-84455093　传真：84436886
主要产品：高压发泡机，PU 成套设备

成都市航发机电一体化工程研究所/成都航发机电工程有限公司
地址：成都市锦江区静安路 1 号万科 98-2-419 室
网址：www.maron.cn
电话：028-44556717　传真：84445908
主要产品：PU 高压发泡机及生产线

成都鸿迪聚氨酯设备制造有限公司
地址：成都市锦江区沙发城 141 号
电话：028-85916017　传真：85916348
主要产品：聚氨酯设备

都江堰青蓉机械有限公司
地址：都江堰市青城镇工业园
电话：028-87288367/87255166　传真：87255148
主要产品：聚氨酯高低压发泡机

陕西

西安友弟工贸有限公司
地址：西安市未央区汉城乡西唐寨村 15 号
电话：029-86408696
主要产品：聚氨酯发泡设备

西安永兴科技发展有限公司
地址：西安经济技术开发区民经二路 3 号

电话：029-86393166

主要产品：机械设备

台湾

旌旸股份有限公司

地址：台湾苗栗县竹南镇国泰路 63 号

网址：www.exalt.com.tw

电话：886-37-481886　传真：886-37-483809

荣全化工机械有限公司

地址：台湾台北市金山南路二段 200 号 10 楼

网址：www.foam-machinery.com.tw

电话：886-2-23956686　传真：886-2-23217266

主要产品：聚氨酯海绵连续生产线，切割机等

商勤实业有限公司

地址：台湾台中市南屯区建功路 270 巷 66 号

网址：www.saking.com.tw

电话：886-4-23823244，传真：32825451

主要产品：高压灌注机（堵漏防水系列产品制造商）

意利制鞋机械公司

地址：台湾台北市南京东路五段 47 号 8 楼（东莞市厚街镇厚街大道东）

电话：886-2-27560075，886-2-27687025

（0769-5580546，传真：5904546）

主要产品：鞋头定型机，后跟定型机

裕发科技股份有限公司

地址：台湾台中县日乡环中路八段 260 巷 50 弄 19 号

网址：www.pumma.com.tw

电话：886-4-23357502-3　传真：886-4-23358850

主要产品：现场发泡体现（密封圈）

美国

美国固瑞克（GRACO）公司

网址：www.graco.com.cn

北京代表处地址：北京市朝阳区光华路 12A 科伦大厦 A715

电话：010-65818404

固瑞克公司上海代表处地址：上海市黄浦区中山南路 1029 号 7 号楼

电话：021-64950088，64950077

广州办事处 020-87320385；重庆办事处 023-63897016；沈阳办事处 024-6223717

主要产品：聚氨酯/聚脲喷涂设备

美国艺达思（IDEX）集团

地址：上海市长宁路 1027 号 3502～3504 室

电话：021-52415599，52418339

主要产品：送料泵，流量计等

美国国际泵业制造公司（IPM-international pump manufacturing，inc）

网址：www.ipmpumps.com

主要产品：供料泵，输送泵等

辛北尔康普公司（Siempelkamp Machinen-und Anlagenbau）

辛北尔康普（无锡）机械制造有限公司

地址：无锡新区旺庄工艺配套区

电话：0510-8536 0680　传真：8536 0640

北京办事处地址：北京市朝阳区北辰西路 69 号俊峰华亭 C 座 1708 室

电话：010-5877-3265/75/85　传真：010-5877-3295

主要产品：钢板面层复合夹心板

澳大利亚

温泰克工程有限公司

网址：www.wintechengineering.com.au

Era Polymers Pty Ltd

网址：www.erapol.com.au

主要产品：聚氨酯预聚体及设备，聚氨酯泡沫仿型切割设备

奥地利

Mondi Coatings & consumer Packaging GmbH

网址：www.mondigroup.com

Mondi 包装纸业销售亚洲有限公司

地址：上海市浦东新区世纪大道 88 号金茂大厦 31 楼

电话：021-28909054　传真：68549880

主要产品：聚氨酯泡沫隔离纸

德国

巴马格公司（Barmag）

网址：www.barmag.com

北京代表处地址：北京朝阳区朝阳北路 175 号

电话：010-6530 2129　传真：6501 9014

上海代表处地址：上海市闸北区裕通路 100 号洲际商务中心 48F

电话：021-5288 5970　传真：5288 5927

主要产品：齿轮计量泵

保欧马公司（Albrecht Baumer GmbH & Co. KG）

网址：www.baeumer.de

主要产品：海绵切割设备

德诺翰（亚洲）机械上海办事处（AtL schubs GmbH）

网址：www.technohubasia.com

地址：上海市浦东张杨路 1458 号上海源深体育馆西区 318 室

电话：021-58573851

主要产品：聚氨酯网状泡沫爆破机械

德士马（广州）机械工程有限公司

地址：广州番禺区钟村镇新 105 国道旁致业科技中心 AN 栋首层

电话：020-8206 8186　传真：8206 8189

网址：www.desma-china.com

主要产品：联帮注射成型机

弗肯克菲工程机械有限公司（fecken-Kirfel GmbH & Co.）

网址：www.fecken-kirfel.de

主要产品：聚氨酯泡沫切割加工设备

德国流体系统有限公司（Germon fluid Systems）

网址：www.germanfluid.com

地址：上海市漕溪路 250 号银海大楼 A611 室

电话：021-64827125　传真：64827126

主要产品：齿轮计量泵，柱塞泵等

亨内基公司（Hennecke GmbH）

网址：www.hennecke.com

亨内基机械（上海）有限公司

地址：上海市闵行区都会路 1951 弄 8 号

网址：www.hennecke-china.com

电话：021-6489 0259　传真：6489 7952

主要产品：各种聚氨酯设备

亨内基丸加聚氨酯机械技术（上海）有限公司

地址：上海市闵行区莘庄工业园华宁路 2888 弄 7 栋 318 号（元山路）

电话：021-64890259　传真：64897952

主要产品：聚氨酯加工机械

H&S Anlagentechnik GmbH

网址：www.hs-anlagentechnik.de

主要产品：聚氨酯泡沫回收再利用设备

克拉赫特公司（KRACHT）

网址：www.kracht.cn

上海代表处地址：上海浦东东方路 877 号嘉兴大厦 905 室

电话：021-50892960　传真：50892960

主要产品：齿轮输送泵，流量计等

凯恩伯格集团（Kreyenborg Group）

网址：www.kreyenborg-group.com

凯恩伯格集团上海代表处

地址：上海南京西路 338 号天安中心 2109 室

网址：www.kreyenborg.cn

电话：021-63276782　传真：63276785

主要产品：水下切粒系统

克劳斯玛菲（Krauss-Maffei）技术有限公司

网址：www.krauss-maffei.com

克劳斯玛菲塑料机械（上海）有限公司

地址：上海市浦东新区外高桥保税区泰谷路 207 号 D12 地块 44 号楼 D1 部位底层

电话：021-58680460　传真：5868 0804

上海克劳斯马菲机械有限公司

地址：上海浦东新区金海路 1000 号 7 号楼 203 室

电话：021-50318020　传真：50311018

主要产品：各种聚氨酯加工机械

兰浦集团公司（RAMPF）

网址：www.rampf-giesshaze.de

主要产品：精细型聚氨酯浇注机

胜德（Sonderhoff）公司

网址：www.sonderhoff.com

主要产品：聚氨酯密封条浇注设备

法国

上海博雷聚氨酯技术有限公司

地址：上海市浦东祖冲之路 1077 号 3 号楼 102 室

电话：021-50809757

网址：www.baule.com

主要产品：氨酯弹性体浇注机，预聚体

赛格曼公司（SECMER）

网址：www.secmer.com

主要产品：聚氨酯计量混合设备

意大利

赛普公司（SAIP s.r.l.）

赛普公司北京代表处

地址：北京市朝阳区广顺南大街 16 号 2 号楼 1901 室

电话：010-84764019　传真：84764020

主要产品：高低压发泡机，分离机械

康隆（Cannon）公司

网址：www.cannon.com

北京办事处地址：北京市崇文门外大街 34 新世界中心南办公楼 1411 室

电话：010-67081298 传真：67061297

上海办事处地址：上海市西康路维多利亚广场 B 栋 16 层 D 座

电话：021-62761202 传真：62760416

广州办事处地址：广州市环市东路 371-375 号世界贸易中心大厦南塔 1210C 室

电话：020-87603129 传真：87617319

主要产品：聚氨酯高低压发泡机，生产线等

古斯比聚氨酯自动化有限公司（GUSBI Officina Meccanica S.P.A.）

网址：www.gusbi.com

主要产品：聚氨酯制鞋转盘生产线等设备

意大利 OMS 公司

网址：www.omsgroup.it

OMS 公司北京代表处地址：北京市西城区阜外大街 2 号 A 座 1109

电话：010-68032530 传真：68038910

OMS 公司上海办事处地址：上海松江区泗泾镇沪松公路 2751 号 308 室

电话：021-57626668 传真：57615810

主要产品：高、低压发泡机，混合头

ISC S.r.l 公司

网址：www.isc-italy.com

意大利普玛有限责任公司北京代表处

地址：北京市朝阳区东三环北路幸福大厦 B 座 512 室

电话：010-64162317 传真：64603387

主要产品：聚氨酯发泡机械

日本

东邦机械工业株式会社

网址：www tohomachinery.co.jp

上海事务所地址：上海市徐汇区天钥桥路 325-330 室

电话：021-54250322 传真：54250636

主要产品：聚氨酯泡沫体，弹性体浇注机等机构设备

韩国

DUT KOREA 上海办事处

地址：上海松江区文翔路 352 号东 2 楼

网址：www.dutkrorea.com

电话：021-57782287 传真：57782297

地址：松江区新松江路 1234 号恒杰商务大楼 A 座 501 室（上海宽河塑料制品公司）

电话：021-67825061 传真：67825062

主要产品：混合头，计量泵

韩国 EASTERN 公司

网址：www.eastern21.com

主要产品：高压浇注机

韩国奥托莱茵有限公司（Auto Line Co., Ltd）

网址：www.autoline.co.kr

上海办事处地址：上海市浦东新区羽山路 600 弄 25 号 702 室

电话：021-68538443 传真：68538124

主要产品：聚氨酯夹芯板生产线及设备

UREATAC CO., Ltd.

网址：www.ureatac.co.kr

苏州 UREATAC 技术有限公司

地址：苏州市工业园区吴浦路 30 号

电话：0512-6281 8699 传真：6281 8799

主要产品：混合头，高压发泡机，PU 生产线

挪威

挪威 Laaderberg 公司

网址：www.laaderberg.com

主要产品：Maxfoam 发泡机组及设备

新加坡

润英聚合工业有限公司

网址：www.rimpolymers.com

北京办事处地址：北京市西城区阜成门外大街 2 号，万通大厦 B912 室

电话：（86）10-6857 9056 传真：（86）10-6857 9057

上海办事处地址：上海南京西路 1486 号东海广场 3 号楼 1201 室

电话：021-06247809 传真：021-62473350

广州办事处电话：020-37595427，87324211

沈阳办事处电话：024-23791056，23791069

主要产品：聚氨酯发泡机，生产线等

瑞典

ABB（中国）有限公司

地址：北京市朝阳区酒仙桥路 10 号恒通广厦

电话：010-84566688 传真：84567632

主要产品：仪器仪表，机器人等

瑞士

苏尔寿化工公司（SULZER CHEMTECH LTD）

网址：www.sulzerchemtech.com

主要产品：泵业，静态混合器，换热器，涂层设备